国家社会科学基金项目研究成果
安徽省高校优秀青年人才支持计划重点项目成果

单位根检验与Bootstrap研究
理论和应用

江海峰　著

中国科学技术大学出版社

内 容 简 介

本书从数据生成过程视角出发，将单位根检验与确定数据生成过程融为一体，以经典单位根检验量为研究对象，结合Bootstrap检验方法，从理论证明、仿真模拟和实证分析三个层面展开研究，不但丰富了单位根检验理论，也为实证分析中正确使用Bootstrap方法进行检验提供了参考，为使用Bootstrap方法解决与单位根检验有关的其他研究问题奠定了基础。

本书适合经济类高年级本科生和经济管理类硕士研究生学习，也为从事实证研究的科研工作者提供参考。

图书在版编目(CIP)数据

单位根检验与Bootstrap研究：理论和应用/江海峰著. —合肥：中国科学技术大学出版社，2019.12

ISBN 978-7-312-04727-5

Ⅰ.单…　Ⅱ.江…　Ⅲ.时间序列分析　Ⅳ.O211.61

中国版本图书馆CIP数据核字(2019)第140148号

出版　中国科学技术大学出版社
安徽省合肥市金寨路96号，230026
http://www.press.ustc.edu.cn
https://zgkxjsdxcbs.tmall.com

印刷　安徽国文彩印有限公司

发行　中国科学技术大学出版社

经销　全国新华书店

开本　710 mm×1000 mm　1/16

印张　14

字数　290千

版次　2019年12月第1版

印次　2019年12月第1次印刷

定价　42.00元

前 言

众所周知，单位根过程不但是检验经济理论的有效手段之一，而且是某些新兴经济理论产生的基础，与此同时也是导致伪回归现象的根源，因此检验序列是否为单位根过程一直是理论界关注的热点问题。自Dickey和Fuller(1979)提出单位根DF检验以来，单位根检验理论不断得到发展，主要有经典的ADF检验和PP检验、以提高检验功效为目的的退势检验、以平稳性为原假设的KPSS检验、以更改趋势参数估计方式的递归均值调整检验与递归趋势调整检验等；也有以单位根过程外在特点为基础的非参数检验方法；还有学者将其他效应如条件异方差性、非线性、结构突变等引入单位根检验。虽然单位根检验方法层出不穷，但是只有ADF检验、PP检验、ADF-GLS检验、NP检验、ERS检验和KPSS检验被计量软件所采纳。

目前，理论界研究主要集中于单位根项检验，而忽略了对漂移项、趋势项以及它们与单位根项联合的检验，主要计量软件如Stata、SAS、Eviews也没有提供这些检验量的信息，因此实证分析仅将单位根项的检验结果作为最终检验结论。这种做法显然没有考虑到检验量的分布不仅取决于数据生成过程，也取决于检验模型设定形式，因而某些实证结论可能有待进一步考证。由于绝大多数单位根检验量在大样本下才有分布，且收敛到维纳过程的泛函为非标准分布，而有限样本下的检验只能使用蒙特卡罗模拟方法获取分位数，这种分位数获取的结果因残差设置不同、模拟次数不同、参数选择不同、样本大小不同而有差异，因此缺乏代表性和稳健性。为消除这些不利因素，研究人员将Bootstrap方法引入单位根检验中，取得了丰硕的成果。研究表明，Bootstrap方法能够降低检验水平扭曲。但已有研究仍只集中于单位根项本身的检验，而没有考虑到漂移项、趋势项以及联合检验，使用Bootstrap方法进行实证研究的文献更是寥寥无几。产生这种差异的主要原因，一是忽略了数据生成在单位根检验中的作用，二是理论 Bootstrap 检验和实证 Bootstrap 检验有不同的理论背景。

有鉴于此，本书从数据生成过程视角出发，将单位根检验与确定数据生成融为一体，并结合 Bootstrap 展开研究，研究内容包括：

(1) PP、ADF、KSS 三种检验模式下检验量的分布。这类检验本质上采用 DF 检验思想，都以存在单位根为原假设、平稳过程为备择假设，研究内容包括单个参数检验、联合检验与 Bootstrap 实现。

(2) KPSS 检验模式下模型误设与检验流程构建。该检验以序列平稳为原假设、存在单位根为备择假设，研究 KPSS 检验量在高阶趋势下的检验量分布和备择假设成立时的一致性特点；以二阶趋势为代表，导出各个趋势项检验量的分布，并由此提出一套 KPSS 检验流程，用于指导实证分析，从而完成数据生成过程识别。

(3) 递归均值调整检验功效与递归趋势调整检验。经典 DF 类检验在估计均值或者趋势时，总是使用全部样本，这会导致扰动项与解释变量相关，递归均值调整检验以递归方式估计均值替代全样本均值，从而避免出现这种情况，可改善单位根项估计效果，提高检验功效。本部分研究了递归均值调整检验功效，并提出了一种新的递归趋势调整单位根检验模型，在相关引理的支持下得到了调整检验量的分布，蒙特卡罗模拟显示，这种递归趋势调整单位根检验量的确能够提高检验功效，且具有满意的检验水平。

(4) 各种检验模式下的 Bootstrap 检验。由于以上检验模式下与单位根检验相关的检验量在大样本下的分布都收敛到维纳过程的泛函，而有限样本下的分布并不存在，为在实证分析中使用这类检验量，将 Bootstrap 方法引入与单位根检验有关的检验，按照数据生成过程和不同检验模式分别进行研究。

(5) 实证研究。本书使用 Bootstrap 检验和分位数检验，按照不同的检验模式，对我国和美国宏观经济数据进行实证分析，包括我国 36 个大中城市居民居住消费价格平均指数、北京及上海新建商品住宅价格指数、我国人口序列与居民消费价格指数、上证综合指数和深圳成分指数以及美国宏观经济序列数据生成过程的识别。

本书的研究不但丰富了单位根检验理论，也为实证分析中正确使用 Bootstrap 方法进行检验提供了参考。虽然如此，仍有许多内容没有涉及，例如结构突变单位根检验、季节单位根检验等。限于水平，书中难免有错误和不规范之处，恳请同行、学者、专家以及读者不吝赐教、批评指正。

本书为国家社会科学基金一般项目“基于 Bootstrap 方法下单位根检验研究”(13BJY011)的主要研究成果，同时也得到了“安徽省高校优秀青年人才支持计划重点项目”(gxyqZD2016063)的支持。在此，对国家社会科学规划办和安徽省教育厅的资助表示感谢！也对我的导师陶长琪教授的指导、汪嘉冈教授的帮助和其他同门的关心一并表示感谢！

江海峰

2019 年 3 月

目　　录

前言 …………………………………………………………………………（ⅰ）

第1章　绪论 ……………………………………………………………………（1）
　1.1　研究背景及意义 ……………………………………………………（1）
　　1.1.1　单位根检验的理论价值与必要性 ……………………………（1）
　　1.1.2　单位根检验的特点与局限性 …………………………………（3）
　　1.1.3　研究意义 …………………………………………………………（3）
　1.2　研究内容 ……………………………………………………………（4）
　1.3　研究方法 ……………………………………………………………（6）
　1.4　创新之处 ……………………………………………………………（6）
　1.5　技术路线 ……………………………………………………………（7）

第2章　文献综述 ………………………………………………………………（8）
　2.1　DF类单位根检验理论研究 …………………………………………（8）
　　2.1.1　DF单位根检验 ……………………………………………………（8）
　　2.1.2　ADF单位根检验 …………………………………………………（9）
　　2.1.3　PP单位根检验 ……………………………………………………（10）
　　2.1.4　DF类单位根检验流程 ……………………………………………（10）
　2.2　退势类单位根检验 …………………………………………………（11）
　2.3　KPSS检验 ……………………………………………………………（12）
　2.4　其他单位根检验方法 ………………………………………………（13）
　　2.4.1　异方差结构扰动项单位根检验 …………………………………（13）
　　2.4.2　非参数单位根检验 ………………………………………………（13）
　2.5　单位根检验的Bootstrap研究 ………………………………………（15）
　　2.5.1　DF检验模式下的Bootstrap研究 ………………………………（16）
　　2.5.2　PP检验模式下的Bootstrap研究 ………………………………（16）
　　2.5.3　ADF检验模式下的Bootstrap研究 ……………………………（18）
　　2.5.4　KPSS检验模式下的Bootstrap研究 ……………………………（21）
　　2.5.5　退势检验模式下的Bootstrap研究 ……………………………（21）

2.5.6 异方差结构下的 Bootstrap 研究 …… (22)
2.6 文献评述 …… (23)

第 3 章 PP 检验模式下检验量分布与 Bootstrap 研究 …… (25)
3.1 PP 检验与 Stationary Bootstrap …… (25)
3.1.1 PP 检验简介 …… (25)
3.1.2 MBB 和 SB 方法简介 …… (26)
3.2 PP 检验模式下漂移项、趋势项、联合检验量分布与转换 …… (27)
3.2.1 无漂移项数据生成模式 …… (28)
3.2.2 含漂移项数据生成模式 …… (34)
3.3 PP 检验模式下 Bootstrap 研究 …… (37)
3.3.1 无漂移项数据生成模式 …… (37)
3.3.2 含漂移项数据生成模式 …… (42)
3.4 蒙特卡罗模拟与实证研究 …… (45)
3.4.1 无漂移项数据生成模式与蒙特卡罗模拟 …… (45)
3.4.2 含漂移项数据生成模式与蒙特卡罗模拟 …… (55)
3.4.3 实证研究 …… (75)
本章小结 …… (79)

第 4 章 ADF 检验模式下检验量分布与 Bootstrap 研究 …… (80)
4.1 ADF 检验与 Recursive Bootstrap …… (80)
4.1.1 ADF 检验简介 …… (80)
4.1.2 Recursive Bootstrap 和 Sieve Bootstrap …… (81)
4.2 ADF 检验模式下漂移项、趋势项、联合检验量分布 …… (82)
4.2.1 无漂移项数据生成模式 …… (82)
4.2.2 含漂移项数据生成模式 …… (86)
4.3 ADF 检验模式下漂移项、趋势项、联合检验量的 Bootstrap 研究 …… (88)
4.3.1 无漂移项数据生成模式 …… (88)
4.3.2 含漂移项数据生成模式 …… (94)
4.4 蒙特卡罗模拟与实证研究 …… (97)
4.4.1 无漂移项数据生成模式与蒙特卡罗模拟 …… (97)
4.4.2 含漂移项数据生成模式与蒙特卡罗模拟 …… (100)
4.4.3 实证研究 …… (102)
本章小结 …… (105)

第5章　KSS检验模式下检验量分布与Bootstrap研究 ……………………（106）
5.1　KSS检验与非线性平稳过程 ……………………（106）
5.1.1　经典单位根检验的不足与改进 ……………………（106）
5.1.2　非线性平稳与KSS检验 ……………………（107）
5.2　DF和KSS检验模式下漂移项、趋势项、联合检验量分布 ……………………（108）
5.2.1　无漂移项数据生成模式 ……………………（108）
5.2.2　有漂移项数据生成模式 ……………………（111）
5.2.3　分位数与蒙特卡罗模拟 ……………………（115）
5.3　ADF和KSS检验模式下漂移项、趋势项、联合检验量分布 ……………………（116）
5.3.1　无漂移项数据生成模式 ……………………（116）
5.3.2　含漂移项数据生成模式 ……………………（122）
5.3.3　分位数与蒙特卡罗模拟 ……………………（125）
5.4　KSS检验模式下检验量的Bootstrap研究 ……………………（128）
5.4.1　无漂移项数据生成模式 ……………………（128）
5.4.2　含漂移项数据生成模式 ……………………（132）
5.5　蒙特卡罗模拟与实证研究 ……………………（135）
5.5.1　无漂移项数据生成模式与蒙特卡罗模拟 ……………………（135）
5.5.2　含漂移项数据生成模式与蒙特卡罗模拟 ……………………（138）
5.5.3　实证研究 ……………………（140）
本章小结 ……………………（141）

第6章　KPSS检验模式下检验量分布与Bootstrap研究 ……………………（142）
6.1　平稳原假设与检验 ……………………（142）
6.1.1　序列构成分解 ……………………（142）
6.1.2　平稳性检验量 ……………………（143）
6.1.3　KPSS检验量的修订 ……………………（145）
6.2　非线性趋势下KPSS检验量 ……………………（147）
6.2.1　KPSS检验量分布与一致性 ……………………（147）
6.2.2　二次趋势KPSS检验量 ……………………（150）
6.3　二次趋势模型误设与KPSS检验流程 ……………………（151）
6.3.1　二次趋势模型误设与检验量性质 ……………………（151）
6.3.2　蒙特卡罗模拟分析 ……………………（153）
6.3.3　趋势项检验量分布与KPSS检验流程 ……………………（154）
6.4　KPSS检验Bootstrap研究 ……………………（157）
6.4.1　检验量性质与Bootstrap适用性 ……………………（157）
6.4.2　二次趋势KPSS检验量的Bootstrap检验 ……………………（158）

6.5 蒙特卡罗模拟与实证研究 …… (160)
6.5.1 趋势检验量水平检验、功效检验研究 …… (160)
6.5.2 二次趋势 KPSS 检验量的 Bootstrap 检验研究 …… (161)
6.5.3 KPSS 检验流程与实证研究 …… (162)
本章小结 …… (164)

第 7 章 递归调整检验模式下检验量分布与 Bootstrap 研究 …… (165)
7.1 递归调整单位根检验简介 …… (165)
7.1.1 经典 DF 检验偏差 …… (165)
7.1.2 递归估计与偏差改进 …… (166)
7.1.3 递归估计评述 …… (168)
7.2 递归均值调整单位根检验功效比较研究 …… (169)
7.2.1 零均值数据生成检验功效理论公式 …… (169)
7.2.2 非零均值数据生成检验功效理论公式 …… (172)
7.2.3 检验功效的蒙特卡罗模拟分析 …… (173)
7.2.4 递归均值调整检验功效结论 …… (179)
7.3 递归均值调整单位根检验的 Bootstrap 研究 …… (180)
7.3.1 约束残差与检验水平研究 …… (180)
7.3.2 无约束残差与检验功效研究 …… (184)
7.3.3 蒙特卡罗模拟研究 …… (185)
7.4 递归趋势调整单位根检验与 Bootstrap 实证研究 …… (189)
7.4.1 趋势回归模型与递归趋势调整 …… (189)
7.4.2 递归趋势调整单位根检验量分布 …… (190)
7.4.3 Bootstrap 检验研究 …… (192)
7.4.4 蒙特卡罗模拟分析 …… (193)
7.4.5 实证分析 …… (195)
本章小结 …… (197)

第 8 章 总结与展望 …… (198)
8.1 研究结论 …… (198)
8.2 不足与展望 …… (200)

参考文献 …… (202)

第 1 章　绪　论

1.1　研究背景及意义

1.1.1　单位根检验的理论价值与必要性

自 1933 年《计量经济学》杂志创办标志计量经济学学科建立以来，理论与实证研究一直被一种虚假回归蒙蔽，当使用时间序列数据进行回归分析时，原本没有经济理论基础或者不满足经济意义的序列回归模型，往往能够通过显著性检验，前者如英国的失业率和太阳黑子爆发数序列，后者如用中国的 GDP 数据与美国资本和劳动力数据估计 C-D 生产函数。这种现象一直持续了 50 多年，直到 Phillips 首次从理论上证实，两个具有单位根过程的无关变量之间会产生伪回归（Supurious Regrssion）现象，才从理论上解释了产生这种现象的根源[1]。至此，单位根检验成为使用时间序列变量进行回归分析时必不可少的步骤。实际上，单位根检验最早由 Dickey 在博士论文中提及，并与 Fuller、Said 先后正式提出单位根 DF 检验和 ADF 检验[2-5]。在使用单位根检验的实证研究中，影响最为深远的当首推Nelson 和 Plosser 的结论，他们考察了美国 14 个宏观经济变量年度数据的单整性，数据始于 1860～1909 年，终止于 1970 年。研究结果表明，除失业率序列为平稳过程之外，其他 13 支序列均不能拒绝为单位根过程，这极大地震动了理论界[6]。为进一步分析他们结论的可靠性，研究人员先后提出其他单位根检验方法，例如以扰动项为一般平稳过程并允许存在一定异质性的 PP 检验，以序列平稳为原假设的 KPSS 检验，以提高检验功效为目标的 DF-GLS 检验、NRS 检验和 NP 检验，以备择假设为非线性平稳的 KSS 检验，等等[7-11]。人们不禁要问：为什么单位根检验能够成为理论与实证研究关注的热点？Cribari-Neto 给出三种解答：对政策制定者而言，宏观经济变量是否具有单位根过程具有不同的政策取向；对宏观经济学家而言，是否具有单位根过程可能会提出新经济理论与经济模型；对于计量经济学家而言，是否具有单位根过程决定着使用不同的计量分析理论[12]。下面以数据生成为线性趋势模型和带漂移项单位根过程来说明，两种模型分别为

$$y_t = \mu + bt + \varepsilon_t \tag{1.1}$$

$$y_t = \mu + y_{t-1} + \varepsilon_t \tag{1.2}$$

其中 $\varepsilon_t \sim \mathrm{iid}(0, \sigma^2)$。式(1.1)表明 y_t 的方差有界，预测值收敛到 $\mu + bt$，扰动项 ε_t 的冲击对 y_t 的影响随着时间推移变为零，通过剔除趋势 $\mu + bt$，y_t 为平稳过程，因而又称为去势平稳过程。这表明 y_t 随着时间的推移会不断穿越趋势 $\mu + bt$。由递归式(1.2)得到

$$y_t = \mu t + y_0 + \sum_{s=1}^{t} \varepsilon_s \tag{1.3}$$

式(1.3)表明 y_t 的方差随着时间推移而趋向无穷，扰动项 ε_t 的冲击对 y_t 的影响随着时间推移一直持续下去，且不能通过去势得到平稳过程，其轨道线不会围绕某种趋势做来回穿越。可以通过对式(1.2)进行差分来获得平稳过程，因此又称其为差分平稳过程。

传统宏观经济学理论正是建立在式(1.1)基础之上，把产出变量如 GNP 分解为确定性的长期趋势以及围绕该趋势做循环波动的平稳成分，但 Nelson 和 Plosser 的研究推翻了这种分解方法，他们认为产出变量应该使用如式(1.2)所示带漂移项或者无漂移项的单位根过程来描述[6]。以此为基础，诞生了真实商业周期(Real Business Cycle，RBC)理论，该理论认为经济周期源于经营体系之外的一些真实因素，如技术进步的冲击而非货币性质的冲击，其政策取向表明应该通过技术革新而不是刺激需求来推动经济发展。另外，Nelson 和 Plosser 的研究对持久收入假设(Permanent Income Hypothesis，PIH)理论和购买力平价(Purchasing Power Parity，PPP)理论也产生了重要影响，推动了新凯恩斯经济学的发展。关于单位根的存在对经济理论以及政策取向更为详细的论述可参见 Christiano 和 Eichenbaum、Stock、Libanio 的介绍[13-15]。

式(1.1)的估计及其统计推断，可以使用经典 OLS 估计与普通中心极限定理等初等概率统计理论来完成，但对式(1.2)的数据生成过程而言，却要复杂得多，相关推断要使用泛函中心极限定理、以维纳过程为基础的随机微积分等高等概率统计理论；对于两个单位根过程变量的回归分析，更是要使用协整检验以及建立误差修正模型进行深入分析等。

单位根过程除引起上述三种后果之外，许多经济理论本身也是利用单位根过程进行检验，Samuelson 以随机游走模型检验远期合约与证券价格的变动规律[16-17]；Hall 证实消费者边际效用的变动规律遵从带趋势项的随机游走模型，并以第二次世界大战后的美国数据进行实证分析，表明无法通过实际可支配收入来预测消费，但能够预测证券价格指数，该实证分析支持修正版本的生命周期持久收入理论[18]；Meese 和 Singleton 研究表明现货、远期合约对数序列遵从单位根过程[19]；Kleidon 讨论了标准普尔指数收益率的变动规律[20]。另外，单位根检验还是其他时间序列分析方法的基础，例如结构突变单位根检验、季节单位根检验、协整检验、面板单位根和面板协整检验等。

综上所述，单位根检验有重要的实际应用和理论研究价值，对时间序列进行单位根检验，无论是检验经济理论，还是防止伪回归现象发生，乃至深入研究其他相关理论，都是必不可缺少的环节。

1.1.2 单位根检验的特点与局限性

单位根检验作为一种假设检验，既具有一般假设检验的特点，也具有自身独有的特征。例如，和其他假设检验一样，也会犯两类错误。其独有特征主要体现在以下三个方面：第一，与单位根检验有关的检验量在有限样本下没有分布，在大样本下一般都收敛到维纳过程的泛函；第二，为在有限样本下使用相关检验量，就必须通过蒙特卡罗模拟方法获取有限样本下的分位数；第三，即使在大样本下，与单位根检验相关的检验量分布不仅取决于真实数据的生成过程，也取决于单位根检验模型的设定形式。这三个特点也分别造成了单位根检验的局限性：由于实证分析中均为有限样本，因此不满足大样本理论要求；在进行蒙特卡罗模拟时，有关扰动项的设置无一例外地设为标准正态分布，这不仅对理论要求的独立同分布假设施加了更强的约束，也与实证分析中的序列特征不相符合，例如金融时间序列具有尖峰厚尾波动集群特征，因此有关分位数不具有广泛适应性；为正确设定单位根检验模型，就必须进行系统检验，不能选择某一种数据生成过程或者某一类检验模型进行检验，并以此作为最终检验结论。

针对以上三个局限，可以从三个方面来解决：一是使用其他检验方法替代传统的分位数检验，最好使用自身样本来构造分位数，而不必使用由标准正态分布扰动项得到的分位数，这就是 Bootstrap 检验方法；二是将变量数据生成过程与单位根检验统一起来，这可以通过一套检验流程来实现；三是通过更改假设设定形式，综合其他单位根检验结论，例如可以结合 KPSS 检验和 DF 类检验结果，这样可以得到更为准确的结论。然而，目前实证研究中很少能够做到以上三点，单位根检验仍以分位数检验为主，检验模型的选择往往遵照实用主义原则，选择满足需要的模型进行检验，且绝大多数检验使用单一的 DF 类检验①。

1.1.3 研究意义

为得到更为准确的单位根检验结论，本书将数据生成过程与单位根检验统一起来，使用 Bootstrap 方法对不同检验模式下的有关检验量进行检验，同时研究用于指导正确使用 KPSS 检验的流程，探讨单位根递归调整模式下有关单位根检验量的分布及其功效优势，并进行实证分析。本书研究具有如下意义：

---

① 王美今和林建浩(2012)对此做了批判[21]。

1. 理论意义

（1）推导PP检验模式中与漂移项、趋势项以及联合检验相关的检验量的分布形式，并寻求适当的转换形式；研究KSS检验中漂移项、趋势项以及联合检验量的分布形式，并得到检验使用的分位数；研究递归趋势调整单位根检验量的分布与分位数，分别完善单位根PP检验、KSS检验和递归调整检验理论。

（2）推导高阶非线性趋势下KPSS检验分布与分位数，构造KPSS单位根检验流程，进一步丰富单位根KPSS检验理论。

（3）使用Bootstrap方法改善漂移项、趋势项以及与它们与单位根项联合的检验，丰富并拓展Bootstrap方法在单位根检验中的应用范围。

（4）该成果对其他与单位根检验有关的Bootstrap研究也具有参考价值，如结构突变单位根、季节单位根、协整、面板单位根检验等。

2. 实践意义

（1）使用本书提供的Bootstrap检验方法及相关结论进行实证分析，能够得到更为可靠的结论。

（2）本书将选择我国实际宏观经济变量序列进行单位根检验，相关检验结论为制定宏观经济政策提供了理论参考。

1.2 研究内容

本书在文献综述的基础上，利用5章篇幅研究以下五个部分内容：

第一部分：PP检验模式下检验量分布与Bootstrap研究。首先介绍PP检验方法和Stationary Bootstrap① 方法原理；其次按照数据生成是否含漂移项分两类设置三种检验模式，分别推导漂移项检验量、趋势项检验量以及它们与单位根项联合检验量的分布形式；由于这些检验量含有扰动项的短期方差和长期方差，不能直接用于检验，为此需要寻求适当的转换形式，使之不含有任何未知成分；然后利用Stationary Bootstrap方法分别对上述检验量进行检验，给出Bootstrap检验步骤及其在原假设成立时的有效性证明；最后借助蒙特卡罗模拟方法比较Bootstrap检验与分位数检验的差异，并利用这两种方法对我国房地产市场有关价格指数的单整性进行检验。

第二部分：ADF检验模式下检验量分布与Bootstrap研究。首先介绍ADF检验方法和Recursive Bootstrap、Sieve Bootstrap方法原理；其次按照数据生成是

① 本书涉及Stationary Bootstrap等多种系列方法，由于目前国内学术界尚无统一的中译名称，多数相关中文文献仍采用英文原词表述，本书亦然。

否含有漂移项分两类设置三种检验模式，分别推导漂移项检验量、趋势检验量以及它们与单位根项联合检验量的分布形式；然后以数据生成为 AR(2)模型利用 Recursive Bootstrap 方法对上述单位根检验量进行检验，给出 Bootstrap 检验步骤及其在原假设成立时的有效性证明；最后借助蒙特卡罗模拟方法比较 Bootstrap 检验与分位数检验的差异，并利用这两种方法对我国人口数据和 GDP 数据的单整性进行检验。

第三部分：KSS 检验模式下检验量分布与 Bootstrap 研究。首先介绍 KSS 检验方法原理；其次按照数据生成是否含有漂移项分两类设置三种检验模式，使用 DF 检验模式考察不带阈值的 KSS 检验模型，分别推导漂移项检验量、趋势检验量以及与非线性项联合检验量的分布形式，并给出检验量常用样本的分位数；之后再采用 ADF 检验模式考察带阈值的检验模型，推导上述检验量的分布形式，并给出相应的分位数；然后以 DF 检验模式为代表，介绍利用 Recursive Bootstrap 方法对上述有关单位根检验量进行检验，给出 Bootstrap 检验步骤及其在原假设成立时的有效性证明；最后借助蒙特卡罗模拟方法比较 Bootstrap 方法与分位数检验的差异，并利用这两类方法对我国通货膨胀率数据的单整性进行检验。

第四部分：KPSS 检验模式下检验量分布与 Bootstrap 研究。首先介绍几类以平稳性为原假设的单位根检验量及其特点，着重介绍 KPSS 检验方法原理；其次研究具有一般非线性趋势下 KPSS 检验量的分布与一致性问题，在此基础上导出二次趋势 KPSS 检验量分布与常用样本对应的分位数；之后着重讨论二次趋势 KPSS 检验在模型误设时检验量的分布与性质、趋势检验量的分布与常用分位数，并在此基础上推导 KPSS 检验流程；然后根据 Bootstrap 方法的适用性，对二次趋势 KPSS 检验量进行 Bootstrap 检验，并证明其在原假设成立时的有效性；最后借助蒙特卡罗模拟方法比较 Bootstrap 检验与分位数检验的差异，利用两种方法对 Nelson 和 Plosser 研究中的 6 支序列进行单整性检验，并与 DF 类检验结果进行比较，验证本部分给出的 KPSS 检验流程的适用性[6]。

第五部分：递归调整检验模式下检验量分布与 Bootstrap 研究。首先介绍经典 DF 类检验功效低下的原因，并引出递归均值调整单位根检验，解释其提高检验功效的机理；其次按照生成数据的均值是否为零，以及模型设立正确与否和可比性原则，通过蒙特卡罗模拟比较递归均值调整检验功效与对应 DF 检验模式的功效，说明其提高功效的适用范围；然后引入 Bootstrap 方法对递归均值调整单位根和对应 DF 检验模式下单位根检验量进行研究，证明其有效性；再以不含漂移项的单位根数据生成过程为例，讨论递归趋势调整单位根检验量的构造，推导检验量在大样本下的分布形式，并给出相应样本下的常用分位数，在此基础上引入 Bootstrap 检验方法；最后利用递归调整方法研究我国上证综合指数与深圳成分指数日收盘价对数序列的单整性。

1.3 研究方法

根据本书的研究内容和研究范式，将综合采用文献跟踪研究、理论证明与蒙特卡罗模拟相结合研究、理论与实证相结合研究以及比较研究等方法展开分析。

(1) 文献跟踪研究。收集国内外与本书研究有关的研究资料，把握研究动态，从中提取相关结论，用于本书的理论证明，并在此基础上展开深入研究。

(2) 理论证明与蒙特卡罗模拟相结合研究。本书大部分内容将围绕推导相关检验量的分布以及 Bootstrap 方法的适用性而展开，因此必然会涉及大量的理论证明；为验证这些理论结果的正确性以及方便使用相关检验量，必须通过蒙特卡罗模拟技术进行仿真研究。

(3) 理论与实证相结合研究。本书以理论研究为主，探讨检验量的分布与 Bootstrap 方法的适用性问题，构造 KPSS 检验流程，提出递归趋势调整检验方法，等等。同时也将这些理论研究结果用于实证分析，讨论我国和国外宏观经济序列的单整性，做到理论与实践相结合。

(4) 比较研究。本书主要使用两类检验方法：一是经典分位数检验，二是使用 Bootstrap 方法构造分位数检验。要想了解这两种检验方法各自的优势，就必须采用比较方法对比它们的检验水平和检验功效是否具有差异，这需要通过蒙特卡罗模拟来实现。

1.4 创新之处

本书基于数据生成过程与单位根检验过程相结合的观点，主张采用检验流程的方式使用 Bootstrap 方法进行检验，并在此基础上推导检验流程中所需要的单位根检验量分布，提出 KPSS 检验流程，因此研究视角具有一定的新颖性。

在上述研究视角下，本书有以下几点理论创新：

(1) 推导 PP 检验模式下相关检验量的分布，并寻求适当的转换形式，为实证分析中贯彻 DJSR 检验流程提供方便。

(2) 推导 KSS 检验模式下相关检验量的分布，为实证分析中正确使用 KSS 检验提供理论指导。

(3) 研究二次趋势下 KPSS 检验量的分布，并在模型误设相关结论的基础上提出 KPSS 检验流程，进一步丰富 KPSS 检验理论。

(4) 发现递归均值调整单位根检验可提高检验功效的适用范围,提出一种新递归趋势调整单位根检验方法,这也完善了递归调整单位根检验理论。

1.5 技术路线

本书首先根据研究背景和意义确定研究内容,其次给出文献综述,介绍目前研究的现状,而后根据研究内容进行详细分析。后续章节基本按照这样的思路展开:首先介绍相应单位根检验方法的基本原理;其次导出各章研究检验量的分布,对部分检验量还要通过蒙特卡罗模拟技术获取常用样本下的分位数;接着讨论所用 Bootstrap 方法的检验步骤并给出有效性证明;最后再次使用蒙特卡罗模拟方法比较分位数检验与 Bootstrap 方法检验的效果,使用这两种方法对我国宏观经济数据进行实证分析。个别章节因研究内容差异会有所不同,研究的思路如图 1.1 所示。

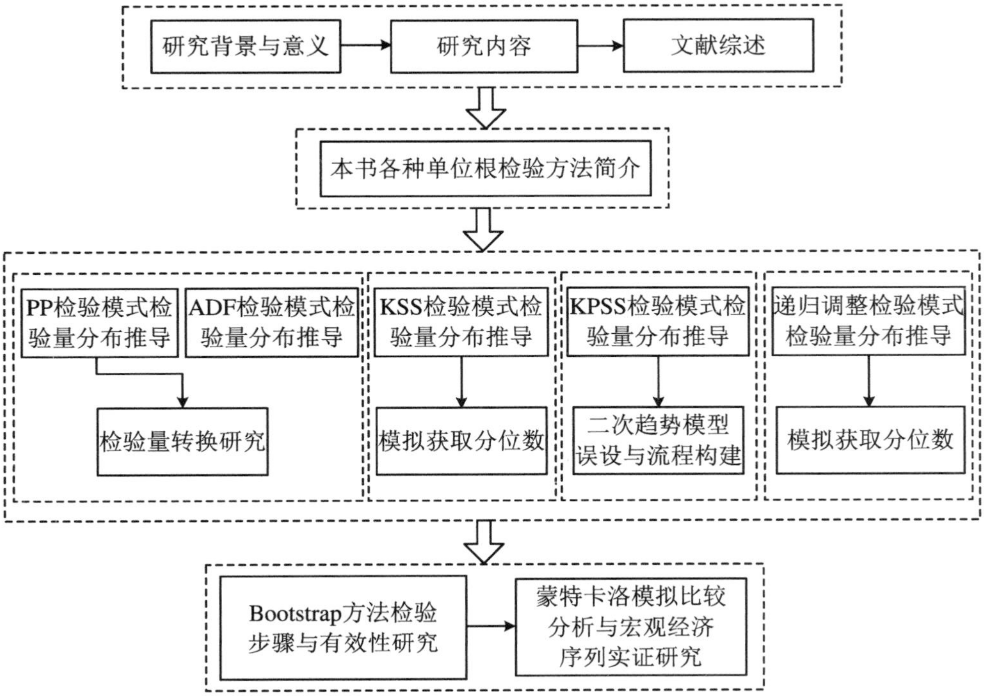

图 1.1 技术路线图

第2章　文献综述

2.1　DF类单位根检验理论研究

由于经典DF检验、ADF检验和PP检验思路相同，本章将其统称为DF类检验。

2.1.1　DF单位根检验

Dickey首次在其博士论文《Estimation and hypothesis testing in non-stationary time series》中提出了单位根(Unit Root)检验方法，随后与Fuller正式提出单位根DF检验理论[2-4]。该检验按照数据生成不同分为两种，按照检验模型设置不同分为四类。

1．无漂移项数据生成过程

设数据生成为 $y_t = y_{t-1} + \varepsilon_t$，其中 $\varepsilon_t \sim \mathrm{iid}(0,\sigma^2)$，实际检验所使用的回归模型分别为

$$y_t = \rho y_{t-1} + \varepsilon_t \tag{2.1}$$

$$y_t = \alpha + \rho y_{t-1} + \varepsilon_t \tag{2.2}$$

$$y_t = \alpha + \delta t + \rho y_{t-1} + \varepsilon_t \tag{2.3}$$

对回归式(2.1)建立假设 $\mathrm{H}_{01}:\rho=1$，对回归式(2.2)建立假设 $\mathrm{H}_{02}:\rho=1$ 和 $\mathrm{H}_{03}:\rho=1,\alpha=0$，对回归式(2.3)建立假设 $\mathrm{H}_{04}:\rho=1$ 和 $\mathrm{H}_{05}:\rho=1,\alpha=0,\delta=0$。其中对应 $\mathrm{H}_{03}:\rho=1,\alpha=0$ 和 $\mathrm{H}_{05}:\rho=1,\alpha=0,\delta=0$ 的检验量分别记为 Φ_1 和 Φ_2。

2．含漂移项数据生成过程

设数据生成过程为 $y_t = c + y_{t-1} + \varepsilon_t$，实际检验所使用的回归模型仍为式(2.2)和式(2.3)所对应的模型，在式(2.2)中检验假设 $\mathrm{H}_{06}:\rho=1$，在式(2.3)中检验假设 $\mathrm{H}_{07}:\rho=1$ 和 $\mathrm{H}_{08}:\rho=1,\delta=0$，其中联合检验 H_{08} 对应的检验量记为 Φ_3。

在单位根检验中，他们分别给出了系数检验量和伪 t 检验量两种形式，研究表明：除检验假设 $\mathrm{H}_{06}:\rho=1$ 的检验量之外，其他检验量分布都收敛到维纳过程的泛

函。正是由于 $H_{06}:\rho=1$ 的检验量服从正态分布,在实证分析中被忽视而很少使用,江海峰和陶长琪考察了在这种情况下单位根检验量及其与漂移项联合检验量的大样本性质和 Bootstrap 检验效果[22]。

另外,Dickey 和 Fuller 还讨论了上述检验式中漂移项和趋势项的检验量分布,结果表明这些检验量也收敛到维纳过程的泛函[4]。我国学者张晓峒和攸频按照上述两类数据生成过程,也分别推导了漂移项和趋势项伪 t 检验量的极限分布,并通过蒙特卡罗模拟和回归方程给出了常用分位数的响应面函数[23]。肖燕婷和魏峰则以无漂移项数据生成过程估计式(2.3)对应的模型,得到了与张晓峒和攸频相同的结论[24]。张凌翔和张晓峒使用 Wald 检验量,对上述单位根检验和联合检验进行研究,并得到各种情况下 Wald 检验量的分布及其响应面函数[25]。实际上,Wald 检验量与 Dickey 和 Fuller 对应检验量具有等价关系,详见陶长琪和江海峰的介绍[26]。

2.1.2 ADF 单位根检验

由于 DF 检验中假设扰动项 $\varepsilon_t \sim \text{iid}(0,\sigma^2)$,这可能不符合实际要求,为此 Said 和 Dickey 提出了 ADF 检验[5]。假设扰动项 ε_t 服从 ARMA(p,q)模型,其中参数 p,q 未知,即数据生成为

$$y_t = y_{t-1} + u_t,\quad \phi(L)u_t = \theta(L)e_t \tag{2.4}$$

其中

$$e_t \sim \text{iid}(0,\sigma^2),\quad \phi(L) = 1-\alpha_1 L - \cdots - \alpha_p L^p,\quad \theta(L) = 1-\beta_1 L - \cdots - \beta_q L^q$$

在假设 $T^{-1/3}k \to 0$ 以及 $ck > T^{1/r}$ 下,其中 $c,r>0$,将模型进行转换,使用 AR(k) 模型近似,得到如下估计模型:

$$y_t = \rho y_{t-1} + \sum_{l=1}^{k}\phi_l \Delta y_{t-l} + \varepsilon_{tk} \tag{2.5}$$

研究表明,检验假设 $H_{01}:\rho=1$ 的系数检验量经过参数修正后与 DF 系数检验量具有相同的极限分布①,而伪 t 检验量则不需要进行修正且与 DF 伪 t 检验量有相同的分布;对于其他三种情况,检验量的分布也完全类似。

聂巧平和张晓峒、张凌翔和张晓峒分别使用 F 检验量和 LM 检验量讨论了 ADF 检验模式下漂移项、趋势项以及它们与单位根项联合的检验,结果表明:F 检验量分布与对应检验量 Φ_1、Φ_3 完全相同,而 LM 检验量分布与对应的 Wald 检验量也完全相同[28-29]。江海峰、陶长琪和陈启明讨论了 ADF 模式下漂移项和趋势项检验量的分布,结果表明:这些检验量的分布与 DF 检验模式下对应检验量完全相同[30]。Hallz、Weber 分别讨论了式(2.5)中最优滞后期 k 的选择,提出了修正信

① 具体调整方式参见陆懋祖的介绍[27]。

息指标[31-33]。我国学者邓露和张晓峒也研究了各种滞后长度选择方法对ADF检验功效和实际检验水平的影响，认为修正的信息准则通常具有较合理的实际检验水平，而从一般到特殊的选择方法具有更为稳健的ADF检验性质[34]。攸频讨论了数据生成和检验模型均为式(2.3)的单位根DF和ADF检验，研究表明：这种数据生成和检验模式下检验量的分布与数据生成和估计模型均与式(2.2)一样，都为正态分布。由于这种数据生成本质上为二次趋势附带随机趋势过程，实际上宏观经济序列很少有这种生成模式，因而几乎不被使用[35]；其他涉及ADF检验的文献与本书研究没有必然联系，这里不再列出。

2.1.3 PP单位根检验

另一种对DF检验进行修正的是PP检验[36]。该检验直接假设扰动项服从一般稳定过程或者具有更为宽泛的分布过程，其数据生成模式为

$$y_t = y_{t-1} + \eta_t$$

其中 η_t 满足Phillips和Perron中的条件，例如假设 $\eta_t = \vartheta(L)e_t$ 服从MA(∞)过程，$e_t \sim \text{iid}(0, \sigma^2)$，用于检验 $H_0: \rho = 1$ 的回归模型为

$$y_t = \rho y_{t-1} + \eta_t \tag{2.6}$$

分析表明：系数检验量和伪 t 检验量经过非参数调整后与DF两种检验量具有相同分布，其他三种情况也完全类似①。

单位根DF检验、ADF检验和PP检验，本质上都是采用同样的估计方式，只是在扰动项分布假设及其处理方式上有所差异。实际上，ADF检验和PP检验中涉及的检验量，经过参数和非参数调整后都收敛到DF检验中对应的检验量，这是它们的共同点。不同点是它们的适用范围有一定差异，我国学者夏南新比较了三种检验的特点及适用范围；刘田、刘汉中和李陈华分别比较了ADF检验和PP检验在非线性趋势下的检验效果[37-39]。

2.1.4 DF类单位根检验流程

DF类检验还有一个共同特点，就是单位根检验量分布形式与数据生成过程严格一一对应，因而使用不同检验形式对应的分位数。在实证分析中，由于缺少相应的经济理论支持或者就是为了探索新经济理论，在进行单位根检验的同时，也必须对数据生成过程进行检验，为此，Dolado等提出了DF类单位根检验的DJSR流程[40]。该流程要求对具有明显趋势的时间序列变量，应该从包含趋势的式(2.3)一般模型开始进行单位根检验，同时对模型中的漂移项和趋势项进行显著性检验，

---

① 关于非参数调整与其他两类检验参见文献[27]的介绍。

也要与单位根进行联合检验，这可以使用肖燕婷和魏峰、聂巧平和张晓峒、张凌翔和张晓峒提供的检验量来完成检验[24-25,28-29]。然而在实证分析中，很少有学者严格按照此流程进行检验，大部分是由于目前计量软件如 Eviews、Stata 等并没有计算联合检验量，对于漂移项和趋势项检验量虽然给出了伪 t 值，但没有给出检验概率，这给实证研究带来了不便。

2.2 退势类单位根检验

DF 类检验有两个明显的缺点：一是检验水平具有较高的扭曲程度。就 PP 检验而言，即使 $\eta_t = \vartheta(L)e_t$ 服从最简单的 MA(1)模型，Molinas 和 Schwert 模拟表明，在 1%或者 5%的显著性水平下，无论是系数检验量还是伪 t 检验量，如果出现较大程度的负自相关系数，实际检验水平可以达到 100%，此时出现过度拒绝原假设；如果出现中等程度的正自相关系数，实际检验水平可以低至 0.5%，此时出现拒绝不足；只有为较大正自相关系数时，实际检验水平与名义显著性水平才比较吻合[41-43]。二是检验功效低下，容易犯第二类错误。这是由于 DF 类检验方法将趋势估计与单位根检验融合在一个方程中，使得漂移项、趋势项估计与单位根项检验同时进行，而且以上检验量构造方式容易受到冗余参数的影响，例如趋势参数以及扰动项方差或长期方差等，因此在实际应用中必须得到相关参数的一致估计量。由于一致性检验量是大样本下的性质，而实证分析中的小样本很难满足这个要求，为此 Bhargava 提出了两个检验量，其数据生成过程与检验量分别为 $y_t = \alpha + y_{t-1} + \varepsilon_t$ 和 $y_t = \alpha + \beta t + y_{t-1} + \varepsilon_t$，构造两个检验量

$$R_1 = \sum_{t=2}^{T} (\Delta y_t)^2 \Big/ \sum_{t=2}^{T} (y_t - \bar{y})^2$$

$$R_2 = \Big[\sum_{t=2}^{T} (\Delta y_t)^2 - (T-1)^{-1} \sum_{t=2}^{T} \Delta y_t\Big] \Big/ D$$

其中

$$D = (T-1)^{-2} \cdot \sum_{t=2}^{T} \big[(T-1)y_t - (t-1)y_T - (T-t)y_1 - (T-1)(\bar{y} - 0.5(y_1 + y_T))\big]^2$$

Bhargava 也通过模拟给出了相应的分位数，而且模拟显示，与 DF 检验相比，在检验功效上具有一定的优势[44]。

为提高检验功效，Elliot 等提出了 DF-GLS 检验和可行点最优 ERS 检验[9]。其中 DF-GLS 检验的思想是首先构造拟差分(Quasi Difference，QD)序列，利用拟差分序列估计趋势，然后剔除趋势，再对剔除趋势后的序列进行单位根检验。其检

验的数据生成过程为

$$y_t = d_t + u_t, \quad u_t = \alpha u_{t-1} + v_t$$

其中 v_t 是零均值的平稳过程，估计模型是

$$y_t^d = \rho y_{t-1}^d + e_t \tag{2.7}$$

其中 $y_t^d = y_t - \hat{d}_t$，$\hat{d}_t = z_t\hat{\beta}$，$\hat{\beta}$ 为拟差分序列回归得到的参数估计值，而被解释变量为 $y^{QD} = R(\bar{c})y$，解释变量为 $z^{QD} = R(\bar{c})z$，$R(\bar{c})$中的参数 $\bar{c}$ 与模型中 d_t 的形式有关，当趋势项仅为常数时，$\bar{c} = -7.0$，当趋势项为常数项和线性趋势时，$\bar{c} = -13.5$。ERS 检验则利用 y_t^d 在原假设和备择假设各自成立时两种残差平方和构造 P_T 检验量。在此基础上，Ng 和 Perron 又提出了 NP 检验[10]。该检验直接利用 y_t^d，根据 Stock 的 M 统计量构造了 4 个单位根检验量 MZ_α^d、MZ_t^d、MSB^d、MP_t^d，它们分别是修正版本下的 PP 检验量和 Bhargava R_1 检验量以及 ERS 检验量[44-45]。我国学者聂巧平进一步讨论了以上四个检验量有限样本下的统计性质，并给出了供检验使用的分位数与响应面函数，这为在实证分析中使用这类检验量提供了方便[46]。

DF-GLS、ERS 以及 P_T 检验方法充分利用了备择假设中的信息，因此提高了检验功效，这在近单位根过程中表现得尤为明显，蒙特卡罗模拟也证实了这个结论。其他诸如递归均值单位根检验方法以及加权对称单位根检验方法也能在一定程度上提高检验功效[47-48]。

2.3 KPSS 检验

DF 类检验和退势检验都有一个共同特点，那就是原假设都设定为存在单位根，这种假设设定使得除非有足够的证据证明被检验序列是平稳的，否则就接受其为非平稳单位根过程，从而提高了犯第二类错误的可能性，为此 Kwiatowski 等提出了以原假设为平稳序列的 KPSS 检验[8]。该检验设置为

$$y_t = \xi t + r_t + \varepsilon_t, \quad r_t = r_{t-1} + u_t$$

其中 ε_t、u_t 是均值为零的一般平稳过程，建立原假设 $H_0: \sigma_u^2 = 0$。如果 $\xi = 0$ 而 $r_0 \neq 0$，则在原假设成立时，序列 y_t 为常数均值平稳过程；如果 $\xi \neq 0$，则序列 y_t 为含趋势的平稳过程。为完成原假设的检验，他们构造了 LM 检验量。随后，Hornok 和 Larsson、Hobijn 分别对该方法进行拓广，讨论有限样本下 KPSS 检验量的性质，并利用蒙特卡罗模拟技术得到相应的分位数[49-50]。和第一类单位根检验方法相比，第二类单位根检验理论研究文献总体偏少，应用研究较多，例如 KPSS 检验中如何选择模型中的趋势类型，已有文献中并没有提供类似第一类单位根检验的 DJSR 检验流程来指导实证研究。

2.4 其他单位根检验方法

2.4.1 异方差结构扰动项单位根检验

PP 检验关于扰动项的设置允许存在一定程度的异方差性，但并没有给出异方差的具体形式。在众多异方差形式中，条件异方差被证实广泛存在于金融时间序列中，其中以 GARCH(p,q)模型最为常见[51]。对于此类问题的研究，按照使用估计方法可以分为三类。第一类是仍使用经典 DF 检验模式采用 OLS 估计方式：Kim 和 Schmidt 以扰动项具有 GARCH(1,1)结构的单位根过程作为研究对象，使用 DF 检验量进行单位根检验。模拟显示，除异方差程度较严重外，其他情况下虽然会出现一定程度的过度拒绝现象，但总体上有较满意的检验效果[52]。Wang 也以 GARCH(1,1)分布的扰动项为基础进行单位根检验，并推导了当四阶矩不存在时 DF 检验量的分布。研究表明，此时 DF 检验量分布不受 GARCH(1,1)结构的影响，模拟结论与 Kim 和 Schmidt 相类似[52-53]。第二类是采用极大似然(Maximum Likelihood，ML)估计方法，将单位根项和条件异方差模型中的参数同时进行估计：Seo 以扰动项具有 GARCH(p,q)结构讨论单位根检验，利用 ML 估计替代 OLS 估计方法，理论研究表明，单位根检验量分布由经典 DF 检验量分布与标准正态分布混合而成，组合权重取决于条件异方差程度和标准化残差的四阶矩；模拟显示，随着 GARCH 效应的增强，ML 单位根检验量的检验功效也显著增加，相对于经典 DF 检验，显示出同时估计单位根项与 GARCH 模型的优势[54]。与此相类似的还有 Ling 和 Li 的研究，研究对象是以扰动项具有 GARCH(1,1)结构的单位根过程[55-56]。汪卢俊将非线性和 GARCH 两种效应结合起来，考察 ML 估计方法下单位根检验的结果，模拟显示，当存在非线性效应时，其检验功效要优于其他 GARCH 效应的估计结果[57]。第三类是采用最小绝对离差方法：Herce 采用最小绝对离差(LAD)替代 OLS 估计方法，理论研究表明，这种方法下单位根检验量分布收敛到二元布朗运动过程的泛函，模拟显示当存在条件异方差时，该检验量明显优于 OLS 估计下的 DF 检验量[58]。关于 GARCH 效应下单位根检验的更多模拟结果，可参见靳庭良的介绍[59]。

2.4.2 非参数单位根检验

以上所有检验可以认为都是从内涵上考察单位根过程的内在特点，然而另一类单位根检验直接从变量外在特点来进行检验，这类检验一般称为非参数检验。

对于平稳序列而言，图像应该围绕其均值上下波动，因此穿越均值的次数非常频繁。相反地，对于非平稳单位根过程来说，变量变动具有发散趋势，一旦偏离某个水平，就很少有机会再返回到这个水平，因此可以通过考察序列穿越某个特定点的次数来实现单位根的检验，称之为均值恢复（Mean Reversion）检验，该方法首先由 Burridge 和 Guerre 提出[60]。该检验的一个优势是对数据的单调变换具有不变性，这在实证分析中具有重要作用。设数据生成过程与检验量分别为

$$y_t = y_{t-1} + \varepsilon_t, \quad y_t = \alpha + y_{t-1} + \varepsilon_t$$

$$K_T(s) \triangleq T^{-1/2}\left(\sum_{t=1}^{T}\left[I(y_{t-1} \leqslant s, y_t > s) + I(y_{t-1} > s, y_t \leqslant s)\right]\right)$$

$$\widetilde{K}_T(s) \triangleq T^{-1/2}\left(\sum_{t=1}^{T}\left[I(\tilde{y}_{t-1} \leqslant s, \tilde{y}_t > s) + I(\tilde{y}_{t-1} > s, \tilde{y}_t \leqslant s)\right]\right)$$

其中 $\varepsilon_t \sim \mathrm{iid}(0,\sigma^2)$，$\tilde{y}_t = y_t - \hat{\alpha}t - y_0$，$\hat{\alpha} = T^{-1}(y_T - y_0)$，$s$ 为任意实数。在原假设成立时，有

$$K_T(s) \Rightarrow \frac{E|\varepsilon_1|}{\sigma}|z|, \quad \widetilde{K}_T(s) \Rightarrow \frac{E|\varepsilon_1|}{\sigma}R$$

其中

$$z \sim N(0,1), \quad R \sim f_R(x) = I(x > 0)x\exp(-0.5x^2)$$

分别为标准正态分布与标准瑞利分布（Rayleigh Distribution），记号“$\Rightarrow$”表示弱收敛于。为使 ε_t 更接近实际，García 和 Sansó 以更为一般的稳定过程 u_t 替代独立同分布的 ε_t，此时分布相应用 $E|u_1|$ 替代 $E|\varepsilon_1|$ 即可[61]。

另一类非参数检验是考察单整序列的秩次，例如检验模型(2.1) 和(2.2)，令 $r_{T,t}$ 为 $\Delta y_t = \alpha + \varepsilon_t$ 在 $\Delta y_1, \Delta y_2, \cdots, \Delta y_T$ 中的秩次，令 $f(y_t) = \sum_{j=1}^{t}\left(r_{T,j} - \frac{T+1}{2}\right)$，在原假设成立有单位根时，Fotopoulos 和 Ahn 建立检验模型：

$$\sum_{j=1}^{t}\left(r_{T,j} - \frac{T+1}{2}\right) = \rho\sum_{j=1}^{t-1}\left(r_{T,j} - \frac{T+1}{2}\right) + r_{T,t} - \frac{T+1}{2}$$

记 ρ 的最小二乘估计为 $\hat{\rho}_r$，构造如下两个检验量：

$$\tau_r = T(\hat{\rho}_r - 1) = \frac{T\sum_{t=2}^{T}\left(r_{T,t} - \frac{T+1}{2}\right)\sum_{j=1}^{t-1}\left(r_{T,j} - \frac{T+1}{2}\right)}{\sum_{t=2}^{T}\left(\sum_{j=1}^{t-1}\left(r_{T,j} - \frac{T+1}{2}\right)\right)^2}$$

$$t_r = \frac{\hat{\rho}_r - 1}{s_r}\sqrt{\sum_{t=2}^{T}\left(\sum_{j=1}^{t-1}\left(r_{T,j} - \frac{T+1}{2}\right)\right)^2}$$

其中

$$s_r^2 = \frac{SSE_r}{T-2} = \frac{\sum_{t=2}^{T}\left(\sum_{j=1}^{t}\left(r_{T,j} - \frac{T+1}{2}\right) - \hat{\rho}_r\sum_{j=1}^{t-1}\left(r_{T,j} - \frac{T+1}{2}\right)\right)^2}{T-2}$$ [62]

由于$\sum_{t=2}^{T}\left(r_{T,t}-\frac{T+1}{2}\right)\sum_{j=1}^{t-1}\left(r_{T,j}-\frac{T+1}{2}\right)$是一个与$T$有关的常数，因此两个检验量均受分母影响，为此 Breitung 和 Gouriéroux 提出如下检验量：

$$\tilde{\lambda}_T = T^{-4}\sum_{t=1}^{T}(S_{t,T}^{R})^2$$

其中$S_{t,T}^{R}=\sum_{j=1}^{t}\left(r_{T,j}-\frac{T+1}{2}\right)$[63]。相关的分布分别如下：

$$\tau_r \Rightarrow -\frac{1}{2\int_0^1 \overline{W}^2(s)\mathrm{d}s},\quad t_r \Rightarrow -\frac{1}{2\sqrt{\int_0^1 \overline{W}^2(s)\mathrm{d}s}},\quad \tilde{\lambda}_T \Rightarrow \frac{1}{12}\int_0^1 \overline{W}^2(s)\mathrm{d}s$$

其中$\overline{W}(s)=W(s)-sW(1)$为一阶布朗桥，$W(s)$，$s\in[0,1]$为标准布朗运动。Hasan 比较了这几种单位根检验量与 DF 检验量的检验效果，显示其在一定条件下具有优势[64]。其他非参数单位根检验量包括 Aparicio、Escribano 和 Sipols 提出的前向极差单位根检验量(Forward Range Unit)、前向后向极差单位根检验量(Forward-Backward Range Unit)，Tian、Zhang 和 Huang 提出的方差比检验量以及 Tse、Ng 和 Zhang 提出的修正方差比检验量[65-67]。

以上主要介绍了一些常用和实用的单位根检验方法。对于其他单位根检验方法，如结构突变单位根检验、季节单位根检验和分整单位根检验，不再一一列出，部分检验可以参阅刘田和左秀霞的博士论文，以后使用时会在适当章节中介绍[69-70]。

2.5 单位根检验的 Bootstrap 研究

正如前面所提到的那样，由于绝大多数单位根检验量分布都是在大样本下收敛到维纳过程的泛函，为非标准的分布，因此对有限样本下的检验必须采用蒙特卡罗模拟技术来获取特定样本下的分位数，再通过回归方法构造合适的响应面回归模型得到任意样本下的分位数。但在进行蒙特卡罗模拟的时候，一般都假设扰动项服从标准正态分布，这种假设比原本独立同分布和具有有限二阶矩假设更强，从理论上说，应该使用扰动项真实分布，这在实践中并不合适，例如金融数据的条件异方差性等，因此检验经常会出现较大的水平扭曲，Leybourne 和 Newbold 的模拟结果充分证实了这个结论[71]。由于 Bootstrap 方法从自身样本中抽取残差，因而可以有效解决这个问题[72]。为降低检验水平的差异，学者们使用 Bootstrap 方法进行单位根检验，取得了丰硕的研究成果。

2.5.1 DF 检验模式下的 Bootstrap 研究

Basawa 等首先尝试将 Bootstrap 方法用于单位根检验[73-74]。在论文[73]中，对数据生成无漂移项模型，采用平稳或发散模型下传统的 Bootstrap 样本构造方法：

$$y_t^* = \hat{\rho} y_{t-1}^* + \varepsilon_t$$

其中 $\hat{\rho}$ 为 ρ 的一致估计量。研究发现，即使假设 ε_t 服从标准正态分布，由此 Bootstrap 样本得到的系数检验量和伪 t 检验量极限分布都是随机的，与原始样本下对应检验量的极限分布不相同，这明显违背了使用 Bootstrap 方法进行假设检验的最基本原则，说明这种数据生成方式不能用于单位根假设检验。为此，在论文[74]中，作者采用 Sequence Bootstrap 方法，并取得了满意的效果。随后，Ferretti 和 Romo 也对此模型使用 Bootstrap 方法，采用如下的 Bootstrap 样本构造方法：

$$y_t^* = y_{t-1}^* + \varepsilon_t^*$$

其中 $\varepsilon_t^* = \hat{\varepsilon}_t - T^{-1}\sum_{t=1}^{T}\hat{\varepsilon}_t$ 是回归式(2.1)中残差 $\hat{\varepsilon}_t$ 经过中心化处理结果，这里对 Bootstrap 样本构造施加单位根约束，在此约束下，他们证实了这种 Bootstrap 方法在单位根检验中的有效性[75]。Datta 按照 $|\rho| = 1$，$|\rho| < 1$，$|\rho| > 1$ 分别讨论了传统 Bootstrap 检验结果，指出对于 $|\rho| = 1$ 这种单位根非平稳时间序列，如果在 Bootstrap 样本构造时不采用单位根约束，则得到的检验量分布将是随机的[76]。该文给出了另一种 Bootstrap 样本构造方法，在保持传统样本构造的基础上，样本容量与原始样本容量并不相同，即 $y_t^* = \hat{\rho} y_{t-1}^* + \varepsilon_t^*$，$t = 1,2,\cdots,m$，并证明在保留传统 Bootstrap 样本构造方法下，通过选取适当的 Bootstrap 样本容量 m，也可以实现单位根 DF 检验。Heimann 和 Kreiss 也得到了类似结论[77]。

Angelis、Fachin 和 Young 首先介绍 Harris 在实证分析中使用 Bootstrap 检验方法，然后从模拟角度讨论数据生成和估计都为式(2.1)的检验效果，并比较多种扰动项误差类型的结果，模拟表明了 Bootstrap 方法检验下的实际检验水平与名义水平非常接近，而分位数检验往往表现出很大的水平扭曲[78-79]。另外在检验功效方面，两种检验方法的结果基本相近，显示出该方法具有良好的应用前景，Kreiss、Nankervis 和 Savin 也得到了类似结论[80-81]。

显然，以上对 DF 单位根检验方法的讨论并没有涉及估计式(2.2)、式(2.3)以及数据生成带漂移项的检验情况，对趋势项、漂移项单参数显著性检验以及联合检验也没有涉及。

2.5.2 PP 检验模式下的 Bootstrap 研究

针对 PP 检验中扰动项的设置特点，学者们分别采用 Stationary Bootstrap、

Block Bootstrap、Sieve(Recursive) Bootstrap 等方法进行了研究[82-83]。

Ferretti 和 Romo 最早讨论 PP 检验 Bootstrap 实现方法[75]。假设数据生成具有如下简单形式：

$$y_t = \alpha y_{t-1} + v_t, \quad v_t = \rho v_{t-1} + \varepsilon_t$$

其中$|\rho|<1$且$\rho\neq 0$，检验$H_0:\alpha=1$和$H_1:\alpha<1$。采用类似独立同分布下的检验步骤构造 Bootstrap 样本，并从理论上证明了其有效性；蒙特卡罗模拟表明，由于该方法不需要对冗余参数进行估计，因此比需要进行非参数调整的 PP 检验具有更好的检验效果。Psaradakis 对此做了进一步扩展，假设数据的生成形式为

$$y_t = d_t + v_t, \quad v_t = \alpha v_{t-1} + u_t$$

其中

$$d_t = 0, d_t = \beta_0, d_t = \beta_0 + \beta_1 t, \quad u_t = \sum_{j=0}^{\infty} \phi_j \varepsilon_{t-j}$$

u_t为零均值的平稳过程，ε_t为零均值、存在二阶矩且四阶矩有限的独立同分布过程，原假设为$H_0:\alpha=1$[84]。该文采用 Sieve Bootstrap 方法，用有限阶 AR(p)过程近似无穷阶的自回归过程，在适当的滞后期选择标准以及 Yule-Walker 参数估计前提下，从理论上证实基于该方法下单位根系数检验量和伪t检验量与原始样本对应检验量有相同极限分布。该文的一个显著特点是利用了 Bootstrap 方法对检验量中冗余参数具有自动修正功能。最后，论文使用扰动项具有 MA(1)结构的模型，对误差项假设为标准正态分布、双指数分布和卡方分布，考察$\alpha\leqslant 1$时的检验水平与检验功效，并和两个修正 PP 检验量、ADF 检验量以及 ERS 检验量进行对比，表明这种无修正检验量的合理性和该 Bootstrap 方法的有效性。

Swensen 则直接假设数据生成为$y_t=\alpha y_{t-1}+v_t$，在假设$\Delta y_t = y_t - y_{t-1}$服从无穷阶可逆移动平均模式下，采用 Sieve Bootstrap 方法对差分序列拟合有限自回归项进行近似，与 Psaradakis 不同的是，这里采用了差分形式而非估计的残差进行拟合，相同的是也强调使用 Yule-Walker 估计自回归参数；而后再使用 Stationary Bootstrap 方法直接对中心化残差$\tilde{v}_t = \Delta(y_t - \bar{y})$进行抽样，在施加单位根约束情况下构造 Bootstrap 样本；蒙特卡罗模拟表明，这两种方法对无漂移项的数据生成都适用[85]。需要说明的是，Swensen 也没有对检验量进行修正，保持 PP 检验量的原始形式。

由于以上两篇文献中都假设扰动项可以表示成可逆的无穷移动平均形式，因此属于参数形式的误差设定，这可能不满足实证分析要求。为此，Paparoditis 和 Politis 提出了以 Block Bootstrap 为基础的样本构造方式，并以$y_t=\alpha y_{t-1}+\beta+v_t$为数据生成形式进行分析。在满足适当假设条件下，作者从理论上证明：无论是在原假设成立时利用差分残差构造 DBB(Difference Block Bootstrap)样本还是利用 OLS 估计得到拟合残差构造 RBB(Residual Block Bootstrap)样本，都可以对单位根进行假设检验，但两者在检验功效上有所差异，蒙特卡罗模拟也证明了该方法

的有效性[86]。

Smeekes 也对无漂移项数据生成模式进行了研究，讨论了如何使用 Bootstrap 方法处理扰动项具有一般平稳结构的检验[87]。他指出，虽然可以采用 Block Bootstrap 方法，但该方法有两个缺点，一个是难以确定 Block 的最优长度，另一个是该方法所产生的误差序列可能不具有平稳性，这与通常的假设相矛盾，从而不能很好地模拟原始扰动项的生成特点，因而提出使用 Sieve Bootstrap 进行检验，但没有给出模拟结果，也没有从理论上证明该方法的合理性。

另一种与 Paparoditis 和 Politis 研究内容相近的是 Parker、Paparoditis 和 Politis 的研究成果，他们使用 Stationary Bootstrap 方法研究数据生成形式为 $y_t = \alpha y_{t-1} + \beta + v_t$，且 v_t 具有最广泛相依误差结构[88]的构造。由于使用了 Stationary Bootstrap 方法，因而避免了 Smeekes 所说的问题[87]。同样该文也采用了基于差分形式的 DSB（Difference Stationary Bootstrap）样本和基于估计残差的 RSB（Residual Stationary Bootstrap）样本进行讨论，理论证明和蒙特卡罗模拟都证实该方法也可以执行单位根检验，而且较传统的 PP 检验具有更低的检验水平扭曲，但该方法在如何设置服从几何分布的概率参数上有待进一步研究。

Palm、Smeekes 和 Urbain 则对以上几个检验进行比较并给以补充[89]。例如对 Psaradakis、Chang 和 Park 的 Bootstrap 检验补充了基于残差的 Sieve Bootstrap 方法，对 Parker 等方法也做了相应修正，对以上修正从理论角度证明了有效性[90]。通过蒙特卡罗模拟得到三个结论：一是 ADF 检验量要优于 DF 检验量；二是 Sieve Bootstrap 优于 Block Bootstrap；三是基于差分为基础的 Bootstrap 检验量比基于回归为基础的 Bootstrap 检验量具有更低的检验水平扭曲，但在检验功效方面顺序正好相反。

2.5.3 ADF 检验模式下的 Bootstrap 研究

Park 假设如下数据生成形式：

$$y_t = \alpha y_{t-1} + \sum_{j=1}^{p} \beta_j \Delta y_{t-j} + \varepsilon_t$$

检验假设为 $H_0: \alpha = 1$[91]。在原假设成立时，利用

$$\Delta y_t = \sum_{j=1}^{p} \beta_j \Delta y_{t-j} + \varepsilon_t$$

得到$\hat{\beta}_j$、$\hat{\varepsilon}_t$，再对 $\hat{\varepsilon}_t$ 做中心化处理得到$\hat{\varepsilon}_t^*$，采用关系式

$$u_t^* = \sum_{j=1}^{p} \hat{\beta}_j u_{t-1}^* + \hat{\varepsilon}_t^*, \quad y_t^* = y_{t-1}^* + u_t^*$$

获取 Bootstrap 样本，然后计算 Bootstrap 样本下的两个单位根检验量，从理论上证明了基于 Bootstrap 样本下检验量与原始样本下检验量有相同的极限分布。值

得一提的是，该文还在一定条件下讨论了 Bootstrap 检验量精炼（Refinement）效果，即从理论上证实了 Bootstrap 方法较传统分位数检验具有更低的水平扭曲。随后又将模型推广到较为一般的情况，即数据生成为

$$y_t = d_t + \alpha y_{t-1} + \sum_{j=1}^{p} \beta_j \Delta y_{t-j} + \varepsilon_t$$

并着重讨论 $d_t = \delta_0$、$d_t = \delta_0 + \delta_0 t$ 时的检验结论，最后使用蒙特卡罗模拟进行试验，并指出 Bootstrap 方法较分位数方法更具有优势，但在功效方面优势不明显。由于 Park 假设数据生成的滞后期 p 为已知，这可能不符合实际情况，为此 Chang 和 Park 假设数据生成为

$$y_t = \alpha y_{t-1} + u_t, \quad u_t = \sum_{j=1}^{\infty} \phi_j \varepsilon_{t-j}$$

这里放松对 ε_t 的假定，除为独立同分布之外，还允许为鞅差分过程[90]。其思路与 Park 完全相同，但假定 $p_T = o(\mathrm{int}(T\log T)^{1/2})$，然后从理论上证明了 Sieve Bootstrap 方法的有效性，并指出该方法对以上数据生成含有漂移项，而估计具有漂移项、漂移项和趋势项的检验模型仍然适用，蒙特卡罗模拟也证实这个结论是正确的[91]。

以上两篇文献在构造 Bootstrap 样本时，其残差的获取都是在施加单位根假设 $H_0: \alpha = 1$ 下得到的，即估计的模型为

$$\Delta y_t = \sum_{j=1}^{p} \beta_j \Delta y_{t-j} + \varepsilon_t$$

但 Paparoditis 和 Politis 指出：这种做法虽然可以降低检验水平扭曲，但检验功效在备择假设成立时比较低下，而且这种做法在

$$u_t = \sum_{j=1}^{\infty} \phi_j \varepsilon_{t-j}$$

时并不适合，因此建议使用无约束残差获取 Bootstrap 样本方式[92]。为此作者首先讨论 ADF 检验滞后期已知情况，即数据生成为

$$y_t = \alpha y_{t-1} + \sum_{j=1}^{p} \beta_j \Delta y_{t-j} + \varepsilon_t$$

然后直接估计模型

$$y_t = \alpha y_{t-1} + \sum_{j=1}^{p} \beta_j \Delta y_{t-j} + \varepsilon_t$$

记模型残差估计为 $\hat{\varepsilon}_t = y_t - \hat{\alpha} y_{t-1} - \sum_{j=1}^{p} \hat{\beta}_j \Delta y_{t-j}$，之后的步骤与 Park 完全相同[91]。理论证实基于无约束模型的 Sieve Bootstrap 方法也能用于单位根检验，且检验功效大于基于约束残差下的结果。而后该文进一步采用 Chang 和 Park 的假设，即把数据生成推广到更为一般的情况，并指出：由于在备择假设成立时，$u_t = \Delta y_t$ 不具有可逆性，因此无法使用无穷阶自回归过程来近似，即此时

$$u_t = \sum_{j=1}^{p_T} \phi_j u_{t-j} + \varepsilon_t$$

的表达式并不成立,也就无法使用 Sieve Bootstrap 方法,因此建议使用无约束回归方式获取残差估计[90]。该文的结论表明:在原假设成立的时候,两种残差获取方式在检验水平上并无显著差异,但在检验功效方面应使用基于无约束的残差形式。Palm、Smeekes 和 Urbain 对此也有类似阐述[89]。

以上相关文献在使用 Sieve Bootstrap 方法时,都假设 $u_t = \sum_{j=1}^{p_T} \phi_j u_{t-j} + \varepsilon_t$ 形式,并建立相应的不变原理(Invariance Principle)。Richard 指出:也可以使用 MASB(Moving Average Sieve Bootstrap)方法来近似,即采用 $u_t = \sum_{j=1}^{q_T} \pi_j \varepsilon_{t-j} + \varepsilon_{q,t}$,在假设 $q_T = o(\text{int}(T\log T)^{1/2})$ 成立时,建立了不变原理;而后再将该问题推向更为一般的情况,即使用 ARMA(p,q) 模型来近似扰动项的生成,称为 ARMASB(Auto Regression Moving Average Sieve Bootstrap),即有

$$u_t = \sum_{j=1}^{q_T} \pi_j \varepsilon_{t-j} + \sum_{j=1}^{p_T} \beta_j u_{t-l} + \varepsilon_{q,t}$$

在满足适当的条件下也建立了相应的不变原理;然后利用上述两种 Sieve Bootsrap 方法对无漂移项数据生成过程中使用伪 t 检验量进行检验,理论证明显示该伪 t 检验量与原始样本下的伪 t 检验量的极限分布完全相同,从而证实该方法的有效性;蒙特卡罗模拟表明,相对于传统分位数检验方法,该方法的检验水平更接近名义水平;相对于 AR 模式下的 Sieve Bootstrap 方法,这两种方法也具有一定优势[93]。该研究进一步丰富了 Sieve Bootstrap 在单位根检验中的理论。

虽然通过引入 Bootstrap 方法可以降低检验的水平扭曲,但实际拒绝概率与名义拒绝概率仍然存在差异,为进一步降低差异,Richard 将 Davidson 和 MacKinnon提出的双重(Double)Bootstrap 方法引入 ADF 检验中,同时为降低计算量,在此基础上进一步提出修正的双重(Modified Double)Bootstrap,称为快速双重 Bootstrap(Fast Double Bootstrap,FDB),模拟表明:即使当扰动项服从一阶移动平均模型且具有很高的负自相关系数时,采用 FDB 形式的 Sieve Bootstrap 能够明显进一步降低检验水平扭曲,与此同时,检验功效也得到很好保证[94-95]。Mantalos 和 Karagrigoriou 则从另一个角度出发解决进一步降低检验水平扭曲问题[96]。由于 Sieve Bootstrap 方法的核心思想是利用有限的 AR(p)模型去近似无穷阶的 MA 模型,其中滞后期 p 的选择至关重要,学者如 Chang 和 Park 提出使用信息指标 AIC 和 BIC,但模拟表明使用 AIC 可能出现拒绝不足,导致 p 过大,而使用 BIC 指标,则拒绝过度,使得 p 过小[90]。也有学者提出指定一个较大的 p,然后通过 t 检验,从显著性角度确定最终的滞后期。这两种做法虽然使得 Bootstrap 检验有效,但仍有进一步改进的空间,为此 Mantalos 和 Karagrigoriou 把 Mantalos

等提出的 MDIC(Modify Divergence Information Criterion)方法引入 Sieve Bootstrap 中,蒙特卡罗模拟表明,即使当扰动项具有较大的负一阶移动平均系数和较小样本时,使用 MDIC 指标的检验要比 AIC 等指标检验具有更好的效果,但就检验功效来说,并没有给出两种不同信息指标下的比较结果,不过模拟显示,MDIC 下的检验功效仍然具有令人满意的效果[97-98]。

2.5.4 KPSS 检验模式下的 Bootstrap 研究

Li 和 Xiao 首先利用 Bootstrap 方法结合 KPSS 检验来分析变量之间是否具有协整关系,即对回归的残差进行平稳性 KPSS 检验。他们提出利用 Recursive Bootstrap 方法来构造 Bootstrap 样本,但由于该方法效果欠佳,且在确定最优滞后期中缺乏先验信息,因此在最终模拟中转而采用 Stationary Bootstrap 方法进行研究。结果显示,传统使用分位数的 KPSS 检验在原假设成立时会产生严重水平扭曲,而 Stationary Bootstrap 方法虽然不能从根本上消除水平扭曲,但会明显降低水平扭曲;当原假设不成立时,两种方法的检验功效相差无几[99]。Psaradakis 讨论了带漂移项数据生成过程的 KPSS 检验[100]。假设数据生成过程为

$$y_t = \mu + u_t + \eta_t, \quad \eta_t = \eta_{t-1} + \zeta_t, \quad u_t = \sum_{j=0}^{\infty} \phi_j \varepsilon_{t-j}$$

在适当假设下,用

$$\sum_{j=0}^{p} \phi_{T,j}(y_{t-j} - \bar{y}_T) = \varepsilon_{T,t}$$

进行回归得到残差估计 $\hat{\varepsilon}_{T,t}$ 和参数估计 $\hat{\phi}_{T,j}$,然后根据 Sieve Bootstrap 构造样本

$$\varepsilon^*_{T,t} = \sum_{j=0}^{p} \hat{\phi}_{T,j} u^*_{T,t}, \quad y^*_{T,t} = \bar{y}_T + u^*_{T,t}$$

并从理论上证明该方法的有效性,模拟结果与 Li 和 Xiao 相近。进一步地,Psaradakis 也采用 Blockwise Bootstrap 方法对上述数据的生成过程进行了研究,也得到了类似的结论[101]。Lee J 和 Lee Y I 则考察带线性趋势的 KPSS 检验,即 $y_t = \mu + \beta t + z_t + u_t$,$z_t = z_{t-1} + e_t$,其中 e_t 为独立同分布序列,和 Psaradakis 一样,使用了 Sieve Bootstrap 方法来构造样本,其蒙特卡罗模拟表明该方法也适用于带线性趋势的 KPSS 检验[100,102]。

2.5.5 退势检验模式下的 Bootstrap 研究

和以上单位根检验量相比,虽然退势单位根检验量具有较高的检验功效,但在实践中却很少使用,因此关于使用 Bootstrap 方法的退势检验文献也相对较少。Cavaliere 和 Taylor 考虑以下数据生成过程的检验:

$$x_t = d_t + y_t, \quad y_t = \alpha y_{t-1} + u_t, \quad u_t = \sum_{j=0}^{\infty} \phi_j \varepsilon_{t-j}$$

检验 $H_0: \alpha = 1$[103]。设 GLS 退势序列为 $\tilde{x}_t = x_t - \hat{\gamma}' z_t$，构造如下 ADF 检验：

$$\tilde{x}_t = \pi \tilde{x}_{t-1} + \sum_{i=1}^{k} \beta_i \Delta \tilde{x}_{t-i} + u_{t,k}$$

估计上述模型得到残差 $\hat{u}_{t,k}$，采用有放回的重复抽样方式得到 $u_t^b = \hat{u}_{t,k} w_t$，其中 $w_t \sim N(0,1)$，即这里采用考虑异方差的 Wild Bootstrap，然后使用递归等式 $x_t^b = x_{t-1}^b + u_t^b$ 得到 Bootstrap 样本，再以此样本为基础得到类似原始样本下的退势检验量[104]。在适当假设下，证明了两种样本下检验量的极限分布相同，其蒙特卡罗模拟结果表明：有限样本下基于 Wild Bootstrap 方法的退势检验结果，相对分位数检验以及 Block Bootstrap 检验效果都好，而且对具有 GARCH 类型的误差也具有稳健性。Stephan 也对上述数据生成模型进行分析，不但考虑了 GLS 退势方法，还考虑了 OLS 退势以及递归（Recursive）退势方法[105]。首先在适当假设下得到 OLS 退势以及递归退势下检验量的极限分布，然后采用 Sieve Bootstrap 方法构造 Bootstrap 样本，从理论上证明该方法的有效性，蒙特卡罗模拟显示，三种退势下的 Bootstrap 检验在检验水平上没有明显差异，但在检验功效方面差异较大。Wang 比较了点最优 NRS 估计量的几种 Bootstrap 检验方法，通过模拟发现，相对于使用分位数进行检验，参数和非参数 Bootstrap 方法具有满意的检验水平，同时也保持了较好的检验功效[106]。

2.5.6 异方差结构下的 Bootstrap 研究

Horváth 和 Kokoszka 考察了带有重尾扰动项的 AR(1) 模型单位根 Bootstrap 检验，其特点是构造的 Bootstrap 样本小于原始样本，在满足一定条件下证明该方法的有效性[107]。类似地，Jach 和 Kokoszka 采用子抽样（Subsample）样本构造方法，对无限方差的重尾分布扰动项进行单位根检验，并给出有效性证明[108]。Cavaliere 和 Taylor 利用 Wild Bootstrap 方法对具有异方差的扰动项进行单位根检验，模拟显示，在有限样本下，该检验方法适用于具有系列非平稳波动率过程的单位根检验[109-110]。上述各个文献没有设定扰动项具体异方差形式，Gospodinov 和 Tao 以 GARCH(1,1) 模型为异方差生成形式，考察了 Ling 和 Li 单位根检验的 Bootstrap 实现方法，该方法的好处是，可以不对检验量中出现的冗余参数进行调整，这样可以修正检验水平扭曲程度，模拟显示：有限样本下，该 Bootstrap 方法适用于多种参数设置的 GARCH(1,1) 模型单位根检验[111,55]。

有关其他单位根检验的 Bootstrap 方法，这里不再综述，例如季节单位根检验与本书研究无关，这里不再详细介绍，具体可以参阅 Dudek 等、Cavaliere 的研究[112-114]。近来有关单位根检验的 Bootstrap 方法，可以参阅 Yang、Parker 等、

Chang 等的研究[115-117]，这里不再介绍。后面章节需要的时候再做补充。

2.6 文献评述

通过对国内外研究现状进行分析和梳理，可以看出，现有文献对单位根检验理论从多个角度做了广泛而深入的研究：有放松数据生成条件的 ADF 检验、PP 检验，有提高检验功效的 DF-GLS、ERS、NP 和递归均值调整检验，也有更改原假设的 KPSS 检验，更有从外在表现特点的均值恢复检验、极差检验和方差比检验等。针对单位根过程中出现的水平扭曲问题，也使用 Bootstrap 方法加以改善，提出了 Block Bootstrap、Recursive Bootstrap、Stationary Bootstrap、Sieve Bootstrap、Wild Bootstrap、Double Bootstrap、Subsample 等系列方法，从而有效地降低了水平扭曲，这些研究成果无疑丰富了单位根检验理论，也为本书的深入研究提供了素材和理论参考。然而，仍有几点值得思考和深入研究：

第一，虽然 PP 检验假设更接近实际，但尚缺少对漂移项、趋势项以及联合检验量分布及其转换研究。

第二，对 KPSS 单位根检验而言，现有设定趋势最高阶为线性趋势，而实践中需要研究具有非线性趋势尤其是二次趋势下检验量的分布，个别文献虽有提及但并未作深入分析；目前，KPSS 检验模式下还缺少 DF 类单位根检验的 DJSR 检验流程，实证研究中也仅是对单位根项进行研究，忽视了对趋势项的显著性进行检验，这难免会得出错误的结论。

第三，单位根检验是一个复杂过程，对单位根项检验的同时也要判断数据的生成过程，但目前的单位根理论研究基本上只有一个范式：先假定已知数据生成过程，再推导相关检验量分布，进而模拟并给出分位数。但实证研究中却并不知道数据生成过程，因此实证分析中很少使用 Bootstrap 方法进行单位根检验；王美今指出，实证分析中研究人员检验设置主观性强，检验结果缺乏客观性[21]。

第四，在使用 Bootstrap 方法时，这些文献毫无例外地都只对单位根项进行检验，虽然也有个别文献指出他们的方法可以用到与单位根检验有关的其他检验量中，但没有对漂移项、趋势项以及联合检验进行研究，这显然有悖于单位根检验的 DJSR 流程要求。

第五，关于递归均值调整能够提高检验功效还存在认识上的误区，对递归趋势调整单位根检验量的分布与功效提升也有待进一步研究和验证。

第六，对于以非线性平稳为备择假设的单位根检验，也采用了基于退势单位根检验的模式，这就回避了关于漂移项、趋势项以及它们与单位根项联合的检验问题。在后续章节中，本书将对 PP 检验、ADF 检验和 KSS 检验模式下的漂移项检验、趋势项检验以及联合检验给出有关检验量的分布，并实现使用适当的 Bootstrap 方法完成检验；然后再对含有非线性趋势的 KPSS 检验进行研究，重点分析二次趋势下模型误设时相关检验量的性质，探寻趋势项检验量的分布，并在此基础上总结 KPSS 检验流程，再利用 Bootstrap 方法完成相应的检验；最后从可比性原则和模型设置两个角度，分析递归均值调整与经典 DF 检验功效差异，导出其适用条件，对含趋势检验模型给出一类基于趋势调整的单位根检验量分布，验证其功效提升功能，并给出检验过程的 Bootstrap 实现方法。以下每章都将使用蒙特卡罗模拟方法进行仿真研究，并选取适当的宏观经济序列做实证研究，以体现 Bootstrap 检验方法的实用功能。

第 3 章　PP 检验模式下检验量分布与 Bootstrap 研究

3.1　PP 检验与 Stationary Bootstrap

3.1.1　PP 检验简介

由于 DF 检验中扰动项假设为独立同分布过程，这在现实中很难被满足，例如，经济时间序列前后期往往呈现出相关性，一些金融时间序列也经常出现尖峰厚尾波动的集群性，因此需要放松独立同分布假设。Said 和 Dickey 考察了当扰动项服从 ARMA(p,q)模型时 DF 检验量的适用问题，他们的研究表明：通过引入因变量差分适度时期的滞后项，仍然可以使用 DF 检验量，这实质上转换为 ADF 检验模式[5]。为进一步放松扰动项的形式，Phillips 提出了更为一般的扰动项[36]。假设数据生成为

$$y_t = y_{t-1} + u_t \tag{3.1}$$

其中 u_t 满足以下假设：

假设 3.1　(1) $\{u_t\}_{t=1}^{T}$ 是均值为 0 的平稳过程。

(2) $E|u_t|^{\lambda} < \infty$，其中 $\lambda > 2$。

(3) $\{u_t\}_{t=1}^{T}$ 具有谱密度函数 $f_u(\tau) > 0, \tau \in [-\pi, \pi]$。

(4) $\{u_t\}_{t=1}^{T}$ 是强混合过程，混合系数 α_m 满足条件 $\sum_{m=1}^{\infty} \alpha_m^{1-2/\beta} < \infty$，其中 $\beta > 2$。

该假设最为宽松，假设(1)表明扰动项 u_t 的期望始终为零，但存在一定的相关性，这包括以 ARMA 模型表示的线性平稳过程，但相关程度受到混合系数 α_m 限制，即当间隔趋向很大时，这种相关性渐近趋向独立性。同时也可以允许 u_t 存在适度的条件异方差，这通过假设(2)控制。为使部分和收敛，假设(3)保证扰动项 u_t 的长期方差得以存在，记 $\sigma_u^2 = E(u_1^2)$ 为扰动项序列方差，也称为短期方差，而

$$\sigma^2 = E(u_1^2) + 2\sum_{k=2}^{\infty} E(u_1 u_k) = 2\pi f_u(0)$$

表示扰动项序列的长期方差。

以上条件包含 DF 检验条件,这使得 PP 检验具有更为广泛的适用性。Phillips 等人在上述假设下,提出估计如下检验模型:

$$y_t = \rho y_{t-1} + u_t \tag{3.2}$$

并检验 $H_0:\rho=1$[5]。他们定义系数检验量和伪 t 检验量分别为

$$\tau = T(\hat{\rho}-1) = \frac{T^{-1}\sum_{t=1}^{T} y_{t-1}u_t}{T^{-2}\sum_{t=1}^{T} y_{t-1}^2},\quad t = (\hat{\rho}-1)/\mathrm{se}(\hat{\rho}) = \frac{\sum_{t=1}^{T} y_{t-1}u_t}{\hat{\sigma}_u\sqrt{\sum_{t=1}^{T} y_{t-1}^2}}$$

研究表明:两个检验量虽然都收敛到维纳过程的泛函,但含有扰动项的短期方差和长期方差。为此他们给出非参数转换形式,转换后的检验量不再含有未知参数,极限分布收敛到同类 DF 检验量的对应结果。Phillips 和 Perron 随后将漂移项和趋势项引入检验模型,分别给出如下估计模型:

$$y_t = \alpha + \rho y_{t-1} + u_t \tag{3.3}$$

$$y_t = \alpha + \delta\left(t - \frac{1}{2}T\right) + \rho y_{t-1} + u_t \tag{3.4}$$

并分别讨论上述检验模型中单位根项两个检验量的分布,同时也考察了漂移项、趋势项伪 t 检验量的分布,理论研究表明:相关检验量仍然收敛到维纳过程的泛函,但仍然包含扰动项的长期方差,他们也相应给出转换的方法,其中式(3.3)转换检验量分布结果与同类的 DF 检验相同,但式(3.4)的检验结果除单位根项之外,与同类的 DF 检验有一些差异,这是因为二者的设置形式不同,在本章 3.2 节将讨论与 DF 设置形式相同的检验模式检验量及其转换形式[36]。以上研究中并没有考虑数据生成漂移项非零的检验结果,也没有考虑相关的联合检验量分布形式。

为使转换可以操作,需要计算长期方差的估计值,Phillips 和 Perron 建议使用 Newey 和 West 提出的核函数形式,即

$$\hat{\sigma}^2 = s^2 + 2(T-1)^{-1}\sum_{k=1}^{T-1} w(k,l)\sum_{t=k+1}^{T}\hat{u}_t\hat{u}_{t-k} \tag{3.5}$$

$$s^2 = T^{-1}\sum_{t=k+1}^{T}\hat{u}_t^2,\quad w(k,l) = 1 - \frac{k}{l+1}$$

其中带宽 l 满足当 $T\to\infty$ 时 $l=o(T^{1/4})$,此时有 $\hat{\sigma}^2=\sigma^2+o_p(1)$,即 $\hat{\sigma}^2$ 为 σ^2 的一致估计量[5,36,118]。

3.1.2 MBB 和 SB 方法简介

PP 检验虽然具有更为广泛的适用性,但相对于 DF 检验而言,需要进行转换。Diebold、DeJong 等、Phillips 和 Xiao 的蒙特卡罗模拟表明,在小样本下,单位根检验量为有偏估计量,从而引发水平扭曲,尤其是当扰动项存在自相关的时候,这种

情况更为严重，这表明 PP 检验可能存在严重的水平扭曲[119-120]。为此，研究人员将 Bootstrap 方法引入 PP 检验模式。由于 PP 检验模式中扰动项具有一定的相关性，因此不能使用基于独立同分布的扰动项 Bootstrap 样本构造方法。目前可以使用由 Kunsch、Liu 和 Singh 提出的 Moving Blockwise Bootstrap（MBB）方法，以及由 Politis 和 Romano 提出的 Stationary Bootstrap（SB）方法[121-122,83]。Paparoditis 和 Politis、Parker 等分别采用 MBB 方法、SB 方法讨论了一般非平稳序列的检验方法，模拟结果显示，使用这些 Bootstrap 方法可以降低检验水平扭曲，而且在检验功效方面也有一定的改善[86,88]。由于 MBB 方法得到的序列有可能为非平稳序列，这就违背了检验的前提，而 SB 方法可以确保得到平稳的 Bootstrap 序列，因此本章使用 SB 方法完成对漂移项、趋势项以及它们与单位根项联合的检验。为此，这里先给出 SB 方法的基本步骤。

假设存在一个平稳序列为 u_t，$t=1,2,\cdots,T$，以 u_t 为母体，使用 SB 方法得到一组样本 u_t^* 的步骤如下：

(1) 首先把原始序列 u_t 按照时间顺序排成一列，记 $B_{i,b}=\{u_i,u_{i+1},\cdots,u_{i+b-1}\}$，如果有 $j>T$，那么 u_j 等于 u_i，其中 $i=j(\mathrm{mod}\ T)$，mod 表示求余数，且 $u_0=u_T$。

(2) 令 p 为事先指定的概率，设 $L_1,L_2,\cdots$ 服从参数为 p 的几何分布，即

$$P(L_i=m)=(1-p)^{m-1}p,\quad m=1,2,\cdots$$

(3) 再从 $\{1,2,\cdots,T\}$ 中随机均匀地抽取随机数，记为 $I_1,I_2,\cdots$，这个过程独立于 $L_1,L_2,\cdots$ 的生成。

(4) 以 $I_1,I_2,\cdots$ 和 $L_1,L_2,\cdots$ 为基础，从 $B_{I_1,L_1},B_{I_2,L_2},\cdots$ 中抽取样本，一直持续下去，直至得到 T 个样本为止。当达到 T 个样本时，如果某个 B_{I_k,L_k} 存在多余的样本就舍弃掉。

上述 SB 方法的一个通俗理解为：首先从 u_t，$t=1,2,\cdots,T$ 中随机抽取一个，比如取到 u_l，记为 u_1^*，第二个数 u_2^* 以概率 p 重新从 u_t，$t=1,2,\cdots,T$ 中抽取，以概率 $1-p$ 取 $u_2^*=u_{l+1}$，这个过程一直进行下去，直到取到 T 个样本为止。

Swensen 利用 SB 方法讨论数据生成无漂移项的单位根 PP 检验，其中 SB 抽取的对象是基于约束的残差[85]。

3.2　PP 检验模式下漂移项、趋势项、联合检验量分布与转换

本节按照数据生成是否含有漂移项分两类讨论 PP 检验模式下漂移项、趋势项以及它们与单位根项联合的检验量分布，并寻求适当的转化形式。

3.2.1 无漂移项数据生成模式

设数据生成为无漂移项的单位根过程，即式(3.1)，u_t 满足假设条件 3.1，下面按估计模型是否含趋势项分为两类。

1. 估计无趋势项模型

假设估计模型为

$$y_t = \alpha_1 + \rho_1 y_{t-1} + u_t \tag{3.6}$$

对漂移项建立假设 $H_{01}: \alpha_1 = 0$，对漂移项和单位根项建立联合假设 $H_{02}: \alpha_1 = 0$，$\rho_1 = 1$。记 $\boldsymbol{\beta}_1' = (\alpha_1, \rho_1)$，$\hat{\boldsymbol{\beta}}_1' = (\hat{\alpha}_1, \hat{\rho}_1)$，$\boldsymbol{x}_{1t}' = (1, y_{t-1})$。根据 OLS 估计有

$$\hat{\boldsymbol{\beta}}_1 - \boldsymbol{\beta}_1 = \left(\sum_{t=1}^{T} \boldsymbol{x}_{1t}\boldsymbol{x}_{1t}'\right)^{-1} \sum_{t=1}^{T} \boldsymbol{x}_{1t} u_t$$

记 s_1^2 为扰动项方差 σ_u^2 的估计，即

$$s_1^2 = (T-1)^{-1} \sum_{t=1}^{T} (y_t - \hat{\alpha}_1 - \hat{\rho}_1 y_{t-1})^2$$

记

$$\boldsymbol{\lambda}_1 = \begin{pmatrix} 1 & 0 \\ 0 & \sigma \end{pmatrix}, \quad \boldsymbol{A}_1 = \begin{bmatrix} 1 & \int_0^1 W(r)\mathrm{d}r \\ \int_0^1 W(r)\mathrm{d}r & \int_0^1 W^2(r)\mathrm{d}r \end{bmatrix}, \quad \boldsymbol{e}_{11}' = (1, 0)$$

$$\boldsymbol{e}_{12}' = (0, 1), \quad \boldsymbol{B}_{11} = \begin{bmatrix} W(1) \\ \int_0^1 W(r)\mathrm{d}W(r) \end{bmatrix}, \quad \boldsymbol{B}_{12} = \begin{pmatrix} 0 \\ z \end{pmatrix}, \quad \boldsymbol{B}_1 = \boldsymbol{B}_{11} + \boldsymbol{B}_{12}$$

其中 $z = \dfrac{\sigma^2 - \sigma_u^2}{2\sigma^2}$，则有如下定理成立。

定理 3.1 当数据生成为式(3.1)而估计模型为式(3.6)时，记 $t_{\hat{\alpha}_1}$ 为执行检验 $H_{01}: \alpha_1 = 0$ 的伪 t 检验量，Φ_1 为执行联合假设 $H_{02}: \alpha_1 = 0, \rho_1 = 1$ 的检验量，则在满足假设 3.1 时有：

(1) $t_{\hat{\alpha}_1} = \dfrac{\hat{\alpha}_1}{\mathrm{se}(\hat{\alpha}_1)} \Rightarrow \dfrac{\sigma}{\sigma_u} \dfrac{\boldsymbol{e}_{11}' \boldsymbol{A}_1^{-1} \boldsymbol{B}_1}{\sqrt{\boldsymbol{e}_{11}' \boldsymbol{A}_1^{-1} \boldsymbol{e}_{11}}}$；

(2) $\Phi_1 = \dfrac{1}{2s_1^2}(\hat{\boldsymbol{\beta}}_1 - \boldsymbol{\beta}_1)'\left(\sum_{t=1}^{T} \boldsymbol{x}_{1t}\boldsymbol{x}_{1t}'\right)(\hat{\boldsymbol{\beta}}_1 - \boldsymbol{\beta}_1) \Rightarrow \dfrac{\sigma^2}{2\sigma_u^2} \boldsymbol{B}_1' \boldsymbol{A}_1^{-1} \boldsymbol{B}_1$。

证明 记 $\boldsymbol{\Lambda}_1 = \mathrm{diag}(T^{1/2}, T)$，则参数估计可以表示为

$$\boldsymbol{\Lambda}_1(\hat{\boldsymbol{\beta}}_1 - \boldsymbol{\beta}_1) = \left(\boldsymbol{\Lambda}_1^{-1} \sum_{t=1}^{T} \boldsymbol{x}_{1t}\boldsymbol{x}_{1t}' \boldsymbol{\Lambda}_1^{-1}\right)^{-1} \boldsymbol{\Lambda}_1^{-1} \sum_{t=1}^{T} \boldsymbol{x}_{1t} u_t$$

当存在单位根时，根据陆懋祖[27]的结论有

$$T^{-3/2}\sum_{t=1}^{T} y_{t-1} \Rightarrow \sigma\int_0^1 W(r)\mathrm{d}r,\quad T^{-2}\sum_{t=1}^{T} y_{t-1}^2 \Rightarrow \sigma^2\int_0^1 W^2(r)\mathrm{d}r$$

$$T^{-1/2}\sum_{t=1}^{T} u_t \Rightarrow \sigma W(1),\quad T^{-1}\sum_{t=1}^{T} y_{t-1}u_t \Rightarrow \sigma^2\left(\int_0^1 W(r)\mathrm{d}W(r) + z\right)$$

根据以上结论得到

$$\boldsymbol{\Lambda}_1(\hat{\boldsymbol{\beta}}_1 - \boldsymbol{\beta}_1) \Rightarrow \sigma\boldsymbol{\lambda}_1^{-1}\boldsymbol{A}_1^{-1}\boldsymbol{B}_1 \tag{3.7}$$

再根据 OLS 估计方法得到估计量的方差为

$$\mathrm{Var}(\boldsymbol{\Lambda}_1(\hat{\boldsymbol{\beta}}_1 - \boldsymbol{\beta}_1)) \Rightarrow \sigma_u^2\boldsymbol{\lambda}_1^{-1}\boldsymbol{A}_1^{-1}\boldsymbol{\lambda}_1^{-1} \tag{3.8}$$

根据式(3.7)和式(3.8)有

$$t_{\hat{\alpha}_1} = \frac{\hat{\alpha}_1}{\mathrm{se}(\hat{\alpha}_1)} \Rightarrow \frac{\sigma\boldsymbol{e}_{11}'\boldsymbol{\lambda}_1^{-1}\boldsymbol{A}_1^{-1}\boldsymbol{B}_1}{\sqrt{\boldsymbol{e}_{11}'\sigma_u^2\boldsymbol{\lambda}_1^{-1}\boldsymbol{A}_1^{-1}\boldsymbol{\lambda}_1^{-1}\boldsymbol{e}_{11}}} = \frac{\sigma}{\sigma_u}\frac{\boldsymbol{e}_{11}'\boldsymbol{A}_1^{-1}\boldsymbol{B}_1}{\sqrt{\boldsymbol{e}_{11}'\boldsymbol{A}_1^{-1}\boldsymbol{e}_{11}}}$$

故定理 3.1 中的结论(1)成立。根据式(3.7)得到

$$T(\hat{\rho}_1 - 1) \Rightarrow \boldsymbol{e}_{12}'\boldsymbol{A}_1^{-1}\boldsymbol{B}_1 \tag{3.9}$$

对于结论(2),根据联合检验公式

$$\Phi_1 = \frac{1}{2}(\hat{\boldsymbol{\beta}}_1 - \boldsymbol{\beta}_1)'(\mathrm{Var}(\hat{\boldsymbol{\beta}}_1 - \boldsymbol{\beta}_1))^{-1}(\hat{\boldsymbol{\beta}}_1 - \boldsymbol{\beta}_1)$$

引入矩阵 $\boldsymbol{\Lambda}_1$ 得到

$$\Phi_1 = \frac{1}{2}(\boldsymbol{\Lambda}_1(\hat{\boldsymbol{\beta}}_1 - \boldsymbol{\beta}_1))'(\mathrm{Var}(\boldsymbol{\Lambda}_1(\hat{\boldsymbol{\beta}}_1 - \boldsymbol{\beta}_1)))^{-1}(\boldsymbol{\Lambda}_1(\hat{\boldsymbol{\beta}}_1 - \boldsymbol{\beta}_1))$$

代入式(3.7)和式(3.8)可知结论(2)成立。

显然,和单位根项检验一样,漂移项检验量 $t_{\hat{\alpha}_1}$ 和联合检验量 Φ_1 都含有扰动项的长期方差 σ^2,因此不能直接用于检验,必须进行适当的转换。给出转换公式如下:

$$Z(t_{\hat{\alpha}_1}) = \frac{\sigma_u}{\sigma}t_{\hat{\alpha}_1} + \sigma z\left(T^{-2}\sum_{t=1}^{T}(y_{t-1} - \bar{y})^2\right)^{-1/2}\left(T^{-2}\sum_{t=1}^{T} y_{t-1}^2\right)^{-1/2}\left(T^{-3/2}\sum_{t=1}^{T} y_{t-1}\right)$$

$$Z(\Phi_1) = \frac{\sigma_u^2}{\sigma^2}\Phi_1 - z\left(T(\hat{\rho}_1 - 1) - \frac{(\sigma^2 - \sigma_u^2)}{4}\left(T^{-2}\sum_{t=1}^{T}(y_{t-1} - \bar{y})^2\right)^{-1}\right)$$

则有如下定理成立。

定理 3.2　经过上述转换后有:

(1) $Z(t_{\hat{\alpha}_1}) \Rightarrow \dfrac{\boldsymbol{e}_{11}'\boldsymbol{A}_1^{-1}\boldsymbol{B}_{11}}{\sqrt{\boldsymbol{e}_{11}'\boldsymbol{A}_1^{-1}\boldsymbol{e}_{11}}}$;

(2) $Z(\Phi_1) \Rightarrow \dfrac{1}{2}\boldsymbol{B}_{11}'\boldsymbol{A}_1^{-1}\boldsymbol{B}_{11}$。

证明　根据定理 3.1 中的结论(1)得到

$$\frac{\sigma_u}{\sigma}t_{\hat{\alpha}_1} \Rightarrow \frac{\boldsymbol{e}_{11}'\boldsymbol{A}_1^{-1}\boldsymbol{B}_1}{\sqrt{\boldsymbol{e}_{11}'\boldsymbol{A}_1^{-1}\boldsymbol{e}_{11}}}$$

其中含 z 的项为

$$\frac{\boldsymbol{e}'_{11}\boldsymbol{A}_1^{-1}\boldsymbol{B}_{12}}{\sqrt{\boldsymbol{e}'_{11}\boldsymbol{A}_1^{-1}\boldsymbol{e}_{11}}}=\frac{-z\int_0^1 W(r)\mathrm{d}r}{\sqrt{\left(\int_0^1 W^2(r)\mathrm{d}r-\left(\int_0^1 W(r)\mathrm{d}r\right)^2\right)\int_0^1 W^2(r)\mathrm{d}r}}$$

而

$$\left(T^{-2}\sum_{t=1}^{T}(y_{t-1}-\bar{y})^2\right)^{-1/2}\left(T^{-2}\sum_{t=1}^{T}y_{t-1}^2\right)^{-1/2}\left(T^{-3/2}\sum_{t=1}^{T}y_{t-1}\right)$$

$$\Rightarrow\frac{\int_0^1 W(r)\mathrm{d}r}{\sigma\sqrt{\left(\int_0^1 W^2(r)\mathrm{d}r-\left(\int_0^1 W(r)\mathrm{d}r\right)^2\right)\int_0^1 W^2(r)\mathrm{d}r}}$$

因此定理 3.2 中的结论(1)成立。

类似地，对于联合检验量 Φ_1，根据定理 3.1 中的结论(2)得到$\frac{\sigma_u^2}{\sigma^2}\Phi_1$ 中含 z 的项为

$$\begin{aligned}&\boldsymbol{B}'_{11}\boldsymbol{A}_1^{-1}\boldsymbol{B}_{12}+\boldsymbol{B}'_{12}\boldsymbol{A}_1^{-1}\boldsymbol{B}_{12}/2\\&=z\left(\frac{\int_0^1 W(r)\mathrm{d}W(r)+z-W(1)\int_0^1 W(r)\mathrm{d}r}{\int_0^1 W^2(r)\mathrm{d}r-\left(\int_0^1 W(r)\mathrm{d}r\right)^2}-\frac{z}{2\left(\int_0^1 W^2(r)\mathrm{d}r-\left(\int_0^1 W(r)\mathrm{d}r\right)^2\right)}\right)\end{aligned}$$

根据式(3.9)并结合$\left(T^{-2}\sum_{t=1}^{T}(y_{t-1}-\bar{y})^2\right)^{-1}$的极限分布，可知定理 3.2 中的结论(2)也是成立的，故定理 3.2 得证。

需要说明的是，由于转换公式中需要使用 σ^2 和 σ_u^2，而它们一般是未知的，因此需要使用一致估计量来替代。由于 s_1^2 为 σ_u^2 的一致估计量，故可以直接使用。记 $\hat{\sigma}^2$ 为 σ^2 的一致估计量，可以使用式(3.5)进行计算，则可以操作的转化公式为

$$Z(t_{\hat{\alpha}_1})=\frac{s_1}{\hat{\sigma}}t_{\hat{\alpha}_1}+\frac{\hat{\sigma}^2-s_1^2}{2\hat{\sigma}}\left(T^{-2}\sum_{t=1}^{T}(y_{t-1}-\bar{y})^2\right)^{-1/2}\left(T^{-2}\sum_{t=1}^{T}y_{t-1}^2\right)^{-1/2}\left(T^{-3/2}\sum_{t=1}^{T}y_{t-1}\right)$$

$$Z(\Phi_1)=\frac{s_1^2}{\hat{\sigma}^2}\Phi_1-\frac{\hat{\sigma}^2-s_1^2}{2\hat{\sigma}^2}\left(T(\hat{\rho}_1-1)-\frac{(\hat{\sigma}^2-s_1^2)}{4}\left(T^{-2}\sum_{t=1}^{T}(y_{t-1}-\bar{y})^2\right)^{-1}\right)$$

2. 估计含趋势项模型

假设估计模型为

$$y_t=\alpha_2+\delta_1 t+\rho_2 y_{t-1}+u_t \tag{3.10}$$

对漂移项建立假设 $H_{03}:\alpha_2=0$，对趋势项建立假设 $H_{04}:\delta_1=0$，对漂移项、趋势项和单位根项建立联合假设 $H_{05}:\alpha_2=0,\delta_1=0,\rho_2=1$。记

$$\boldsymbol{\beta}'_2=(\alpha_2,\delta_1,\rho_1),\quad \hat{\boldsymbol{\beta}}'_2=(\hat{\alpha}_2,\hat{\delta}_1,\hat{\rho}_2),\quad \boldsymbol{x}'_{2t}=(1,t,y_{t-1})$$

根据 OLS 估计有

$$\hat{\boldsymbol{\beta}}_2 - \boldsymbol{\beta}_2 = \left(\sum_{t=1}^{T} \boldsymbol{x}_{2t}\boldsymbol{x}'_{2t}\right)^{-1} \sum_{t=1}^{T} \boldsymbol{x}_{2t}u_t$$

记 s_2^2 为扰动项方差 σ_u^2 的估计，即

$$s_2^2 = (T-2)^{-1}\sum_{t=1}^{T}(y_t - \boldsymbol{x}'_{2t}\hat{\boldsymbol{\beta}}_2)^2$$

记

$$\boldsymbol{\lambda}_2 = \begin{pmatrix} 1 & 0 & 0 \\ 0 & 1 & 0 \\ 0 & 0 & \sigma \end{pmatrix}, \quad \boldsymbol{A}_2 = \begin{pmatrix} 1 & 1/2 & \int_0^1 W(r)\mathrm{d}r \\ 1/2 & 1/3 & \int_0^1 rW(r)\mathrm{d}r \\ \int_0^1 W(r)\mathrm{d}r & \int_0^1 rW(r)\mathrm{d}r & \int_0^1 W^2(r)\mathrm{d}r \end{pmatrix}$$

$$\boldsymbol{e}'_{21} = (1,0,0), \quad \boldsymbol{e}'_{22} = (0,1,0), \quad \boldsymbol{e}'_{23} = (0,0,1)$$

$$\boldsymbol{B}_{21} = \begin{pmatrix} W(1) \\ \int_0^1 r\mathrm{d}W(r) \\ \int_0^1 W(r)\mathrm{d}W(r) \end{pmatrix}, \quad \boldsymbol{B}_{22} = \begin{pmatrix} 0 \\ 0 \\ z \end{pmatrix}, \quad \boldsymbol{B}_2 = \boldsymbol{B}_{21} + \boldsymbol{B}_{22}$$

则有如下定理成立。

定理 3.3　当数据生成为式(3.1)而估计模型为式(3.10)时，记 $t_{\hat{\alpha}_2}$、$t_{\hat{\delta}_1}$ 分别为执行检验 $\mathrm{H}_{03}:\alpha_2=0$、$\mathrm{H}_{04}:\delta_1=0$ 的伪 t 检验量，Φ_2 为执行联合假设 $\mathrm{H}_{05}:\alpha_2=0$，$\delta_1=0$，$\rho_2=1$ 的检验量，则在满足上述假设 3.1 下有：

(1) $t_{\hat{\alpha}_2} = \dfrac{\hat{\alpha}_2}{\mathrm{se}(\hat{\alpha}_2)} \Rightarrow \dfrac{\sigma}{\sigma_u}\dfrac{\boldsymbol{e}'_{21}\boldsymbol{A}_2^{-1}\boldsymbol{B}_2}{\sqrt{\boldsymbol{e}'_{21}\boldsymbol{A}_2^{-1}\boldsymbol{e}_{21}}}$；

(2) $t_{\hat{\delta}_1} = \dfrac{\hat{\delta}_1}{\mathrm{se}(\hat{\delta}_1)} \Rightarrow \dfrac{\sigma}{\sigma_u}\dfrac{\boldsymbol{e}'_{22}\boldsymbol{A}_2^{-1}\boldsymbol{B}_2}{\sqrt{\boldsymbol{e}'_{22}\boldsymbol{A}_2^{-1}\boldsymbol{e}_{22}}}$；

(3) $\Phi_2 = \dfrac{1}{3s_2^2}(\hat{\boldsymbol{\beta}}_2 - \boldsymbol{\beta}_2)'\left(\sum_{t=1}^{T}\boldsymbol{x}_{2t}\boldsymbol{x}'_{2t}\right)(\hat{\boldsymbol{\beta}}_2 - \boldsymbol{\beta}_2) \Rightarrow \dfrac{\sigma^2}{3\sigma_u^2}\boldsymbol{B}'_2\boldsymbol{A}_2^{-1}\boldsymbol{B}_2$。

证明　记 $\boldsymbol{\Lambda}_2 = \mathrm{diag}(T^{1/2}, T^{3/2}, T)$，则参数估计可以重新表示为

$$\boldsymbol{\Lambda}_2(\hat{\boldsymbol{\beta}}_2 - \boldsymbol{\beta}_2) = \left(\boldsymbol{\Lambda}_2^{-1}\sum_{t=1}^{T}\boldsymbol{x}_{2t}\boldsymbol{x}'_{2t}\boldsymbol{\Lambda}_2^{-1}\right)^{-1}\boldsymbol{\Lambda}_2^{-1}\sum_{t=1}^{T}\boldsymbol{x}_{2t}\boldsymbol{u}_t$$

当存在单位根时，根据陆懋祖[27]的结论有

$$T^{-5/2}\sum_{t=1}^{T} ty_{t-1} \Rightarrow \sigma\int_0^1 rW(r)\mathrm{d}r, \quad T^{-3/2}\sum_{t=1}^{T} tu_t = \sigma\int_0^1 r\mathrm{d}W(r)$$

结合之前的分布和以上结论得到

$$\boldsymbol{\Lambda}_2(\hat{\boldsymbol{\beta}}_2 - \boldsymbol{\beta}_2) \Rightarrow \sigma\boldsymbol{\lambda}_2^{-1}\boldsymbol{A}_2^{-1}\boldsymbol{B}_2 \tag{3.11}$$

再根据 OLS 估计方法得到估计量的方差为

$$\mathrm{Var}(\boldsymbol{\Lambda}_2(\hat{\boldsymbol{\beta}}_2-\boldsymbol{\beta}_2))\Rightarrow\sigma_u^2\boldsymbol{\lambda}_2^{-1}\boldsymbol{A}_2^{-1}\boldsymbol{\lambda}_2^{-1} \tag{3.12}$$

根据式(3.11)和式(3.12)有

$$t_{\hat{\alpha}_2}=\frac{\hat{\alpha}_2}{\mathrm{se}(\hat{\alpha}_2)}\Rightarrow\frac{\sigma\boldsymbol{e}'_{21}\boldsymbol{\lambda}_2^{-1}\boldsymbol{A}_2^{-1}\boldsymbol{B}_2}{\sqrt{\boldsymbol{e}'_{21}\sigma_u^2\boldsymbol{\lambda}_2^{-1}\boldsymbol{A}_2^{-1}\boldsymbol{\lambda}_2^{-1}\boldsymbol{e}_{21}}}=\frac{\sigma}{\sigma_u}\frac{\boldsymbol{e}'_{21}\boldsymbol{A}_2^{-1}\boldsymbol{B}_2}{\sqrt{\boldsymbol{e}'_{21}\boldsymbol{A}_2^{-1}\boldsymbol{e}_{21}}}$$

$$t_{\hat{\delta}_1}=\frac{\hat{\delta}_1}{\mathrm{se}(\hat{\delta}_1)}\Rightarrow\frac{\sigma\boldsymbol{e}'_{22}\boldsymbol{\lambda}_2^{-1}\boldsymbol{A}_2^{-1}\boldsymbol{B}_2}{\sqrt{\boldsymbol{e}'_{22}\sigma_u^2\boldsymbol{\lambda}_2^{-1}\boldsymbol{A}_2^{-1}\boldsymbol{\lambda}_2^{-1}\boldsymbol{e}_{22}}}=\frac{\sigma}{\sigma_u}\frac{\boldsymbol{e}'_{22}\boldsymbol{A}_2^{-1}\boldsymbol{B}_2}{\sqrt{\boldsymbol{e}'_{22}\boldsymbol{A}_2^{-1}\boldsymbol{e}_{22}}}$$

故定理 3.3 中的结论(1)和结论(2)成立。根据式(3.11)得到

$$T(\hat{\rho}_2-1)\Rightarrow\boldsymbol{e}'_{23}\boldsymbol{A}_2^{-1}\boldsymbol{B}_2 \tag{3.13}$$

对于定理 3.3 中的结论(3)，根据联合检验的公式

$$\Phi_2=\frac{1}{3}(\hat{\boldsymbol{\beta}}_2-\boldsymbol{\beta}_2)'(\mathrm{Var}(\hat{\boldsymbol{\beta}}_2-\boldsymbol{\beta}_2))^{-1}(\hat{\boldsymbol{\beta}}_2-\boldsymbol{\beta}_2)$$

引入矩阵 $\boldsymbol{\Lambda}_2$ 得到

$$\Phi_2=\frac{1}{3}(\boldsymbol{\Lambda}_2(\hat{\boldsymbol{\beta}}_2-\boldsymbol{\beta}_2))'(\mathrm{Var}(\boldsymbol{\Lambda}_2(\hat{\boldsymbol{\beta}}_2-\boldsymbol{\beta}_2)))^{-1}(\boldsymbol{\Lambda}_2(\hat{\boldsymbol{\beta}}_2-\boldsymbol{\beta}_2))$$

代入式(3.11)和式(3.12)可知结论(3)成立。

同样，需要对漂移项检验量 $t_{\hat{\alpha}_2}$、趋势项检验量 $t_{\hat{\delta}_1}$ 和联合检验量 Φ_2 进行适当的转换，给出转换公式如下：

$$Z(t_{\hat{\alpha}_2})=\frac{\sigma_u}{\sigma}t_{\hat{\alpha}_2}-\frac{\sigma^2-\sigma_u^2}{2\sigma}\frac{T(\sum_{t=1}^T t\sum_{t=1}^T ty_{t-1}-\sum_{t=1}^T t^2\sum_{t=1}^T y_{t-1})}{\sqrt{\left|\sum_{t=1}^T x_{2t}x'_{2t}\right|}\sqrt{\sum_{t=1}^T t^2\sum_{t=1}^T y_{t-1}^2-(\sum_{t=1}^T ty_{t-1})^2}}$$

$$Z(t_{\hat{\delta}_1})=\frac{\sigma_u}{\sigma}t_{\hat{\delta}_1}-\frac{\sigma^2-\sigma_u^2}{2\sigma}\frac{T(\sum_{t=1}^T t\sum_{t=1}^T y_{t-1}-T\sum_{t=1}^T ty_{t-1})}{\sqrt{\left|\sum_{t=1}^T x_{2t}x'_{2t}\right|(T\sum_{t=1}^T y_{t-1}^2-(\sum_{t=1}^T y_{t-1})^2)}}$$

$$Z(\Phi_2)=\frac{\sigma_u^2}{\sigma^2}\Phi_2-\frac{\sigma^2-\sigma_u^2}{3\sigma^2}\left(T(\hat{\rho}_2-1)-\frac{\sigma^2-\sigma_u^2}{4\left|\sum_{t=1}^T x_{2t}x'_{2t}\right|}T^2(T\sum_{t=1}^T t^2-(\sum_{t=1}^T t)^2)\right)$$

则有如下定理成立。

定理 3.4 经过上述转换后有：

(1) $Z(t_{\hat{\alpha}_2})\Rightarrow\dfrac{\boldsymbol{e}'_{21}\boldsymbol{A}_2^{-1}\boldsymbol{B}_{21}}{\sqrt{\boldsymbol{e}'_{21}\boldsymbol{A}_2^{-1}\boldsymbol{e}_{21}}}$；

(2) $Z(t_{\hat{\delta}_1})\Rightarrow\dfrac{\boldsymbol{e}'_{22}\boldsymbol{A}_2^{-1}\boldsymbol{B}_{21}}{\sqrt{\boldsymbol{e}'_{22}\boldsymbol{A}_2^{-1}\boldsymbol{e}_{22}}}$；

(3) $Z(\Phi_2)\Rightarrow\dfrac{1}{3}\boldsymbol{B}'_{21}\boldsymbol{A}_2^{-1}B_{21}$。

证明　根据定理 3.3 中的结论(1)得到

$$\frac{\sigma_u}{\sigma}t_{\hat{\alpha}_2} \Rightarrow \frac{\boldsymbol{e}'_{21}\boldsymbol{A}_2^{-1}\boldsymbol{B}_2}{\sqrt{\boldsymbol{e}'_{21}\boldsymbol{A}_2^{-1}\boldsymbol{e}_{21}}}$$

其中含 z 的项为

$$\frac{\boldsymbol{e}'_{21}\boldsymbol{A}_2^{-1}\boldsymbol{B}_{22}}{\sqrt{\boldsymbol{e}'_{21}\boldsymbol{A}_2^{-1}\boldsymbol{e}_{21}}} = \frac{z\left(\frac{1}{2}\int_0^1 rW(r)\mathrm{d}r - \frac{1}{3}\int_0^1 rW(r)\mathrm{d}r\right)}{\sqrt{|\boldsymbol{A}_2|\left(\frac{1}{3}\int_0^1 W^2(r)\mathrm{d}r - \left(\int_0^1 rW(r)\mathrm{d}r\right)^2\right)}}$$

而

$$\frac{T\left(\sum_{t=1}^T t\sum_{t=1}^T ty_{t-1} - \sum_{t=1}^T t^2\sum_{t=1}^T y_{t-1}\right)}{\sqrt{\left|\sum_{t=1}^T x_{2t}x'_{2t}\right|}\sqrt{\sum_{t=1}^T t^2\sum_{t=1}^T y_{t-1}^2 - \left(\sum_{t=1}^T ty_{t-1}\right)^2}}$$

$$\Rightarrow \frac{\frac{1}{2}\int_0^1 rW(r)\mathrm{d}r - \frac{1}{3}\int_0^1 rW(r)\mathrm{d}r}{\sigma\sqrt{|\boldsymbol{A}_2|\left(\frac{1}{3}\int_0^1 W^2(r)\mathrm{d}r - \left(\int_0^1 rW(r)\mathrm{d}r\right)^2\right)}}$$

因此定理 3.4 中的结论(1)成立。类似地有

$$\frac{\sigma_u}{\sigma}t_{\hat{\delta}_1} \Rightarrow \frac{\boldsymbol{e}'_{22}\boldsymbol{A}_2^{-1}\boldsymbol{B}_2}{\sqrt{\boldsymbol{e}'_{22}\boldsymbol{A}_2^{-1}\boldsymbol{e}_{22}}}$$

其中含 z 的项仅为

$$\frac{\boldsymbol{e}'_{22}\boldsymbol{A}_2^{-1}\boldsymbol{B}_{22}}{\sqrt{\boldsymbol{e}'_{22}\boldsymbol{A}_2^{-1}\boldsymbol{e}_{22}}} = \frac{z\left(\frac{1}{2}\int_0^1 W(r)\mathrm{d}r - \int_0^1 rW(r)\mathrm{d}r\right)}{\sqrt{|\boldsymbol{A}_2|\left(\int_0^1 W^2(r)\mathrm{d}r - \left(\int_0^1 W(r)\mathrm{d}r\right)^2\right)}}$$

而

$$\frac{T\left(\sum_{t=1}^T t\sum_{t=1}^T y_{t-1} - T\sum_{t=1}^T ty_{t-1}\right)}{\sqrt{\left|\sum_{t=1}^T x_{2t}x'_{2t}\right|\left(T\sum_{t=1}^T y_{t-1}^2 - \left(\sum_{t=1}^T y_{t-1}\right)^2\right)}}$$

$$\Rightarrow \frac{\left(\frac{1}{2}\int_0^1 W(r)\mathrm{d}r - \int_0^1 rW(r)\mathrm{d}r\right)}{\sigma\sqrt{|\boldsymbol{A}_2|\left(\int_0^1 W^2(r)\mathrm{d}r - \left(\int_0^1 W(r)\mathrm{d}r\right)^2\right)}}$$

故结论(2)也成立。最后，对于联合检验量 Φ_2，根据定理 3.3 中的结论(3)得到 $\frac{\sigma_u^2}{\sigma^2}\Phi_2$ 中含 z 的项为

$$\frac{1}{3}(2\boldsymbol{B}'_{21}\boldsymbol{A}_2^{-1}\boldsymbol{B}_{22}+\boldsymbol{B}'_{22}\boldsymbol{A}_2^{-1}\boldsymbol{B}_{22})=\frac{1}{3}(2\boldsymbol{B}'_2\boldsymbol{A}_2^{-1}\boldsymbol{B}_{22}-\boldsymbol{B}'_{22}\boldsymbol{A}_2^{-1}\boldsymbol{B}_{22})$$
$$=\frac{2}{3}\left(z\boldsymbol{e}'_{23}\boldsymbol{A}_2^{-1}\boldsymbol{B}_2-\frac{1}{2}\boldsymbol{B}'_{22}\boldsymbol{A}_2^{-1}\boldsymbol{B}_{22}\right)$$
$$=\frac{2z}{3}\left(\boldsymbol{e}'_{23}\boldsymbol{A}_2^{-1}\boldsymbol{B}_2-\frac{z}{24}|\boldsymbol{A}_2|^{-1}\right)$$

由于

$$\frac{\sigma^2-\sigma_u^2}{4\left|\sum_{t=1}^{T}x_{2t}x'_{2t}\right|}T^2\left(T\sum_{t=1}^{T}t^2-\left(\sum_{t=1}^{T}t\right)^2\right)\Rightarrow\frac{z}{24}|\boldsymbol{A}_2|^{-1}$$

再根据式(3.13)知结论(3)也成立，因此定理3.4得证。

3.2.2 含漂移项数据生成模式

假设数据生成含有非零的漂移项，即

$$y_t=\alpha+\rho y_{t-1}+u_t \tag{3.14}$$

其中 $\alpha\neq0,\rho=1$。而估计模型包含趋势项，即为

$$y_t=\alpha_3+\delta_2t+\rho_3y_{t-1}+u_t \tag{3.15}$$

对漂移项建立假设 $H_{06}:\alpha_3=\alpha_0$，对趋势项建立假设 $H_{07}:\delta_2=0$，对趋势项和单位根项建立联合假设 $H_{08}:\delta_2=0,\rho_3=1$。递归式(3.14)得到

$$y_t=\alpha t+y_0+\eta_t$$

其中 $\eta_t=\sum_{j=1}^{t}u_j$，不失一般性，假设 $y_0=0$。此时模型(3.15)存在共线性，为消除共线性，做如下变换：

$$y_t=\alpha(1-\rho_3)+(\delta_2+\rho_3\alpha)t+\rho_3(y_{t-1}-\alpha(t-1))+u_t$$

令 $\alpha_3^{\circ}=\alpha(1-\rho_3),\delta_2^{\circ}=\delta_2+\rho_3\alpha$，则模型重新表示为

$$y_t=\alpha_3^{\circ}+\delta_2^{\circ}t+\rho_3\eta_{t-1}+u_t \tag{3.16}$$

相应假设重新修订为 $H'_{06}:\alpha_3^{\circ}=0$、$H'_{07}:\delta_2^{\circ}=\alpha_0$、$H'_{08}:\delta_2^{\circ}=\alpha_0,\rho_3=1$。记

$$\boldsymbol{\beta}'_3=(\alpha_3^{\circ},\delta_2^{\circ},\rho_3),\quad\hat{\boldsymbol{\beta}}'_3=(\hat{\alpha}_3^{\circ},\hat{\delta}_2^{\circ},\hat{\rho}_3),\quad\boldsymbol{x}'_{3t}=(1,t,\eta_{t-1})$$

根据OLS估计有

$$\hat{\boldsymbol{\beta}}_3-\boldsymbol{\beta}_3=\left(\sum_{t=1}^{T}\boldsymbol{x}_{3t}\boldsymbol{x}'_{3t}\right)^{-1}\sum_{t=1}^{T}\boldsymbol{x}_{3t}u_t$$

记 s_3^2 为扰动项方差 σ_u^2 的估计，即

$$s_3^2=(T-3)^{-1}\sum_{t=1}^{T}(y_t-\boldsymbol{x}'_{3t}\hat{\boldsymbol{\beta}}_3)^2$$

若记 $\boldsymbol{R}=(\boldsymbol{0}_{2\times1},\boldsymbol{I}_2)$，$\boldsymbol{\gamma}'=(\alpha_0,1)$，那么联合假设 $H'_{08}:\delta_2^{\circ}=\alpha_0,\rho_3=1$ 可以表示为 $\boldsymbol{R\beta}_3=\boldsymbol{\gamma}$，则有如下定理成立。

定理 3.5　当数据生成为式(3.14)而估计模型为式(3.16)时,记 $t_{\hat{\alpha}_3^{\circ}}$、$t_{\hat{\delta}_2^{\circ}}$ 分别为执行检验 $H_{06}:\alpha_3^{\circ}=0$、$H_{07}:\delta_2^{\circ}=\alpha_0$ 的伪 t 检验量,Φ_3 为执行联合假设 $H'_{08}:\delta_2^{\circ}=\alpha_0,\rho_3=1$ 的检验量,则在满足上述假设 3.1 下有:

(1) $t_{\hat{\alpha}_3^{\circ}}=\dfrac{\hat{\alpha}_3^{\circ}}{\mathrm{se}(\hat{\alpha}_3^{\circ})}\Rightarrow\dfrac{\sigma}{\sigma_u}\dfrac{\boldsymbol{e}'_{21}\boldsymbol{A}_2^{-1}\boldsymbol{B}_2}{\sqrt{\boldsymbol{e}'_{21}\boldsymbol{A}_2^{-1}\boldsymbol{e}_{21}}}$;

(2) $t_{\hat{\delta}_2^{\circ}}=\dfrac{\hat{\delta}_2^{\circ}-\alpha_0}{\mathrm{se}(\hat{\delta}_2^{\circ}-\alpha_0)}\Rightarrow\dfrac{\sigma}{\sigma_u}\dfrac{\boldsymbol{e}'_{22}\boldsymbol{A}_2^{-1}\boldsymbol{B}_2}{\sqrt{\boldsymbol{e}'_{22}\boldsymbol{A}_2^{-1}\boldsymbol{e}_{22}}}$;

(3) $\Phi_3=\dfrac{1}{2}(\boldsymbol{R}(\hat{\boldsymbol{\beta}}_3-\boldsymbol{\beta}_3))'(\mathrm{Var}(\boldsymbol{R}(\hat{\boldsymbol{\beta}}_3-\boldsymbol{\beta}_3)))^{-1}\boldsymbol{R}(\hat{\boldsymbol{\beta}}_3-\boldsymbol{\beta}_3)$

$$\Rightarrow\frac{\sigma^2}{2\sigma_u^2}(\boldsymbol{R}\boldsymbol{A}_2^{-1}\boldsymbol{B}_2)'(\boldsymbol{R}\boldsymbol{A}_2^{-1}\boldsymbol{R}')^{-1}\boldsymbol{R}\boldsymbol{A}_2^{-1}\boldsymbol{B}_2。$$

证明　当数据生成为式(3.14)时有 $\eta_{t-1}=\sum_{j=1}^{t-1}u_j$ 成立,因此 η_{t-1} 等价于数据生成无漂移项 y_{t-1},根据定理 3.3 的证明过程,易知定理 3.5 中的结论(1)和结论(2)成立。对于结论(3),令

$$\boldsymbol{\lambda}_3=\begin{pmatrix}1&0\\0&\sigma\end{pmatrix},\quad\boldsymbol{\Lambda}_3=\begin{pmatrix}T^{3/2}&0\\0&T\end{pmatrix}$$

则不难验证有 $\boldsymbol{\Lambda}_3\boldsymbol{R}=\boldsymbol{R}\boldsymbol{\Lambda}_2$ 和 $\boldsymbol{R}'\boldsymbol{\lambda}_3^{-1}=\boldsymbol{\lambda}_2^{-1}\boldsymbol{R}'$ 成立,因此

$$\begin{aligned}\Phi_3&=\frac{1}{2}(\boldsymbol{R}(\hat{\boldsymbol{\beta}}_3-\boldsymbol{\beta}_3))'(\mathrm{Var}(\boldsymbol{R}(\hat{\boldsymbol{\beta}}_3-\boldsymbol{\beta}_3)))^{-1}\boldsymbol{R}(\hat{\boldsymbol{\beta}}_3-\boldsymbol{\beta}_3)\\&=\frac{1}{2}(\boldsymbol{\Lambda}_3\boldsymbol{R}(\hat{\boldsymbol{\beta}}_3-\boldsymbol{\beta}_3))'(\mathrm{Var}(\boldsymbol{\Lambda}_3\boldsymbol{R}(\hat{\boldsymbol{\beta}}_3-\boldsymbol{\beta}_3)))^{-1}\boldsymbol{\Lambda}_3\boldsymbol{R}(\hat{\boldsymbol{\beta}}_3-\boldsymbol{\beta}_3)\\&=\frac{1}{2}(\boldsymbol{R}\boldsymbol{\Lambda}_2(\hat{\boldsymbol{\beta}}_3-\boldsymbol{\beta}_3))'(\mathrm{Var}(\boldsymbol{R}\boldsymbol{\Lambda}_2(\hat{\boldsymbol{\beta}}_3-\boldsymbol{\beta}_3)))^{-1}\boldsymbol{R}\boldsymbol{\Lambda}_2(\hat{\boldsymbol{\beta}}_3-\boldsymbol{\beta}_3)\\&\Rightarrow\frac{1}{2}(\boldsymbol{R}\sigma\boldsymbol{\lambda}_2^{-1}\boldsymbol{A}_2^{-1}\boldsymbol{B}_2)'(\boldsymbol{R}\sigma_u^2\boldsymbol{\lambda}_2^{-1}\boldsymbol{A}_2^{-1}\boldsymbol{\lambda}_2^{-1}\boldsymbol{R}')^{-1}\boldsymbol{R}\sigma\boldsymbol{\lambda}_2^{-1}\boldsymbol{A}_2^{-1}\boldsymbol{B}_2\\&=\frac{\sigma^2}{2\sigma_u^2}(\boldsymbol{A}_2^{-1}\boldsymbol{B}_2)'\boldsymbol{R}'\boldsymbol{\lambda}_3^{-1}(\boldsymbol{\lambda}_3^{-1}\boldsymbol{R}\boldsymbol{A}_2^{-1}\boldsymbol{R}'\boldsymbol{\lambda}_3^{-1})^{-1}\boldsymbol{\lambda}_3^{-1}\boldsymbol{R}\boldsymbol{A}_2^{-1}\boldsymbol{B}_2\\&=\frac{\sigma^2}{2\sigma_u^2}(\boldsymbol{R}\boldsymbol{A}_2^{-1}\boldsymbol{B}_2)'(\boldsymbol{R}\boldsymbol{A}_2^{-1}\boldsymbol{R}')^{-1}\boldsymbol{R}\boldsymbol{A}_2^{-1}\boldsymbol{B}_2\end{aligned}$$

上述证明过程使用了结论

$$\mathrm{Var}(\boldsymbol{\Lambda}_2(\hat{\boldsymbol{\beta}}_3-\boldsymbol{\beta}_3))\Rightarrow\sigma_u^2\boldsymbol{\lambda}_2^{-1}\boldsymbol{A}_2^{-1}\boldsymbol{\lambda}_2^{-1},\quad\boldsymbol{\Lambda}_2(\hat{\boldsymbol{\beta}}_3-\boldsymbol{\beta}_3)\Rightarrow\sigma\boldsymbol{\lambda}_2^{-1}\boldsymbol{A}_2^{-1}\boldsymbol{B}_2$$

故定理 3.5 成立。

下面对漂移项检验量 $t_{\hat{\alpha}_3^{\circ}}$、趋势项检验量 $t_{\hat{\delta}_2^{\circ}}$ 和联合检验量 Φ_3 进行适当的转换,转换公式如下:

$$Z(t_{\hat{\alpha}_3^{\circ}}) = \frac{\sigma_u}{\sigma} t_{\hat{\alpha}_3^{\circ}} - \frac{\sigma^2 - \sigma_u^2}{2\sigma} \frac{T\left(\sum_{t=1}^{T} t \sum_{t=1}^{T} t\eta_{t-1} - \sum_{t=1}^{T} t^2 \sum_{t=1}^{T} \eta_{t-1}\right)}{\sqrt{\left|\sum_{t=1}^{T} x_{3t}x'_{3t}\right|} \sqrt{\sum_{t=1}^{T} t^2 \sum_{t=1}^{T} \eta_{t-1}^2 - \left(\sum_{t=1}^{T} t\eta_{t-1}\right)^2}}$$

$$Z(t_{\hat{\delta}_2^{\circ}}) = \frac{\sigma_u}{\sigma} t_{\hat{\delta}_2^{\circ}} - \frac{\sigma^2 - \sigma_u^2}{2\sigma} \frac{T\left(\sum_{t=1}^{T} t \sum_{t=1}^{T} \eta_{t-1} - T\sum_{t=1}^{T} t\eta_{t-1}\right)}{\sqrt{\left|\sum_{t=1}^{T} x_{3t}x'_{3t}\right| \left(T\sum_{t=1}^{T} \eta_{t-1}^2 - \left(\sum_{t=1}^{T} \eta_{t-1}\right)^2\right)}}$$

$$Z(\Phi_3) = \frac{\sigma_u^2}{\sigma^2}\Phi_3 - \frac{\sigma^2 - \sigma_u^2}{2\sigma^2}\left[T(\hat{\rho}_3 - 1) - \frac{\sigma^2 - \sigma_u^2}{4\left|\sum_{t=1}^{T} x_{3t}x'_{3t}\right|} T^2\left(T\sum_{t=1}^{T} t^2 - \left(\sum_{t=1}^{T} t\right)^2\right)\right]$$

则有如下定理成立。

定理 3.6 经过上述转换后有:

(1) $Z(t_{\hat{\alpha}_3^{\circ}}) \Rightarrow \dfrac{\boldsymbol{e}'_{21}\boldsymbol{A}_2^{-1}\boldsymbol{B}_{21}}{\sqrt{\boldsymbol{e}'_{21}\boldsymbol{A}_2^{-1}\boldsymbol{e}_{21}}}$;

(2) $Z(t_{\hat{\delta}_2^{\circ}}) \Rightarrow \dfrac{\boldsymbol{e}'_{22}\boldsymbol{A}_2^{-1}\boldsymbol{B}_{21}}{\sqrt{\boldsymbol{e}'_{22}\boldsymbol{A}_2^{-1}\boldsymbol{e}_{22}}}$;

(3) $Z(\Phi_3) \Rightarrow \dfrac{1}{2}(\boldsymbol{RA}_2^{-1}\boldsymbol{B}_{21})'(\boldsymbol{RA}_2^{-1}\boldsymbol{R}')^{-1}\boldsymbol{RA}_2^{-1}\boldsymbol{B}_{21}$。

证明 采用定理 3.4 中的结论(1)和结论(2)的证明过程,容易验证定理 3.6 中的结论(1)和结论(2)也是成立的。对于结论(3)而言,$\dfrac{\sigma_u^2}{\sigma^2}\Phi_3$ 中含 z 的项为

$$\begin{aligned}
&\frac{1}{2}(2(\boldsymbol{RA}_2^{-1}\boldsymbol{B}_{21})'(\boldsymbol{RA}_2^{-1}\boldsymbol{R}')^{-1}\boldsymbol{RA}_2^{-1}\boldsymbol{B}_{22} + (\boldsymbol{RA}_2^{-1}\boldsymbol{B}_{22})'(\boldsymbol{RA}_2^{-1}\boldsymbol{R}')^{-1}\boldsymbol{RA}_2^{-1}\boldsymbol{B}_{22}) \\
&= \frac{1}{2}(2(\boldsymbol{RA}_2^{-1}\boldsymbol{B}_2)'(\boldsymbol{RA}_2^{-1}\boldsymbol{R}')^{-1}\boldsymbol{RA}_2^{-1}\boldsymbol{B}_{22} - (\boldsymbol{RA}_2^{-1}\boldsymbol{B}_{22})'(\boldsymbol{RA}_2^{-1}\boldsymbol{R}')^{-1}\boldsymbol{RA}_2^{-1}\boldsymbol{B}_{22}) \\
&= (\boldsymbol{RA}_2^{-1}\boldsymbol{B}_2)'(\boldsymbol{RA}_2^{-1}\boldsymbol{R}')^{-1}\boldsymbol{RA}_2^{-1}\boldsymbol{B}_{22} - \frac{1}{2}(\boldsymbol{RA}_2^{-1}\boldsymbol{B}_{22})'(\boldsymbol{RA}_2^{-1}\boldsymbol{R}')^{-1}\boldsymbol{RA}_2^{-1}\boldsymbol{B}_{22}
\end{aligned}$$

由于 $\boldsymbol{R} = \begin{pmatrix} \boldsymbol{e}_{22} \\ \boldsymbol{e}_{23} \end{pmatrix}$,代入上述表达式并化简得到

$$(\boldsymbol{RA}_2^{-1}\boldsymbol{B}_2)'(\boldsymbol{RA}_2^{-1}\boldsymbol{R}')^{-1}\boldsymbol{RA}_2^{-1}\boldsymbol{B}_{22} = z\boldsymbol{e}'_{23}\boldsymbol{A}_2^{-1}\boldsymbol{B}_2$$

$$\frac{1}{2}(\boldsymbol{RA}_2^{-1}\boldsymbol{B}_{22})'(\boldsymbol{RA}_2^{-1}\boldsymbol{R}')^{-1}\boldsymbol{RA}_2^{-1}\boldsymbol{B}_{22} = \frac{z^2}{24|\boldsymbol{A}_2|}$$

而

$$\frac{\sigma^2 - \sigma_u^2}{4\left|\sum_{t=1}^{T} x_{3t}x'_{3t}\right|} T^2\left(T\sum_{t=1}^{T} t^2 - \left(\sum_{t=1}^{T} t\right)^2\right) \Rightarrow \frac{z}{24|\boldsymbol{A}_2|}$$

根据这些结论得到定理 3.6 中的结论(3)成立,因此定理 3.6 得证。

本节分析表明:无论数据生成是否含有漂移项,利用 PP 检验模式检验漂移项、趋势项以及它们与单位根项联合的检验量都含有扰动项的短期方差和长期方差,通过寻求适当的转换,都可以消除检验量中的未知成分,而且转换后其检验量与采用 DF 模式同类检验量分布完全相同,因而可以使用 DF 检验的分位数。

3.3　PP 检验模式下 Bootstrap 研究

由于 PP 检验模式检验量含有未知成分,因而通过非参数转换,可以使用 DF 类检验量的分位数。即使如此,仍然存在两个潜在的缺陷:首先,由于检验量的分布只存在于大样本下,有限样本下的分布并不存在,因此使用有限样本下的分位数可能存在检验水平扭曲;其次,必须对转化所使用的非参数进行估计,尤其是扰动项长期方差 σ^2 的估计,还涉及核函数中带宽 l 的选择,不同的选择结果可能会导致不同的检验结论。Bootstrap 方法为解决这个问题提供了途径。对于第一个缺陷,由于 Bootstrap 方法使用自身数据生成样本,并构建 Bootstrap 分位数,因此不受具体扰动项和样本容量对应的分位数限制;对于第二个缺陷,直接使用无调整检验量进行检验,这样可以避免带宽的选择,不过这种方法只能使用 Bootstrap 方法来完成,因为无调整检验量本身没有确定的分位数。接下来,本节仍按照数据生成中是否含有漂移项分两类进行研究,使用 SB 方法。

Bootstrap 检验的关键是如何构造合适的 Bootstrap 样本,一种观点认为,当执行基于原假设成立的水平检验时,宜采用基于约束(存在单位根)条件下的残差;当执行基于备择假设成立的功效检验时,宜采用基于无约束(不存在单位根)条件下的残差。实际上,无论原假设是否成立,当采用基于无约束条件下的残差和基于约束条件下的残差进行检验时,两者是渐近等价的,这是由于当存在单位根时,使用无约束条件时的参数估计量具有超一致性。本节采用无约束条件下的残差进行检验。

3.3.1　无漂移项数据生成模式

1. SB 检验过程

对于无漂移项数据生成过程而言,构造 Bootstrap 样本只涉及残差的构造,不涉及漂移项参数的估计。当使用基于无约束条件构造的残差时,Bootstrap 检验步骤如下:

(1) 使用 OLS 估计式(3.2)中的参数 ρ,记为 $\hat{\rho}$,得到残差估计 $\hat{u}_t$,$t=1,2,\cdots,T$,

并对残差 $\hat{u}_t$ 进行中心化处理，记中心化残差为 $\tilde{u}_t, t=1,2,\cdots,T$，以确保 $\tilde{u}_t$ 的均值为零。

(2) 以 $\tilde{u}_t$ 为母体，采用 SB 方法从 $\tilde{u}_t$ 中抽取样本，记为 $\tilde{u}_t^*, t=1,2,\cdots,T$。

(3) 设 $y_0^*=0$，按照如下递归等式生成 Bootstrap 样本 $y_t^*, t=1,2,\cdots,T$：

$$y_t^* = y_{t-1}^* + \tilde{u}_t^* \tag{3.17}$$

(4) 以 y_t^* 为样本，分别按照式(3.6)和式(3.9)的形式估计模型如下：

$$y_t^* = \alpha_1^* + \rho_1^* y_{t-1}^* + \tilde{u}_t^* \tag{3.18}$$

$$y_t^* = \alpha_2^* + \delta_1^* t + \rho_2^* y_{t-1}^* + \tilde{u}_t^* \tag{3.19}$$

(5) 分别建立假设 $H_{01}^*: \alpha_1^*=0$、$H_{02}^*: \alpha_1^*=0, \rho_1^*=1$，$H_{03}^*: \alpha_2^*=0$、$H_{04}^*: \delta_1^*=0$、$H_{05}^*: \alpha_2^*=0, \delta_1^*=0, \rho_2^*=1$。记

$$\boldsymbol{\beta}_1^{*\prime} = (\alpha_1^*, \rho_1^*), \quad \hat{\boldsymbol{\beta}}_1^{*\prime} = (\hat{\alpha}_1^*, \hat{\rho}_1^*), \quad \boldsymbol{x}_{1t}^{*\prime} = (1, y_{t-1}^*)$$

$$\boldsymbol{\beta}_2^{*\prime} = (\alpha_2^*, \delta_1^*, \rho_2^*), \quad \hat{\boldsymbol{\beta}}_2^{*\prime} = (\hat{\alpha}_2^*, \hat{\delta}_1^*, \hat{\rho}_2^*), \quad \boldsymbol{x}_{2t}^{*\prime} = (1, t, y_{t-1}^*)$$

并根据式(3.18)、式(3.19)利用 Bootstrap 样本 y_t^* 分别计算检验量值如下：

$$t_{\hat{\alpha}_1^*} = \frac{\hat{\alpha}_1^*}{\mathrm{se}(\hat{\alpha}_1^*)}, \quad \Phi_1^* = \frac{1}{2s_1^{*2}}(\hat{\boldsymbol{\beta}}_1^* - \boldsymbol{\beta}_1^*)'\left(\sum_{t=1}^{T}\boldsymbol{x}_{1t}^*\boldsymbol{x}_{1t}^{*\prime}\right)(\hat{\boldsymbol{\beta}}_1^* - \boldsymbol{\beta}_1^*)$$

$$t_{\hat{\alpha}_2^*} = \frac{\hat{\alpha}_2^*}{\mathrm{se}(\hat{\alpha}_2^*)}, \quad t_{\hat{\delta}_1^*} = \frac{\hat{\delta}_1^*}{\mathrm{se}(\hat{\delta}_1^*)}$$

$$\Phi_2^* = \frac{1}{3s_2^{*2}}(\hat{\boldsymbol{\beta}}_2^* - \boldsymbol{\beta}_2^*)'\left(\sum_{t=1}^{T}\boldsymbol{x}_{2t}^*\boldsymbol{x}_{2t}^{*\prime}\right)(\hat{\boldsymbol{\beta}}_2^* - \boldsymbol{\beta}_2^*)$$

其中 s_1^{*2}、s_2^{*2} 分别为根据式(3.18)、式(3.19)的残差计算的扰动项方差估计值。

(6) 重复步骤(2)和步骤(5)共 B 次，设第 b 次检验量值为 $t_{\hat{\alpha}_1^*,b}$、$\Phi_{1,b}^*$、$t_{\hat{\alpha}_2^*,b}$、$t_{\hat{\delta}_1^*,b}$和$\Phi_{2,b}^*$，$b=1,2,\cdots,B$。

(7) 按照以下公式计算 Bootstrap 检验概率：

$$p_{1i} = \frac{1}{B}\sum_{b=1}^{B} I(|t_{\hat{\alpha}_i^*,b}| > |t_{\hat{\alpha}_i}|), \quad p_2 = \frac{1}{B}\sum_{b=1}^{B} I(|t_{\hat{\delta}_1^*,b}| > |t_{\hat{\delta}_1}|)$$

$$p_{3i} = \frac{1}{B}\sum_{b=1}^{B} I(\Phi_{i,b}^* > \Phi_i), \quad i = 1,2$$

其中 $I(\cdot)$为示性函数，条件为真时取 1，否则取 0。如果有检验概率小于事先指定的显著性水平，比如 0.05，就拒绝对应的原假设，否则就接受原假设。

2. SB 检验的有效性

为说明 SB 检验的有效性，需要从理论上证明：基于 SB 样本得到的检验量与原始样本下对应的检验量在大样本下具有相同的极限分布。下面定理给出了 SB 检验结论。

定理 3.7 当数据生成为式(3.1)，采用上述 SB 构造样本方法，估计式(3.18)和式(3.19)时有：

(1) $t_{\hat{\alpha}_1^*} = \dfrac{\hat{\alpha}_1^*}{\mathrm{se}(\hat{\alpha}_1^*)} \Rightarrow \dfrac{\sigma}{\sigma_u} \dfrac{\boldsymbol{e}'_{11}\boldsymbol{A}_1^{-1}\boldsymbol{B}_1}{\sqrt{\boldsymbol{e}'_{11}\boldsymbol{A}_1^{-1}\boldsymbol{e}_{11}}}$；

(2) $\Phi_1^* = \dfrac{1}{2s_1^{*2}}(\hat{\boldsymbol{\beta}}_1^* - \boldsymbol{\beta}_1^*)'\left(\sum_{t=1}^{T}\boldsymbol{x}_{1t}^*\boldsymbol{x}_{1t}^{*\prime}\right)(\hat{\boldsymbol{\beta}}_1^* - \boldsymbol{\beta}_1^*) \Rightarrow \dfrac{\sigma^2}{2\sigma_u^2}\boldsymbol{B}'_1\boldsymbol{A}_1^{-1}\boldsymbol{B}_1$；

(3) $t_{\hat{\alpha}_2^*} = \dfrac{\hat{\alpha}_2^*}{\mathrm{se}(\hat{\alpha}_2^*)} \Rightarrow \dfrac{\sigma}{\sigma_u} \dfrac{\boldsymbol{e}'_{21}\boldsymbol{A}_2^{-1}\boldsymbol{B}_2}{\sqrt{\boldsymbol{e}'_{21}\boldsymbol{A}_2^{-1}\boldsymbol{e}_{21}}}$；

(4) $t_{\hat{\delta}_1^*} = \dfrac{\hat{\delta}_1^*}{\mathrm{se}(\hat{\delta}_1^*)} \Rightarrow \dfrac{\sigma}{\sigma_u} \dfrac{\boldsymbol{e}'_{22}\boldsymbol{A}_2^{-1}\boldsymbol{B}_2}{\sqrt{\boldsymbol{e}'_{22}\boldsymbol{A}_2^{-1}\boldsymbol{e}_{22}}}$；

(5) $\Phi_2^* = \dfrac{1}{3s_2^{*2}}(\hat{\boldsymbol{\beta}}_2^* - \boldsymbol{\beta}_2^*)'\left(\sum_{t=1}^{T}\boldsymbol{x}_{2t}^*\boldsymbol{x}_{2t}^{*\prime}\right)(\hat{\boldsymbol{\beta}}_2^* - \boldsymbol{\beta}_2^*) \Rightarrow \dfrac{\sigma^2}{3\sigma_u^2}\boldsymbol{B}'_2\boldsymbol{A}_2^{-1}\boldsymbol{B}_2$。

为完成上述定理的证明，需要使用SB方法对应的不变原理，为此构造部分和序列$\{Y_T^*(r), r\in[0,1]\}$如下：

$$Y_T^*(r) = \frac{1}{\hat{\sigma}_T^*\sqrt{T}}\sum_{t=1}^{[Tr]}\tilde{u}_t^*$$

其中$\hat{\sigma}_T^{*2} = \mathrm{Var}\left(\dfrac{1}{\sqrt{T}}\sum_{t=1}^{T}\tilde{u}_t^*\right)$，则有不变原理成立，以引理3.1的形式给出如下。

引理3.1　当数据生成为式(3.1)，采用上述SB抽取样本方法，令p_T表示对应样本为T时SB方法采用的概率，且当$T\to\infty$时满足$p_T\to 0$和$\sqrt{T}p_T\to\infty$，则有

$$Y_T^*(\cdot)\Rightarrow W(\cdot),\quad \hat{\sigma}_T^{*2} = \sigma^2 + o_p(1)$$

引理3.1的证明占用较大篇幅，具体参见Parker等的证明过程[88]。下面首先给出证明定理3.7使用的基本结论，以引理3.2的形式给出如下。

引理3.2　在引理3.1的条件下，采用式(3.17)来构造Bootstrap样本，则有：

(1) $T^{-1/2}\sum_{t=1}^{T}\tilde{u}_t^* \Rightarrow \sigma W(1)$；

(2) $T^{-3/2}\sum_{t=1}^{T}t\tilde{u}_t^* \Rightarrow \sigma\int_0^1 r\mathrm{d}W(r)$；

(3) $T^{-3/2}\sum_{t=1}^{T}y_{t-1}^* \Rightarrow \sigma\int_0^1 W(r)\mathrm{d}r$；

(4) $T^{-2}\sum_{t=1}^{T}y_{t-1}^{*2} \Rightarrow \sigma^2\int_0^1 W^2(r)\mathrm{d}r$；

(5) $T^{-5/2}\sum_{t=1}^{T}ty_{t-1}^* \Rightarrow \sigma\int_0^1 rW(r)\mathrm{d}r$；

(6) $T^{-1}\sum_{t=1}^{T}\tilde{u}_t^*y_{t-1}^* \Rightarrow \sigma^2\int_0^1 W(r)\mathrm{d}W(r) + \dfrac{\sigma^2 - \sigma_u^2}{2}$。

证明　(1) 在引理3.1中，令$r=1$得到$\dfrac{1}{\hat{\sigma}_T^*\sqrt{T}}\sum_{t=1}^{T}\tilde{u}_t^* \Rightarrow W(1)$，而$\hat{\sigma}_T^{*2} = \sigma^2 +$

$o_p(1)$，因此有 $T^{-1/2}\sum_{t=1}^{T}\tilde{u}_t^* \Rightarrow \sigma W(1)$ 成立。

(2) 当 $(j-1)/T \leqslant r < j/T$ 时有 $\tilde{u}_j^* = T^{1/2}\hat{\sigma}_T^*\left[Y_T^*\left(\frac{j}{T}\right) - Y_T^*\left(\frac{j-1}{T}\right)\right]$，因此有

$$T^{-3/2}\sum_{t=1}^{T} t\tilde{u}_t^* = \sum_{t=1}^{T}\frac{t-1}{T}T^{-1/2}\tilde{u}_t^* + T^{-1}\sum_{t=1}^{T}T^{-1/2}\tilde{u}_t^*$$
$$= \hat{\sigma}_T^*\int_0^1 r\mathrm{d}Y_T^*(r) + o_p(1) \Rightarrow \sigma\int_0^1 r\mathrm{d}W(r)$$

(3) 根据式(3.17)知 $y_{t-1}^* = \sum_{t=1}^{t-1}\tilde{u}_t^*$，当 $(t-1)/T \leqslant r < t/T$ 时有 $y_{t-1}^* = \hat{\sigma}_T^*\sqrt{T}Y_T^*(r)$，因此

$$T^{-3/2}\sum_{t=1}^{T}y_{t-1}^* = T^{-3/2}\sum_{t=1}^{T}\hat{\sigma}_T^*\sqrt{T}Y_T^*(r) = \hat{\sigma}_T^*T^{-1}\sum_{t=1}^{T}Y_T^*(r)$$
$$= \hat{\sigma}_T^*\int_0^1 Y_T^*(r)\mathrm{d}r \Rightarrow \sigma\int_0^1 W(r)\mathrm{d}r$$

利用类似的方法可以证明结论(4)和(5)。对于结论(6)，由于

$$\sum_{t=1}^{T}\tilde{u}_t^* y_{t-1}^* = \frac{1}{2}y_T^{*2} - \sum_{t=1}^{T}\tilde{u}_t^{*2}$$

因此

$$T^{-1}\sum_{t=1}^{T}\tilde{u}_t^* y_{t-1}^* = \frac{1}{2}\left((T^{-1/2}y_T^*)^2 - T^{-1}\sum_{t=1}^{T}\tilde{u}_t^{*2}\right)$$
$$\Rightarrow \frac{1}{2}(\sigma^2 W^2(1) - \sigma_u^2)$$
$$= \sigma^2\int_0^1 W(r)\mathrm{d}W(r) + \frac{\sigma^2 - \sigma_u^2}{2}$$

下面利用大数定律和 Slutsky 定理以及引理 3.2 证明定理 3.7 中的结论。当估计式(3.18)的模型时，根据 OLS 估计有

$$\hat{\boldsymbol{\beta}}_1^* - \boldsymbol{\beta}_1^* = \left(\sum_{t=1}^{T}\boldsymbol{x}_{1t}^*\boldsymbol{x}_{1t}^{*\prime}\right)^{-1}\sum_{t=1}^{T}\boldsymbol{x}_{1t}^*\tilde{u}_t^*$$

根据引理 3.2 得到

$$\boldsymbol{\Lambda}_1(\hat{\boldsymbol{\beta}}_1^* - \boldsymbol{\beta}_1^*) \Rightarrow \sigma\boldsymbol{\lambda}_1^{-1}\boldsymbol{A}_1^{-1}\boldsymbol{B}_1 \tag{3.20}$$

令 s_1^{*2} 为扰动项 $\tilde{u}_t^*$ 方差的估计，即

$$s_1^{*2} = (T-1)^{-1}\sum_{t=1}^{T}(y_t^* - \boldsymbol{x}_{1t}^{*\prime}\hat{\boldsymbol{\beta}}_1^*)^2$$

由于

$$s_1^{*2} = (T-1)^{-1}\sum_{t=1}^{T}(\tilde{u}_t^* - \boldsymbol{x}_{1t}^{*\prime}(\hat{\boldsymbol{\beta}}_1^* - \boldsymbol{\beta}_1^*))^2$$

$$= (T-1)^{-1}\sum_{t=1}^{T}\tilde{u}_t^{*2} + o_p(1) = \sigma_u^2 + o_p(1)$$

再根据 OLS 估计方法得到估计量的方差为

$$\mathrm{Var}(\boldsymbol{\Lambda}_1(\hat{\boldsymbol{\beta}}_1^* - \boldsymbol{\beta}_1^*)) = \left(\boldsymbol{\Lambda}_1^{-1}\sum_{t=1}^{T}\boldsymbol{x}_{1t}^*\boldsymbol{x}_{1t}^{*\prime}\boldsymbol{\Lambda}_1^{-1}\right)^{-1}s_1^{*2} \Rightarrow \sigma_u^2\boldsymbol{\lambda}_1^{-1}\boldsymbol{A}_1^{-1}\boldsymbol{\lambda}_1^{-1} \quad (3.21)$$

因此式(3.20)和式(3.21)与式(3.7)和式(3.8)完全一致，仿照定理 3.1 的证明过程，可知定理 3.7 中的结论(1)和结论(2)成立。类似地，仿照定理 3.3 的证明过程，可以证明定理 3.7 中的剩余结论。

定理 3.7 表明：使用 SB 方法构建检验量，则其检验量与原始样本对应的检验量具有相同的极限分布，因此可以使用 Bootstrap 样本的检验量提取分位数，而不必进行转换，使之直接用于漂移项、趋势项和联合检验。当然也可以利用 Bootstrap 样本对定理 3.7 中的检验量进行转换，以便得到不含未知数的检验量，这样的检验量可以使用 Bootstrap 方法进行进一步精炼，下面是其转换过程：

$$Z(t_{\hat{\alpha}_1^*}) = \frac{\sigma_u}{\sigma}t_{\hat{\alpha}_1^*} + \sigma z\left(T^{-2}\sum_{t=1}^{T}(y_{t-1}^* - \bar{y}^*)^2\right)^{-1/2}\left(T^{-2}\sum_{t=1}^{T}y_{t-1}^{*2}\right)^{-1/2}\left(T^{-3/2}\sum_{t=1}^{T}y_{t-1}^*\right)$$

$$Z(\Phi_1^*) = \frac{\sigma_u^2}{\sigma^2}\Phi_1^* - z\left(T(\hat{\rho}_1^* - 1) - \frac{(\sigma^2 - \sigma_u^2)}{4}\left(T^{-2}\sum_{t=1}^{T}(y_{t-1}^* - \bar{y}^*)^2\right)^{-1}\right)$$

$$Z(t_{\hat{\alpha}_2^*}) = \frac{\sigma_u}{\sigma}t_{\hat{\alpha}_2^*} - \frac{\sigma^2 - \sigma_u^2}{2\sigma}\frac{T\left(\sum_{t=1}^{T}t\sum_{t=1}^{T}ty_{t-1}^* - \sum_{t=1}^{T}t^2\sum_{t=1}^{T}y_{t-1}^*\right)}{\sqrt{\left|\sum_{t=1}^{T}x_{2t}^*x_{2t}^{*\prime}\right|}\sqrt{\sum_{t=1}^{T}t^2\sum_{t=1}^{T}y_{t-1}^{*2} - \left(\sum_{t=1}^{T}ty_{t-1}^*\right)^2}}$$

$$Z(t_{\hat{\delta}_1^*}) = \frac{\sigma_u}{\sigma}t_{\hat{\delta}_1^*} - \frac{\sigma^2 - \sigma_u^2}{2\sigma}\frac{T\left(\sum_{t=1}^{T}t\sum_{t=1}^{T}y_{t-1}^* - T\sum_{t=1}^{T}ty_{t-1}^*\right)}{\sqrt{\left|\sum_{t=1}^{T}x_{2t}^*x_{2t}^{*\prime}\right|\left(T\sum_{t=1}^{T}y_{t-1}^{*2} - \left(\sum_{t=1}^{T}y_{t-1}^*\right)^2\right)}}$$

$$Z(\Phi_2^*) = \frac{\sigma_u^2}{\sigma^2}\Phi_2^* - \frac{\sigma^2 - \sigma_u^2}{3\sigma^2}\left[T(\hat{\rho}_2^* - 1) - \frac{\sigma^2 - \sigma_u^2}{4\left|\sum_{t=1}^{T}x_{2t}^*x_{2t}^{*\prime}\right|}T^2\left(T\sum_{t=1}^{T}t^2 - \left(\sum_{t=1}^{T}t\right)^2\right)\right]$$

可以证明，其转换后的检验量不再含有任何未知参数，转换后的分布总结在如下定理中。

定理 3.8　定理 3.7 中的检验量在上述转换后，各个检验量的分布为

(1) $Z(t_{\hat{\alpha}_1^*}) \Rightarrow \dfrac{\boldsymbol{e}_{11}'\boldsymbol{A}_1^{-1}\boldsymbol{B}_{11}}{\sqrt{\boldsymbol{e}_{11}'\boldsymbol{A}_1^{-1}\boldsymbol{e}_{11}}}$；

(2) $Z(\Phi_1^*) \Rightarrow \dfrac{1}{2}\boldsymbol{B}_{11}'\boldsymbol{A}_1^{-1}\boldsymbol{B}_{11}$；

(3) $Z(t_{\hat{\alpha}_2^*})\Rightarrow\dfrac{\boldsymbol{e}_{21}'\boldsymbol{A}_2^{-1}\boldsymbol{B}_{21}}{\sqrt{\boldsymbol{e}_{21}'\boldsymbol{A}_2^{-1}\boldsymbol{e}_{21}}}$；

(4) $Z(t_{\hat{\delta}_1^*})\Rightarrow\dfrac{\boldsymbol{e}_{22}'\boldsymbol{A}_2^{-1}\boldsymbol{B}_{21}}{\sqrt{\boldsymbol{e}_{22}'\boldsymbol{A}_2^{-1}\boldsymbol{e}_{22}}}$；

(5) $Z(\Phi_2^*)\Rightarrow\dfrac{1}{3}\boldsymbol{B}_{21}'\boldsymbol{A}_2^{-1}\boldsymbol{B}_{21}$。

定理 3.8 的证明可以参考定理 3.2 和定理 3.4 的证明过程，并结合引理 3.2 的结论。为了使上述转换具有可操作性，利用 Bootstrap 样本计算结果估计长期方差和扰动项方差，对定理 3.8 中的结论(1)和结论(2)使用基于式(3.18)的残差进行估计，即有

$$\hat{\sigma}_u^2 = s_1^{*2} = (T-1)^{-1}\sum_{t=1}^{T}(y_t^* - \boldsymbol{x}_{1t}^{*\prime}\hat{\boldsymbol{\beta}}_1^*)^2$$

$$\hat{\sigma}^2 = s_1^{*2} + 2(T-1)^{-1}\sum_{k=1}^{T-1}w(k,l)\sum_{t=k+1}^{T}\hat{\tilde{u}}_t^*\,\hat{\tilde{u}}_{t-k}^*$$

其中$\hat{\tilde{u}}_t^* = y_t^* - \boldsymbol{x}_{1t}^{*\prime}\hat{\boldsymbol{\beta}}_1^*$。

类似地，对于定理 3.8 中的结论(3)、结论(4)和结论(5)，要使用基于式(3.19)中的残差估计结果构建非参数估计量。

3.3.2 含漂移项数据生成模式

对于含漂移项数据生成过程来说，构造 Bootstrap 样本不仅涉及残差的构造，还包括漂移项参数的估计。这里仍使用基于无约束条件的估计结果来构建漂移项参数以及残差的估计，Bootstrap 检验步骤如下：

(1) 使用 OLS 估计式(3.3)，记式(3.3)中参数分别为 $\hat{\rho}$ 和 $\hat{\alpha}$，得到残差估计 $\hat{u}_t$，$t=1,2,\cdots,T$。由于此时模型中含有截距项，故不需要中心化处理。

(2) 以 $\hat{u}_t$ 为母体，采用 SB 方法从 $\hat{u}_t$ 中抽取样本，记为 $\tilde{u}_t^*$，$t=1,2,\cdots,T$。

(3) 设 $y_0^*=0$，按照如下递归等式生成 Bootstrap 样本 y_t^*，$t=1,2,\cdots,T$：

$$y_t^* = \hat{\alpha} + y_{t-1}^* + \tilde{u}_t^* \tag{3.22}$$

(4) 以 y_t^* 为样本，按照式(3.10)的形式估计模型如下：

$$y_t^* = \alpha_3^* + \delta_2^* t + \rho_3^* y_{t-1}^* + \tilde{u}_t^* \tag{3.23}$$

(5) 分别建立假设

$$\mathrm{H}_{06}^*:\alpha_3^* = \hat{\alpha}、\mathrm{H}_{07}^*:\delta_2^* = 0、\mathrm{H}_{08}^*:\delta_2^* = 0,\quad \rho_3^* = 1$$

对上式使用 $\eta_{t-1}^* = y_{t-1}^* - \hat{\alpha}(t-1)$进行共线性处理得到估计模型为

$$y_t^* = \alpha_3^{*\circ} + \delta_2^{*\circ} t + \rho_3^* \eta_{t-1}^* + \tilde{u}_t^* \tag{3.24}$$

并对假设形式进行修正：$\mathrm{H}_{06}'^{*}:\alpha_3^{*\circ}=0$、$\mathrm{H}_{07}'^{*}:\delta_2^{*\circ}=\hat{\alpha}$、$\mathrm{H}_{08}^*:\delta_2^{*\circ}=\hat{\alpha}$，$\rho_3^*=1$，记

$$\boldsymbol{\beta}_3^{*\prime} = (\alpha_3^{*\circ}, \delta_2^{*\circ}, \rho_3^*), \quad \hat{\boldsymbol{\beta}}_3^{*\prime} = (\hat{\alpha}_3^{*\circ}, \hat{\delta}_2^{*\circ}, \hat{\rho}_3^*), \quad \boldsymbol{x}_{3t}^{*\prime} = (1, t, \eta_{t-1}^*)$$

根据式(3.22)、式(3.24)，利用 Bootstrap 样本 y_t^* 分别计算检验量值如下：

$$t_{\hat{\alpha}_3^{*\circ}} = \frac{\hat{\alpha}_3^{*\circ}}{\mathrm{se}(\hat{\alpha}_3^{*\circ})}, \quad t_{\hat{\delta}_2^{*\circ}} = \frac{\hat{\delta}_2^{*\circ} - \hat{\alpha}}{\mathrm{se}(\hat{\delta}_2^{*\circ})}$$

$$\Phi_3^* = \frac{1}{2}(\boldsymbol{R}(\hat{\boldsymbol{\beta}}_3^* - \boldsymbol{\beta}_3^*))'(\mathrm{Var}(\boldsymbol{R}(\hat{\boldsymbol{\beta}}_3^* - \boldsymbol{\beta}_3^*)))^{-1}\boldsymbol{R}(\hat{\boldsymbol{\beta}}_3^* - \boldsymbol{\beta}_3^*)$$

其中涉及的 s_3^{*2} 根据式(3.24)的残差计算扰动项方差的估计值。

(6) 重复步骤(2)和步骤(5)共 B 次，设第 b 次检验量值为 $t_{\hat{\alpha}_3^{*\circ},b}$、$t_{\hat{\delta}_2^{*\circ},b}$、$\Phi_{3,b}^*$，$b=1,2,\cdots,B$。

(7) 按照以下公式计算 Bootstrap 检验概率：

$$p_1 = \frac{1}{B}\sum_{b=1}^{B} I(|t_{\hat{\alpha}_3^{*\circ},b}| > |t_{\hat{\alpha}_3^{\circ}}|), \quad p_2 = \frac{1}{B}\sum_{b=1}^{B} I(|t_{\hat{\delta}_2^{*\circ},b}| > |t_{\hat{\delta}_2^{\circ}}|)$$

$$p_3 = \frac{1}{B}\sum_{b=1}^{B} I(\Phi_{3,b}^* > \Phi_3)$$

其中 $I(\cdot)$为示性函数，条件为真时取 1，否则取 0。如果有检验概率小于事先指定的显著性水平，就拒绝对应的原假设，否则就接受原假设。

下面定理给出了此种情况下的 SB 检验结论。

定理 3.9　当数据生成为式(3.14)，采用上述 SB 构造样本方法，估计式(3.24)时有：

(1) $t_{\hat{\alpha}_3^{*\circ}} = \dfrac{\hat{\alpha}_3^{*\circ}}{\mathrm{se}(\hat{\alpha}_3^{*\circ})} \Rightarrow \dfrac{\sigma}{\sigma_u}\dfrac{\boldsymbol{e}_{31}'\boldsymbol{A}_2^{-1}\boldsymbol{B}_2}{\sqrt{\boldsymbol{e}_{31}'\boldsymbol{A}_2^{-1}\boldsymbol{e}_{31}}}$；

(2) $t_{\hat{\delta}_2^{*\circ}} = \dfrac{\hat{\delta}_2^{*\circ} - \hat{\alpha}}{\mathrm{se}(\hat{\delta}_2^{*\circ})} \Rightarrow \dfrac{\sigma}{\sigma_u}\dfrac{\boldsymbol{e}_{32}'\boldsymbol{A}_2^{-1}\boldsymbol{B}_2}{\sqrt{\boldsymbol{e}_{32}'\boldsymbol{A}_2^{-1}\boldsymbol{e}_{32}}}$；

(3) $\Phi_3^* = \dfrac{1}{2}(\boldsymbol{R}(\hat{\boldsymbol{\beta}}_3^* - \boldsymbol{\beta}_3^*))'(\mathrm{Var}(\boldsymbol{R}(\hat{\boldsymbol{\beta}}_3^* - \boldsymbol{\beta}_3^*)))^{-1}\boldsymbol{R}(\hat{\boldsymbol{\beta}}_3^* - \boldsymbol{\beta}_3^*) \Rightarrow \dfrac{\sigma^2}{2\sigma_u^2}$
$(\boldsymbol{R}\boldsymbol{A}_2^{-1}\boldsymbol{B}_2)'(\boldsymbol{R}\boldsymbol{A}_2^{-1}\boldsymbol{R}')^{-1}\boldsymbol{R}\boldsymbol{A}_2^{-1}\boldsymbol{B}_2$。

为证明定理 3.9，仍要使用引理 3.1 和引理 3.2 中的结论，其中在引理 3.2 中需要使用 η_{t-1}^*替代第一种 SB 中的 y_{t-1}^*，因为由式(3.22)知

$$y_t^* = \hat{\alpha} + y_{t-1}^* + \tilde{u}_t^* = \hat{\alpha}t + y_0^* + \sum_{s=1}^{t}\tilde{u}_s^*$$

从而有

$$\eta_{t-1}^* = y_{t-1}^* - \hat{\alpha}(t-1) = \sum_{s=1}^{t-1}\tilde{u}_s^*$$

因此使用 η_{t-1}^*替代引理 3.2 中的 y_{t-1}^*，相关结论不变。

定理 3.9 的证明可以参考定理 3.5 的证明过程，并使用结论 $s_3^{*2} = \sigma_u^2 + o_p(1)$即可。类似地，可以使用此种情况下的 SB 样本对定理 3.9 中的检验量实施转换，

使之不再含有未知参数，转换过程如下：

$$Z(t_{\hat{\alpha}_3^{**}}) = \frac{\sigma_u}{\sigma} t_{\hat{\alpha}_3^{**}} - \frac{\sigma^2 - \sigma_u^2}{2\sigma} \frac{T\left(\sum_{t=1}^{T} t \sum_{t=1}^{T} t\eta_{t-1}^* - \sum_{t=1}^{T} t^2 \sum_{t=1}^{T} \eta_{t-1}^*\right)}{\sqrt{\left|\sum_{t=1}^{T} x_{3t}^* x_{3t}^{*\prime}\right|} \sqrt{\sum_{t=1}^{T} t^2 \sum_{t=1}^{T} \eta_{t-1}^{*2} - \left(\sum_{t=1}^{T} t\eta_{t-1}^*\right)^2}}$$

$$Z(t_{\hat{\delta}_2^{**}}) = \frac{\sigma_u}{\sigma} t_{\hat{\delta}_2^{**}} - \frac{\sigma^2 - \sigma_u^2}{2\sigma} \frac{T\left(\sum_{t=1}^{T} t \sum_{t=1}^{T} \eta_{t-1}^* - T\sum_{t=1}^{T} t\eta_{t-1}^*\right)}{\sqrt{\left|\sum_{t=1}^{T} x_{3t}^* x_{3t}^{*\prime}\right| \left(T\sum_{t=1}^{T} \eta_{t-1}^{*2} - \left(\sum_{t=1}^{T} \eta_{t-1}^*\right)^2\right)}}$$

$$Z(\Phi_3^*) = \frac{\sigma_u^2}{\sigma^2}\Phi_3^* - \frac{\sigma^2 - \sigma_u^2}{2\sigma^2}\left[T(\hat{\rho}_3^* - 1) - \frac{\sigma^2 - \sigma_u^2}{4\left|\sum_{t=1}^{T} x_{3t}^* x_{3t}^{*\prime}\right|} T^2\left(T\sum_{t=1}^{T} t^2 - \left(\sum_{t=1}^{T} t\right)^2\right)\right]$$

其中转换公式中的 σ_u^2 和 σ^2 的估计仍可使用下列估计公式进行计算：

$$\hat{\sigma}_u^2 = s_3^{*2} = (T-3)^{-1} \sum_{t=1}^{T} (y_t^* - \boldsymbol{x}_{3t}^{*\prime} \hat{\boldsymbol{\beta}}_3^*)^2$$

$$\hat{\sigma}^2 = s_3^{*2} + 2(T-1)^{-1} \sum_{k=1}^{T-1} w(k,l) \sum_{t=k+1}^{T} \hat{\tilde{u}}_t^* \hat{\tilde{u}}_{t-k}^*$$

其中 $\hat{\tilde{u}}_t^* = y_t^* - \boldsymbol{x}_{3t}^{*\prime} \hat{\boldsymbol{\beta}}_3^*$。

转换后的检验量分布不再含有任何其他未知参数，检验量的分布归纳在如下定理中。

定理 3.10　定理 3.9 中的检验量，在上述转换后有：

(1) $Z(t_{\hat{\alpha}_3^{**}}) \Rightarrow \dfrac{\boldsymbol{e}_{31}' \boldsymbol{A}_2^{-1} \boldsymbol{B}_{21}}{\sqrt{\boldsymbol{e}_{31}' \boldsymbol{A}_2^{-1} \boldsymbol{e}_{31}}}$；

(2) $Z(t_{\hat{\delta}_2^{**}}) \Rightarrow \dfrac{\boldsymbol{e}_{32}' \boldsymbol{A}_2^{-1} \boldsymbol{B}_{21}}{\sqrt{\boldsymbol{e}_{32}' \boldsymbol{A}_2^{-1} \boldsymbol{e}_{32}}}$；

(3) $Z(\Phi_3^*) \Rightarrow \dfrac{1}{2}(\boldsymbol{R}\boldsymbol{A}_2^{-1}\boldsymbol{B}_{21})'(\boldsymbol{R}\boldsymbol{A}_2^{-1}\boldsymbol{R}')^{-1}\boldsymbol{R}\boldsymbol{A}_2^{-1}\boldsymbol{B}_{21}$。

定理 3.10 的证明过程与定理 3.6 非常类似，这里不再给出证明过程。

本节研究表明：无论数据生成是否含有漂移项，采用 SB 检验方法，相关检验量与原始样本对应的检验量具有相同的极限分布，且含有未知参数，但仍可以通过使用 SB 样本来进行非参数调整，调整后检验量的分布与原始样本计算检验量调整后的分布也完全相同，从而可以使用基于 DF 类对应检验量的分位数进行检验。

3.4　蒙特卡罗模拟与实证研究

前面从理论上证实可以使用SB检验方法完成相应的检验，但实际检验效果还需要使用蒙特卡罗模拟方法来和使用分位数检验对比。为说明该方法可以用于检验实际时间序列的平稳性，本节还将使用SB检验方法进行实证分析。

3.4.1　无漂移项数据生成模式与蒙特卡罗模拟

1. 模拟设置

假设数据生成为

$$y_t = \rho y_{t-1} + u_t, \quad u_t = \phi u_{t-1} + \varepsilon_t \text{①}$$

其中 $\varepsilon_t \sim \text{iin}(0,1)$，为考察自回归参数 ϕ 的影响，取 ϕ 的值分别为0.1、0.5、-0.1、-0.5；为考察样本容量对检验效果的影响，设定样本容量为25、50和100；当考察检验水平时设定 $\rho=1$，当考察检验功效时分别设定 ρ 为0.95和0.85；设定Bootstrap检验次数为 $B=1000$，蒙特卡罗模拟次数为5000；在执行SB抽样时，分别取 p 为0.025、0.05、0.1、0.2、0.3；为使用DF类检验的分位数，需要对检验量进行调整，为此需要确定带宽 l，为比较不同带宽的影响，根据 $l=o(T^{1/4})$，取 l 分别为2、3和4；所有模拟组合取显著性水平为0.05。

2. 模拟结果分析

表3.1至表3.4分别给出了五种检验量无调整以及使用带宽为2、3和4调整的检验结果。表3.1列出使用三种（取值为2、3、4）带宽调整的五种检验量 $Z(t_{\hat{\alpha}_1})$、$Z(t_{\hat{\alpha}_2})$、$Z(t_{\hat{\delta}_1})$、$Z(\Phi_1)$、$Z(\Phi_2)$ 的分位数检验结果，表3.2、表3.3是使用5种SB样本构造方法的非调整检验量检验结果，其中表3.2对应非调整检验量 $t_{\hat{\alpha}_1}$、$t_{\hat{\alpha}_2}$ 与 $t_{\hat{\delta}_1}$，表3.3对应非调整检验量 Φ_1 与 Φ_2。上述表中 $\rho=1$ 对应检验水平，$\rho=0.95$ 和 $\rho=0.85$ 对应检验功效。下面以表3.1为代表进行总结：显然，检验量值总体上随着带宽的变大而呈现递增趋势；当考察检验水平时，只有少数带宽取值下实际检验水平在5%左右，例如，当 $T=100$ 且 $\phi=0.1$ 时，五种转换检验量都具有较好的检验水平，而当 $\phi=0.5$ 时，只有3种检验量 $Z(t_{\hat{\alpha}_1})$、$Z(t_{\hat{\alpha}_2})$、$Z(t_{\hat{\delta}_1})$ 具有较好的检验水平，绝大多数分位数检验具有较大的水平扭曲，这与PP检验模式下单位根项检验的结果非常相似。总结检验水平的结果可以发现：第一，

① Paparoditis和Politis、Parkera等将扰动项设置成一阶移动平均形式，本节使用自回归形式。

对同样的 ϕ,随着样本的增大,水平扭曲程度有降低的趋势;第二,ϕ 的绝对值越大,检验水平扭曲程度越大,且负相关扭曲程度大于同等程度的正相关结果。当考察检验功效时,一个明显的规律是:当 $\phi=-0.1$ 和 $\phi=-0.5$ 时,在三种带宽选择下,对转换检验量 $Z(\Phi_1)$、$Z(\Phi_2)$而言,随着样本的增大,对于同样的 ρ,检验功效呈现上升的趋势,或者固定样本容量,随着 ρ 的下降,检验功效也增大。但对转换检验量 $Z(t_{\hat{\alpha}_1})$、$Z(t_{\hat{\alpha}_2})$、$Z(t_{\hat{\delta}_1})$,功效的变化规律正好与之相反,且适用于 $\phi=0.1$ 和 $\phi=0.5$。这是由于联合检验中包括 ρ,随着 ρ 的减少,检验功效增大符合理论公式,但检验量 $Z(t_{\hat{\alpha}_1})$、$Z(t_{\hat{\alpha}_2})$、$Z(t_{\hat{\delta}_1})$并不涉及 ρ,因此功效可以有相反的变化趋势。

表3.2、表3.3中的检验量也分别具有表3.1中对应检验量的变化趋势,所不同的是,相关检验量对应值随着SB概率值 p 的增大而降低。

表3.4至表3.8分别给出了5种检验量SB方法和带宽调整检验的模拟结果。下面以表3.4中的 $Z(t_{\hat{\alpha}_1})$为代表说明。当概率 p 固定时,检验量值随着带宽的增加而增大;当固定带宽时,检验量值随着 p 的增大而减小;检验水平扭曲程度随着样本增大而降低,相关程度越高,扭曲程度越大。和表3.1中使用分位数检验相比,当使用相同带宽时,在大多数场合下,能够找到一种优于分位数检验水平的SB方法:例如当样本为25且 $\rho=0.1$ 时,由表3.1知,3种带宽检验水平分别为5.40%、5.84%、6.14%,而由表3.4知,存在 $p=0.3$,对应三种带宽的检验水平为5.3%、5.46%、5.50%,故相对于分位数检验而言,使用合适的RB方法能够降低检验水平扭曲程度,且相关程度越高,降低效果越明显。和表3.2中无调整检验量 $t_{\hat{\alpha}_1}$ 检验结果相比,两种检验方法各有优势,下面以样本为25来解释:由表3.2可知,当 $\phi=-0.5$、$\phi=0.5$、$\phi=-0.1$ 时,5种SB构造方法的检验水平分别为14.98%、10.54%、8.52%、8.12%、8.78%,24.64%、18.50%、13.94%、11.20%、10.22%,13.00%、8.92%、6.56%、5.24%、5.06%;而根据表3.4知,同样SB样本构造的不同带宽选择的最优检验水平分别为15.36%($l=2$)、10.92%($l=2$)、8.44%($l=2$)、7.94%($l=2$)、8.76%($l=4$),21.36%($l=3$)、15.74%($l=3$)、11.52%($l=3$)、8.92%($l=4$)、7.90%($l=4$),13.32%($l=2$)、9.22%($l=2$)、6.98%($l=2$)、5.48%($l=2$)、5.06%($l=3$)。显然,第一种情况表明:调整检验量与非调整检验量各自有优势,第二种情况表明调整检验量有优势,而第三种情况说明非调整检验量具有优势。这表明,在有些场合下,可以直接使用非调整检验量进行检验。

当考察检验功效时,和表3.1相比,当样本为25时,SB检验的功效优于分位数结果,当样本为50和100时,绝大多数参数组合下的分位数检验功效高于SB的值;和表3.2相比,当样本为100且 $\phi=-0.5$ 时,无调整检验量 $t_{\hat{\alpha}_1}$ 检验功效高于SB检验功效,其他参数组合下,SB方法的功效总体占优。

表 3.1　五种检验量三种带宽调整的分位数检验结果

T	ρ	ϕ	$Z(t_{\hat{\alpha}_1})$			$Z(t_{\hat{\alpha}_2})$			$Z(t_{\hat{\delta}_1})$			$Z(\Phi_1)$			$Z(\Phi_2)$		
			2	3	4	2	3	4	2	3	4	2	3	4	2	3	4
25	1	0.1	5.40	5.84	6.14	6.10	6.56	7.34	4.98	5.32	5.54	6.80	7.66	8.50	6.32	7.38	9.46
25	1	0.5	7.40	7.44	8.08	9.28	9.76	10.70	6.18	6.76	7.50	11.62	12.02	13.24	11.48	13.10	14.86
25	1	−0.1	6.14	6.32	6.62	6.24	6.58	7.40	6.74	6.96	7.26	7.56	8.52	9.58	7.68	9.00	10.94
25	1	−0.5	15.20	15.44	15.88	11.30	11.34	11.60	18.98	19.24	19.30	27.92	29.20	30.78	36.06	37.44	39.30
25	0.95	0.1	2.70	2.90	3.10	4.62	4.94	5.48	4.46	4.80	5.54	3.02	3.34	3.76	3.56	4.70	6.40
25	0.95	0.5	2.96	3.12	3.42	7.04	7.50	8.22	7.08	7.64	8.48	2.94	3.40	3.82	6.28	8.08	9.66
25	0.95	−0.1	3.96	3.98	4.18	4.10	4.22	4.64	4.50	4.66	4.90	6.34	6.50	6.82	5.66	6.94	8.66
25	0.95	−0.5	14.98	15.20	15.40	10.50	10.52	10.82	12.82	12.92	13.10	35.98	37.30	39.48	36.10	37.60	39.28
25	0.85	0.1	1.50	1.44	1.40	2.38	2.64	3.00	2.86	3.08	3.38	3.10	3.12	3.38	2.52	3.52	4.82
25	0.85	0.5	0.86	0.84	0.88	3.24	3.60	4.02	4.30	4.76	5.56	0.76	0.82	0.86	2.04	3.02	4.04
25	0.85	−0.1	2.32	2.30	2.28	3.08	3.20	3.40	3.52	3.70	3.96	9.10	9.22	9.56	5.80	6.90	8.92
25	0.85	−0.5	9.70	9.92	10.14	7.02	7.14	7.32	7.36	7.38	7.56	51.08	53.50	55.88	42.82	44.68	46.26
50	1	0.1	4.74	4.64	4.84	4.00	4.20	4.34	4.44	4.36	4.48	4.74	5.00	5.50	4.48	4.70	5.12
50	1	0.5	6.00	5.66	5.64	6.98	6.78	6.86	4.66	4.56	4.54	9.94	9.72	10.00	11.40	13.84	15.40
50	1	−0.1	5.74	5.88	6.16	5.44	5.48	5.56	7.08	7.30	7.26	7.06	7.48	8.06	7.42	7.68	7.80
50	1	−0.5	14.76	15.10	15.98	12.88	13.08	13.46	23.02	23.82	24.94	25.80	26.96	28.98	39.90	41.68	44.38
50	0.95	0.1	2.06	1.98	1.96	2.18	2.24	2.24	2.90	3.02	2.96	3.14	3.16	2.98	1.90	1.94	2.12
50	0.95	0.5	1.24	1.28	1.26	2.80	2.82	2.82	3.84	3.78	3.80	1.62	1.98	2.24	3.74	5.40	7.04
50	0.95	−0.1	**3.70**	3.98	4.00	3.46	3.46	3.56	4.24	4.26	4.34	8.94	9.04	9.18	6.38	6.64	6.88
50	0.95	−0.5	**15.16**	15.88	16.98	11.66	11.96	12.12	12.82	13.28	13.68	43.94	45.78	48.98	44.72	46.80	50.28
50	0.85	0.1	**1.10**	0.88	0.84	0.84	0.78	0.72	0.98	0.92	0.82	10.30	9.38	8.28	2.72	2.28	2.44

续表

T	ρ	ϕ	$Z(t_{\hat{\alpha}_1})$			$Z(t_{\hat{\alpha}_2})$			$Z(t_{\hat{\delta}_1})$			$Z(\Phi_1)$			$Z(\Phi_2)$		
			2	3	4	2	3	4	2	3	4	2	3	4	2	3	4
50	0.85	0.5	0.32	0.26	0.14	0.60	0.60	0.60	0.92	0.92	0.92	1.58	1.86	1.22	2.12	3.74	3.86
50	0.85	−0.1	**2.06**	1.98	1.92	1.82	1.82	1.76	2.10	2.10	2.06	26.38	26.94	26.80	13.80	13.68	13.78
50	0.85	−0.5	**9.90**	10.36	10.84	7.46	7.66	7.90	7.62	7.90	8.08	79.64	81.70	84.08	69.64	72.66	76.40
100	1	0.1	5.26	5.34	5.44	4.92	5.04	5.06	4.42	4.50	4.64	5.26	5.54	5.76	5.00	5.32	5.66
100	1	0.5	5.28	5.04	5.02	5.74	5.28	5.06	4.58	4.40	4.30	8.44	8.58	9.16	13.32	18.04	22.36
100	1	−0.1	5.76	5.96	5.92	5.30	5.42	5.50	6.78	6.88	7.04	6.56	7.00	7.24	8.42	8.68	8.78
100	1	−0.5	14.10	14.52	15.44	12.92	13.40	14.10	21.48	22.48	23.94	25.58	26.54	27.40	39.80	40.56	42.30
100	0.95	0.1	**1.18**	1.14	1.10	1.78	1.78	1.72	1.90	1.90	1.86	6.00	6.30	6.38	2.68	2.76	2.80
100	0.95	0.5	0.26	0.28	0.32	1.02	1.08	1.12	1.50	1.46	1.46	2.26	4.42	5.84	5.84	12.26	16.70
100	0.95	−0.1	**2.84**	2.92	3.04	2.64	2.64	2.66	2.92	3.02	3.10	14.30	14.72	15.14	9.04	9.70	10.10
100	0.95	−0.5	**11.84**	12.38	13.60	9.56	9.96	10.68	11.10	11.58	12.42	56.92	58.10	60.60	54.14	55.38	58.54
100	0.85	0.1	**0.58**	0.54	0.52	0.54	0.54	0.52	0.60	0.56	0.54	42.10	43.04	42.54	15.86	16.16	14.62
100	0.85	0.5	**0.14**	0.14	0.12	0.12	0.14	0.16	0.18	0.20	0.20	14.84	21.24	23.12	13.30	22.46	25.12
100	0.85	−0.1	**1.86**	1.80	1.86	1.00	0.98	0.98	1.24	1.28	1.30	67.46	68.50	69.58	40.26	41.52	42.78
100	0.85	−0.5	9.16	9.82	10.36	7.02	7.32	7.98	6.84	7.32	7.96	98.86	98.90	99.06	95.34	95.82	96.88

表 3.2　五种 SB 方法飘移项、趋势项无调整检验量模拟结果

T	ρ	ϕ	$p=0.025$			$p=0.05$			$p=0.1$			$p=0.2$			$p=0.3$		
			$t_{\hat{\alpha}_1}$	$t_{\hat{\alpha}_2}$	$t_{\hat{\delta}_1}$	$t_{\hat{\alpha}_1}$	$t_{\hat{\alpha}_2}$	$t_{\hat{\delta}_1}$	$t_{\hat{\alpha}_1}$	$t_{\hat{\alpha}_2}$	$t_{\hat{\delta}_1}$	$t_{\hat{\alpha}_1}$	$t_{\hat{\alpha}_2}$	$t_{\hat{\delta}_1}$	$t_{\hat{\alpha}_1}$	$t_{\hat{\alpha}_2}$	$t_{\hat{\delta}_1}$
25	1	0.1	14.90	8.00	10.98	10.16	7.48	9.14	7.44	7.16	6.30	5.80	6.06	4.72	5.40	5.68	4.18
25	1	0.5	24.64	11.84	8.70	18.50	11.60	8.04	13.94	11.18	7.14	11.20	10.26	6.92	10.22	10.04	7.28
25	1	−0.1	13.00	7.64	2.76	8.92	7.34	9.68	6.56	6.72	6.72	5.24	5.90	4.78	5.06	5.72	4.78
25	1	−0.5	14.98	9.08	19.70	10.54	8.58	14.94	8.52	7.96	10.56	8.12	7.74	9.06	8.78	8.10	9.66
25	0.95	0.1	8.44	6.18	9.24	5.28	6.04	7.40	3.48	5.52	5.36	2.76	4.76	3.92	2.68	4.28	3.48
25	0.95	0.5	12.56	8.38	9.30	8.90	8.32	8.80	6.20	7.84	7.70	4.58	7.20	7.64	4.02	7.08	8.14
25	0.95	−0.1	8.16	5.14	8.64	4.68	4.70	6.36	3.26	4.24	4.04	2.94	3.86	2.82	2.88	3.46	2.82
25	0.95	−0.5	15.54	9.36	12.88	10.42	8.78	9.16	7.80	8.18	6.54	7.62	7.68	5.56	8.74	7.96	6.02
25	0.85	0.1	3.14	3.64	6.40	1.64	3.24	4.82	1.06	3.12	3.26	0.96	2.62	2.32	1.04	2.24	2.18
25	0.85	0.5	4.20	4.90	7.90	2.48	4.62	7.44	1.54	4.24	6.42	1.12	3.74	5.38	1.06	3.50	5.18
25	0.85	−0.1	3.46	3.94	6.26	1.92	3.76	4.48	1.34	3.50	3.28	1.38	2.96	2.20	1.40	2.70	2.34
25	0.85	−0.5	**13.12**	7.34	8.22	8.60	6.80	5.68	6.12	6.30	4.34	5.50	5.76	3.74	6.24	5.90	4.12
50	1	0.1	9.66	6.70	8.56	6.78	6.02	6.00	5.58	5.34	4.38	4.76	4.68	4.00	4.52	4.34	4.10
50	1	0.5	16.72	10.40	6.64	12.80	9.88	6.22	10.32	8.96	6.14	9.16	8.78	6.88	8.98	9.20	7.58
50	1	−0.1	8.18	6.74	10.04	5.52	6.16	6.70	4.30	5.46	4.76	4.52	4.98	4.34	4.64	4.96	4.54
50	1	−0.5	10.10	8.18	14.28	7.54	7.66	9.62	6.52	7.38	7.56	7.38	7.82	8.76	8.96	8.96	10.84
50	0.95	0.1	2.76	3.68	5.76	1.94	3.44	4.18	1.54	2.90	3.26	1.62	2.46	2.86	1.54	2.36	2.62
50	0.95	0.5	3.66	4.84	6.46	2.42	4.48	6.04	1.76	3.90	5.64	1.46	3.40	5.86	1.16	3.44	6.36
50	0.95	−0.1	3.36	4.36	6.46	2.34	4.00	3.96	2.00	3.54	2.62	2.42	3.22	2.36	2.98	3.16	2.74
50	0.95	−0.5	13.02	9.88	7.80	9.42	8.90	5.50	8.28	8.20	4.80	9.16	8.46	5.44	10.38	9.04	6.30
50	0.85	0.1	0.74	1.24	2.38	0.48	1.20	1.32	0.46	1.02	0.90	0.58	0.84	0.56	0.74	0.76	0.64

续表

T	ρ	ϕ	$p=0.025$			$p=0.05$			$p=0.1$			$p=0.2$			$p=0.3$		
			$t_{\hat{\alpha}_1}$	$t_{\hat{\alpha}_2}$	$t_{\hat{\delta}_1}$	$t_{\hat{\alpha}_1}$	$t_{\hat{\alpha}_2}$	$t_{\hat{\delta}_1}$	$t_{\hat{\alpha}_1}$	$t_{\hat{\alpha}_2}$	$t_{\hat{\delta}_1}$	$t_{\hat{\alpha}_1}$	$t_{\hat{\alpha}_2}$	$t_{\hat{\delta}_1}$	$t_{\hat{\alpha}_1}$	$t_{\hat{\alpha}_2}$	$t_{\hat{\delta}_1}$
50	0.85	0.5	0.38	1.32	3.66	0.22	1.02	2.84	0.12	0.90	2.00	0.01	0.66	1.58	0.12	0.60	1.46
50	0.85	−0.1	1.60	2.18	2.54	1.14	2.06	1.76	0.98	1.80	1.26	1.30	1.58	1.16	1.36	1.74	1.34
50	0.85	−0.5	12.48	7.76	6.34	9.72	7.12	4.84	8.28	6.44	4.24	7.64	6.12	4.54	7.58	6.42	5.16
100	1	0.1	8.08	6.70	6.02	6.28	6.12	4.42	5.58	5.50	3.74	5.48	5.24	3.88	5.44	5.36	3.94
100	1	0.5	11.38	8.60	6.16	9.00	7.72	6.00	7.28	7.32	6.02	7.26	7.60	7.06	7.56	8.44	7.62
100	1	−0.1	5.80	5.64	6.20	4.86	5.12	4.22	4.50	4.70	3.56	4.88	4.58	3.92	5.04	4.90	4.50
100	1	−0.5	8.12	7.30	8.68	6.62	6.70	6.28	6.80	6.78	6.48	8.08	8.14	8.82	9.92	9.28	11.40
100	0.95	0.1	0.48	2.52	2.82	0.44	2.20	2.06	0.56	1.96	1.66	0.62	1.76	1.76	0.70	1.74	1.72
100	0.95	0.5	0.24	1.76	4.02	0.16	1.38	3.32	0.12	1.06	2.70	0.10	0.90	2.44	0.10	1.06	2.74
100	0.95	−0.1	1.34	3.28	2.48	1.32	2.98	1.64	1.72	2.74	1.60	2.10	2.58	1.78	2.42	2.64	2.06
100	0.95	−0.5	**11.80**	9.34	6.08	9.66	8.60	5.24	8.86	8.14	5.50	8.72	8.20	6.44	9.74	8.70	7.16
100	0.85	0.1	0.16	0.74	0.68	0.08	0.64	0.40	0.10	0.54	0.32	0.26	0.50	0.44	0.32	0.50	0.50
100	0.85	0.5	0.02	0.16	0.74	0.02	0.10	0.38	0.02	0.06	0.32	0.02	0.04	0.18	0.02	0.04	0.18
100	0.85	−0.1	0.96	1.30	0.88	0.82	1.16	0.62	0.98	1.02	0.70	1.26	1.00	0.86	1.46	1.00	0.94
100	0.85	−0.5	**11.68**	6.94	5.48	10.10	6.64	5.00	8.96	6.46	5.16	8.66	6.60	5.54	8.48	6.54	5.74

表3.3　五种SB方法两种联合检验无调整检验量模拟结果

T	ρ	ϕ	$p=0.025$		$p=0.05$		$p=0.1$		$p=0.2$		$p=0.3$	
			Φ_1	Φ_2	Φ_1	Φ_2	Φ_1	Φ_2	Φ_1	Φ_2	Φ_1	Φ_2
25	1	0.1	16.98	11.34	11.38	9.42	7.90	6.84	6.06	4.88	5.66	4.86
25	1	0.5	32.40	22.64	25.56	20.30	19.76	17.06	16.44	14.18	15.36	13.36
25	1	−0.1	16.24	9.46	10.62	6.80	7.06	4.84	4.96	3.46	4.64	3.26
25	1	−0.5	31.62	21.02	24.62	16.78	19.66	13.34	16.92	12.04	16.80	14.00
25	0.95	0.1	9.86	6.64	5.88	5.02	3.66	3.24	2.60	2.16	2.32	1.94
25	0.95	0.5	14.34	12.40	9.34	11.10	6.20	8.70	4.54	6.80	3.80	6.22
25	0.95	−0.1	14.52	6.68	8.52	4.70	5.44	3.34	4.32	2.40	4.44	2.24
25	0.95	−0.5	44.76	27.94	35.32	22.04	28.78	17.68	25.40	16.32	25.26	17.88
25	0.85	0.1	11.86	4.92	6.38	3.64	3.90	2.34	2.68	1.56	2.54	1.22
25	0.85	0.5	4.14	5.58	2.08	4.70	1.26	3.26	0.84	2.24	0.74	1.88
25	0.85	−0.1	24.24	10.10	15.74	7.54	10.80	4.88	8.16	3.40	7.76	3.16
25	0.85	−0.5	72.06	45.22	62.82	38.06	53.04	31.84	46.88	28.20	45.16	28.48
50	1	0.1	10.38	7.76	7.10	5.84	5.16	4.18	4.26	3.80	4.18	3.86
50	1	0.5	24.10	18.86	18.48	16.10	14.72	13.20	13.08	12.02	12.94	12.52
50	1	−0.1	9.64	5.96	6.40	4.02	4.72	3.28	4.24	3.14	4.40	3.48
50	1	−0.5	23.96	23.96	18.92	18.92	15.76	15.76	14.78	14.78	15.72	15.72
50	0.95	0.1	5.16	3.52	3.00	2.50	2.38	1.54	1.94	1.50	2.14	1.46
50	0.95	0.5	3.46	5.46	2.12	4.38	1.30	3.20	1.04	2.54	0.84	2.54
50	0.95	−0.1	11.96	6.08	7.98	4.18	5.96	2.76	5.78	2.68	6.48	3.10
50	0.95	−0.5	54.22	32.62	45.14	26.58	38.38	23.90	36.08	25.12	36.56	27.86
50	0.85	0.1	17.66	4.90	11.32	3.22	8.54	2.12	7.60	1.72	7.18	1.68

续表

T	ρ	ϕ	$p=0.025$		$p=0.05$		$p=0.1$		$p=0.2$		$p=0.3$	
			Φ_1	Φ_2	Φ_1	Φ_2	Φ_1	Φ_2	Φ_1	Φ_2	Φ_1	Φ_2
50	0.85	0.5	0.64	1.76	0.28	1.28	0.20	0.82	0.12	0.54	0.14	0.40
50	0.85	−0.1	44.34	17.14	34.46	13.10	27.08	10.28	23.98	9.44	23.30	9.62
50	0.85	−0.5	94.02	71.14	89.28	64.84	84.48	59.80	81.12	59.56	80.36	61.62
100	1	0.1	8.78	6.68	6.24	4.92	5.24	4.02	4.98	4.18	5.14	4.36
100	1	0.5	17.20	15.40	12.74	11.86	10.32	9.62	10.02	10.18	10.80	11.50
100	1	−0.1	6.94	3.66	5.00	2.82	4.14	2.54	4.60	3.26	4.60	3.82
100	1	−0.5	21.62	13.86	17.74	11.76	15.70	11.56	16.30	14.82	17.66	18.88
100	0.95	0.1	4.84	2.74	3.14	1.84	2.84	1.42	2.76	1.26	3.18	1.34
100	0.95	0.5	0.20	1.72	0.18	1.16	0.06	0.84	0.06	0.66	0.04	0.62
100	0.95	−0.1	18.04	7.88	13.68	5.60	11.96	4.82	12.16	5.14	12.44	5.76
100	0.95	−0.5	73.58	48.26	66.30	43.24	61.34	41.84	58.46	43.12	58.34	44.68
100	0.85	0.1	48.56	16.40	40.26	11.58	35.62	9.94	32.82	9.38	32.38	9.50
100	0.85	0.5	0.80	0.40	0.52	0.16	0.60	0.08	0.54	0.00	0.42	0.02
100	0.85	−0.1	84.14	47.80	77.04	39.74	72.28	36.24	69.64	36.00	68.68	36.30
100	0.85	−0.5	99.92	96.04	99.78	94.96	99.60	94.78	99.50	95.32	99.32	95.42

表 3.4　三种带宽调整漂移项 $t_{\hat{\alpha}_1}$ 的 SB 检验结果

T	ρ	ϕ	$l=2$					$l=3$					$l=4$				
			0.025	0.05	0.1	0.2	0.3	0.025	0.05	0.1	0.2	0.3	0.025	0.05	0.1	0.2	0.3
25	1	0.1	14.72	10.18	7.62	6.04	5.36	15.38	10.56	7.90	6.24	5.46	15.56	10.80	7.88	6.32	5.50
25	1	0.5	21.46	15.76	11.82	9.12	7.92	21.36	15.74	11.52	8.96	7.90	21.50	15.88	11.72	8.92	7.62
25	1	−0.1	13.32	9.22	6.98	5.48	5.10	13.76	9.42	7.14	5.54	5.06	13.92	9.70	7.24	5.58	5.16
25	1	−0.5	15.36	10.92	8.44	7.94	8.78	15.40	1.04	8.58	7.96	8.84	15.36	11.08	8.64	8.00	8.76
25	0.95	0.1	8.48	5.58	3.44	2.76	2.52	8.68	5.52	3.50	2.74	2.46	8.84	5.56	3.58	2.78	2.54
25	0.95	0.5	11.70	8.10	5.78	4.04	3.14	11.84	8.06	5.74	3.94	3.10	11.78	8.08	5.62	3.78	3.20
25	0.95	−0.1	8.08	4.66	3.30	2.78	2.76	8.06	4.74	3.22	2.78	2.68	8.02	4.76	3.26	2.76	2.60
25	0.95	−0.5	15.34	10.26	7.64	7.34	8.50	15.44	10.26	7.74	7.30	8.26	15.72	10.58	7.72	7.26	8.08
25	0.85	0.1	3.24	1.72	1.04	0.98	0.96	3.18	1.62	1.04	0.98	0.09	3.16	1.58	1.06	0.88	0.88
25	0.85	0.5	4.78	2.66	1.74	1.14	1.00	4.80	2.72	1.72	1.06	0.09	4.72	2.64	1.56	1.02	0.88
25	0.85	−0.1	3.50	1.98	1.32	1.12	1.20	3.58	2.02	1.26	1.08	1.22	3.50	1.98	1.32	1.12	1.18
25	0.85	−0.5	13.12	8.54	5.72	5.22	5.78	13.44	8.48	5.84	5.16	5.66	13.58	8.54	5.98	5.04	5.44
50	1	0.1	9.32	6.64	5.36	4.52	4.48	9.58	6.70	5.42	4.64	4.38	9.54	6.92	5.50	4.62	4.40
50	1	0.5	13.70	10.40	7.90	6.64	6.36	13.48	10.10	7.52	6.40	6.22	13.40	9.96	7.50	6.46	6.18
50	1	−0.1	8.36	5.66	4.70	4.64	4.76	8.28	5.78	4.64	4.58	4.70	8.50	5.84	4.82	4.60	4.74
50	1	−0.5	10.26	7.44	6.66	7.42	8.60	10.34	7.50	6.84	7.48	8.88	10.50	7.76	6.82	7.78	9.16
50	0.95	0.1	2.92	2.12	1.70	1.76	1.82	2.92	2.12	1.72	1.70	1.66	2.82	2.06	1.72	1.64	1.62
50	0.95	0.5	3.82	2.76	2.02	1.52	1.40	3.88	2.78	2.10	1.58	1.44	4.00	2.78	2.04	1.60	1.44
50	0.95	−0.1	3.28	2.46	2.04	2.38	2.94	3.28	2.44	2.10	2.40	2.82	3.38	2.42	2.08	2.38	2.76
50	0.95	−0.5	13.16	9.46	8.54	9.36	10.24	13.44	9.82	9.00	9.68	10.54	13.90	10.18	9.38	10.08	11.04
50	0.85	0.1	0.82	0.54	0.44	0.64	0.74	0.82	0.56	0.48	0.60	0.72	0.82	0.54	0.48	0.50	0.68

续表

T	ρ	ϕ	$l=2$					$l=3$					$l=4$				
			0.025	0.05	0.1	0.2	0.3	0.025	0.05	0.1	0.2	0.3	0.025	0.05	0.1	0.2	0.3
50	0.85	0.5	0.60	0.38	0.26	0.30	0.28	0.62	0.38	0.28	0.28	0.24	0.58	0.38	0.24	0.24	0.20
50	0.85	−0.1	1.90	1.14	0.98	1.28	1.38	1.90	1.18	1.04	1.26	1.40	1.82	1.12	1.00	1.18	1.34
50	0.85	−0.5	12.76	10.02	8.32	7.72	7.70	13.28	10.26	8.54	7.92	7.94	13.64	10.62	8.84	8.22	8.14
100	1	0.1	7.42	5.94	5.30	5.42	5.46	7.42	6.02	5.40	5.34	5.42	7.42	6.12	5.42	5.40	5.38
100	1	0.5	8.72	6.90	6.02	5.62	5.52	8.28	6.74	5.82	5.46	5.30	8.20	6.76	5.80	5.38	5.36
100	1	−0.1	6.16	4.92	4.82	4.90	4.96	6.10	5.02	4.80	5.00	5.00	6.12	4.88	4.68	4.94	4.98
100	1	−0.5	8.00	6.62	6.62	7.72	8.98	8.22	6.66	6.80	7.72	9.16	8.30	6.80	6.82	7.94	9.28
100	0.95	0.1	0.60	0.62	0.76	0.94	1.08	0.64	0.62	0.80	0.96	1.06	0.64	0.62	0.76	0.96	1.02
100	0.95	0.5	0.46	0.34	0.30	0.34	0.36	0.50	0.46	0.38	0.44	0.40	0.58	0.52	0.44	0.42	0.44
100	0.95	−0.1	1.46	1.36	1.64	2.10	2.38	1.50	1.48	1.88	2.08	2.44	1.56	1.50	1.88	2.14	2.44
100	0.95	−0.5	10.72	9.20	8.36	8.26	8.82	11.32	9.62	8.86	8.74	9.12	12.16	10.20	9.56	9.46	10.02
100	0.85	0.1	0.18	0.18	0.18	0.38	0.40	0.20	0.14	0.20	0.42	0.38	0.22	0.16	0.16	0.34	0.36
100	0.85	0.5	0.08	0.02	0.14	0.12	0.14	0.08	0.02	0.18	0.14	0.16	0.08	0.02	0.18	0.16	0.16
100	0.85	−0.1	1.10	0.94	1.08	1.32	1.42	1.16	0.88	1.06	1.28	1.48	1.20	0.92	1.06	1.28	1.48
100	0.85	−0.5	11.24	9.84	8.74	8.46	8.36	11.66	10.16	9.24	8.98	8.90	12.52	10.80	9.64	9.50	9.38

对表3.5至表3.8进行上述比较分析，也可以得到一些结论。例如在表3.5中，概率p固定时，检验量值随着带宽的增加而下降；和表3.2中的无调整检验量相比，采用SB方法的水平扭曲程度较低，在检验功效方面，和表3.1中的分位数检验相比，除当$\phi=-0.5$时，分位数检验的功效占有优势之外，其他则使用SB方法有较高的功效；和表3.2中的无调整检验量相比，除当样本为25和50且$\phi=0.1$，或者当样本为100且$\phi=0.1$和$\phi=0.5$时之外，其他情况下无调整检验的功效占有优势。总结无漂移项上述分析结果，可以归纳出以下几点结论：

(1) 检验水平扭曲程度与扰动项相关程度有关，相关程度越高，扭曲程度越大，在绝大多数场合下，负相关引起的后果比同等正相关的后果更为严重。

(2) 存在一个最优的概率p对应的SB方法，使得其检验水平比使用分位数检验方法或者无调整检验量检验方法的结果具有较低的水平扭曲，且相关程度越高这种优势越明显，这表明合适的SB方法具有降低检验水平扭曲的功能。

(3) 在检验功效方面，分位数检验功效优势场合比较少，主要集中在样本为100或者$\phi=-0.5$的场合，在其他参数组合下，使用合适的SB方法配合适当的带宽可以获得功效优势。

(4) 和无调整检验量的功效相比，SB方法的功效优势主要集中在ϕ为正值的场合，而无调整检验量的功效主要集中在ϕ为负值的场合。

3.4.2 含漂移项数据生成模式与蒙特卡罗模拟

当考察带漂移项的模拟结果时，设置漂移项的值为1，其他设置与无漂移项取值相同，表3.9至表3.13给出模拟结果。

表3.9给出使用3种(取值为2、3、4)带宽调整的3种检验量$Z(t_{\hat{\alpha}_3})$、$Z(t_{\hat{\delta}_2})$、$Z(\Phi_3)$的分位数检验结果，表3.10是使用5种SB样本构造方法对非调整检验量$t_{\hat{\alpha}_3}$、$t_{\hat{\delta}_2}$、Φ_3进行检验。上述表中$\rho=1$对应检验水平，$\rho=0.95$和$\rho=0.85$对应检验功效。显然，在表3.9中，检验量值总体上随着带宽的变大而呈现递增趋势；当考察检验水平时，只有少数带宽取值下实际检验水平在5%左右，例如，当$T=100$且$\phi=0.1$时，5种转换检验量都具有较好的检验水平，而当$\phi=0.5$时，只有检验量$Z(t_{\hat{\alpha}_3})$具有较好的检验水平，绝大多数分位数检验具有较大的水平扭曲，这与PP检验模式下单位根项检验的结果非常相似。总结检验水平的结果可以发现：第一，对同样的ϕ，随着样本的增大，水平扭曲程度有降低的趋势；第二，ϕ的绝对值越大，检验水平扭曲程度越大，且负相关的扭曲程度大于同等程度的正相关结果。当考察检验功效时，一个明显的规律是：在3种带宽选择下，对转换检验量$Z(\Phi_3)$而言，随着样本的增大，对于同样的ρ，检验功效程序呈现上升的趋势，或者固定样本容量，随着ρ的下降，检验功效也增大。但对转换检验量$Z(t_{\hat{\alpha}_3})$、$Z(t_{\hat{\delta}_2})$，功效的变化规律正好与之相反，但对于$\phi=-0.1$和$\phi=-0.5$，在样本内部随着ρ的下

降而递增。这是由于联合检验中包括 ρ，随着 ρ 的减少，检验功效增大符合理论公式，但检验量 $Z(t_{\hat{\alpha}_1})$、$Z(t_{\hat{\alpha}_2})$、$Z(t_{\hat{\delta}_1})$ 并不涉及 ρ，因此功效可以有相反的变化趋势。

表 3.10 中的检验量也分别具有表 3.9 中对应检验量的变化趋势，所不同的是，相关检验量对应值随着 SB 概率值 p 的增大而降低。

在表 3.11 中，当概率 p 固定时，检验量值随着带宽的增加而增大；当固定带宽时，检验量值随着 p 的增大而减小；检验水平扭曲程度随着样本增大而降低，正相关程度越高，扭曲程度越大，负相关时检验水平比较满意，这与无漂移项数据生成检验结论不完全一样；和表 3.9 中使用分位数检验相比，当使用相同带宽时，在大多数场合下，能够找到一种优于分位数检验水平的 SB 方法：例如当样本为 25 且 $\rho=0.1$ 时，由表 3.9 知，3 种带宽检验水平分别为 5.80%、6.26%、7.20%，而由表 3.11 知，存在 $p=0.3$，对应 3 种带宽的检验水平为 5.58%、5.62%和 5.74%，故相对于分位数检验而言，使用合适的 RB 方法能够降低检验水平扭曲程度，负相关程度越高，降低效果越明显，而对高度正相关来说降低程度相对较低。和表 3.10 中无调整检验量 $t_{\hat{\alpha}_3}$ 检验结果相比，SB 方法优势更为明显，下面以样本为 25 来解释：由表 3.10 可知，当 $\phi=-0.5$、$\phi=0.5$、$\phi=-0.1$ 时，五种 SB 构造方法的检验水平分别为 6.60%、6.28%、6.12%、6.16%、6.86%，14.60%、14.48%、13.68%、12.86%、11.92%，6.24%、5.78%、5.30%、4.92%、4.74%；而由表 3.11 知，同样 SB 样本构造的不同带宽选择的最优检验水平分别为 6.46%($l=2$)、6.16%($l=2$)、6.00%($l=4$)、5.90%($l=4$)、6.52%($l=4$)，12.50%($l=2$)、11.94%($l=2$)、11.18%($l=4$)、9.94%($l=3$)、9.12%($l=3$)，5.88%($l=4$)、5.58%($l=4$)、5.24%($l=2$)、4.90%($l=2$)、4.76%($l=3$)。显然，SB 方法结合适当的带宽选择可以达到满意的检验水平。这表明：使用 SB 方法可以降低检验水平扭曲。

当考察检验功效时，和表 3.9 相比，当 $\phi=-0.5$ 时，分位数检验功效高于 SB 的值，其他参数组合下 SB 的检验功效占优。和表 3.10 中的无调整检验量 $t_{\hat{\alpha}_3}$ 相比，当样本为 25 且 $\phi=\pm 0.5$ 时，无调整检验方法的功效占优；当样本为 50 和 100 时，无调整检验方法从整体上具有优势。

对表 3.12 至表 3.13 进行上述比较分析，也可以得到一些结论。例如在表 3.12 中，概率 p 固定时，检验量值随着带宽的增加而下降；和表 3.10 中的无调整检验量相比，采用 SB 方法的水平扭曲程度较低；在检验功效方面，和表 3.9 中的分位数检验相比，当 $\phi=-0.5$，或者样本为 100 且 $\phi=-0.1$ 时，分位数检验功效高于 SB 的值，其他参数组合下 SB 的检验功效占优。和表 3.10 中的无调整检验量 $t_{\hat{\delta}_2}$ 相比，当 $\phi=-0.5$ 时，无调整检验方法的功效占优；对于其他的参数组合，SB 方法的功效占优。

关于带漂移项下模拟的一般结论，基本上与无漂移项模拟结果相同，这里不再列出。

表 3.5 三种带宽调整漂移项 $t_{\hat{\alpha}_2}$ 的 SB 检验结果

T	ρ	ϕ	$l=2$					$l=3$					$l=4$				
			0.025	0.05	0.1	0.2	0.3	0.025	0.05	0.1	0.2	0.3	0.025	0.05	0.1	0.2	0.3
25	1	0.1	8.06	7.72	7.18	6.36	5.80	7.98	7.84	7.18	6.30	5.66	7.94	7.92	7.18	6.46	5.74
25	1	0.5	11.00	10.64	9.78	8.54	7.84	10.96	10.48	9.72	8.48	7.76	11.08	10.62	9.78	8.42	7.64
25	1	−0.1	7.66	7.28	7.00	5.90	5.66	7.68	7.40	6.80	6.06	5.78	7.88	7.54	6.82	6.00	5.60
25	1	−0.5	8.70	8.12	7.72	7.46	7.66	8.54	7.98	7.56	7.50	7.46	8.68	8.02	7.44	7.34	7.30
25	0.95	0.1	6.30	6.14	5.60	4.82	4.26	6.38	6.00	5.42	4.66	4.24	6.34	5.98	5.36	4.64	4.30
25	0.95	0.5	8.26	8.16	7.48	6.74	6.30	8.20	7.94	7.52	6.76	6.38	8.00	7.96	7.50	6.80	6.34
25	0.95	−0.1	4.88	4.46	4.28	3.78	3.44	4.94	4.50	4.16	3.70	3.40	4.90	4.54	4.24	3.66	3.38
25	0.95	−0.5	8.26	7.92	7.34	7.16	7.22	8.24	7.84	7.24	6.96	7.08	8.30	7.60	7.10	6.86	6.84
25	0.85	0.1	3.48	3.20	3.04	2.50	2.32	3.20	3.04	2.88	2.42	2.30	3.20	3.06	2.90	2.50	2.36
25	0.85	0.5	4.90	4.66	3.88	3.42	3.04	4.76	4.56	3.90	3.36	2.98	4.66	4.40	3.70	3.32	2.94
25	0.85	−0.1	3.74	3.60	3.28	2.76	2.58	3.58	3.46	3.24	2.78	2.52	3.52	3.42	3.22	2.86	2.44
25	0.85	−0.5	6.20	5.76	5.42	5.14	5.12	6.02	5.70	5.32	5.00	4.96	5.88	5.60	5.24	4.86	4.88
50	1	0.1	6.58	5.94	5.22	4.58	4.22	6.52	5.98	5.18	4.64	4.22	6.62	6.04	5.30	4.62	4.30
50	1	0.5	9.14	8.44	7.48	6.80	6.58	8.98	8.36	7.38	6.74	6.44	8.96	8.44	7.46	6.72	6.44
50	1	−0.1	6.80	6.10	5.48	5.14	4.94	6.82	6.02	5.50	5.04	4.96	6.74	6.10	5.58	5.08	4.96
50	1	−0.5	7.92	7.30	7.14	7.70	8.72	7.84	7.32	7.18	7.68	8.80	7.98	7.38	7.20	7.84	8.90
50	0.95	0.1	3.74	3.52	2.98	2.44	2.20	3.76	3.60	3.04	2.50	2.26	3.78	3.52	3.00	2.54	2.20
50	0.95	0.5	4.70	4.28	3.76	3.18	2.96	4.64	4.32	3.70	3.06	2.86	4.62	4.26	3.74	3.00	2.80
50	0.95	−0.1	4.34	3.86	3.34	3.08	3.06	4.34	3.82	3.38	3.06	2.96	4.28	3.80	3.38	3.04	3.00
50	0.95	−0.5	8.76	8.20	7.74	8.08	8.40	8.78	8.26	7.80	8.00	8.56	9.08	8.36	7.90	8.24	8.54
50	0.85	0.1	1.36	1.24	0.98	0.92	0.74	1.28	1.18	0.98	0.92	0.66	1.28	1.18	0.94	0.80	0.64

续表

T	ρ	ϕ	$l=2$					$l=3$					$l=4$				
			0.025	0.05	0.1	0.2	0.3	0.025	0.05	0.1	0.2	0.3	0.025	0.05	0.1	0.2	0.3
50	0.85	0.5	1.54	1.28	1.08	0.76	0.68	1.54	1.30	1.08	0.74	0.70	1.50	1.24	1.10	0.74	0.64
50	0.85	−0.1	2.04	1.96	1.66	1.66	1.68	2.04	1.92	1.60	1.60	1.62	2.10	1.86	1.54	1.56	1.60
50	0.85	−0.5	6.86	6.52	6.00	5.98	6.24	6.92	6.42	6.06	5.98	6.32	7.08	6.70	6.22	6.16	6.42
100	1	0.1	6.60	5.88	5.38	5.12	5.22	6.66	5.94	5.42	5.20	5.26	6.64	5.98	5.52	5.20	5.26
100	1	0.5	7.44	6.50	5.92	5.48	5.78	7.28	6.32	5.82	5.32	5.54	7.32	6.34	5.72	5.20	5.38
100	1	−0.1	5.72	5.26	4.88	4.80	4.98	5.76	5.24	4.92	4.78	4.90	5.72	5.20	4.90	4.84	4.86
100	1	−0.5	6.62	5.96	6.58	7.56	8.64	6.74	6.04	6.62	7.62	8.86	7.04	6.50	6.76	7.94	9.38
100	0.95	0.1	2.70	2.44	2.10	1.90	1.86	2.70	2.44	2.10	1.88	1.88	2.70	2.42	2.08	1.94	1.82
100	0.95	0.5	2.00	1.64	1.40	1.16	1.14	2.00	1.64	1.40	1.18	1.22	2.04	1.66	1.40	1.20	1.18
100	0.95	−0.1	3.10	2.84	2.56	2.54	2.56	3.00	2.74	2.62	2.60	2.54	3.02	2.78	2.60	2.62	2.56
100	0.95	−0.5	7.82	7.36	7.06	7.44	7.78	8.06	7.56	7.32	7.72	8.12	8.64	8.06	7.74	8.12	8.54
100	0.85	0.1	0.80	0.70	0.54	0.62	0.54	0.76	0.72	0.56	0.52	0.50	0.78	0.72	0.60	0.52	0.48
100	0.85	0.5	0.30	0.28	0.28	0.22	0.22	0.32	0.30	0.30	0.24	0.20	0.32	0.28	0.30	0.22	0.22
100	0.85	−0.1	1.20	1.08	0.90	0.86	0.96	1.22	1.04	0.94	0.86	0.92	1.18	1.06	0.96	0.84	0.90
100	0.85	−0.5	6.28	6.06	6.00	6.24	6.38	6.62	6.38	6.20	6.68	6.74	7.04	6.78	6.86	7.06	7.10

表 3.6　三种带宽调整漂移项 $t_{\hat{\delta}_1}$ 的 SB 检验结果

T	ρ	ϕ	$l=2$					$l=3$					$l=4$				
			0.025	0.05	0.1	0.2	0.3	0.025	0.05	0.1	0.2	0.3	0.025	0.05	0.1	0.2	0.3
25	1	0.1	11.86	9.58	6.72	4.78	4.40	11.22	9.22	6.46	4.78	4.50	10.30	8.70	6.24	4.76	4.56
25	1	0.5	9.80	8.86	6.72	5.96	5.84	9.54	8.32	6.72	5.98	5.80	8.74	7.60	6.58	5.96	5.94
25	1	−0.1	12.96	10.18	6.76	5.12	4.78	12.44	9.90	6.66	4.94	4.72	11.60	9.28	6.32	4.88	4.74
25	1	−0.5	18.70	14.44	10.68	8.72	9.40	18.46	14.26	10.44	8.64	9.16	17.94	13.88	10.14	8.52	8.92
25	0.95	0.1	9.44	7.66	5.72	4.06	3.62	9.16	7.66	5.84	4.38	3.82	8.86	7.20	5.76	4.66	4.34
25	0.95	0.5	10.08	9.28	7.36	6.52	6.54	9.92	9.16	7.60	6.86	6.82	9.54	8.78	7.78	6.98	6.96
25	0.95	−0.1	8.38	6.48	4.20	3.08	3.00	8.00	6.28	4.12	3.18	2.98	7.58	6.18	4.12	3.32	3.10
25	0.95	−0.5	11.78	8.46	6.12	5.22	5.92	11.54	8.36	6.10	5.20	5.98	11.06	8.24	6.26	5.30	6.04
25	0.85	0.1	6.42	4.92	3.38	2.44	2.24	6.14	4.98	3.42	2.64	2.30	5.72	4.80	3.56	2.72	2.62
25	0.85	0.5	8.16	7.38	5.88	4.66	4.32	7.78	7.38	5.86	4.72	4.32	7.40	7.00	5.74	4.76	4.76
25	0.85	−0.1	6.00	4.38	3.00	2.30	2.26	5.96	4.44	3.24	2.24	2.28	5.88	4.52	3.20	2.32	2.40
25	0.85	−0.5	6.78	5.02	3.84	3.30	3.80	6.44	4.90	3.80	3.24	3.72	6.38	4.86	3.86	3.26	3.72
50	1	0.1	9.54	6.48	4.36	3.96	3.98	9.54	6.64	4.56	3.80	3.96	9.38	6.62	4.50	3.86	3.92
50	1	0.5	8.14	6.24	5.38	5.10	5.20	8.40	6.50	5.40	5.10	5.20	8.28	6.82	5.44	5.22	5.20
50	1	−0.1	10.22	6.94	4.86	4.56	4.68	10.48	7.10	4.98	4.66	4.70	10.60	7.18	4.98	4.64	4.72
50	1	−0.5	13.86	9.60	7.54	8.80	11.04	13.98	9.70	7.64	9.06	11.24	14.22	9.78	7.82	9.18	1.44
50	0.95	0.1	5.76	4.12	3.08	2.64	2.64	5.76	4.14	3.16	2.56	2.62	5.84	4.24	3.18	2.76	2.58
50	0.95	0.5	6.82	5.78	4.72	4.30	4.42	6.98	5.82	4.72	4.30	4.44	6.88	5.92	4.84	4.46	4.40
50	0.95	−0.1	11.06	7.36	5.50	5.26	5.56	11.02	7.28	5.38	5.10	5.26	11.04	7.00	5.34	5.08	5.10
50	0.95	−0.5	7.06	5.08	4.66	5.22	6.26	6.98	5.04	4.52	5.30	6.16	6.94	5.00	4.48	5.28	6.26
50	0.85	0.1	2.32	1.36	0.84	0.58	0.66	2.30	1.34	0.84	0.56	0.62	2.26	1.30	0.84	0.52	0.58

续表

T	ρ	ϕ	$l=2$					$l=3$					$l=4$				
			0.025	0.05	0.1	0.2	0.3	0.025	0.05	0.1	0.2	0.3	0.025	0.05	0.1	0.2	0.3
50	0.85	0.5	4.14	2.60	1.74	1.30	1.28	4.16	2.64	1.78	1.36	1.30	4.26	2.76	1.86	1.40	1.36
50	0.85	−0.1	2.40	1.66	1.26	1.12	1.26	2.32	1.60	1.18	1.06	1.20	2.30	1.58	1.22	1.08	1.20
50	0.85	−0.5	5.12	4.32	4.02	4.36	4.78	4.94	4.18	3.82	4.22	4.76	5.08	4.26	3.78	4.28	4.84
100	1	0.1	6.66	4.54	4.02	3.98	4.10	6.74	4.66	4.16	4.20	4.10	6.82	4.76	4.24	4.22	4.16
100	1	0.5	6.68	5.42	5.06	5.08	5.32	6.94	5.56	4.90	5.12	5.00	7.12	5.60	5.02	5.16	5.08
100	1	−0.1	6.00	4.30	3.76	4.24	4.52	6.00	4.26	3.76	4.20	4.66	6.14	4.24	3.72	4.24	4.74
100	1	−0.5	8.02	5.86	6.16	8.66	11.10	8.20	5.98	6.14	8.78	11.18	8.38	6.14	6.26	9.00	11.64
100	0.95	0.1	2.66	2.02	1.56	1.66	1.58	2.72	2.04	1.58	1.68	1.62	2.72	2.00	1.56	1.64	1.62
100	0.95	0.5	3.98	2.82	2.30	2.04	2.00	3.94	2.82	2.28	2.00	2.08	3.96	2.82	2.28	2.06	2.10
100	0.95	−0.1	2.42	1.54	1.54	1.76	2.00	2.38	1.52	1.52	1.72	1.98	2.38	1.58	1.50	1.64	1.90
100	0.95	−0.5	5.36	5.02	5.42	6.42	7.02	5.52	4.92	5.58	6.62	7.14	5.80	5.10	5.70	6.84	7.32
100	0.85	0.1	0.68	0.38	0.34	0.48	0.48	0.66	0.36	0.34	0.44	0.42	0.60	0.30	0.32	0.36	0.42
100	0.85	0.5	0.76	0.38	0.24	0.24	0.24	0.84	0.36	0.26	0.26	0.24	0.88	0.38	0.26	0.24	0.24
100	0.85	−0.1	0.86	0.62	0.66	0.80	0.82	0.84	0.62	0.62	0.80	0.82	0.82	0.60	0.66	0.76	0.82
100	0.85	−0.5	4.42	4.40	4.82	5.62	5.82	4.70	4.50	5.06	5.88	6.08	5.24	4.94	5.34	6.00	6.34

表3.7　三种带宽调整 Φ_1 的SB检验结果

T	ρ	ϕ	$l=2$					$l=3$					$l=4$				
			0.025	0.05	0.1	0.2	0.3	0.025	0.05	0.1	0.2	0.3	0.025	0.05	0.1	0.2	0.3
25	1	0.1	16.46	11.02	7.86	6.14	5.40	16.74	11.30	8.02	6.22	5.48	17.22	11.46	8.42	6.26	5.52
25	1	0.5	25.76	19.44	15.06	11.94	10.16	25.70	19.20	14.68	11.40	9.46	26.00	19.66	14.82	10.96	8.92
25	1	−0.1	16.20	10.48	6.84	5.10	4.72	16.52	10.76	7.02	5.16	4.68	16.84	10.86	7.28	5.24	4.84
25	1	−0.5	30.14	23.22	18.10	15.36	15.36	30.42	23.30	18.18	15.48	15.40	31.38	24.26	18.70	15.28	15.18
25	0.95	0.1	9.86	5.74	3.34	2.30	2.04	9.46	5.44	3.26	2.22	19.00	9.44	5.38	3.02	2.18	1.92
25	0.95	0.5	11.82	7.76	5.22	3.46	2.82	12.12	8.16	5.28	3.48	2.64	12.70	8.42	5.28	3.36	2.60
25	0.95	−0.1	13.52	7.82	5.00	3.88	3.80	13.26	7.52	4.68	3.36	3.30	12.90	7.10	4.32	3.04	3.02
25	0.95	−0.5	41.14	32.52	26.10	22.78	22.76	42.26	33.08	26.54	22.48	22.68	43.48	33.76	26.80	22.84	22.52
25	0.85	0.1	11.56	6.20	3.48	2.32	2.06	10.66	4.98	2.82	1.76	1.48	9.66	4.78	2.48	1.64	1.46
25	0.85	0.5	5.32	2.80	1.54	1.02	0.64	5.30	2.94	1.48	0.78	0.48	5.14	2.64	1.38	0.66	0.44
25	0.85	−0.1	22.90	14.34	9.18	6.40	5.96	21.76	13.68	8.46	5.64	5.06	20.36	12.62	7.56	4.88	4.14
25	0.85	−0.5	68.04	57.98	48.22	42.28	40.58	68.80	58.24	48.54	41.70	40.58	69.74	58.80	48.56	41.38	39.66
50	1	0.1	9.54	6.42	4.84	4.00	3.90	9.52	6.42	4.78	3.96	3.98	9.62	6.74	5.06	4.00	4.00
50	1	0.5	16.36	12.22	9.86	8.64	8.46	15.68	11.48	9.30	8.30	7.92	14.78	11.42	9.28	8.18	7.76
50	1	−0.1	9.36	6.26	4.66	4.12	4.42	9.42	6.50	4.66	4.28	4.44	9.24	6.64	4.80	4.24	4.34
50	1	−0.5	20.08	15.40	12.50	12.50	13.92	20.60	15.46	13.06	12.74	14.26	21.42	16.44	13.90	13.36	15.06
50	0.95	0.1	5.60	3.50	2.48	2.26	2.40	5.52	3.30	2.48	2.04	2.32	5.10	3.00	2.18	1.82	1.74
50	0.95	0.5	3.56	2.36	1.72	1.50	1.42	3.70	2.58	1.82	1.84	1.68	3.98	2.74	2.08	1.76	1.62
50	0.95	−0.1	11.06	7.36	5.50	5.26	5.56	11.02	7.28	5.38	5.10	5.26	11.04	7.00	5.34	5.08	5.10
50	0.95	−0.5	44.76	36.28	30.92	30.02	31.50	45.42	37.10	31.74	31.00	32.26	47.24	38.74	33.36	32.70	34.16
50	0.85	0.1	19.54	12.62	9.76	8.78	8.62	18.36	11.74	8.92	7.82	7.24	16.64	10.36	7.44	6.10	5.68

续表

T	ρ	ϕ	$l=2$					$l=3$					$l=4$				
			0.025	0.05	0.1	0.2	0.3	0.025	0.05	0.1	0.2	0.3	0.025	0.05	0.1	0.2	0.3
50	0.85	0.5	2.06	1.10	1.18	1.34	1.44	1.86	1.06	1.10	1.48	1.28	1.68	1.00	0.86	0.94	0.78
50	0.85	−0.1	41.08	30.60	24.78	21.90	21.26	40.90	30.04	24.10	21.10	20.34	40.38	29.62	23.66	19.76	19.44
50	0.85	−0.5	87.52	80.82	75.10	72.70	72.66	88.46	81.50	76.00	73.74	73.92	90.04	83.40	78.06	75.98	75.96
100	1	0.1	7.32	5.48	4.40	4.50	4.56	7.26	5.36	4.46	4.48	4.66	7.08	5.40	4.64	4.54	4.84
100	1	0.5	10.06	7.60	6.76	6.52	6.82	8.96	7.10	6.30	6.32	6.54	8.66	6.78	6.14	6.26	6.60
100	1	−0.1	7.02	4.90	4.14	4.48	4.70	6.88	4.72	4.12	4.32	4.68	6.82	4.62	4.06	4.34	4.62
100	1	−0.5	15.28	12.52	11.92	12.98	14.80	15.08	12.28	11.56	12.90	14.74	15.50	12.66	12.02	13.38	15.16
100	0.95	0.1	5.98	4.32	4.44	4.78	5.14	5.86	4.36	4.40	4.86	5.18	5.72	4.18	4.30	4.74	4.96
100	0.95	0.5	0.84	0.80	1.18	1.52	1.78	1.02	1.02	1.70	2.44	2.78	1.10	1.02	2.10	3.22	3.42
100	0.95	−0.1	15.56	11.94	10.36	10.60	10.88	15.62	11.94	10.48	10.76	10.98	15.68	12.18	10.52	10.72	11.16
100	0.95	−0.5	55.46	48.28	45.42	45.92	47.26	54.90	47.92	44.92	45.88	47.22	57.16	50.36	47.60	48.16	49.00
100	0.85	0.1	53.38	45.26	41.50	40.40	40.30	52.24	43.94	40.52	39.56	39.62	50.54	42.44	38.98	38.02	37.88
100	0.85	0.5	5.44	5.14	8.24	11.30	11.74	5.54	5.76	10.22	15.44	16.50	4.60	5.18	10.78	16.08	17.48
100	0.85	−0.1	78.44	71.38	66.24	63.82	63.04	78.16	70.90	65.94	63.20	63.14	77.90	71.06	65.98	63.18	62.96
100	0.85	−0.5	98.50	97.42	97.30	97.84	97.92	98.36	97.44	97.22	97.82	97.94	98.66	97.88	97.76	98.08	98.10

表 3.8 三种带宽调整 Φ_2 的 SB 检验结果

T	ρ	ϕ	$l=2$					$l=3$					$l=4$				
			0.025	0.05	0.1	0.2	0.3	0.025	0.05	0.1	0.2	0.3	0.025	0.05	0.1	0.2	0.3
25	1	0.1	11.22	9.14	6.56	4.82	4.56	10.90	8.76	6.22	4.68	4.24	10.60	8.18	5.56	4.56	4.34
25	1	0.5	19.28	17.38	14.12	10.82	9.62	18.52	16.50	13.66	10.00	8.90	17.68	15.70	12.62	9.06	8.32
25	1	−0.1	9.40	7.14	4.72	3.34	3.42	9.16	6.84	4.42	3.34	3.36	8.62	6.36	4.40	3.40	3.36
25	1	−0.5	19.86	15.92	12.60	11.44	13.16	18.98	15.34	12.16	10.88	12.58	18.34	14.32	11.14	9.70	11.16
25	0.95	0.1	6.86	5.22	3.44	2.20	1.98	6.88	5.28	3.74	2.52	2.14	6.66	5.24	3.82	2.58	2.48
25	0.95	0.5	11.18	9.94	7.54	5.60	4.88	11.08	9.86	7.64	5.58	4.80	11.06	9.52	7.10	5.34	4.78
25	0.95	−0.1	6.32	4.72	3.42	2.34	2.28	6.20	4.58	3.30	2.44	2.36	6.16	4.38	3.08	2.52	2.62
25	0.95	−0.5	25.10	20.88	16.94	15.08	16.78	24.26	19.80	15.78	14.56	15.62	23.74	18.60	14.70	13.46	14.30
25	0.85	0.1	5.14	3.90	2.42	1.36	1.16	4.92	3.68	2.44	1.38	1.34	4.70	3.60	2.36	1.64	1.70
25	0.85	0.5	5.62	4.40	3.20	2.10	1.52	5.86	4.74	3.24	2.06	1.50	5.88	4.66	3.04	1.84	1.52
25	0.85	−0.1	9.56	7.06	4.72	3.10	2.90	8.62	6.44	4.24	2.94	2.92	8.24	6.02	4.22	2.88	3.16
25	0.85	−0.5	40.52	35.02	29.88	26.68	26.92	39.38	33.88	28.12	24.82	25.30	37.00	31.28	25.84	22.80	22.90
50	1	0.1	6.92	5.30	3.78	3.44	3.60	7.08	5.30	4.00	3.50	3.62	7.28	5.68	4.14	3.52	3.62
50	1	0.5	13.00	10.96	9.06	8.60	8.66	12.22	10.58	8.98	8.76	9.14	12.38	10.52	9.30	8.68	8.90
50	1	−0.1	5.90	4.22	3.26	3.24	3.74	6.08	4.38	3.46	3.10	3.66	6.04	4.42	3.52	3.14	3.64
50	1	−0.5	13.98	11.02	9.88	11.72	15.98	14.42	11.30	10.36	12.42	16.96	15.04	11.86	10.68	13.02	17.82
50	0.95	0.1	3.72	2.54	1.64	1.54	1.56	3.70	2.60	1.64	1.44	1.54	3.64	2.62	1.52	1.44	1.42
50	0.95	0.5	4.52	3.34	2.36	2.38	2.76	4.58	3.62	2.96	2.76	3.16	4.76	3.70	3.04	3.10	3.32
50	0.95	−0.1	5.98	4.00	2.80	2.76	3.26	6.14	4.10	2.96	2.76	3.28	6.08	4.00	2.80	2.66	3.12
50	0.95	−0.5	28.94	24.58	22.18	24.10	26.74	30.34	25.90	23.66	25.44	28.40	32.46	27.46	25.40	27.06	30.30
50	0.85	0.1	5.62	3.72	2.58	2.20	2.04	4.88	3.34	2.24	1.74	1.56	4.30	3.08	1.88	1.42	1.50

续表

T	ρ	ϕ	$l=2$					$l=3$					$l=4$				
			0.025	0.05	0.1	0.2	0.3	0.025	0.05	0.1	0.2	0.3	0.025	0.05	0.1	0.2	0.3
50	0.85	0.5	2.06	1.48	1.16	1.28	1.40	2.38	1.74	1.42	1.54	1.72	2.52	2.00	1.54	1.52	1.78
50	0.85	−0.1	16.52	12.74	9.82	9.04	9.22	16.20	12.48	9.64	8.58	8.60	15.54	12.08	9.24	8.26	8.20
50	0.85	−0.5	65.68	60.58	56.70	56.84	58.88	67.42	62.84	59.34	59.46	61.50	70.16	65.72	62.64	62.56	64.82
100	1	0.1	5.14	4.00	3.58	3.86	4.34	5.18	4.04	3.78	3.86	4.36	5.48	4.12	3.80	4.06	4.28
100	1	0.5	7.82	6.16	5.78	6.56	7.46	6.52	5.36	5.20	6.62	8.10	6.04	5.38	5.40	7.42	9.10
100	1	−0.1	3.72	2.70	2.66	3.30	4.02	3.62	2.74	2.68	3.48	4.16	3.56	2.86	2.70	3.46	4.10
100	1	−0.5	11.10	9.42	9.42	13.02	16.96	11.30	9.68	9.88	13.30	17.32	12.12	10.56	10.76	14.42	18.42
100	0.95	0.1	2.94	2.10	1.80	1.90	2.00	2.98	2.10	1.82	1.88	1.96	3.00	2.14	1.92	2.04	2.02
100	0.95	0.5	1.58	1.08	1.20	1.78	2.36	1.60	1.24	1.52	2.92	4.08	1.62	1.40	2.06	3.92	5.68
100	0.95	−0.1	7.36	5.22	4.40	5.00	5.34	7.48	5.34	4.50	5.02	5.48	7.34	5.30	4.64	5.10	5.64
100	0.95	−0.5	37.34	33.70	32.66	35.80	37.98	38.46	34.84	34.28	36.80	38.86	41.94	38.00	37.42	40.00	41.70
100	0.85	0.1	18.92	14.58	13.18	13.80	14.12	17.66	13.52	12.56	12.94	13.54	15.94	12.16	11.34	12.00	12.00
100	0.85	0.5	1.62	1.46	2.34	4.70	6.36	1.68	1.66	3.02	7.42	10.56	1.34	1.42	3.00	8.22	12.14
100	0.85	−0.1	44.20	36.64	33.22	33.44	33.66	44.16	36.84	33.62	33.82	33.80	44.10	36.84	34.10	34.32	34.34
100	0.85	−0.5	90.78	89.52	89.60	91.18	91.54	91.68	90.62	90.88	91.80	92.16	93.26	92.58	92.56	93.40	93.64

表3.9 三种检验量三种带宽调整的分位数检验结果

T	ρ	ϕ	$Z(t_{\hat{\alpha}_3})$			$Z(t_{\hat{\delta}_2})$			$Z(\Phi_3)$		
			2	3	4	2	3	4	2	3	4
25	1	0.1	5.80	6.26	7.20	4.92	5.28	5.72	5.32	6.48	8.50
25	1	0.5	9.30	10.06	11.22	6.90	7.66	8.32	7.50	9.06	10.98
25	1	−0.1	5.44	5.76	6.16	6.10	6.14	6.44	8.56	9.84	11.28
25	1	−0.5	10.90	11.02	11.18	19.46	19.68	19.76	43.72	45.44	46.52
25	0.95	0.1	3.84	4.34	4.86	13.04	13.38	14.22	9.56	11.36	13.66
25	0.95	0.5	7.20	7.58	8.52	11.12	12.00	12.70	10.20	11.96	14.00
25	0.95	−0.1	3.84	4.18	4.48	19.30	19.66	20.06	12.78	14.96	17.46
25	0.95	−0.5	7.76	8.14	8.12	43.96	44.28	44.74	31.82	33.70	35.12
25	0.85	0.1	2.06	2.30	2.60	17.56	17.68	18.02	11.88	14.04	17.24
25	0.85	0.5	3.36	3.68	4.42	10.44	10.86	11.30	10.26	12.06	14.26
25	0.85	−0.1	3.22	3.44	3.74	25.82	25.94	26.28	18.54	21.16	24.16
25	0.85	−0.5	9.66	9.90	10.10	53.44	53.90	54.14	39.78	42.20	44.10
50	1	0.1	4.56	4.66	4.86	4.30	4.50	4.48	3.56	3.74	4.02
50	1	0.5	7.30	6.98	7.00	5.30	5.12	5.16	7.58	10.34	12.38
50	1	−0.1	5.46	5.50	5.50	6.90	7.12	7.08	8.52	8.96	9.30
50	1	−0.5	11.98	12.30	12.66	22.70	23.78	24.88	45.64	47.42	50.36
50	0.95	0.1	2.42	2.52	2.60	18.10	18.24	18.26	17.38	18.76	20.16
50	0.95	0.5	3.40	3.38	3.42	10.98	10.92	10.96	16.08	19.24	21.54
50	0.95	−0.1	1.84	2.00	2.04	22.36	22.76	23.14	22.56	24.34	26.46
50	0.95	−0.5	4.00	4.26	4.38	34.34	34.94	35.24	35.46	38.54	38.48
50	0.85	0.1	1.10	1.08	1.10	32.60	32.56	32.10	19.60	20.44	21.14

续表

T	ρ	ϕ	$Z(t_{\hat{\alpha}_3})$			$Z(t_{\hat{\delta}_2})$			$Z(\Phi_3)$		
			2	3	4	2	3	4	2	3	4
50	0.85	0.5	1.22	1.28	1.26	10.06	10.20	10.02	14.74	19.26	20.22
50	0.85	−0.1	2.38	2.26	2.26	47.14	47.24	47.12	32.14	33.52	34.76
50	0.85	−0.5	14.08	14.72	15.46	80.98	81.38	81.90	69.64	70.14	70.42
100	1	0.1	4.64	4.68	4.68	4.74	4.78	4.80	5.00	5.46	5.56
100	1	0.5	5.72	5.30	5.30	4.18	3.76	3.74	9.74	16.12	21.48
100	1	−0.1	5.88	6.00	6.12	6.78	6.86	7.10	9.70	10.20	10.50
100	1	−0.5	12.54	13.08	13.96	22.32	23.20	24.62	45.70	46.08	47.44
100	0.95	0.1	1.08	1.08	1.10	32.26	32.50	32.70	37.70	38.72	39.90
100	0.95	0.5	1.68	1.52	1.50	14.32	14.68	14.92	29.78	37.56	42.74
100	0.95	−0.1	1.04	1.04	1.06	40.88	41.22	41.38	52.46	54.44	55.68
100	0.95	−0.5	1.88	1.92	1.98	57.18	58.04	58.42	82.16	86.14	85.20
100	0.85	0.1	0.60	0.62	0.60	70.60	71.10	71.08	51.14	52.38	52.40
100	0.85	0.5	0.78	0.72	0.70	20.86	23.78	24.38	38.26	49.30	52.60
100	0.85	−0.1	2.38	2.34	2.26	87.58	87.74	87.90	74.18	74.94	75.14
100	0.85	−0.5	30.52	32.42	35.22	99.48	99.52	99.52	99.02	98.96	98.96

表 3.10　五种 SB 方法下三种检验量无调整检验结果

T	ρ	ϕ	$p=0.025$			$p=0.05$			$p=0.1$			$p=0.2$			$p=0.3$		
			$t_{\hat{\alpha}_3}$	$t_{\hat{\delta}_2}$	Φ_3	$t_{\hat{\alpha}_3}$	$t_{\hat{\delta}_2}$	Φ_3	$t_{\hat{\alpha}_3}$	$t_{\hat{\delta}_2}$	Φ_3	$t_{\hat{\alpha}_3}$	$t_{\hat{\delta}_2}$	Φ_3	$t_{\hat{\alpha}_3}$	$t_{\hat{\delta}_2}$	Φ_3
25	1	0.1	7.24	13.54	4.66	7.08	9.94	4.10	6.56	6.62	3.44	6.12	4.44	2.88	5.72	3.88	2.80
25	1	0.5	14.60	13.44	12.48	14.48	12.40	12.26	13.68	10.78	11.82	12.86	9.80	11.10	11.92	9.28	10.94
25	1	−0.1	6.24	13.90	4.04	5.78	10.38	3.20	5.30	6.36	2.46	4.92	4.14	2.02	4.74	3.68	2.30
25	1	−0.5	6.60	18.50	7.22	6.28	13.62	5.20	6.12	9.36	4.04	6.16	7.74	4.60	6.86	8.60	7.36
25	0.95	0.1	4.80	29.24	9.32	4.52	24.06	8.30	4.22	17.22	7.36	3.92	12.72	6.54	3.50	11.18	6.20
25	0.95	0.5	10.52	17.20	14.10	10.38	16.50	14.34	9.80	15.06	14.08	9.12	13.72	13.86	8.74	13.66	13.88
25	0.95	−0.1	3.90	36.66	7.94	3.78	28.72	6.68	3.54	18.94	5.50	3.28	13.80	4.84	3.16	13.18	4.92
25	0.95	−0.5	5.04	44.40	9.48	4.92	32.02	6.64	4.26	21.88	5.32	4.30	18.80	5.00	4.62	21.34	6.46
25	0.85	0.1	2.94	32.16	13.86	2.52	27.88	12.78	2.26	21.46	11.30	1.82	17.00	10.08	1.86	15.38	9.28
25	0.85	0.5	5.40	15.26	13.08	5.34	14.50	12.94	4.96	12.62	12.54	4.50	11.40	12.08	4.14	11.40	12.30
25	0.85	−0.1	3.72	42.06	15.68	3.62	35.94	13.58	3.22	26.82	11.86	2.86	21.46	10.48	2.76	20.36	10.24
25	0.85	−0.5	10.54	55.46	25.56	9.76	45.30	19.94	8.62	35.58	15.70	7.92	31.40	14.46	7.90	33.42	15.42
50	1	0.1	7.22	10.52	4.12	6.72	7.10	3.56	6.04	4.80	2.74	5.30	3.94	2.46	5.14	3.88	2.66
50	1	0.5	14.06	11.96	12.22	13.64	11.06	11.72	12.36	9.48	10.92	11.04	8.88	10.36	10.82	8.62	10.60
50	1	−0.1	5.30	10.84	2.44	5.14	6.40	1.82	4.72	4.04	1.62	4.42	3.64	1.86	4.58	3.90	2.36
50	1	−0.5	4.92	11.78	2.62	4.66	7.24	1.82	4.36	5.18	1.60	5.42	5.74	4.02	6.72	7.84	8.62
50	0.95	0.1	3.42	32.48	21.50	3.20	25.44	19.88	2.84	19.48	17.42	2.54	16.92	16.88	2.42	17.14	16.86
50	0.95	0.5	7.02	16.09	19.68	6.48	15.72	20.14	6.14	14.10	19.84	5.46	13.44	19.10	5.42	13.48	19.78
50	0.95	−0.1	2.02	30.20	14.84	1.92	21.60	12.32	1.56	15.56	10.04	1.38	14.42	9.82	1.40	15.48	10.76
50	0.95	−0.5	2.84	16.56	4.52	2.38	8.82	3.18	2.16	6.40	2.34	2.24	8.00	2.90	2.44	10.56	3.62
50	0.85	0.1	1.70	46.68	26.78	1.64	40.60	24.04	1.44	33.94	20.82	1.22	30.44	18.76	1.18	30.10	18.50

续表

T	ρ	ϕ	$l=2$					$l=3$					$l=4$				
			0.025	0.05	0.1	0.2	0.3	0.025	0.05	0.1	0.2	0.3	0.025	0.05	0.1	0.2	0.3
50	0.85	0.5	3.08	16.66	12.26	2.88	14.20	11.90	2.54	11.28	10.46	2.24	9.98	9.02	2.08	9.92	8.68
50	0.85	−0.1	3.66	56.78	33.22	3.26	49.18	28.90	2.92	41.96	24.96	2.48	39.98	23.48	2.42	41.30	23.52
50	0.85	−0.5	17.40	72.14	51.02	15.78	64.28	43.26	14.20	57.84	36.96	13.36	59.84	36.02	13.44	64.32	38.52
100	1	0.1	6.56	7.50	3.52	5.70	4.82	3.00	5.24	4.10	2.62	4.94	3.86	3.12	4.86	3.86	3.18
100	1	0.5	12.78	10.28	10.66	11.36	9.14	10.00	9.92	8.24	9.04	9.14	7.78	8.70	9.18	8.18	9.06
100	1	−0.1	5.52	6.20	2.12	5.26	3.90	1.56	4.82	3.02	1.38	4.90	3.50	2.24	5.04	4.40	3.46
100	1	−0.5	3.98	6.90	0.86	3.84	4.40	0.72	4.40	4.14	1.76	5.96	6.86	5.62	7.66	9.82	11.68
100	0.95	0.1	1.58	43.44	46.20	1.32	36.90	42.84	1.18	33.34	40.66	1.14	32.72	40.68	1.14	32.90	40.70
100	0.95	0.5	3.98	19.18	28.04	3.52	17.46	27.04	3.04	15.90	24.72	2.96	15.16	24.40	3.16	15.96	25.12
100	0.95	−0.1	1.00	39.08	34.36	0.88	31.02	30.36	0.86	28.28	28.94	0.84	29.54	30.40	0.84	31.32	32.08
100	0.95	−0.5	1.28	13.88	6.34	0.98	7.94	3.90	0.94	7.48	3.52	0.90	11.02	4.00	1.18	15.78	5.30
100	0.85	0.1	0.82	75.94	55.50	0.64	71.40	50.66	0.52	67.86	48.40	0.58	66.96	47.24	0.46	66.78	46.50
100	0.85	0.5	5.12	26.60	14.54	4.42	20.02	12.00	3.62	15.28	9.14	3.24	12.38	7.56	3.20	11.64	7.08
100	0.85	−0.1	4.00	87.26	74.28	3.30	84.68	70.20	3.02	84.34	67.72	2.82	85.78	68.08	2.78	86.52	68.34
100	0.85	−0.5	43.54	97.62	94.92	41.18	97.30	93.24	38.86	97.86	93.14	38.10	98.70	93.24	37.80	98.98	93.82

表 3.11　三种带宽调整 $t_{\hat{\alpha}_3}$ 的 SB 检验结果

T	ρ	ϕ	$l=2$					$l=3$					$l=4$				
			0.025	0.05	0.1	0.2	0.3	0.025	0.05	0.1	0.2	0.3	0.025	0.05	0.1	0.2	0.3
25	1	0.1	7.18	7.16	6.74	6.22	5.58	7.40	7.24	6.86	6.26	5.62	7.74	7.48	7.10	6.36	5.74
25	1	0.5	12.50	11.94	11.26	10.00	9.14	12.56	12.00	11.26	9.94	9.12	12.52	12.18	11.18	10.06	9.14
25	1	−0.1	6.02	5.68	5.24	4.90	4.68	5.94	5.70	5.34	4.80	4.76	5.88	5.58	5.36	4.74	4.70
25	1	−0.5	6.46	6.16	6.10	6.12	6.64	6.52	6.28	6.10	5.96	6.58	6.52	6.16	6.00	5.90	6.52
25	0.95	0.1	4.80	4.50	4.40	3.84	3.48	4.96	4.68	4.46	3.94	3.60	5.02	4.84	4.46	4.08	3.76
25	0.95	0.5	8.96	8.78	8.08	7.34	6.74	8.94	8.60	8.20	7.40	6.76	9.00	8.88	8.44	7.58	6.84
25	0.95	−0.1	3.94	3.82	3.68	3.38	3.32	4.08	4.02	3.86	3.58	3.32	4.22	4.12	3.80	3.46	3.36
25	0.95	−0.5	5.04	4.88	4.36	4.28	4.56	5.08	4.84	4.30	4.28	4.56	5.00	4.78	4.34	4.22	4.50
25	0.85	0.1	2.88	2.58	2.40	1.96	1.80	2.84	2.68	2.48	1.94	1.92	2.90	2.68	2.46	2.10	1.88
25	0.85	0.5	4.64	4.42	4.22	3.70	3.38	4.56	4.52	4.18	3.78	3.28	4.72	4.56	4.28	3.92	3.28
25	0.85	−0.1	3.76	3.60	3.12	2.92	2.90	3.60	3.48	3.02	2.66	2.74	3.58	3.42	3.08	2.76	2.78
25	0.8	−0.5	9.54	8.98	8.10	7.36	7.42	9.34	8.66	7.92	7.36	7.06	8.98	8.56	7.78	7.08	6.72
50	1	0.1	6.90	6.48	5.78	5.02	5.00	6.88	6.44	5.72	5.06	4.94	7.16	6.62	6.00	5.24	4.98
50	1	0.5	11.14	10.46	9.50	7.96	7.66	10.86	10.14	9.18	7.68	7.36	10.84	10.18	8.96	7.48	7.26
50	1	−0.1	5.36	5.18	4.78	4.48	4.58	5.46	5.24	4.78	4.48	4.56	5.42	5.28	4.76	4.54	4.54
50	1	−0.5	4.94	4.56	4.46	5.40	6.52	4.98	4.70	4.48	5.44	6.64	5.00	4.66	4.52	5.56	6.70
50	0.95	0.1	3.12	2.88	2.72	2.48	2.40	3.16	3.00	2.82	2.64	2.36	3.26	2.98	2.88	2.62	2.36
50	0.95	0.5	5.70	5.22	4.62	3.88	3.70	5.56	5.06	4.46	3.72	3.66	5.54	5.16	4.50	3.72	3.60
50	0.95	−0.1	1.98	1.92	1.60	1.46	1.50	2.06	2.00	1.60	1.54	1.52	2.06	1.98	1.66	1.60	1.52
50	0.95	−0.5	2.58	2.18	2.06	2.08	2.24	2.68	2.20	2.02	2.14	2.26	2.64	2.18	2.08	2.18	2.32
50	0.85	0.1	1.80	1.72	1.56	1.40	1.22	1.72	1.68	1.50	1.30	1.16	1.68	1.66	1.48	1.20	1.16

续表

T	ρ	ϕ	$l=2$					$l=3$					$l=4$				
			0.025	0.05	0.1	0.2	0.3	0.025	0.05	0.1	0.2	0.3	0.025	0.05	0.1	0.2	0.3
50	0.85	0.5	2.16	1.88	1.68	1.44	1.34	2.18	1.88	1.62	1.46	1.36	2.18	1.90	1.64	1.48	1.36
50	0.85	−0.1	3.22	2.88	2.66	2.28	2.26	3.08	2.74	2.40	2.24	2.24	2.94	2.68	2.38	2.12	2.06
50	0.85	−0.5	14.24	13.14	11.90	11.24	11.70	14.24	13.42	12.34	11.62	11.92	14.96	13.90	12.62	11.98	12.32
100	1	0.1	6.22	5.46	5.08	4.80	4.72	6.12	5.40	5.14	4.76	4.74	6.16	5.44	5.16	4.70	4.82
100	1	0.5	8.94	7.86	7.02	6.38	5.96	8.66	7.50	6.50	5.96	5.58	8.44	7.34	6.44	5.82	5.52
100	1	−0.1	5.58	5.34	4.80	5.08	5.20	5.68	5.36	4.90	5.16	5.28	5.74	5.38	4.88	5.18	5.32
100	1	−0.5	3.86	3.70	4.32	5.86	7.26	3.88	3.68	4.32	5.96	7.34	3.76	3.60	4.38	5.94	7.54
100	0.95	0.1	1.52	1.28	1.18	1.20	1.14	1.48	1.28	1.18	1.22	1.18	1.56	1.28	1.20	1.22	1.14
100	0.95	0.5	2.30	2.00	1.88	1.70	1.84	2.16	1.88	1.76	1.62	1.66	2.14	1.90	1.74	1.62	1.68
100	0.95	−0.1	1.04	0.92	0.84	0.86	0.94	1.10	0.96	0.94	0.92	0.96	1.08	0.96	1.02	0.98	1.02
100	0.95	−0.5	1.02	0.70	0.66	0.74	0.84	1.00	0.74	0.66	0.76	0.90	0.98	0.68	0.60	0.80	0.86
100	0.85	0.1	1.00	0.98	0.80	0.74	0.64	0.96	0.90	0.78	0.68	0.60	0.96	0.78	0.72	0.64	0.62
100	0.85	0.5	1.34	1.14	1.08	0.94	0.86	1.24	1.08	0.92	0.84	0.76	1.10	1.00	0.90	0.78	0.76
100	0.85	−0.1	3.26	2.78	2.42	2.36	2.24	3.30	2.86	2.44	2.36	2.42	3.16	2.80	2.38	2.20	2.36
100	0.85	−0.5	31.06	29.40	28.62	28.02	28.62	32.70	31.24	29.92	29.96	30.32	35.50	34.14	32.90	32.40	32.80

表 3.12　三种带宽调整 $t_{\hat{\delta}_2}$ 的 SB 检验结果

T	ρ	ϕ	$l=2$					$l=3$					$l=4$				
			0.025	0.05	0.1	0.2	0.3	0.025	0.05	0.1	0.2	0.3	0.025	0.05	0.1	0.2	0.3
25	1	0.1	13.96	10.22	7.04	4.62	3.90	13.60	10.32	7.10	4.78	4.12	12.32	9.62	6.92	4.90	4.62
25	1	0.5	13.38	11.92	9.84	7.96	7.16	12.74	11.42	9.60	8.06	7.22	11.62	10.84	9.58	7.98	7.42
25	1	−0.1	14.12	10.64	6.50	4.40	3.94	13.60	10.58	6.46	4.44	3.78	12.54	9.80	6.26	4.32	3.90
25	1	−0.5	18.58	13.70	9.14	7.48	8.60	18.42	13.50	8.98	7.36	8.62	18.00	13.02	8.76	7.12	8.26
25	0.95	0.1	29.40	24.58	17.54	12.42	11.34	27.60	23.52	16.98	12.06	11.26	25.82	21.68	16.10	12.10	11.28
25	0.95	0.5	18.28	16.58	14.16	11.82	11.08	16.88	15.80	13.58	11.70	11.08	15.82	15.06	13.02	11.56	11.16
25	0.95	−0.1	36.34	28.92	19.36	14.28	13.76	34.50	27.42	18.66	13.86	13.58	32.06	26.02	17.90	13.64	13.28
25	0.95	−0.5	43.26	31.78	21.98	19.20	21.40	42.44	31.86	21.70	18.78	21.26	41.54	31.12	21.2	18.10	20.72
25	0.85	0.1	33.32	28.78	22.06	16.92	15.02	30.56	26.86	20.98	16.10	14.54	27.02	23.98	19.00	15.16	14.00
25	0.85	0.5	19.60	18.22	14.04	11.34	10.42	18.22	16.50	12.98	10.58	9.94	15.76	14.10	11.44	9.74	9.36
25	0.85	−0.1	40.04	35.04	26.30	21.22	20.06	37.98	33.30	25.14	20.12	19.18	35.66	31.12	23.74	19.40	18.50
25	0.85	−0.5	52.12	43.14	34.60	31.02	32.88	51.38	42.50	34.24	30.76	32.84	50.42	41.82	33.80	30.10	32.10
50	1	0.1	11.02	7.16	4.82	3.98	3.90	11.24	7.42	4.94	4.08	4.00	11.52	7.50	5.08	4.12	3.90
50	1	0.5	11.84	9.62	7.34	6.52	6.24	11.88	9.80	7.46	6.56	6.20	11.98	9.72	7.64	6.72	6.12
50	1	−0.1	11.10	6.68	4.46	3.86	4.14	11.12	6.70	4.50	3.96	4.16	11.56	6.72	4.66	3.90	4.10
50	1	−0.5	11.54	7.20	5.12	5.94	7.90	11.64	7.32	5.32	6.06	8.06	12.00	7.38	5.34	6.30	8.34
50	0.95	0.1	33.58	25.22	19.68	16.80	17.02	33.96	25.56	20.12	17.38	17.16	33.86	26.10	20.60	17.66	17.20
50	0.95	0.5	22.70	18.60	14.86	13.22	12.42	23.46	19.28	15.16	13.22	12.64	23.64	19.34	15.22	13.06	12.54
50	0.95	−0.1	29.70	21.30	15.68	14.98	15.74	29.98	21.56	16.32	15.24	15.98	30.30	22.02	16.70	15.64	16.46
50	0.95	−0.5	15.92	9.40	6.86	7.92	10.52	15.60	9.14	6.74	7.70	10.46	15.22	8.82	6.58	7.74	10.50
50	0.85	0.1	48.22	41.88	34.50	31.70	31.06	48.02	42.00	34.82	31.64	30.80	47.52	41.56	34.72	31.42	30.48

续表

T	ρ	ϕ	$l=2$					$l=3$					$l=4$				
			0.025	0.05	0.1	0.2	0.3	0.025	0.05	0.1	0.2	0.3	0.025	0.05	0.1	0.2	0.3
50	0.85	0.5	28.66	23.94	17.60	14.18	13.28	30.30	25.36	18.72	14.76	13.46	30.20	25.30	18.82	14.44	13.10
50	0.85	−0.1	53.46	46.68	39.56	38.22	39.10	53.14	46.40	39.46	37.82	38.72	52.80	46.42	39.48	37.64	38.60
50	0.85	−0.5	66.22	58.52	52.68	55.24	59.08	65.12	57.56	51.62	54.18	58.32	65.10	57.26	51.50	53.76	58.48
100	1	0.1	7.40	4.62	3.80	3.84	3.90	7.58	4.90	3.78	3.86	4.02	7.68	5.28	3.86	4.02	4.08
100	1	0.5	8.54	6.50	5.40	5.00	4.82	8.46	6.22	5.12	4.74	4.62	8.48	6.22	5.10	4.80	4.62
100	1	−0.1	6.64	4.08	3.18	3.72	4.48	6.66	4.10	3.20	3.82	4.54	6.70	4.08	3.22	3.84	4.38
100	1	−0.5	6.36	4.34	3.94	6.66	9.38	6.34	4.30	3.92	6.70	9.50	6.34	4.38	4.02	6.72	9.82
100	0.95	0.1	41.56	34.16	31.08	30.92	31.18	41.66	34.10	31.40	30.76	31.44	41.96	34.44	31.54	31.08	31.50
100	0.95	0.5	26.84	21.42	18.66	17.44	17.18	28.24	22.64	19.48	18.32	18.06	29.42	23.56	20.22	19.00	18.48
100	0.95	−0.1	39.64	31.74	29.48	31.16	32.62	39.24	31.22	29.26	30.96	32.36	38.86	31.32	29.16	30.80	32.06
100	0.95	−0.5	19.76	13.06	12.12	17.12	22.06	18.64	11.82	11.32	16.26	21.44	16.64	10.40	9.84	14.24	19.70
100	0.85	0.1	77.04	72.04	69.56	69.56	69.92	76.68	71.56	69.70	69.54	69.70	76.44	71.46	69.52	69.60	69.52
100	0.85	0.5	49.12	38.96	32.10	27.84	26.06	52.06	41.72	35.10	31.56	29.74	53.36	43.72	36.94	32.80	31.26
100	0.85	−0.1	84.44	81.96	81.30	82.48	83.12	83.98	81.48	80.78	81.82	82.48	83.76	81.28	80.26	81.62	82.40
100	0.85	−0.5	95.78	95.54	96.40	97.38	97.80	95.46	94.98	95.98	96.96	97.60	95.34	94.88	95.80	96.98	97.52

表 3.13　三种带宽调整 Φ_3 的 SB 检验结果

T	ρ	ϕ	$l=2$					$l=3$					$l=4$				
			0.025	0.05	0.1	0.2	0.3	0.025	0.05	0.1	0.2	0.3	0.025	0.05	0.1	0.2	0.3
25	1	0.1	4.64	4.12	3.48	3.00	2.60	4.84	4.12	3.50	2.90	2.96	4.66	4.14	3.32	2.72	3.04
25	1	0.5	10.90	10.34	9.66	8.56	7.92	10.88	10.40	9.46	8.08	7.42	10.52	9.86	8.82	7.46	6.98
25	1	−0.1	4.02	3.20	2.54	2.34	2.50	4.06	3.20	2.50	2.18	2.56	3.88	3.32	2.42	2.44	2.66
25	1	−0.5	7.12	5.20	3.94	4.40	6.70	6.78	5.10	3.88	4.50	6.30	6.88	4.90	3.90	4.32	6.06
25	0.95	0.1	9.66	8.78	7.66	7.00	6.62	9.54	8.62	7.62	6.90	6.82	9.58	8.42	7.48	6.72	6.78
25	0.95	0.5	12.82	12.62	12.18	11.54	10.76	12.50	12.02	11.44	10.72	10.14	12.08	11.52	10.82	9.72	9.32
25	0.95	−0.1	8.98	7.44	6.20	5.26	5.50	9.04	7.42	6.22	5.50	5.62	8.94	7.30	6.14	5.22	5.58
25	0.95	−0.5	9.76	7.08	5.48	5.38	6.88	9.92	7.12	5.60	5.20	6.40	9.60	7.16	5.28	4.98	6.32
25	0.85	0.1	14.18	13.24	11.58	10.26	9.58	13.68	12.62	11.14	9.66	8.98	13.54	12.08	10.84	9.22	8.80
25	0.85	0.5	13.10	13.10	12.30	11.56	11.18	12.50	12.38	11.80	10.96	10.16	12.04	11.56	10.72	9.70	9.10
25	0.85	−0.1	16.36	14.72	13.18	11.46	11.08	16.14	14.22	12.46	11.06	10.80	15.82	13.74	11.74	10.44	10.18
25	0.85	−0.5	25.70	20.64	16.58	15.38	16.80	25.08	20.24	16.18	14.74	15.74	24.46	19.34	15.48	13.78	14.72
50	1	0.1	3.60	3.18	2.44	2.12	2.22	3.80	3.32	2.56	2.18	2.24	4.10	3.62	2.84	2.34	2.52
50	1	0.5	8.46	7.82	7.38	7.38	7.80	8.48	7.88	7.46	7.98	8.50	8.78	8.16	7.96	8.34	9.08
50	1	−0.1	2.38	1.80	1.50	1.82	2.42	2.44	1.76	1.54	1.98	2.34	2.54	1.86	1.68	2.10	2.46
50	1	−0.5	2.54	1.64	1.46	4.00	8.64	2.58	1.74	1.46	3.94	8.60	2.58	1.64	1.42	3.74	8.58
50	0.95	0.1	19.74	17.80	16.02	15.74	15.92	20.28	18.76	17.40	16.82	17.02	21.34	20.00	18.22	17.74	17.78
50	0.95	0.5	16.08	15.84	15.28	15.58	16.02	15.90	15.42	15.26	16.14	17.32	16.20	15.86	15.76	17.08	18.26
50	0.95	−0.1	17.12	14.38	12.36	12.68	13.72	18.02	15.62	13.46	13.66	14.84	19.30	16.72	14.92	14.64	15.56
50	0.95	−0.5	6.82	4.76	3.70	4.48	5.74	7.06	4.94	4.06	4.62	6.44	6.64	4.76	4.04	4.76	6.50
50	0.85	0.1	27.02	23.56	21.04	19.64	19.66	26.28	23.94	21.64	20.14	20.02	26.20	23.94	21.66	20.42	19.70

续表

T	ρ	ϕ	$l=2$					$l=3$					$l=4$				
			0.025	0.05	0.1	0.2	0.3	0.025	0.05	0.1	0.2	0.3	0.025	0.05	0.1	0.2	0.3
50	0.85	0.5	15.22	14.16	13.10	13.64	14.32	15.42	14.42	14.20	15.38	16.68	15.40	14.44	14.30	15.48	17.30
50	0.85	−0.13	2.54	28.88	25.12	23.68	24.10	32.72	29.12	25.50	23.98	24.36	32.92	29.22	25.82	24.24	24.52
50	0.85	−0.5	48.14	41.40	35.74	35.78	38.38	46.88	39.78	34.52	34.56	37.66	45.84	38.90	33.74	34.00	36.94
100	1	0.1	2.98	2.46	2.42	3.24	3.46	3.00	2.48	2.40	3.30	3.78	3.20	2.70	2.64	3.42	3.84
100	1	0.5	5.02	4.92	4.66	5.44	6.06	4.52	4.40	4.54	5.96	7.82	4.56	4.24	4.62	7.20	9.72
100	1	−0.1	2.24	1.78	1.66	2.66	3.64	2.18	1.76	1.64	2.84	3.74	2.20	1.70	1.64	2.76	3.74
100	1	−0.5	0.94	0.74	1.88	5.84	11.64	0.82	0.68	1.70	5.98	11.50	0.70	0.60	1.46	6.08	12.60
100	0.95	0.1	38.24	34.76	33.26	34.36	34.74	37.82	34.54	33.78	34.18	35.12	38.36	35.50	34.18	35.24	35.96
100	0.95	0.5	19.48	18.40	18.30	20.22	22.04	17.68	16.96	17.72	21.16	23.74	17.08	16.64	17.84	22.28	25.58
100	0.95	−0.1	38.72	34.80	33.40	35.14	37.66	39.32	35.76	34.28	36.50	38.90	39.88	36.44	35.42	37.88	40.04
100	0.95	−0.5	20.02	15.58	14.54	18.64	25.60	22.82	17.36	16.32	20.98	29.34	19.84	14.80	14.02	18.30	26.06
100	0.85	0.1	53.82	49.06	48.22	48.88	48.92	52.58	48.12	47.36	48.10	48.64	51.94	47.50	47.14	47.94	48.28
100	0.85	0.5	21.46	19.18	20.56	25.22	29.14	21.24	19.62	22.80	29.68	35.08	20.52	19.66	23.44	31.78	37.44
100	0.85	−0.1	70.92	66.56	64.46	65.10	65.18	69.52	65.74	63.90	63.96	64.52	68.78	65.48	63.50	63.90	64.12
100	0.85	−0.5	92.82	91.80	92.06	92.24	93.12	91.64	90.66	91.04	91.28	91.96	91.22	89.32	89.32	90.18	90.62

3.4.3 实证研究

本小节应用PP检验的两种检验方法分析我国房地产市场价格运行规律，选取36个大中城市居民居住消费价格平均指数作为研究对象，起止时间为2002年1月至2014年7月共151个数据①，对数据取对数处理，其变化趋势如图3.1所示。

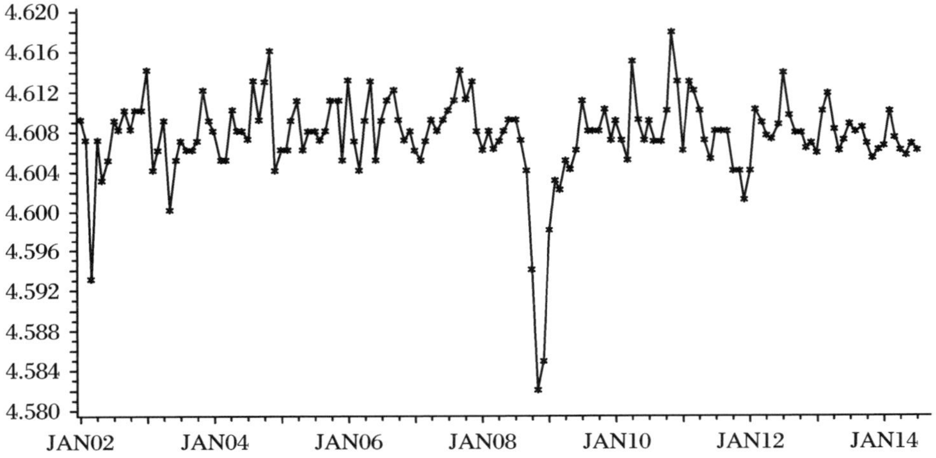

图3.1 2002年1月至2014年7月我国36个大中城市居民居住消费价格平均指数时序图

显然，图形显示该序列变动比较频繁，以某条中心线上下波动非常明显，这符合平稳性特征，且图形没有明显的线性趋势成分，因此该序列不可能由带漂移项的单位根过程生成，以无漂移项单位根生成过程为原假设，建立相关的备择假设。检验设置与蒙特卡罗模拟完全相同，即使用3种带宽计算调整检验量，使用5种概率产生Bootstrap样本，检验结果如表3.14所示，其中SB概率为零对应实证数据的检验量计算值。首先执行以趋势平稳为备择假设的单位根检验，单位根检验量为$Z(t_3)$，3种调整模式下的检验量值分别为－6.34、－6.41、－6.42，明显小于临界分位数－3.44，因此接受备择假设表示不存在单位根，此时联合检验量$Z(\Phi_2)$以及趋势检验量$Z(t_{\hat{\delta}_1})$和漂移项检验量$Z(t_{\hat{\alpha}_2})$应分别使用普通F和标准正态分布的临界分位数。由F分布分位数约为2.68知应该拒绝原假设，即漂移项或者趋势项可能不为零；根据$Z(t_{\hat{\delta}_1})$的3种取值绝对值来看，明显小于正态分布临界分位数1.96，因此趋势项显著为零，但漂移项的3种取值绝对值分别为6.34、6.41、6.42，明显大于1.96，表明漂移项非零。为此剔除趋势项重新拟合只含漂移项的单位根检验模型，此时$Z(t_2)$的3种取值也小于单位根临界分位数－2.89，因此表

① 36个大中城市居民居住消费价格平均指数数据来源于中经网数据库；北京和上海两个城市的新建商品住宅价格指数数据来源于网站"http://data.eastmoney.com/cjsj/newhouse.html"。

明不存在单位根，此时 $Z(\Phi_1)$ 的 3 种取值大于联合检验 F 的临界分位数 3.07，表明漂移项可能非零，而 $Z(t_{\hat{\alpha}_1})$ 的 3 种取值也支持该结论。因此，分位数检验结果表明该价格指数为非零均值的平稳过程。当使用 Bootstrap 检验时，设检验次数为 5000，显然，表 3.14 表明，当构造 Bootstrap 样本的概率取值为 0.10、0.20 和 0.30 时，检验概率基本都小于显著性水平 0.05，表示拒绝各个检验量对应的原假设，检验结论与分位数检验完全相同，因此最终确定上述价格指数为非零均值平稳过程。

表 3.14 居民居住消费价格平均指数单位根检验结果

带宽	SB 概率	$Z(t_{\hat{\alpha}_1})$	$Z(\Phi_1)$	$Z(t_{\hat{\alpha}_2})$	$Z(t_{\hat{\delta}_1})$	$Z(\Phi_2)$	$Z(t_2)$	$Z(t_3)$
2	0.025	2.38	17.02	1.36	99.72	27.16	16.96	22.82
	0.05	1.38	10.44	0.76	99.80	20.64	10.40	15.60
	0.10	0.32	3.14	0.05	99.92	9.38	3.10	5.88
	0.20	0.00	0.03	0.12	99.86	1.76	0.30	0.78
	0.30	0.00	0.04	0.00	99.92	0.38	0.04	0.22
	0.00	6.36	20.93	6.34	−0.008	13.86	−6.47	−6.34
4	0.025	2.48	16.22	1.34	99.68	26.62	16.18	23.18
	0.05	1.46	9.34	0.70	99.74	19.50	9.32	15.88
	0.10	0.32	2.70	0.46	99.92	8.58	2.68	6.18
	0.20	0.00	0.30	0.10	99.88	1.64	0.28	0.80
	0.30	0.00	0.06	0.00	99.78	0.32	0.06	0.20
	0.00	6.44	20.11	6.41	−0.009	13.32	−6.34	−6.41
6	0.025	2.60	14.68	1.34	99.72	25.46	14.70	23.60
	0.05	1.56	8.08	0.76	99.80	17.70	8.00	16.62
	0.10	0.36	2.14	0.48	99.88	7.06	2.12	6.50
	0.20	0.00	0.24	0.10	99.86	1.26	0.24	0.98
	0.30	0.00	0.02	0.00	99.66	0.26	0.02	0.02
	0.00	6.44	20.04	6.42	−0.009	13.27	−6.33	−6.42

以上的价格指数为全国平均水平，对某些特定地区的结论可能不一定适用。为此选取北京和上海两个城市的新建商品住宅价格指数，时间跨度为 2011 年 1 月至 2014 年 7 月，共 43 组数据，图 3.2 和图 3.3 分别给出其对数化趋势图，同样，两个图中没有显示出明显的时间趋势，且序列变化也没有频繁波动特征，因此可能为单位根过程，为此检验也以无漂移项的单位根数据生成为检验基础，表 3.15 和表 3.16 分别给出了检验结果，以表 3.15 为代表来说明。首先单位根检验量 $Z(t_3)$ 取值与临界分位数比较表明存在单位根，此时联合检验量 $Z(\Phi_2)$ 应该使用单位根下的分位数，该值约为 4.53①，因此联合检验表明接受原假设，表明趋势项和漂移项

① 分位数来自作者模拟结果。

同时为零,此时这两项对应检验量 $Z(t_{\hat{\delta}_1})$、$Z(t_{\hat{\alpha}_2})$对应的临界分位数区间约为(-3.188,3.168)、(-3.227,3.229),据此得到漂移项和趋势项的伪 t 检验也支持它们与零无显著差异。为此先剔除趋势项进行检验,$Z(t_2)$表明存在单位根,而 $Z(\Phi_1)$显示漂移项为零,$Z(t_{\hat{\alpha}_1})$的检验结果也支持此结论;为此再次剔除漂移项,估计无漂移项的单位根模型,$Z(t_1)$检验结果再次表明为单位根过程。据此得到该指数序列为无漂移项的单位根过程,表 3.15 中的 5 种 Bootstrap 样本检验也一致支持该结论,因此这两种检验方法的结论完全相同。

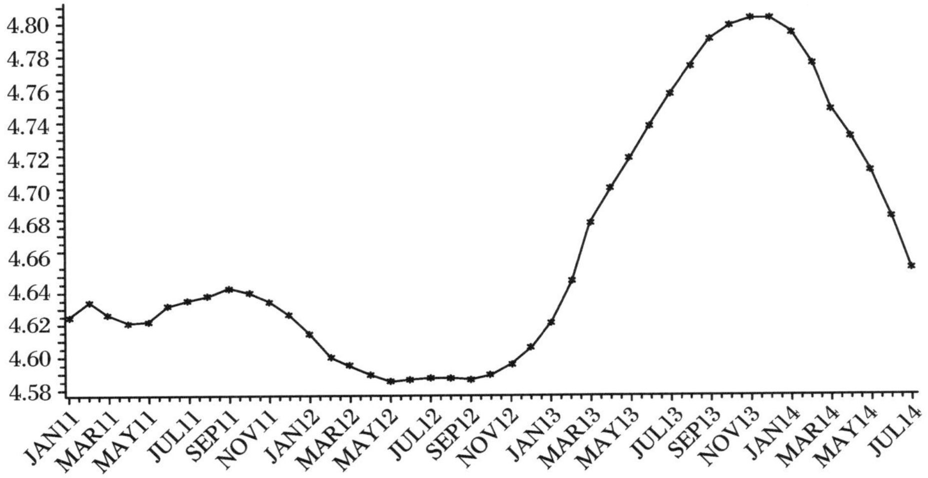

图 3.2　2011 年 1 月至 2014 年 7 月北京新建商品住宅价格指数时序图

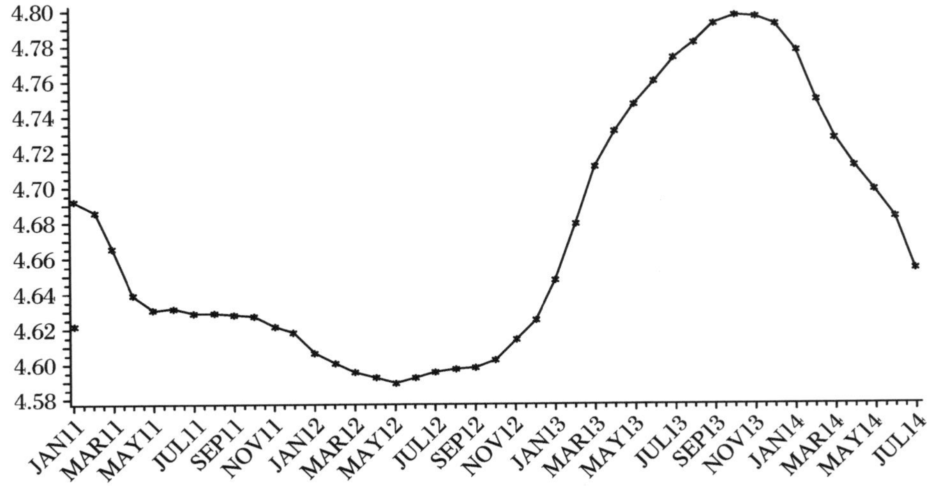

图 3.3　2011 年 1 月至 2014 年 7 月上海新建商品住宅价格指数时序图

表 3.15　北京新建商品住宅价格指数检验结果

带宽	SB 概率	$Z(t_{\hat{\alpha}_1})$	$Z(\Phi_1)$	$Z(t_{\hat{\alpha}_2})$	$Z(t_{\hat{\delta}_1})$	$Z(\Phi_2)$	$Z(t_1)$	$Z(t_2)$	$Z(t_3)$
2	0.025	37.46	50.96	69.42	87.60	87.88	80.30	30.76	66.52
	0.05	53.84	72.14	71.38	91.16	92.14	69.26	41.74	71.74
	0.10	65.52	86.00	72.08	94.02	96.66	59.42	48.62	76.08
	0.20	71.82	92.66	72.36	93.96	98.92	56.08	56.80	79.78
	0.30	70.66	95.24	70.32	93.10	99.40	58.78	61.40	82.76
	0.00	1.09	0.14	0.92	0.21	0.14	0.17	−0.47	−0.97
4	0.025	33.82	51.26	63.28	79.74	88.00	82.20	30.94	59.74
	0.05	48.30	72.48	64.74	83.66	92.32	71.98	42.18	66.10
	0.10	60.02	86.20	64.30	87.16	96.86	62.24	49.18	72.40
	0.20	66.28	93.08	64.28	87.24	99.04	58.44	57.78	75.36
	0.30	64.66	95.76	62.94	85.94	99.62	60.72	62.42	77.88
	0.00	1.20	0.12	1.15	0.42	0.11	0.15	−0.43	−1.22
6	0.025	30.82	51.42	58.34	74.20	88.06	83.30	31.20	54.88
	0.05	43.34	72.70	59.08	78.80	92.42	73.80	42.58	62.00
	0.10	55.20	86.46	59.02	82.00	96.96	63.68	49.56	68.56
	0.20	60.60	93.42	58.34	82.16	99.12	59.96	58.48	70.20
	0.30	59.28	96.02	56.22	81.06	99.70	62.16	63.38	72.34
	0.00	1.29	0.11	1.33	0.59	0.10	0.13	−0.40	−1.42

表 3.16　上海新建商品住宅价格指数单位根检验结果

带宽	SB 概率	$Z(t_{\hat{\alpha}_1})$	$Z(\Phi_1)$	$Z(t_{\hat{\alpha}_2})$	$Z(t_{\hat{\delta}_1})$	$Z(\Phi_2)$	$Z(t_1)$	$Z(t_2)$	$Z(t_3)$
2	0.025	38.42	49.60	65.12	79.98	95.82	68.38	29.24	39.96
	0.05	56.74	71.86	64.60	76.58	97.86	53.36	42.88	43.70
	0.10	70.48	86.76	60.96	74.50	98.78	40.80	49.68	48.98
	0.20	73.58	93.46	59.22	72.50	99.32	39.24	55.94	57.38
	0.30	74.96	95.12	58.16	72.84	99.82	41.90	61.72	63.70
	0.00	1.04	0.12	1.37	0.89	0.12	−0.27	−0.42	−1.43
4	0.025	35.28	49.38	59.50	72.60	95.84	71.82	29.18	38.70
	0.05	51.98	71.62	58.74	72.08	97.86	58.28	42.90	41.00
	0.10	64.48	86.90	55.24	71.54	98.82	45.34	49.86	45.98
	0.20	67.70	93.72	53.38	69.92	99.36	43.58	56.40	53.80
	0.30	68.08	95.52	52.04	69.74	99.92	45.70	62.40	59.46
	0.00	1.16	0.11	1.53	1.00	0.09	−0.25	−0.38	−1.61
6	0.00	31.90	49.22	55.52	69.28	95.84	74.08	29.16	36.12
	0.05	47.00	71.50	54.74	69.56	97.86	60.90	43.06	37.90
	0.10	58.82	86.94	50.12	69.32	98.84	48.60	50.06	42.26
	0.20	61.78	94.00	49.02	68.08	99.40	46.56	56.90	48.46
	0.30	62.68	95.70	47.38	67.42	99.92	47.92	63.04	54.32
	0.00	1.26	0.10	1.65	1.08	0.08	−0.23	−0.36	−1.74

类似地，表 3.16 中的数据表明这两种检验方法也支持上海新建商品住宅价格指数序列为无漂移项的单位根过程。

本章小结

本章首先介绍 PP 检验的基本原理和两种 Bootstrap 检验方法；然后按照数据生成是否含有漂移项，导出了漂移项检验量、趋势项检验量以及它们与单位根项联合检验量的分布，结果表明：相关估计量分布中含有扰动项短期方差和长期方差参数，不能用于执行假设检验，通过剔除其中的未知成分，配合短期方差和长期方差的估计，对这些检验量进行转换，转换后的检验量分布与 DF 检验模式对应检验量分布在大样本下完全相同。接着仍然按照数据生成与检验模型设置的不同，引入 Stationary Bootstrap 方法对漂移项、趋势项以及联合检验量进行检验，理论研究表明：基于本章的 Bootstrap 方法下检验量与原始样本下对应检验量具有相同的极限分布，说明其可以用于检验，且 Bootstrap 方法可以不需要对检验量进行转换而直接进行检验；在蒙特卡罗模拟中，通过选取 5 种概率产生 Bootstrap 样本，3 种带宽对检验量进行转换，模拟表明：在检验水平方面，存在一个最优概率 p 对应的 SB 方法，其检验水平比分位数检验或者无调整检验量检验结果具有较低的水平扭曲，且相关程度越高这种优势越明显；在检验功效方面，分位数检验、无调整检验量检验和 Bootstrap 检验各有优势，检验效果取决于样本大小、扰动项相关程度和相关方向、带宽和概率 p 的选择。实证研究表明：Bootstrap 检验结论与概率 p 有关，第一个案例中的 5 种选取结果有 3 种结论相同，第二个和第三个案例中的 5 种选取结果的检验结论完全相同，分位数检验结论也因带宽选择的不同而有差异，最终检验结论与 Bootstrap 检验结论相同。

第 4 章　ADF 检验模式下检验量分布与 Bootstrap 研究

4.1　ADF 检验与 Recursive Bootstrap

4.1.1　ADF 检验简介

保证 DF 检验中扰动项为独立同分布过程的第二种处理办法就是在数据生成模型中加入一定数目的滞后期，即采用 AR(p)模型来表示数据生成过程，该模型是在 Dickey 和 Fuller 的 DF 检验基础上由 Said 和 Dickey 进行改造的增广 DF 检验(Augmented Dickey Fuller，ADF)，一般简记为 ADF 检验[3-5,123]。ADF 检验假设数据第一种生成形式为

$$y_t = \phi_1 y_{t-1} + \phi_2 y_{t-2} + \cdots + \phi_p y_{t-p} + \varepsilon_t \tag{4.1}$$

其中 $\varepsilon_t \sim \mathrm{iid}(0,\sigma_\varepsilon^2)$。设 $\zeta_j = -(\phi_{j+1} + \phi_{j+2} + \cdots + \phi_p)$，$j = 1,2,\cdots,p-1$，$\rho = \phi_1 + \phi_2 + \cdots + \phi_p$，则式(4.1)可以重新记为

$$y_t = \zeta_1 \Delta y_{t-1} + \zeta_2 \Delta y_{t-2} + \cdots + \zeta_{p-1} \Delta y_{t-p+1} + \rho y_{t-1} + \varepsilon_t \tag{4.2}$$

而估计模型除了式(4.2)之外，还有如下两个模型：

$$y_t = \zeta_1 \Delta y_{t-1} + \zeta_2 \Delta y_{t-2} + \cdots + \zeta_{p-1} \Delta y_{t-p+1} + \beta + \rho y_{t-1} + \varepsilon_t \tag{4.3}$$

$$y_t = \zeta_1 \Delta y_{t-1} + \zeta_2 \Delta y_{t-2} + \cdots + \zeta_{p-1} \Delta y_{t-p+1} + \alpha + \delta t + \rho y_{t-1} + \varepsilon_t \tag{4.4}$$

分别对式(4.2)、式(4.3)和式(4.4)建立假设 $\rho = 1$，并执行检验。

ADF 检验数据第二种生成形式为

$$y_t = c + \phi_1 y_{t-1} + \phi_2 y_{t-2} + \cdots + \phi_p y_{t-p} + \varepsilon_t \tag{4.5}$$

令 $\alpha = (1 - \zeta_1 - \cdots - \zeta_{p-1})^{-1} c$，$u_t = (1 - \zeta_1 L - \cdots - \zeta_{p-1} L^{p-1})^{-1} \varepsilon_t = \zeta(L)\varepsilon_t$，则可以得到其等价表示形式为

$$y_t = \zeta_1 u_{t-1} + \zeta_2 u_{t-2} + \cdots + \zeta_{p-1} u_{t-p+1} + \alpha + \rho y_{t-1} + \varepsilon_t \tag{4.6}$$

仍建立假设 $\rho = 1$，并执行检验。

理论研究表明：以上对 $\rho = 1$ 的单位根检验，既可以使用系数检验量 $\tau = T(\hat{\rho} - 1)$，也可以使用伪 t 检验量 $t = (\hat{\rho} - 1)/\mathrm{se}(\hat{\rho})$，但系数检验量 τ 含有未知系

数，需要使用以上模型中的参数估计 $\hat{\zeta}_i (i=1,2,\cdots,p-1)$ 进行调整，调整后系数检验量与 DF 检验对应检验量有相同的分布，而伪 t 检验量则不需要调整，其分布与 DF 检验对应结果也完全相同。关于 ADF 检验的详细过程可以参见陆懋祖的介绍[27]。

4.1.2 Recursive Bootstrap 和 Sieve Bootstrap

由式(4.2)和式(4.6)可知，当 $\rho=1$ 时，两种数据生成过程等价地表示为

$$\Delta y_t = (1-\zeta_1 L-\zeta_2 L^2-\cdots-\zeta_{p-1}L^{p-1})^{-1}\varepsilon_t = u_t$$

$$\Delta y_t = (1-\zeta_1 L-\zeta_2 L^2-\cdots-\zeta_{p-1}L^{p-1})^{-1}(c+\varepsilon_t) = \alpha + u_t$$

此即为

$$y_t = y_{t-1} + u_t$$

$$y_t = \alpha + y_{t-1} + u_t$$

显然，这与 PP 检验模式的数据生成过程在形式上完全一致，有所不同的是，PP 检验模式的扰动项 u_t 为没有指定任何形式的平稳过程，而 ADF 检验中的 u_t 是由白噪声过程 ε_t 的线性组合而成的线性平稳过程，即

$$u_t = (1-\zeta_1 L-\zeta_2 L^2-\cdots-\zeta_{p-1}L^{p-1})^{-1}\varepsilon_t = \varepsilon_t + \phi_1\varepsilon_{t-1} + \phi_2\varepsilon_{t-2} + \cdots$$

虽然 ADF 检验与 PP 检验具有一定的等价性，但不能使用 Stationary Bootstrap 进行单位根检验，这是因为 ADF 检验的本质生成过程是使用 AR(p)模式，如果直接使用 Stationary Bootstrap 方法，则会损失扰动项中隐含的信息，因此必须使用其他 Bootstrap 方法。

由式(4.2)知，当存在单位根时，模型可以重新表示为

$$\begin{aligned} u_t &= \zeta_1 u_{t-1} + \zeta_2 u_{t-2} + \cdots + \zeta_{p-1} u_{t-p+1} + \varepsilon_t \\ y_t &= y_{t-1} + u_t \end{aligned} \tag{4.7}$$

一个自然的想法就是根据式(4.7)来产生 Bootstrap 样本。为此首先得到估计 $\hat{\zeta}_i (i=1,2,\cdots,p-1)$，并得到残差估计 $\hat{\varepsilon}_t$。然后根据如下式(4.8)生成平稳过程 u_t^*：

$$u_t^* = \hat{\zeta}_1 u_{t-1}^* + \hat{\zeta}_2 u_{t-2}^* + \cdots + \hat{\zeta}_{p-1} u_{t-p+1}^* + \hat{\varepsilon}_t \tag{4.8}$$

这就是 Recursive(递归) Bootstrap 方法。对于数据生成为式(4.5)，也可以由类似的方法来生成 Bootstrap 样本。

使用上述 Recursive Bootstrap 方法的一个关键前提是，必须知道 ADF 检验中数据生成的滞后期，即 AR(p)模型的阶数 p，但实证分析中，一般并不知道阶数 p，为此，必须修改上述 Bootstrap 方法。为此 Bühlmann 提出了 Sieve Bootstrap 方法，其基本思想是根据实际样本，用足够的滞后期 $p(T)$ 来近似未知的 p[82]。根据这个思想，Psaradakis 假设 $p(T)=o((T/\ln T)^{1/4})$，Chang 和 Park 分别假设

$p(T)=o(T^k)$,$k<1/2$ 和 $p(T)=cT^k$,$1/rs<k<1/2$,且都采用基于约束条件的差分形式构造 Sieve Stationary 样本对单位根进行检验,Palm 等则采用基于无约束的残差形式构造 Sieve Stationary 样本对单位根进行检验,并和 Psaradakis、Chang 和 Park 的结果进行对比[84,89-90]。

4.2 ADF检验模式下漂移项、趋势项、联合检验量分布

关于 ADF 检验模式下联合检验研究,聂巧平和张晓峒曾讨论其中两类检验量的构建,即为 F_1 和 F_3[28];张凌翔和张晓峒以 DF 检验模式从 Wald 检验角度考察了单位根检验量,其中涉及与联合检验有关的三个检验量为 W_{22}、W_{32}、W_{33}[25];而张晓峒和攸频也以 DF 检验模式讨论单位根检验中的漂移项、趋势项的检验研究[23]。江海峰、陶长琪和陈启明以 ADF 检验模式讨论漂移项和趋势项的检验及其 Bootstrap 实现[30]。

本节仍按照数据生成是否含有漂移项分两类讨论 ADF 检验模式下漂移项检验量、趋势项检验量以及它们与单位根项联合检验量的分布,本节的联合检验引用了聂巧平和张晓峒的结果,并补充联合检验量 Φ_2,而漂移项和趋势项的研究来自江海峰、陶长琪和陈启明的理论推导结果。

4.2.1 无漂移项数据生成模式

设数据生成模式为无漂移项的单位根过程,即式(4.2),其中 $\rho=1$,下面再按估计模型是否含趋势项分为两类。

1. 估计无趋势项模型

假设估计模型为

$$y_t = \zeta_1 u_{t-1} + \zeta_2 u_{t-2} + \cdots + \zeta_{p-1} u_{t-p+1} + \alpha_1 + \rho_1 y_{t-1} + \varepsilon_t \tag{4.9}$$

其中 $u_{t-i}=\Delta y_{t-i}$。对漂移项建立假设 $H_{01}:\alpha_1=0$,对漂移项和单位根项建立联合假设 $H_{02}:\alpha_1=0,\rho_1=1$。记

$$\boldsymbol{\beta}_1' = (\boldsymbol{\beta}_{11}',\boldsymbol{\beta}_{12}'),\quad \boldsymbol{\beta}_{11}' = (\zeta_1,\cdots,\zeta_{p-1}),\quad \boldsymbol{\beta}_{12}' = (\alpha_1,\rho_1)$$

$$\hat{\boldsymbol{\beta}}_1' = (\hat{\boldsymbol{\beta}}_{11}',\hat{\boldsymbol{\beta}}_{12}'),\quad \hat{\boldsymbol{\beta}}_{11}' = (\hat{\zeta}_1,\cdots,\hat{\zeta}_{p-1}),\quad \hat{\boldsymbol{\beta}}_{12}' = (\hat{\alpha}_1,\hat{\rho}_1)$$

$$\sigma^2 = (1-\zeta_1-\cdots-\zeta_{p-1})^{-2}\sigma_\varepsilon^2,\quad \boldsymbol{x}_{1t}' = (\boldsymbol{x}_{11t}',\boldsymbol{x}_{12t}')$$

$$\boldsymbol{x}_{11t}' = (u_{t-1},u_{t-2},\cdots,u_{t-p+1}),\quad \boldsymbol{x}_{12t}' = (1,y_{t-1})$$

根据 OLS 估计有

$$\hat{\boldsymbol{\beta}}_1 - \boldsymbol{\beta}_1 = \Big(\sum_{t=1}^{T}\boldsymbol{x}_{1t}\boldsymbol{x}_{1t}'\Big)^{-1}\sum_{t=1}^{T}\boldsymbol{x}_{1t}\varepsilon_t$$

记 s_1^2 为扰动项方差 σ_ε^2 的估计，即

$$s_1^2 = (T-p-1)^{-1}\sum_{t=1}^{T}(y_t - \boldsymbol{x}'_{1t}\hat{\boldsymbol{\beta}}_1)^2$$

记

$$\boldsymbol{A}_1 = \begin{pmatrix}\boldsymbol{A}_{11} & \boldsymbol{0}\\ \boldsymbol{0}' & \boldsymbol{A}_{12}\end{pmatrix},\quad \boldsymbol{B}_1 = \begin{pmatrix}\boldsymbol{B}_{11}\\ \boldsymbol{B}_{12}\end{pmatrix}$$

$$\boldsymbol{B}_{11} = \boldsymbol{A}_{11}^{1/2}W(1),\quad \boldsymbol{B}'_{12} = \left(W(1),\int_0^1 W(r)\mathrm{d}W(r)\right)$$

$$\boldsymbol{e}_{11} = \begin{pmatrix}1\\0\end{pmatrix},\quad \boldsymbol{e}_{12} = \begin{pmatrix}0\\1\end{pmatrix},\quad \boldsymbol{\lambda}_1 = \begin{pmatrix}\boldsymbol{\lambda}_{11} & \boldsymbol{0}\\ \boldsymbol{0}' & \boldsymbol{\lambda}_{12}\end{pmatrix},\quad \boldsymbol{\lambda}_{12} = \begin{pmatrix}1 & 0\\ 0 & \sigma\end{pmatrix},\quad \boldsymbol{\lambda}_{11} = \boldsymbol{I}_{p-1}$$

$$\boldsymbol{A}_{12} = \begin{pmatrix}1 & \int_0^1 W(r)\mathrm{d}r\\ \int_0^1 W(r)\mathrm{d}r & \int_0^1 W^2(r)\mathrm{d}r\end{pmatrix},\quad \boldsymbol{A}_{11} = \begin{pmatrix}\gamma_0 & \gamma_1 & \cdots & \gamma_{p-2}\\ \gamma_1 & \gamma_0 & \cdots & \gamma_{p-3}\\ \vdots & \vdots & & \vdots\\ \gamma_{p-2} & \gamma_{p-3} & \cdots & \gamma_0\end{pmatrix}$$

则有如下定理成立。

定理 4.1　当数据生成为式(4.2)，且 $\rho=1$，而估计模型为式(4.9)时，记 $t_{\hat{\alpha}_1}$ 为执行检验 $\mathrm{H}_{01}:\alpha_1=0$ 的伪 t 检验量，Φ_1 为执行联合假设 $\mathrm{H}_{02}:\alpha_1=0,\rho_1=1$ 的检验量，则有：

(1) $t_{\hat{\alpha}_1} = \dfrac{\hat{\alpha}_1}{\mathrm{se}(\hat{\alpha}_1)} \Rightarrow \dfrac{\boldsymbol{e}'_{11}\boldsymbol{A}_{12}^{-1}\boldsymbol{B}_{12}}{\sqrt{\boldsymbol{e}'_{11}\boldsymbol{A}_{12}^{-1}\boldsymbol{e}_{11}}}$；

(2) $\Phi_1 = \dfrac{1}{2s_1^2}(\hat{\boldsymbol{\beta}}_{12}-\boldsymbol{\beta}_{12})'\left(\sum_{t=1}^{T}\boldsymbol{x}_{12t}\boldsymbol{x}'_{12t}\right)(\hat{\boldsymbol{\beta}}_{12}-\boldsymbol{\beta}_{12}) \Rightarrow \dfrac{1}{2}\boldsymbol{B}'_{12}\boldsymbol{A}_{12}^{-1}\boldsymbol{B}_{12}$。

证明　记

$$\boldsymbol{\Lambda}_1 = \mathrm{diag}(T^{1/2}\boldsymbol{I}_{p-1},T^{1/2},T),\quad \boldsymbol{\Lambda}_{11} = T^{1/2}\boldsymbol{I}_{p-1},\quad \boldsymbol{\Lambda}_{12} = \mathrm{diag}(T^{1/2},T)$$

则参数估计可以重新表示为

$$\boldsymbol{\Lambda}_1(\hat{\boldsymbol{\beta}}_1-\boldsymbol{\beta}_1) = \left(\boldsymbol{\Lambda}_1^{-1}\sum_{t=1}^{T}\boldsymbol{x}_{1t}\boldsymbol{x}'_{1t}\boldsymbol{\Lambda}_1^{-1}\right)^{-1}\boldsymbol{\Lambda}_1^{-1}\sum_{t=1}^{T}\boldsymbol{x}_{1t}\varepsilon_t$$

当存在单位根时，根据陆懋祖[27]的结论有

$$T^{-3/2}\sum_{t=1}^{T}y_{t-1}\Rightarrow\sigma\int_0^1 W(r)\mathrm{d}r,\quad T^{-2}\sum_{t=1}^{T}y_{t-1}^2\Rightarrow\sigma^2\int_0^1 W^2(r)\mathrm{d}r$$

$$T^{-1/2}\sum_{t=1}^{T}\varepsilon_t\Rightarrow\sigma_\varepsilon W(1),\quad T^{-1}\sum_{t=1}^{T}y_{t-1}\varepsilon_t\Rightarrow\sigma\sigma_\varepsilon\int_0^1 W(r)\mathrm{d}W(r)$$

$$T^{-1}\sum_{t=1}^{T}u_{t-l}\varepsilon_t\Rightarrow\sigma_\varepsilon\sqrt{\gamma_0}W(1),\quad l=1,2,\cdots,p-1$$

$$T^{-1}\sum_{t=1}^{T}u_{t-j}^2 = \gamma_0 + o_p(1)$$

$$T^{-1}\sum_{t=1}^{T}u_{t-j}u_{t-k}=\gamma_{|j-k|}+o_p(1),\quad j,k=1,2,\cdots,p-1$$

根据以上结论得到

$$\boldsymbol{\Lambda}_1(\hat{\boldsymbol{\beta}}_1-\boldsymbol{\beta}_1)\Rightarrow\sigma_\varepsilon\boldsymbol{\lambda}_1^{-1}\boldsymbol{A}_1^{-1}\boldsymbol{B}_1 \tag{4.10}$$

再根据 OLS 估计方法得到估计量的方差为

$$\mathrm{Var}(\boldsymbol{\Lambda}_1(\hat{\boldsymbol{\beta}}_1-\boldsymbol{\beta}_1))\Rightarrow\sigma_\varepsilon^2\boldsymbol{\lambda}_1^{-1}\boldsymbol{A}_1^{-1}\boldsymbol{\lambda}_1^{-1} \tag{4.11}$$

由于 $\boldsymbol{A}_1^{-1}$ 为对角矩阵，因此，提取$\hat{\boldsymbol{\beta}}_{12}-\boldsymbol{\beta}_{12}$的分布与方差得到

$$\boldsymbol{\Lambda}_{12}(\hat{\boldsymbol{\beta}}_{12}-\boldsymbol{\beta}_{12})\Rightarrow\sigma_\varepsilon\boldsymbol{\lambda}_{12}^{-1}\boldsymbol{A}_{12}^{-1}\boldsymbol{B}_{12},\quad \mathrm{Var}(\boldsymbol{\Lambda}_{12}(\hat{\boldsymbol{\beta}}_{12}-\boldsymbol{\beta}_{12}))\Rightarrow\sigma_\varepsilon^2\boldsymbol{\lambda}_{12}^{-1}\boldsymbol{A}_{12}^{-1}\boldsymbol{\lambda}_{12}^{-1} \tag{4.12}$$

根据式(4.12)有

$$t_{\hat{\alpha}_1}=\frac{\hat{\alpha}_1}{\mathrm{se}(\hat{\alpha}_1)}\Rightarrow\frac{\sigma_\varepsilon\boldsymbol{e}'_{11}\boldsymbol{\lambda}_{12}^{-1}\boldsymbol{A}_{12}^{-1}\boldsymbol{B}_{12}}{\sqrt{\boldsymbol{e}'_{11}\sigma_\varepsilon^2\boldsymbol{\lambda}_{12}^{-1}\boldsymbol{A}_{12}^{-1}\boldsymbol{\lambda}_{12}^{-1}\boldsymbol{e}_{11}}}=\frac{\boldsymbol{e}'_{11}\boldsymbol{A}_{12}^{-1}\boldsymbol{B}_{12}}{\sqrt{\boldsymbol{e}'_{11}\boldsymbol{A}_{12}^{-1}\boldsymbol{e}_{11}}}$$

故定理 4.1 中的结论(1)成立。对于结论(2)，根据联合检验公式

$$\Phi_1=\frac{1}{2}(\hat{\boldsymbol{\beta}}_{12}-\boldsymbol{\beta}_{12})'(\mathrm{Var}(\hat{\boldsymbol{\beta}}_{12}-\boldsymbol{\beta}_{12}))^{-1}(\hat{\boldsymbol{\beta}}_{12}-\boldsymbol{\beta}_{12})$$

引入矩阵 $\boldsymbol{\Lambda}_{12}$得到

$$\Phi_1=\frac{1}{2}(\boldsymbol{\Lambda}_{12}(\hat{\boldsymbol{\beta}}_{12}-\boldsymbol{\beta}_{12}))'(\mathrm{Var}(\boldsymbol{\Lambda}_{12}(\hat{\boldsymbol{\beta}}_{12}-\boldsymbol{\beta}_{12})))^{-1}(\boldsymbol{\Lambda}_{12}(\hat{\boldsymbol{\beta}}_{12}-\boldsymbol{\beta}_{12}))$$

代入式(4.12)可以得到结论(2)成立。故定理 4.1 得证。

显然，与 PP 检验模式不同的是，漂移项检验量 $t_{\hat{\alpha}_1}$ 和联合检验量 Φ_1 不再含有任何未知参数，因此可直接用于检验，无需进行转换。

2. 估计含趋势项模型

假设估计模型为式(4.13)：

$$y_t=\zeta_1u_{t-1}+\zeta_2u_{t-2}+\cdots+\zeta_{p-1}u_{t-p+1}+\alpha_2+\delta_1t+\rho_2y_{t-1}+\varepsilon_t \tag{4.13}$$

对漂移项建立假设 $H_{03}:\alpha_2=0$，对趋势项建立假设 $H_{04}:\delta_1=0$，对漂移项、趋势项和单位根项建立联合假设 $H_{05}:\alpha_2=0,\delta_1=0,\rho_2=1$。记

$$\boldsymbol{\beta}'_2=(\boldsymbol{\beta}'_{11},\boldsymbol{\beta}'_{22}),\quad \boldsymbol{\beta}'_{22}=(\alpha_2,\delta_1,\rho_2)$$

$$\hat{\boldsymbol{\beta}}'_2=(\hat{\boldsymbol{\beta}}'_{11},\hat{\boldsymbol{\beta}}'_{22}),\quad \hat{\boldsymbol{\beta}}'_{22}=(\hat{\alpha}_2,\hat{\delta}_1,\hat{\rho}_2)$$

$$\boldsymbol{x}'_{2t}=(\boldsymbol{x}'_{11t},\boldsymbol{x}'_{22t}),\quad \boldsymbol{x}'_{22t}=(1,t,y_{t-1})$$

根据 OLS 估计有

$$\hat{\boldsymbol{\beta}}_2-\boldsymbol{\beta}_2=\left(\sum_{t=1}^{T}\boldsymbol{x}_{2t}\boldsymbol{x}'_{2t}\right)^{-1}\sum_{t=1}^{T}\boldsymbol{x}_{2t}\varepsilon_t$$

记 s_2^2 为扰动项方差 σ_ε^2 的估计，即

$$s_2^2=(T-p-2)^{-1}\sum_{t=1}^{T}(y_t-\boldsymbol{x}'_{2t}\hat{\boldsymbol{\beta}}_2)^2$$

记

$$\boldsymbol{A}_2 = \begin{pmatrix} \boldsymbol{A}_{11} & \boldsymbol{0} \\ \boldsymbol{0}' & \boldsymbol{A}_{22} \end{pmatrix}, \quad \boldsymbol{B}_2 = \begin{pmatrix} \boldsymbol{B}_{11} \\ \boldsymbol{B}_{22} \end{pmatrix}, \quad \boldsymbol{\lambda}_2 = \begin{pmatrix} \boldsymbol{\lambda}_{11} & \boldsymbol{0} \\ \boldsymbol{0}' & \boldsymbol{\lambda}_{22} \end{pmatrix}$$

$$\boldsymbol{e}'_{21} = (1,0,0), \quad \boldsymbol{e}'_{22} = (0,1,0)$$

$$\boldsymbol{\lambda}_{22} = \begin{pmatrix} 1 & 0 & 0 \\ 0 & 1 & 0 \\ 0 & 0 & \sigma \end{pmatrix}, \quad \boldsymbol{B}'_{22} = \begin{pmatrix} W(1) \\ \int_0^1 r\mathrm{d}W(r) \\ \int_0^1 W(r)\mathrm{d}W(r) \end{pmatrix}$$

$$A_{22} = \begin{pmatrix} 1 & 1/2 & \int_0^1 W(r)\mathrm{d}r \\ 1/2 & 1/3 & \int_0^1 rW(r)\mathrm{d}r \\ \int_0^1 W(r)\mathrm{d}r & \int_0^1 rW(r)\mathrm{d}r & \int_0^1 W^2(r)\mathrm{d}r \end{pmatrix}$$

则有如下定理成立。

定理 4.2　当数据生成为式(4.2)而估计模型为式(4.13)，记 $t_{\hat{\alpha}_2}$、$t_{\hat{\delta}_1}$ 分别为执行检验 $\mathrm{H}_{03}:\alpha_2 = 0$、$\mathrm{H}_{04}:\delta_1 = 0$ 的伪 t 检验量，Φ_2 为执行联合假设 $\mathrm{H}_{05}:\alpha_2 = 0$，$\delta_1 = 0$，$\rho_2 = 1$ 的检验量，则有：

(1) $t_{\hat{\alpha}_2} = \dfrac{\hat{\alpha}_2}{\mathrm{se}(\hat{\alpha}_2)} \Rightarrow \dfrac{\boldsymbol{e}'_{21}\boldsymbol{A}_{22}^{-1}\boldsymbol{B}_{22}}{\sqrt{\boldsymbol{e}'_{21}\boldsymbol{A}_{22}^{-1}\boldsymbol{e}_{21}}}$；

(2) $t_{\hat{\delta}_1} = \dfrac{\hat{\delta}_1}{\mathrm{se}(\hat{\delta}_1)} \Rightarrow \dfrac{\boldsymbol{e}'_{22}\boldsymbol{A}_{22}^{-1}\boldsymbol{B}_{22}}{\sqrt{\boldsymbol{e}'_{22}\boldsymbol{A}_{22}^{-1}\boldsymbol{e}_{22}}}$；

(3) $\Phi_2 = \dfrac{1}{3s_2^2}(\hat{\boldsymbol{\beta}}_{22} - \boldsymbol{\beta}_{22})'\left(\sum_{t=1}^{T}\boldsymbol{x}_{22t}\boldsymbol{x}'_{22t}\right)(\hat{\boldsymbol{\beta}}_{22} - \boldsymbol{\beta}_{22}) \Rightarrow \dfrac{1}{3}\boldsymbol{B}'_{22}\boldsymbol{A}_{22}^{-1}\boldsymbol{B}_{22}$。

证明　记

$$\boldsymbol{\Lambda}_2 = \mathrm{diag}(T^{1/2}\boldsymbol{I}_{p-1}, T^{1/2}, T^{3/2}, T), \quad \boldsymbol{\Lambda}_{11} = T^{1/2}\boldsymbol{I}_{p-1}$$

$$\boldsymbol{\Lambda}_{22} = \mathrm{diag}(T^{1/2}, T^{3/2}, T)$$

则参数估计可以重新表示为

$$\boldsymbol{\Lambda}_2(\hat{\boldsymbol{\beta}}_2 - \boldsymbol{\beta}_2) = \left(\boldsymbol{\Lambda}_2^{-1}\sum_{t=1}^{T}\boldsymbol{x}_{2t}\boldsymbol{x}'_{2t}\boldsymbol{\Lambda}_2^{-1}\right)^{-1}\boldsymbol{\Lambda}_2^{-1}\sum_{t=1}^{T}\boldsymbol{x}_{2t}\varepsilon_t$$

当存在单位根时，根据陆懋祖[27]的结论有

$$T^{-5/2}\sum_{t=1}^{T} ty_{t-1} \Rightarrow \sigma\int_0^1 rW(r)\mathrm{d}r, \quad T^{-3/2}\sum_{t=1}^{T} t\varepsilon_t \Rightarrow \sigma_\varepsilon\int_0^1 r\mathrm{d}W(r)$$

$$T^{-3/2}\sum_{t=1}^{T} tu_{t-j} \Rightarrow \sigma\int_0^1 r\mathrm{d}W(r)$$

结合之前的分布和以上结论得到

$$\boldsymbol{\Lambda}_2(\hat{\boldsymbol{\beta}}_2-\boldsymbol{\beta}_2)\Rightarrow\sigma_\varepsilon\boldsymbol{\lambda}_2^{-1}\boldsymbol{A}_2^{-1}\boldsymbol{B}_2 \tag{4.14}$$

再根据 OLS 估计方法得到估计量的方差为

$$\mathrm{Var}(\boldsymbol{\Lambda}_2(\hat{\boldsymbol{\beta}}_2-\boldsymbol{\beta}_2))\Rightarrow\sigma_\varepsilon^2\boldsymbol{\lambda}_2^{-1}\boldsymbol{A}_2^{-1}\boldsymbol{\lambda}_2^{-1} \tag{4.15}$$

由于 $\boldsymbol{A}_2^{-1}$ 为对角矩阵，因此根据式(4.14)和式(4.15)有

$$\boldsymbol{\Lambda}_{22}(\hat{\boldsymbol{\beta}}_{22}-\boldsymbol{\beta}_{22})\Rightarrow\sigma_\varepsilon\boldsymbol{\lambda}_{22}^{-1}\boldsymbol{A}_{22}^{-1}\boldsymbol{B}_{22},\quad \mathrm{Var}(\boldsymbol{\Lambda}_{22}(\hat{\boldsymbol{\beta}}_{22}-\boldsymbol{\beta}_{22}))\Rightarrow\sigma_\varepsilon^2\boldsymbol{\lambda}_{22}^{-1}\boldsymbol{A}_{22}^{-1}\boldsymbol{\lambda}_{22}^{-1} \tag{4.16}$$

从式(4.16)中提取漂移项和趋势项伪 t 检验量的分布得到

$$t_{\hat{\alpha}_2}=\frac{\hat{\alpha}_2}{\mathrm{se}(\hat{\alpha}_2)}\Rightarrow\frac{\sigma_\varepsilon\boldsymbol{e}_{21}'\boldsymbol{\lambda}_{22}^{-1}\boldsymbol{A}_{22}^{-1}\boldsymbol{B}_{22}}{\sqrt{\boldsymbol{e}_{21}'\sigma_\varepsilon^2\boldsymbol{\lambda}_{22}^{-1}\boldsymbol{A}_{22}^{-1}\boldsymbol{\lambda}_{22}^{-1}\boldsymbol{e}_{21}}}=\frac{\boldsymbol{e}_{21}'\boldsymbol{A}_{22}^{-1}\boldsymbol{B}_{22}}{\sqrt{\boldsymbol{e}_{21}'\boldsymbol{A}_{22}^{-1}\boldsymbol{e}_{21}}}$$

$$t_{\hat{\delta}_1}=\frac{\hat{\delta}_1}{\mathrm{se}(\hat{\delta}_1)}\Rightarrow\frac{\sigma_\varepsilon\boldsymbol{e}_{22}'\boldsymbol{\lambda}_{22}^{-1}\boldsymbol{A}_{22}^{-1}\boldsymbol{B}_{22}}{\sqrt{\boldsymbol{e}_{22}'\sigma_\varepsilon^2\boldsymbol{\lambda}_{22}^{-1}\boldsymbol{A}_{22}^{-1}\boldsymbol{\lambda}_{22}^{-1}\boldsymbol{e}_{22}}}=\frac{\boldsymbol{e}_{22}'\boldsymbol{A}_{22}^{-1}\boldsymbol{B}_{22}}{\sqrt{\boldsymbol{e}_{22}'\boldsymbol{A}_{22}^{-1}\boldsymbol{e}_{22}}}$$

故定理 4.2 中的结论(1)和结论(2)成立。对于结论(3)，根据联合检验公式

$$\Phi_2=\frac{1}{3}(\hat{\boldsymbol{\beta}}_{22}-\boldsymbol{\beta}_{22})'(\mathrm{Var}(\hat{\boldsymbol{\beta}}_{22}-\boldsymbol{\beta}_{22}))^{-1}(\hat{\boldsymbol{\beta}}_{22}-\boldsymbol{\beta}_{22})$$

引入矩阵 $\boldsymbol{\Lambda}_{22}$ 得到

$$\Phi_2=\frac{1}{3}(\boldsymbol{\Lambda}_{22}(\hat{\boldsymbol{\beta}}_{22}-\boldsymbol{\beta}_{22}))'(\mathrm{Var}(\boldsymbol{\Lambda}_{22}(\hat{\boldsymbol{\beta}}_{22}-\boldsymbol{\beta}_{22})))^{-1}(\boldsymbol{\Lambda}_{22}(\hat{\boldsymbol{\beta}}_{22}-\boldsymbol{\beta}_{22}))$$

代入式(4.16)可以得到结论(3)成立。故定理 4.2 得证。

4.2.2 含漂移项数据生成模式

假设数据生成含有非零的漂移项，即式(4.6)，也就是式(4.17)：

$$y_t=\zeta_1u_{t-1}+\zeta_2u_{t-2}+\cdots+\zeta_{p-1}u_{t-p+1}+\alpha+\rho y_{t-1}+\varepsilon_t \tag{4.17}$$

其中 $u_{t-i}=y_{t-i}-y_{t-i-1}-\alpha,i=1,2,\cdots,p-1,\alpha=(1-\zeta_1-\cdots-\zeta_{p-1})^{-1}c\neq0$，$\rho=1$。而估计模型包含趋势项，即为

$$y_t=\zeta_1u_{t-1}+\zeta_2u_{t-2}+\cdots+\zeta_{p-1}u_{t-p+1}+\alpha_3+\delta_2t+\rho_3y_{t-1}+\varepsilon_t \tag{4.18}$$

对漂移项建立假设 $\mathrm{H}_{06}:\alpha_3=\alpha_0$，对趋势项建立假设 $\mathrm{H}_{07}:\delta_2=0$，对趋势项和单位根项建立联合假设 $\mathrm{H}_{08}:\delta_2=0,\rho_3=1$。当存在单位根时，递归式(4.17)得到

$$y_t=\alpha t+y_0+\eta_t$$

其中 $\eta_t=\sum_{j=1}^{t}u_j$。不失一般性，假设 $y_0=0$。此时模型(4.18)存在共线性，为此做如下变换：

$$\begin{aligned}y_t=&\zeta_1u_{t-1}+\zeta_2u_{t-2}+\cdots+\zeta_{p-1}u_{t-p+1}+\alpha(1-\rho_3)\\&+(\delta_2+\rho_3\alpha)t+\rho_3(y_{t-1}-\alpha(t-1))+\varepsilon_t\end{aligned}$$

令 $\alpha_3^\circ=\alpha(1-\rho_3),\delta_2^\circ=\delta_2+\rho_3\alpha$，则模型重新表示为

$$y_t=\zeta_1u_{t-1}+\zeta_2u_{t-2}+\cdots+\zeta_{p-1}u_{t-p+1}+\alpha_3^\circ+\delta_2^\circ t+\rho_3\eta_{t-1}+\varepsilon_t \tag{4.19}$$

相应假设重新修订为 $H_{06}':\alpha_3^{\circ}=0$、$H_{07}':\delta_2^{\circ}=\alpha_0$、$H_{08}':\delta_2^{\circ}=\alpha_0,\rho_3=1$。记

$$\boldsymbol{\beta}_3'=(\boldsymbol{\beta}_{11}',\boldsymbol{\beta}_{33}'),\quad \boldsymbol{\beta}_{33}'=(\alpha_3^{\circ},\delta_2^{\circ},\rho_3)$$

$$\hat{\boldsymbol{\beta}}_3'=(\hat{\boldsymbol{\beta}}_{11}',\hat{\boldsymbol{\beta}}_{33}'),\quad \hat{\boldsymbol{\beta}}_{33}'=(\hat{\alpha}_3^{\circ},\hat{\delta}_2^{\circ},\hat{\rho}_3)$$

$$\boldsymbol{x}_{3t}'=(\boldsymbol{x}_{11t}',\boldsymbol{x}_{33t}'),\quad \boldsymbol{x}_{33t}'=(1,t,\eta_{t-1})$$

根据 OLS 估计有

$$\hat{\boldsymbol{\beta}}_3-\boldsymbol{\beta}_3=\left(\sum_{t=1}^{T}\boldsymbol{x}_{3t}\boldsymbol{x}_{3t}'\right)^{-1}\sum_{t=1}^{T}\boldsymbol{x}_{3t}\varepsilon_t$$

记 s_3^2 为扰动项方差 σ_ε^2 的估计，即

$$s_3^2=(T-p-3)^{-1}\sum_{t=1}^{T}(y_t-\boldsymbol{x}_{3t}'\hat{\boldsymbol{\beta}}_3)^2$$

若记 $\boldsymbol{R}=(\boldsymbol{0}_{2\times1},\boldsymbol{I}_2)$，$\boldsymbol{\gamma}'=(\alpha_0,1)$，那么联合假设 $H_{08}':\delta_2^{\circ}=\alpha_0,\rho_3=1$ 可以表示为 $\boldsymbol{R\beta}_{33}=\boldsymbol{\gamma}$，则有如下定理成立。

定理 4.3　当数据生成为式(4.17)而估计模型为式(4.18)，记 $t_{\hat{\alpha}_3^{\circ}}$、$t_{\hat{\delta}_2^{\circ}}$ 分别为执行检验 $H_{06}:\alpha_3^{\circ}=0$、$H_{07}:\delta_2^{\circ}=\alpha_0$ 的伪 t 检验量，Φ_3 为执行联合假设 $H_{08}':\delta_2^{\circ}=\alpha_0,\rho_3=1$ 的检验量，则有：

(1) $t_{\hat{\alpha}_3^{\circ}}=\dfrac{\hat{\alpha}_3^{\circ}}{\mathrm{se}(\hat{\alpha}_3^{\circ})}\Rightarrow\dfrac{\boldsymbol{e}_{21}'\boldsymbol{A}_{22}^{-1}\boldsymbol{B}_{22}}{\sqrt{\boldsymbol{e}_{21}'\boldsymbol{A}_{22}^{-1}\boldsymbol{e}_{21}}}$；

(2) $t_{\hat{\delta}_2^{\circ}}=\dfrac{\hat{\delta}_2^{\circ}-\alpha_0}{\mathrm{se}(\hat{\delta}_2^{\circ}-\alpha_0)}\Rightarrow\dfrac{\boldsymbol{e}_{22}'\boldsymbol{A}_{22}^{-1}\boldsymbol{B}_{22}}{\sqrt{\boldsymbol{e}_{22}'\boldsymbol{A}_{22}^{-1}\boldsymbol{e}_{22}}}$；

(3) $$\Phi_3=\frac{1}{2}(\boldsymbol{R}(\hat{\boldsymbol{\beta}}_{33}-\boldsymbol{\beta}_{33}))'(\mathrm{Var}(\boldsymbol{R}(\hat{\boldsymbol{\beta}}_{33}-\boldsymbol{\beta}_{33})))^{-1}\boldsymbol{R}(\hat{\boldsymbol{\beta}}_{33}-\boldsymbol{\beta}_{33})$$
$$\Rightarrow\frac{1}{2}(\boldsymbol{RA}_{22}^{-1}\boldsymbol{B}_{22})'(\boldsymbol{RA}_{22}^{-1}\boldsymbol{R}')^{-1}\boldsymbol{RA}_{22}^{-1}\boldsymbol{B}_{22}。$$

证明　当数据生成为式(4.17)时有 $\eta_{t-1}=\sum_{j=1}^{t-1}u_j$ 成立，因此 η_{t-1} 等价于数据生成无漂移项中的 y_{t-1}，因此根据定理 4.2 的证明过程，易知定理 4.3 中的结论(1)和结论(2)成立。对结论(3)，令 $\boldsymbol{\Lambda}_{33}=\mathrm{diag}(T^{3/2},T)$，不难验证有 $\boldsymbol{R\Lambda}_{22}=\boldsymbol{\Lambda}_{33}\boldsymbol{R}$ 和 $\boldsymbol{\lambda}_{12}^{-1}\boldsymbol{R}=\boldsymbol{R\lambda}_{22}^{-1}$，因此

$$\begin{aligned}
\Phi_3&=\frac{1}{2}(\boldsymbol{R}(\hat{\boldsymbol{\beta}}_{33}-\boldsymbol{\beta}_{33}))'(\mathrm{Var}(\boldsymbol{R}(\hat{\boldsymbol{\beta}}_{33}-\boldsymbol{\beta}_{33})))^{-1}\boldsymbol{R}(\hat{\boldsymbol{\beta}}_{33}-\boldsymbol{\beta}_{33})\\
&=\frac{1}{2}(\boldsymbol{\Lambda}_{33}\boldsymbol{R}(\hat{\boldsymbol{\beta}}_{33}-\boldsymbol{\beta}_{33}))'(\mathrm{Var}(\boldsymbol{\Lambda}_{33}\boldsymbol{R}(\hat{\boldsymbol{\beta}}_{33}-\boldsymbol{\beta}_{33})))^{-1}\boldsymbol{\Lambda}_{33}\boldsymbol{R}(\hat{\boldsymbol{\beta}}_{33}-\boldsymbol{\beta}_{33})\\
&=\frac{1}{2}(\boldsymbol{R\Lambda}_{22}(\hat{\boldsymbol{\beta}}_{33}-\boldsymbol{\beta}_{33}))'(\mathrm{Var}(\boldsymbol{R\Lambda}_{22}(\hat{\boldsymbol{\beta}}_{33}-\boldsymbol{\beta}_{33})))^{-1}\boldsymbol{R\Lambda}_{22}(\hat{\boldsymbol{\beta}}_{33}-\boldsymbol{\beta}_{33})\\
&\Rightarrow\frac{1}{2}(\boldsymbol{R}\sigma_\varepsilon\boldsymbol{\lambda}_{22}^{-1}\boldsymbol{A}_{22}^{-1}\boldsymbol{B}_{22})'(\boldsymbol{R}\sigma_\varepsilon^2\boldsymbol{\lambda}_{22}^{-1}\boldsymbol{A}_{22}^{-1}\boldsymbol{\lambda}_{22}^{-1}\boldsymbol{R}')^{-1}\boldsymbol{R}\sigma_\varepsilon\boldsymbol{\lambda}_{22}^{-1}\boldsymbol{A}_{22}^{-1}\boldsymbol{B}_{22}
\end{aligned}$$

$$= \frac{1}{2}(\boldsymbol{A}_{22}^{-1}\boldsymbol{B}_{22})'\boldsymbol{R}'\boldsymbol{\lambda}_{12}^{-1}(\boldsymbol{\lambda}_{12}^{-1}\boldsymbol{R}\boldsymbol{A}_{22}^{-1}\boldsymbol{R}'\boldsymbol{\lambda}_{12}^{-1})^{-1}\boldsymbol{\lambda}_{12}^{-1}\boldsymbol{R}\boldsymbol{A}_{22}^{-1}\boldsymbol{B}_{22}$$

$$= \frac{1}{2}(\boldsymbol{R}\boldsymbol{A}_{22}^{-1}\boldsymbol{B}_{22})'(\boldsymbol{R}\boldsymbol{A}_{22}^{-1}\boldsymbol{R}')^{-1}\boldsymbol{R}\boldsymbol{A}_{22}^{-1}\boldsymbol{B}_{22}$$

上述证明过程使用了结论

$$\mathrm{Var}(\boldsymbol{\Lambda}_{22}(\hat{\boldsymbol{\beta}}_{33}-\boldsymbol{\beta}_{33}))\Rightarrow\sigma_{\varepsilon}^{2}\boldsymbol{\lambda}_{22}^{-1}\boldsymbol{A}_{22}^{-1}\boldsymbol{\lambda}_{22}^{-1},\quad \boldsymbol{\Lambda}_{22}(\hat{\boldsymbol{\beta}}_{33}-\boldsymbol{\beta}_{33})\Rightarrow\sigma_{\varepsilon}\boldsymbol{\lambda}_{22}^{-1}\boldsymbol{A}_{22}^{-1}\boldsymbol{B}_{22}$$

故定理 4.3 成立。

本节分析表明：无论数据生成是否含有漂移项，当利用 ADF 模式完成对漂移项、趋势项以及它们与单位根项联合的检验时，检验量不再含有扰动项短期方差，而且与 DF 检验模式的对应检验量分布完全相同，因而可以使用相应检验量的分位数。

4.3 ADF 检验模式下漂移项、趋势项、联合检验量的 Bootstrap 研究

虽然 ADF 检验模式检验量不再含有未知成分，可以使用 DF 类检验量的分位数，但也同样存在两个潜在的缺陷：第一，由于检验量的分布只存在于大样本下，有限样本下的分布并不存在，因此使用有限样本下的分位数可能存在检验水平扭曲；第二，DF 检验量分位数的获取，都假设扰动项服从标准正态分布，这比独立同分布的假定施加了更强的约束，而实证分析中的扰动项未必满足此要求，因此也可能导致检验水平失真，本节将使用 Bootstrap 方法对此进行修正。

之前针对 ADF 检验模式的 Bootstrap 检验，在构造 Bootstrap 样本时，通常采用三步法：第一步是抽取具有独立同分布的残差；第二步是构造具有线性平稳的扰动项；第三步是在单位根假设下生成最终的 Bootstrap 样本。本文将对此种 Bootstrap 样本构造方法进行改造，将最后两步合并成一步，这样可以减少计算误差。理论和模拟研究表明，这种方法可以执行 ADF 模式下相关检验量的 Bootstrap 检验。类似地，本节仍采用无约束条件下的残差进行检验。另外，由于实证分析中一般是首先确定序列的自回归形式，因此本节采用 Recursive Bootstrap(RB)方法，为便于说明，这里以 AR(2)模型为代表介绍 Bootstrap 检验方法。

4.3.1 无漂移项数据生成模式

1. 数据生成过程

设数据生成过程为 AR(2)，即为

$$y_t = \phi_1 y_{t-1} + \phi_2 y_{t-2} + \varepsilon_t$$

其中 $\phi_1 + \phi_2 = 1$ 表示存在单位根，$\varepsilon_t \sim \text{iid}(0, \sigma_\varepsilon^2)$。上述数据生成过程可以重新表示为

$$\Delta y_t = \zeta_1 \Delta y_{t-1} + \varepsilon_t \tag{4.20}$$

变形后表示为

$$y_t = (1 + \zeta_1) y_{t-1} - \zeta_1 y_{t-2} + \varepsilon_t \tag{4.21}$$

式(4.20)和式(4.21)构成了 RB 的样本构造基础。

2. RB 检验过程

对于无漂移项数据生成过程式(4.20)来说，当使用基于约束条件构造残差时，Bootstrap 检验步骤如下：

(1) 使用 OLS 估计式(4.20)中的参数 ζ_1，得到残差估计 $\hat{\varepsilon}_t$，$t = 1, 2, \cdots, T$，并对残差 $\hat{\varepsilon}_t$ 进行中心化处理，记中心化残差为 $\tilde{\varepsilon}_t$，$t = 1, 2, \cdots, T$，以确保 $\tilde{\varepsilon}_t$ 的均值为零。

(2) 以 $\tilde{\varepsilon}_t$ 为母体，采用有放回的方法从 $\tilde{\varepsilon}_t$ 中抽取样本，记为 $\tilde{\varepsilon}_t^*$，$t = 1, 2, \cdots, T$。

(3) 设 $y_{-1}^* = y_0^* = 0$，按照如下递归等式生成 Bootstrap 样本 y_t^*，$t = 1, 2, \cdots, T$：

$$y_t^* = (1 + \hat{\zeta}_1) y_{t-1}^* - \hat{\zeta}_1 y_{t-2}^* + \tilde{\varepsilon}_t^* \tag{4.22}$$

(4) 以 y_t^* 为样本，分别按照式(4.9)和式(4.13)的形式估计模型如下：

$$y_t^* = \zeta_1^* u_{t-1}^* + \alpha_1^* + \rho_1^* y_{t-1}^* + \tilde{\varepsilon}_t^* \tag{4.23}$$

$$y_t^* = \zeta_2^* u_{t-1}^* + \alpha_2^* + \delta_1^* t + \rho_2^* y_{t-1}^* + \tilde{\varepsilon}_t^* \tag{4.24}$$

其中 $u_{t-1}^* = y_{t-1}^* - y_{t-2}^*$。

(5) 分别建立假设：

$$\mathrm{H}_{01}^*: \alpha_1^* = 0、\mathrm{H}_{02}^*: \alpha_1^* = 0,\quad \rho_1^* = 1$$

$$\mathrm{H}_{03}^*: \alpha_2^* = 0、\mathrm{H}_{04}^*: \delta_1^* = 0、\mathrm{H}_{05}^*: \alpha_2^* = 0,\quad \delta_1^* = 0,\quad \rho_2^* = 1$$

记

$$\boldsymbol{\beta}_1^{*\prime} = (\zeta_1^*, \boldsymbol{\beta}_{12}^{*\prime}),\quad \boldsymbol{\beta}_{12}^{*\prime} = (\alpha_1^*, \rho_1^*),\quad \hat{\boldsymbol{\beta}}_1^{*\prime} = (\hat{\zeta}_1^*, \hat{\boldsymbol{\beta}}_{12}^{*\prime})$$

$$\hat{\boldsymbol{\beta}}_{12}^{*\prime} = (\hat{\alpha}_1^*, \hat{\rho}_1^*),\quad \boldsymbol{x}_{1t}^{*\prime} = (\tilde{u}_{t-1}^*, \boldsymbol{x}_{12t}^{*\prime}),\quad \boldsymbol{x}_{12t}^{*\prime} = (1, y_{t-1}^*)$$

$$\boldsymbol{\beta}_2^{*\prime} = (\zeta_2^*, \boldsymbol{\beta}_{22}^{*\prime}),\quad \boldsymbol{\beta}_{22}^{*\prime} = (\alpha_2^*, \delta_1^*, \rho_2^*),\quad \hat{\boldsymbol{\beta}}_2^{*\prime} = (\hat{\zeta}_2^*, \hat{\boldsymbol{\beta}}_{22}^{*\prime})$$

$$\hat{\boldsymbol{\beta}}_{22}^{*\prime} = (\hat{\alpha}_2^*, \hat{\delta}_1^*, \hat{\rho}_2^*),\quad \boldsymbol{x}_{2t}^{*\prime} = (\tilde{u}_{t-1}^*, x_{22t}^{*\prime}),\quad \boldsymbol{x}_{22t}^{*\prime} = (1, t, y_{t-1}^*)$$

并根据式(4.23)、式(4.24)利用 Bootstrap 样本 y_t^* 分别计算检验量值如下：

$$t_{\hat{\alpha}_1^*} = \frac{\hat{\alpha}_1^*}{\mathrm{se}(\hat{\alpha}_1^*)},\quad \Phi_1^* = \frac{1}{2 s_1^{*2}} (\hat{\boldsymbol{\beta}}_{12}^* - \boldsymbol{\beta}_{12}^*)' \left(\sum_{t=1}^{T} \boldsymbol{x}_{12t}^* \boldsymbol{x}_{12t}^{*\prime} \right) (\hat{\boldsymbol{\beta}}_{12}^* - \boldsymbol{\beta}_{12}^*)$$

$$t_{\hat{\alpha}_2^*} = \frac{\hat{\alpha}_2^*}{\mathrm{se}(\hat{\alpha}_2^*)}, \quad t_{\hat{\delta}_1^*} = \frac{\hat{\delta}_1^*}{\mathrm{se}(\hat{\delta}_1^*)}$$

$$\Phi_2^* = \frac{1}{3s_2^{*2}}(\hat{\boldsymbol{\beta}}_{22}^* - \boldsymbol{\beta}_{22}^*)'\left(\sum_{t=1}^{T}\boldsymbol{x}_{22t}^*\boldsymbol{x}_{22t}^{*\prime}\right)(\hat{\boldsymbol{\beta}}_{22}^* - \boldsymbol{\beta}_{22}^*)$$

其中 s_1^{*2}、s_2^{*2} 分别为根据式(4.23)、式(4.24)残差计算的扰动项方差估计值。

(6) 重复步骤(2)和步骤(5)共 B 次，设第 b 次检验量值为 $t_{\hat{\alpha}_1^*,b}$、$\Phi_{1,b}^*$、$t_{\hat{\alpha}_2^*,b}$、$t_{\hat{\delta}_1^*,b}$和 $\Phi_{2,b}^*$，$b=1,2,\cdots,B$。

(7) 按照以下公式计算 Bootstrap 检验概率：

$$p_{1i} = \frac{1}{B}\sum_{b=1}^{B} I(|t_{\hat{\alpha}_i^*,b}| > |t_{\hat{\alpha}_i}|), \quad p_2 = \frac{1}{B}\sum_{b=1}^{B} I(|t_{\hat{\delta}_1^*,b}| > |t_{\hat{\delta}_1}|)$$

$$p_{3i} = \frac{1}{B}\sum_{b=1}^{B} I(\Phi_{i,b}^* > \Phi_i), \quad i = 1,2$$

其中 $I(\cdot)$为示性函数，条件为真取 1，否则取 0。如果有检验概率小于事先指定的显著性水平，就拒绝对应的原假设，否则就接受原假设。

3. RB 检验的有效性

为说明 RB 检验的有效性，需要从理论上证明：基于 RB 样本得到的检验量与原始样本下对应检验量在大样本下具有相同的极限分布。下面定理给出了 RB 检验的结论。

定理 4.4 当数据生成为式(4.20)，采用上述 RB 构造样本方法，估计式(4.23)和式(4.24)时有：

(1) $t_{\hat{\alpha}_1^*} = \dfrac{\hat{\alpha}_1^*}{\mathrm{se}(\hat{\alpha}_1^*)} \Rightarrow \dfrac{\boldsymbol{e}_{11}'\boldsymbol{A}_{12}^{-1}\boldsymbol{B}_{12}}{\sqrt{\boldsymbol{e}_{11}'\boldsymbol{A}_{12}^{-1}\boldsymbol{e}_{11}}}$；

(2) $\Phi_1^* = \dfrac{1}{2s_1^{*2}}(\hat{\boldsymbol{\beta}}_{12}^* - \boldsymbol{\beta}_{12}^*)'\left(\sum_{t=1}^{T}\boldsymbol{x}_{12t}^*\boldsymbol{x}_{12t}^{*\prime}\right)(\hat{\boldsymbol{\beta}}_{12}^* - \boldsymbol{\beta}_{12}^*) \Rightarrow \dfrac{1}{2}\boldsymbol{B}_{12}'\boldsymbol{A}_{12}^{-1}\boldsymbol{B}_{12}$；

(3) $t_{\hat{\alpha}_2^*} = \dfrac{\hat{\alpha}_2^*}{\mathrm{se}(\hat{\alpha}_2^*)} \Rightarrow \dfrac{\boldsymbol{e}_{21}'\boldsymbol{A}_{22}^{-1}\boldsymbol{B}_{22}}{\sqrt{\boldsymbol{e}_{21}'\boldsymbol{A}_{22}^{-1}\boldsymbol{e}_{21}}}$；

(4) $t_{\hat{\delta}_1^*} = \dfrac{\hat{\delta}_1^*}{\mathrm{se}(\hat{\delta}_1^*)} \Rightarrow \dfrac{\boldsymbol{e}_{22}'\boldsymbol{A}_{22}^{-1}\boldsymbol{B}_{22}}{\sqrt{\boldsymbol{e}_{22}'\boldsymbol{A}_{22}^{-1}\boldsymbol{e}_{22}}}$；

(5) $\Phi_2^* = \dfrac{1}{3s_2^{*2}}(\hat{\boldsymbol{\beta}}_{22}^* - \boldsymbol{\beta}_{22}^*)'\left(\sum_{t=1}^{T}\boldsymbol{x}_{22t}^*\boldsymbol{x}_{22t}^{*\prime}\right)(\hat{\boldsymbol{\beta}}_{22}^* - \boldsymbol{\beta}_{22}^*) \Rightarrow \dfrac{1}{3}\boldsymbol{B}_{22}'\boldsymbol{A}_{22}^{-1}\boldsymbol{B}_{22}$。

首先构造如下部分和序列：

$$S_{T,0}^* = 0, \quad S_{T,k}^* = \sum_{j=1}^{k}\tilde{\varepsilon}_j^* \quad k = 1,2,\cdots,T$$

再利用序列 $S_{T,k}^*$构造过程$\{Y_T^*(r): r\in[0,1]\}$如下：

$$Y_T^*(r) = \frac{1}{\sqrt{T}s_{1T}}[S_{T,\lceil Tr\rceil}^* + (Tr - \lceil Tr\rceil)\tilde{\varepsilon}_{\lceil Tr\rceil+1}^*], \quad r \in [0,1] \tag{4.25}$$

其中$\lceil Tr \rceil$为不超过 Tr 的最大正整数，s_{1T}是根据式(4.20)中残差计算的扰动项标准差估计。首先以如下引理的形式给出 Bootstrap 不变原理。

引理 4.1 设 $\hat{\varepsilon}_t$ 为式(4.20)的残差，令 $\tilde{\varepsilon}_t$ 为中心化残差，$\hat{F}_T$ 为$\tilde{\varepsilon}_t$ 的经验分布函数，$\tilde{\varepsilon}_t^*$ 是来自 $\hat{F}_T$ 有放回抽样的样本，定义式(4.25)中的$\{Y_T^*(r): r\in[0,1]\}$，则当 $T\to\infty$ 时几乎处处依概率有 $Y_T^*(r)\Rightarrow W(r), r\in[0,1]$。

证明 引理 4.1 的证明过程与 Ferretti 和 Romo 的证明过程非常类似，因此可以采用他们的方法来证明，但首先得到 $\hat{\varepsilon}_t$ 的统计性质[75]。根据式(4.20)，由于

$$\hat{\zeta}_1 - \zeta_1 = \frac{\sum_{t=1}^{T}\Delta y_{t-1}\varepsilon_t}{\sum_{t=1}^{T}\Delta y_{t-1}^2}$$

当存在单位根时，由于 $\Delta y_{t-1} = u_{t-1}$，则

$$T^{-1/2}\sum_{t=1}^{T}\Delta y_{t-1}\varepsilon_t \Rightarrow \sigma_\varepsilon\sqrt{\gamma_0}W(1),\quad T^{-1}\sum_{t=1}^{T}\Delta y_{t-1}^2 = \gamma_0 + o_p(1)$$

因此有

$$T^{1/2}(\hat{\zeta}_1 - \zeta_1) = \frac{T^{-1/2}\sum_{t=1}^{T}\Delta y_{t-1}\varepsilon_t}{T^{-1}\sum_{t=1}^{T}\Delta y_{t-1}^2} \Rightarrow \frac{\sigma_\varepsilon W(1)}{\sqrt{\gamma_0}}$$

从而$\hat{\zeta}_1 - \zeta_1 = O_p(T^{-1/2}) = o_p(1)$。再根据式(4.20)得到

$$\hat{\varepsilon}_t = \varepsilon_t - (\hat{\zeta}_1 - \zeta_1)\Delta y_{t-1} = \varepsilon_t - o_p(1)O_p(1) = \varepsilon_t + o_p(1)$$

利用这个结果还可以得到 $s_{1T}^2 = \sigma_\varepsilon^2 + o_p(1)$。

从而 $\hat{\varepsilon}_t$ 的统计性质满足 Ferretti 和 Romo 的证明要求，因此后续证明过程完全相同，故引理 4.1 成立[75]。

此外，还需要在 Ferretti 和 Romo 构造 R_{2T}^*①的基础上再引入 R_{1T}^*与R_{3T}^*，表达式分别如下：

$$R_{1T}^* = T^{-1}\sum_{t=1}^{T}Y_T^*\left(\frac{t}{T}\right) - \int_0^1 Y_T^*(r)\mathrm{d}r,\quad R_{3T}^* = T^{-2}\sum_{t=1}^{T}tY_T^*\left(\frac{t}{T}\right) - \int_0^1 rY_T^*(r)\mathrm{d}r \tag{4.26}$$

于是有如下引理，证明过程参见 Ferretti 和 Romo 的叙述[75]。

引理 4.2 在$(y_1, y_2, \cdots, y_T, \cdots)$几乎所有样本路径上，当 $T\to\infty$ 时有 $R_{iT}^* = o_{p^*}(1), i=1,2,3$ 成立。

下面利用上述两个引理证明定理 4.4 中所需要的结论，以引理 4.3 形式给出。

---

① 关于 R_{2T}^*的表达式参见文献[75]。

引理 4.3 在引理 4.1、引理 4.2 的条件下，采用式(4.22)来构造 Bootstrap 样本，则有：

(1) $T^{-1}\sum_{t=1}^{T}\tilde{u}_{t-1}^{*} = o_p(1)$；

(2) $T^{-2}\sum_{t=1}^{T}u_{t-1}^{*2} = \gamma_0 + o_p(1)$；

(3) $T^{-3/2}\sum_{t=1}^{T}tu_{t-1}^{*}\Rightarrow\sigma\int_0^1 r\mathrm{d}W(r)$；

(4) $T^{-1}\sum_{t=1}^{T}\tilde{u}_{t-1}^{*}y_{t-1}^{*}\Rightarrow\sigma^2\left(\int_0^1 W(r)\mathrm{d}W(r) + \frac{\sigma^2 + \gamma_0}{2}\right)$；

(5) $T^{-3/2}\sum_{t=1}^{T}y_{t-1}^{*}\Rightarrow\sigma\int_0^1 W(r)\mathrm{d}r$；

(6) $T^{-5/2}\sum_{t=1}^{T}ty_{t-1}^{*}\Rightarrow\sigma\int_0^1 rW(r)\mathrm{d}r$；

(7) $T^{-2}\sum_{t=1}^{T}y_{t-1}^{*2}\Rightarrow\sigma^2\int_0^1 W^2(r)\mathrm{d}r$；

(8) $T^{-3/2}\sum_{t=1}^{T}u_{t-1}^{*}\tilde{\varepsilon}_t^{*}\Rightarrow\sigma_\varepsilon W(1)\sqrt{\gamma_0}$；

(9) $T^{-1/2}\sum_{t=1}^{T}\tilde{\varepsilon}_t^{*}\Rightarrow\sigma_\varepsilon W(1)$；

(10) $T^{-3/2}\sum_{t=1}^{T}t\tilde{\varepsilon}_t^{*}\Rightarrow\sigma_\varepsilon\int_0^1 r\mathrm{d}W(r)$；

(11) $T^{-1}\sum_{t=1}^{T}y_{t-1}^{*}\tilde{\varepsilon}_t^{*}\Rightarrow\sigma\sigma_\varepsilon\int_0^1 W(r)\mathrm{d}W(r)$。

证明 根据 Bootstrap 样本构造式(4.22)可知

$$\Delta y_t^{*} = (1 - \hat{\zeta}_1 L)^{-1}\tilde{\varepsilon}_t^{*} = \tilde{u}_t^{*} \tag{4.27}$$

而 $\tilde{\varepsilon}_t^{*}$ 是来自 $\tilde{\varepsilon}_t$ 的独立同分布样本，因此有

$$\begin{aligned} E(\tilde{\varepsilon}_t^{*}) &= T^{-1}\sum_{t=1}^{T}\tilde{\varepsilon}_t = T^{-1}\sum_{t=1}^{T}(\hat{\varepsilon}_t - \bar{\hat{\varepsilon}}) = 0 \\ \mathrm{Var}(\tilde{\varepsilon}_t^{*}) &= E(\tilde{\varepsilon}_t^{*2}) = T^{-1}\sum_{t=1}^{T}\tilde{\varepsilon}_t^2 = T^{-1}\sum_{t=1}^{T}(\hat{\varepsilon}_t - \bar{\hat{\varepsilon}})^2 = s_{1T}^2 \end{aligned} \tag{4.28}$$

根据式(4.27)得到

$$\tilde{u}_t^{*} = (1 - \hat{\zeta}_1 L)^{-1}\tilde{\varepsilon}_t^{*} = \tilde{\varepsilon}_t^{*} + \hat{\zeta}_1\tilde{\varepsilon}_{t-1}^{*} + \hat{\zeta}_1^2\tilde{\varepsilon}_{t-2}^{*} + \cdots = \sum_{j=0}^{\infty}\hat{\zeta}_1^j\tilde{\varepsilon}_{t-j}^{*} \tag{4.29}$$

因此有

$$E(\tilde{u}_t^{*}) = 0,\quad \hat{\gamma}_0 = E(\tilde{u}_t^{*2}) = s_{1T}^2\sum_{i=0}^{\infty}\hat{\zeta}_1^{2i},\quad \hat{\sigma}^2 = \mathrm{Var}\left(\sqrt{T}\sum_{i=0}^{T}\tilde{u}_t^{*}\right) = \frac{s_{1T}^2}{(1 - \hat{\zeta}_1)^2}$$

从而 $\tilde{u}_t^*$ 是零均值、方差为 $\hat{\gamma}_0$ 和长期方差为 $\hat{\sigma}^2$ 的线性平稳过程。根据 s_{1T}^2、$\hat{\zeta}_1$ 分别是 σ_ε^2、ζ_1 的一致估计量，以及 Slutsky 定理得到 $\hat{\gamma}_0$ 和 $\hat{\sigma}^2$ 分别是 γ_0 和 σ^2 的一致估计量。

对 $\tilde{u}_t^*$ 使用 BN 分解得到

$$\sum_{t=1}^{T}\tilde{u}_t^* = \hat{\zeta}_1(1)\sum_{t=0}^{T}\tilde{\varepsilon}_t^* + u_T^* - u_0^* \tag{4.30}$$

其中 $\hat{\zeta}_1(1) = \sum_{j=0}^{\infty}\hat{\zeta}_1^j$，$u_T^* - u_0^* = O_p(1)$。据式(4.26)和引理 4.1 得到 $\tilde{u}_t^*$ 部分和收敛结果为

$$T^{-1/2}\sum_{t=1}^{\lceil Tr\rceil}\tilde{u}_t^* = \hat{\zeta}_1(1)T^{-1/2}\sum_{t=1}^{\lceil Tr\rceil}\tilde{\varepsilon}_t^* + o_p(1) = s_{1T}\,\hat{\zeta}_1(1)Y_T^*(r) + o_p(1)$$
$$\Rightarrow \sigma W(r)$$

根据 Bootstrap 样本构造公式(4.22)或者式(4.27)可以得到

$$y_t^* = y_0^* + \sum_{s=1}^{t}\tilde{u}_s^* \tag{4.31}$$

为此得到 y_t^* 的部分和收敛结果为

$$T^{-1/2}y_{\lceil Tr\rceil}^* = T^{-1/2}\sum_{s=0}^{\lceil Tr\rceil}\tilde{u}_s^* \Rightarrow \sigma W(r) \tag{4.32}$$

根据 $\tilde{\varepsilon}_t^*$、$\tilde{u}_t^*$、y_t^* 的性质，结合引理 4.2 并仿照陆懋祖定理 1.9 的证明思路，可以证明引理 4.3 是成立的[27]。

下面利用大数定律和 Slutsky 定理以及引理 4.3 证明定理 4.4 中的结论。当估计式(4.23)的模型时，根据 OLS 估计有

$$\hat{\boldsymbol{\beta}}_1^* - \boldsymbol{\beta}_1^* = \left(\sum_{t=1}^{T}\boldsymbol{x}_{1t}^*\boldsymbol{x}_{1t}^{*\prime}\right)^{-1}\sum_{t=1}^{T}\boldsymbol{x}_{1t}^*\tilde{\varepsilon}_t^*$$

根据引理 4.3 得到

$$\boldsymbol{\Lambda}_1(\hat{\boldsymbol{\beta}}_1^* - \boldsymbol{\beta}_1^*) \Rightarrow \sigma_\varepsilon\boldsymbol{\lambda}_1^{-1}\boldsymbol{A}_1^{-1}\boldsymbol{B}_1$$

再根据 OLS 估计方法得到估计量的方差为

$$\mathrm{Var}(\boldsymbol{\Lambda}_1(\hat{\boldsymbol{\beta}}_1^* - \boldsymbol{\beta}_1^*)) \Rightarrow \sigma_\varepsilon^2\boldsymbol{\lambda}_1^{-1}\boldsymbol{A}_1^{-1}\boldsymbol{\lambda}_1^{-1}$$

根据 $\boldsymbol{A}_1^{-1}$ 为对角矩阵可以提取 $\hat{\boldsymbol{\beta}}_{12}^* - \boldsymbol{\beta}_{12}^*$ 的分布与方差得到

$$\boldsymbol{\Lambda}_{12}(\hat{\boldsymbol{\beta}}_{12}^* - \boldsymbol{\beta}_{12}^*) \Rightarrow \sigma_\varepsilon\boldsymbol{\lambda}_{12}^{-1}\boldsymbol{A}_{12}^{-1}\boldsymbol{B}_{12},\quad \mathrm{Var}(\boldsymbol{\Lambda}_{12}(\hat{\boldsymbol{\beta}}_{12}^* - \boldsymbol{\beta}_{12}^*)) \Rightarrow \sigma_\varepsilon^2\boldsymbol{\lambda}_{12}^{-1}\boldsymbol{A}_{12}^{-1}\boldsymbol{\lambda}_{12}^{-1} \tag{4.33}$$

根据式(4.33)有

$$t_{\hat{\alpha}_1^*} = \frac{\hat{\alpha}_1^*}{\mathrm{se}(\hat{\alpha}_1^*)} \Rightarrow \frac{\sigma_\varepsilon\boldsymbol{e}_{11}'\boldsymbol{\lambda}_{12}^{-1}\boldsymbol{A}_{12}^{-1}\boldsymbol{B}_{12}}{\sqrt{\boldsymbol{e}_{11}'\sigma_\varepsilon^2\boldsymbol{\lambda}_{12}^{-1}\boldsymbol{A}_{12}^{-1}\boldsymbol{\lambda}_{12}^{-1}\boldsymbol{e}_{11}}} = \frac{\boldsymbol{e}_{11}'\boldsymbol{A}_{12}^{-1}\boldsymbol{B}_{12}}{\sqrt{\boldsymbol{e}_{11}'\boldsymbol{A}_{12}^{-1}\boldsymbol{e}_{11}}}$$

故定理 4.4 中的结论(1)成立。对于结论(2)，根据联合检验的公式

$$\Phi_1^* = \frac{1}{2}(\hat{\boldsymbol{\beta}}_{12}^* - \boldsymbol{\beta}_{12}^*)'(\mathrm{Var}(\hat{\boldsymbol{\beta}}_{12}^* - \boldsymbol{\beta}_{12}^*))^{-1}(\hat{\boldsymbol{\beta}}_{12}^* - \boldsymbol{\beta}_{12}^*)$$

引入矩阵 $\boldsymbol{\Lambda}_{12}$ 得到

$$\Phi_1^* = \frac{1}{2}(\boldsymbol{\Lambda}_{12}(\hat{\boldsymbol{\beta}}_{12}^* - \boldsymbol{\beta}_{12}^*))'(\mathrm{Var}(\boldsymbol{\Lambda}_{12}(\hat{\boldsymbol{\beta}}_{12}^* - \boldsymbol{\beta}_{12}^*)))^{-1}\boldsymbol{\Lambda}_{12}(\hat{\boldsymbol{\beta}}_{12}^* - \boldsymbol{\beta}_{12}^*)$$

代入式(4.33)可以得到结论(2)成立。

以上证明使用了结论 $s_1^{*2} = (T-3)^{-1}\sum_{t=1}^{T}(y_t^* - \boldsymbol{x}_{1t}^{*\prime}\hat{\boldsymbol{\beta}}_1^*)^2 = \sigma_\varepsilon^2 + o_p(1)$。对定理 4.4 的结论(3)、结论(4)和结论(5)的证明，需要估计式(4.24)。根据 OLS 估计并使用引理 4.3 得到

$$\boldsymbol{\Lambda}_2(\hat{\boldsymbol{\beta}}_2^* - \boldsymbol{\beta}_2^*) \Rightarrow \sigma_\varepsilon\boldsymbol{\lambda}_2^{-1}\boldsymbol{A}_2^{-1}\boldsymbol{B}_2,\quad \mathrm{Var}(\boldsymbol{\Lambda}_2(\hat{\boldsymbol{\beta}}_2^* - \boldsymbol{\beta}_2^*)) \Rightarrow \sigma_\varepsilon^2\boldsymbol{\lambda}_2^{-1}\boldsymbol{A}_2^{-1}\boldsymbol{\lambda}_2^{-1} \tag{4.34}$$

考虑到 $\boldsymbol{A}_2^{-1}$ 为对角矩阵，因此根据式(4.34)有

$$\boldsymbol{\Lambda}_{22}(\hat{\boldsymbol{\beta}}_{22}^* - \boldsymbol{\beta}_{22}^*) \Rightarrow \sigma_\varepsilon\boldsymbol{\lambda}_{22}^{-1}\boldsymbol{A}_{22}^{-1}\boldsymbol{B}_{22},\quad \mathrm{Var}(\boldsymbol{\Lambda}_{22}(\hat{\boldsymbol{\beta}}_{22}^* - \boldsymbol{\beta}_{22}^*)) \Rightarrow \sigma_\varepsilon^2\boldsymbol{\lambda}_{22}^{-1}\boldsymbol{A}_{22}^{-1}\boldsymbol{\lambda}_{22}^{-1} \tag{4.35}$$

从式(4.35)中提取漂移项和趋势项的分布得到

$$t_{\hat{\alpha}_2^*} = \frac{\hat{\alpha}_2^*}{\mathrm{se}(\hat{\alpha}_2^*)} \Rightarrow \frac{\sigma_\varepsilon\boldsymbol{e}_{21}'\boldsymbol{\lambda}_{22}^{-1}\boldsymbol{A}_{22}^{-1}\boldsymbol{B}_{22}}{\sqrt{\boldsymbol{e}_{21}'\sigma_\varepsilon^2\boldsymbol{\lambda}_{22}^{-1}\boldsymbol{A}_{22}^{-1}\boldsymbol{\lambda}_{22}^{-1}\boldsymbol{e}_{21}}} = \frac{\boldsymbol{e}_{21}'\boldsymbol{A}_{22}^{-1}\boldsymbol{B}_{22}}{\sqrt{\boldsymbol{e}_{21}'\boldsymbol{A}_{22}^{-1}\boldsymbol{e}_{21}}}$$

$$t_{\hat{\delta}_1^*} = \frac{\hat{\delta}_1^*}{\mathrm{se}(\hat{\delta}_1^*)} \Rightarrow \frac{\sigma_\varepsilon\boldsymbol{e}_{22}'\boldsymbol{\lambda}_{22}^{-1}\boldsymbol{A}_{22}^{-1}\boldsymbol{B}_{22}}{\sqrt{\boldsymbol{e}_{22}'\sigma_\varepsilon^2\boldsymbol{\lambda}_{22}^{-1}\boldsymbol{A}_{22}^{-1}\boldsymbol{\lambda}_{22}^{-1}\boldsymbol{e}_{22}}} = \frac{\boldsymbol{e}_{22}'\boldsymbol{A}_{22}^{-1}\boldsymbol{B}_{22}}{\sqrt{\boldsymbol{e}_{22}'\boldsymbol{A}_{22}^{-1}\boldsymbol{e}_{22}}}$$

$$\Phi_2^* = \frac{1}{3}(\boldsymbol{\Lambda}_{22}(\hat{\boldsymbol{\beta}}_{22}^* - \boldsymbol{\beta}_{22}^*))'(\mathrm{Var}(\boldsymbol{\Lambda}_{22}(\hat{\boldsymbol{\beta}}_{22}^* - \boldsymbol{\beta}_{22}^*)))^{-1}\boldsymbol{\Lambda}_{22}(\hat{\boldsymbol{\beta}}_{22}^* - \boldsymbol{\beta}_{22}^*)$$

$$\Rightarrow \frac{1}{3}(\sigma_\varepsilon\boldsymbol{\lambda}_{22}^{-1}\boldsymbol{A}_{22}^{-1}\boldsymbol{B}_{22})'(\sigma_\varepsilon^2\boldsymbol{\lambda}_{22}^{-1}\boldsymbol{A}_{22}^{-1}\boldsymbol{\lambda}_{22}^{-1})^{-1}(\sigma_\varepsilon\boldsymbol{\lambda}_{22}^{-1}\boldsymbol{A}_{22}^{-1}\boldsymbol{B}_{22}) = \frac{1}{3}\boldsymbol{B}_{22}'\boldsymbol{A}_{22}^{-1}\boldsymbol{B}_{22}$$

以上证明过程中引用了结论 $s_2^{*2} = (T-4)^{-1}\sum_{t=1}^{T}(y_t^* - \boldsymbol{x}_{2t}^{*\prime}\hat{\boldsymbol{\beta}}_2^*)^2 = \sigma_\varepsilon^2 + o_p(1)$。

4.3.2 含漂移项数据生成模式

1. 数据生成过程

设数据生成过程为带漂移项的 AR(2)，即为

$$y_t = c + \phi_1 y_{t-1} + \phi_2 y_{t-2} + \varepsilon_t$$

其中 $\phi_1 + \phi_2 = 1$ 表示存在单位根，$\varepsilon_t \sim \mathrm{iid}(0,\sigma_\varepsilon^2)$，$c \neq 0$。上述数据生成过程可以重新表示为

$$\Delta y_t = c + \zeta_1\Delta y_{t-1} + \varepsilon_t \tag{4.36}$$

变形后可以重新表示为

$$y_t = c + (1+\zeta_1)y_{t-1} - \zeta_1 y_{t-2} + \varepsilon_t \tag{4.37}$$

式(4.36)和式(4.37)构成数据生成含漂移项的 RB 样本构造依据。相关的 Bootstrap 检验步骤如下：

(1) 使用OLS估计式(4.36)，记式(4.36)中的参数估计分别为$\hat{\zeta}_1$和$\hat{c}$，得到残差估计$\hat{\varepsilon}_t$，$t=1,2,\cdots,T$。由于此时模型中含有截距项，故不需要中心化处理。

(2) 以$\hat{\varepsilon}_t$为母体，采用有放回的方法从$\hat{\varepsilon}_t$中抽取样本，记为$\tilde{\varepsilon}_t^*$，$t=1,2,\cdots,T$。

(3) 设$y_{-1}^*=y_0^*=0$，按照如下递归等式生成Bootstrap样本y_t^*，$t=1,2,\cdots,T$：

$$y_t^* = \hat{c} + (1+\hat{\zeta}_1)y_{t-1}^* - \hat{\zeta}_1 y_{t-2} + \tilde{\varepsilon}_t^* \tag{4.38}$$

(4) 以y_t^*为样本，按照式(4.18)的形式估计模型如下：

$$y_t^* = \zeta_3^* u_{t-1}^* + \alpha_3^* + \delta_2^* t + \rho_3^* y_{t-1}^* + \tilde{\varepsilon}_t^*$$

其中$u_{t-1}^*=y_{t-1}^*-y_{t-2}^*-\alpha^*$，$\alpha^*=(1-\hat{\zeta}_1)^{-1}\hat{c}$。

(5) 分别建立如下假设：

$$\mathrm{H}_{06}^*: \alpha_3^* = \alpha^*、\mathrm{H}_{07}^*: \delta_2^* = 0、\mathrm{H}_{08}^*: \delta_2^* = 0,\quad \rho_3^* = 1$$

对上式使用$\eta_{t-1}^*=y_{t-1}^*-\alpha^*(t-1)$进行共线性处理得到估计模型为

$$y_t^* = \zeta_3^* u_{t-1}^* + \alpha_3^{*\circ} + \delta_2^{*\circ} t + \rho_3^* \eta_{t-1}^* + \tilde{\varepsilon}_t^* \tag{4.39}$$

并对假设形式进行修正为$\mathrm{H}_{06}'^*: \alpha_3^{*\circ}=0$、$\mathrm{H}_{07}'^*: \delta_2^{*\circ}=\alpha^*$、$\mathrm{H}_{08}^*: \delta_2^{*\circ}=\alpha^*$，$\rho_3^*=1$。记

$$\boldsymbol{\beta}_3^{*\prime} = (\zeta_3^*, \boldsymbol{\beta}_{33}^{*\prime}),\quad \boldsymbol{\beta}_{33}^{*\prime} = (\alpha_3^{*\circ}, \delta_2^{*\circ}, \rho_3^*)$$

$$\hat{\boldsymbol{\beta}}_3^{*\prime} = (\hat{\zeta}_3^*, \hat{\boldsymbol{\beta}}_{33}^{*\prime}),\quad \hat{\boldsymbol{\beta}}_{33}^{*\prime} = (\hat{\alpha}_3^{*\circ}, \hat{\delta}_2^{*\circ}, \hat{\rho}_3^*)$$

$$\boldsymbol{x}_{3t}^{*\prime} = (\tilde{u}_{t-1}^*, \boldsymbol{x}_{33t}^{*\prime}),\quad \boldsymbol{x}_{33t}^{*\prime} = (1, t, \eta_{t-1}^*)$$

并根据式(4.39)利用Bootstrap样本y_t^*分别计算检验量值如下：

$$t_{\hat{\alpha}_3^{*\circ}} = \frac{\hat{\alpha}_3^{*\circ}}{\mathrm{se}(\hat{\alpha}_3^{*\circ})},\quad t_{\hat{\delta}_2^{*\circ}} = \frac{\hat{\delta}_2^{*\circ} - \alpha^*}{\mathrm{se}(\hat{\delta}_2^{*\circ})}$$

$$\Phi_3^* = \frac{1}{2}(\boldsymbol{R}(\hat{\boldsymbol{\beta}}_{33}^* - \boldsymbol{\beta}_{33}^*))'(\mathrm{Var}(\boldsymbol{R}(\hat{\boldsymbol{\beta}}_{33}^* - \boldsymbol{\beta}_{33}^*)))^{-1}\boldsymbol{R}(\hat{\boldsymbol{\beta}}_{33}^* - \boldsymbol{\beta}_{33}^*)$$

(6) 重复步骤(2)和步骤(5)共B次，设第b次检验量值为$t_{\hat{\alpha}_3^{*\circ},b}$、$t_{\hat{\delta}_2^{*\circ},b}$、$\Phi_{3,b}^*$，$b=1,2,\cdots,B$。

(7) 按照以下公式计算Bootstrap检验概率：

$$p_1 = \frac{1}{B}\sum_{b=1}^{B} I(|t_{\hat{\alpha}_3^{*\circ},b}| > |t_{\hat{\alpha}_3^\circ}|),\quad p_2 = \frac{1}{B}\sum_{b=1}^{B} I(|t_{\hat{\delta}_2^{*\circ},b}| > |t_{\hat{\delta}_2^\circ}|)$$

$$p_3 = \frac{1}{B}\sum_{b=1}^{B} I(\Phi_{3,b}^* > \Phi_3)$$

其中$I(\cdot)$为示性函数，条件为真取1，否则取0。如果有检验概率小于事先指定的显著性水平，就拒绝对应的原假设，否则就接受原假设。

下面定理给出了此种情况下的RB检验结论。

定理4.5　当数据生成为式(4.36)，采用上述RB构造样本方法，估计式(4.39)时有：

(1) $t_{\hat{\alpha}_3^{*\circ}} = \dfrac{\hat{\alpha}_3^{*\circ}}{\mathrm{se}(\hat{\alpha}_3^{*\circ})} \Rightarrow \dfrac{\boldsymbol{e}'_{21}\boldsymbol{A}_{22}^{-1}\boldsymbol{B}_{22}}{\sqrt{\boldsymbol{e}'_{21}\boldsymbol{A}_{22}^{-1}\boldsymbol{e}_{21}}}$；

(2) $t_{\hat{\delta}_2^{*\circ}} = \dfrac{\hat{\delta}_2^{*\circ} - \alpha^*}{\mathrm{se}(\hat{\delta}_2^{*\circ})} \Rightarrow \dfrac{\boldsymbol{e}'_{22}\boldsymbol{A}_{22}^{-1}\boldsymbol{B}_{22}}{\sqrt{\boldsymbol{e}'_{22}\boldsymbol{A}_{22}^{-1}\boldsymbol{e}_{22}}}$；

(3) $\Phi_3^* = \dfrac{1}{2}(\boldsymbol{R}(\hat{\boldsymbol{\beta}}_{33}^* - \boldsymbol{\beta}_{33}^*))'(\mathrm{Var}(\boldsymbol{R}(\hat{\boldsymbol{\beta}}_{33}^* - \boldsymbol{\beta}_{33}^*)))^{-1}\boldsymbol{R}(\hat{\boldsymbol{\beta}}_{33}^* - \boldsymbol{\beta}_{33}^*) \Rightarrow$
$\dfrac{1}{2}(\boldsymbol{R}\boldsymbol{A}_{22}^{-1}\boldsymbol{B}_{22})'(\boldsymbol{R}\boldsymbol{A}_{22}^{-1}\boldsymbol{R}')^{-1}\boldsymbol{R}\boldsymbol{A}_{22}^{-1}\boldsymbol{B}_{22}$。

证明定理 4.5 仍要使用引理 4.1、引理 4.2 和引理 4.3，为此首先需要验证此种情况下的扰动项仍能满足引理 4.1 和引理 4.2 的条件。由式(4.36)得到

$$\begin{pmatrix} \hat{c} - c \\ \hat{\zeta}_1 - \zeta_1 \end{pmatrix} = \begin{pmatrix} T & \sum_{t=1}^{T}\Delta y_{t-1} \\ \sum_{t=1}^{T}\Delta y_{t-1} & \sum_{t=1}^{T}\Delta y_{t-1}^2 \end{pmatrix}^{-1} \begin{pmatrix} \sum_{t=1}^{T}\varepsilon_t \\ \sum_{t=1}^{T}\Delta y_{t-1}\varepsilon_t \end{pmatrix} \tag{4.40}$$

当数据生成为带漂移项的单位根时有

$$\Delta y_t = (1 - \zeta_1 L)^{-1}(c + \varepsilon_t) = \alpha + u_t \tag{4.41}$$

其中 $\alpha = (1-\zeta_1)^{-1}c$。结合式(4.40)和式(4.41)可以得到 $\hat{c} - c = O_p(T^{-1/2}) = o_p(1)$，$\hat{\zeta}_1 - \zeta_1 = O_p(T^{-1/2}) = o_p(1)$，因此根据式(4.36)有

$$\begin{aligned}\hat{\varepsilon}_t &= \varepsilon_t - (\hat{c} - c) - (\hat{\zeta}_1 - \zeta_1)\Delta y_{t-1} = \varepsilon_t + o_p(1) + o_p(1)O_p(1) \\ &= \varepsilon_t + o_p(1)\end{aligned}$$

故该扰动项和无漂移项数据的 Bootstrap 样本所使用的扰动项具有相同的统计性质，因此引理 4.1 和引理 4.2 成立。同时，当 Bootstrap 数据生成为式(4.38)时有

$$\Delta y_t^* = (1 - \hat{\zeta}_1 L)^{-1}(\hat{c} + \tilde{\varepsilon}_t^*) = \alpha^* + \tilde{u}_t^*$$

其中 $\alpha^* = (1 - \hat{\zeta}_1)^{-1}\hat{c}$，因此有 $y_t^* = \alpha^* t + \sum_{s=1}^{t}\tilde{u}_s^*$ 成立。所以

$$\eta_{t-1}^* = y_{t-1}^* - \alpha^*(t-1) = \sum_{s=1}^{t-1}\tilde{u}_s^*$$

这与数据生成无漂移项的 Bootstrap 样本 y_{t-1}^* 完全相同，因此使用 η_{t-1}^* 替代引理 4.3 中的 y_{t-1}^*，相关结论不变。结合引理 4.3 并参照定理 4.3 证明过程可以完成定理 4.5 的证明，这里不再给出证明过程。

本节研究表明：无论数据生成是否含有漂移项，采用 RB 检验方法，相关检验量与原始样本对应的检验量具有相同的极限分布，且不含有未知参数，这为比较 Bootstrap 检验与分位数检验效果奠定了理论基础。

4.4　蒙特卡罗模拟与实证研究

前面从理论上证实可以使用 RB 检验方法完成相应的检验，但实际检验效果还需要使用蒙特卡罗模拟方法和分位数方法进行对比。为了说明该方法可以用于检验实际时间序列的平稳性，本节还将使用 RB 检验方法进行实证分析。

4.4.1　无漂移项数据生成模式与蒙特卡罗模拟

1. 模拟参数设置

为便于说明问题，假设数据生成为如下的 AR(2) 模型：

$$y_t = \phi_1 y_{t-1} + \phi_2 y_{t-2} + \varepsilon_t$$

设扰动项 $\varepsilon_t \sim \text{iin}(0,1)$，$\phi_1 + \phi_2 = 1$ 表示存在单位根，由于满足这样条件的 (ϕ_1, ϕ_2) 组合有无穷多组，这里选取三组取值，即 (0.50, 0.50)、(0.90, 0.10) 和 (0.10, 0.90)，这种安排用来考察 (ϕ_1, ϕ_2) 取值差异对检验的影响。设定样本容量为 25、50 和 100，取显著性水平为 0.05，考察检验量分别为 $t_{\hat{\alpha}_1}$、$t_{\hat{\alpha}_2}$、$t_{\hat{\delta}_1}$、Φ_1、Φ_2 及其 Bootstrap 对应检验量 $t_{\hat{\alpha}_1^*}$、$t_{\hat{\alpha}_2^*}$、$t_{\hat{\delta}_1^*}$、Φ_1^*、Φ_2^*，同时也考察 $\tau_{\hat{\alpha}_1^*}$、$\tau_{\hat{\alpha}_2^*}$、$\tau_{\hat{\delta}_1^*}$，这三个检验量是估计量 $\hat{\alpha}_1$、$\hat{\alpha}_2$、$\hat{\delta}_1$ 的系数检验量，它们的定义与极限分布分别为

$$\tau_{\hat{\alpha}_1} = T^{1/2}\hat{\alpha}_1 \Rightarrow \sigma_\varepsilon \boldsymbol{e}'_{11}\boldsymbol{A}_{12}^{-1}\boldsymbol{B}_{12}$$

$$\tau_{\hat{\alpha}_2} = T^{1/2}\hat{\alpha}_2 \Rightarrow \sigma_\varepsilon \boldsymbol{e}'_{21}\boldsymbol{A}_{22}^{-1}\boldsymbol{B}_{22}$$

$$\tau_{\hat{\delta}_1} = T^{3/2}\hat{\delta}_1 \Rightarrow \sigma_\varepsilon \boldsymbol{e}'_{22}\boldsymbol{A}_{22}^{-1}\boldsymbol{B}_{22}$$

由于极限分布中含有未知成分 σ_ε，不能使用分位数进行检验，但 Bootstrap 方法依靠自身的数据来估计检验量，不受扰动项方差的影响，因此可以在 Bootstrap 框架下进行检验，但这三个检验量由于不是渐近 Pivotal 检验量，因此可能存在较大的偏差。

当 $\phi_1 + \phi_2 < 1$ 时表示平稳过程，此时对应检验功效，为此设置 $\phi_1 + \phi_2 = 0.95$，$\phi_1 + \phi_2 = 0.85$ 和 $\phi_1 + \phi_2 = 0.75$，同样，满足这样组合的 (ϕ_1, ϕ_2) 也很多，这里考察一些代表性的组合，例如 $\phi_1 + \phi_2 = 0.95$ 的组合有 (0.50, 0.45)、(0.45, 0.50)、(0.80, 0.15) 和 (0.15, 0.80)，这种选取也是为了考察 (ϕ_1, ϕ_2) 取值差异对检验功效的影响。对于其他取值的组合如表 4.1 所示。设定蒙特卡罗模拟次数为 1 万次，Bootstrap 检验次数为 5000 次。模拟使用的分位数来自张晓峒和攸频的结果[23]。

2. 蒙特卡罗模拟与 Bootstrap 检验结果

表 4.1 给出了无漂移项数据生成上述设置的模拟结果。当考察检验水平时，

表 4.1　无漂移项数据生成检验的蒙特卡罗模拟结果

T	ϕ_1	ϕ_2	$\tau_{\hat{\alpha}_1^*}$	$t_{\hat{\alpha}_1^*}$	$t_{\hat{\alpha}_1}$	$\tau_{\hat{\alpha}_2^*}$	$t_{\hat{\alpha}_2^*}$	$t_{\hat{\alpha}_2}$	$\tau_{\hat{\delta}_1^*}$	$t_{\hat{\delta}_1^*}$	$t_{\hat{\delta}_1}$	Φ_1^*	Φ_1	Φ_2^*	Φ_2
25	0.50	0.50	5.85	5.12	4.60	5.77	5.15	4.97	6.04	4.78	4.76	5.10	4.83	4.97	4.81
25	0.90	0.10	6.00	5.03	4.91	5.66	5.09	5.20	5.97	4.86	5.27	5.04	5.02	4.92	5.15
25	0.10	0.90	5.79	5.10	*4.50*	5.73	5.07	4.79	6.21	4.84	4.60	5.10	4.62	4.98	4.61
25	0.50	0.45	4.16	3.88	3.49	5.22	4.23	4.08	2.23	***4.12***	***4.13***	4.22	4.07	3.30	3.20
25	0.45	0.50	4.16	3.94	3.51	5.18	4.23	4.04	2.35	4.15	4.08	4.20	4.00	3.32	3.17
25	0.80	0.15	3.66	3.63	3.36	5.14	***4.04***	***4.08***	1.80	***3.97***	***4.11***	4.16	4.02	***3.24***	***3.26***
25	0.15	0.80	4.52	4.01	3.48	5.23	4.40	4.12	2.78	4.20	3.99	4.23	3.87	3.41	3.26
25	0.40	0.45	1.74	2.92	2.60	3.80	3.02	2.90	0.50	3.04	3.03	5.06	4.83	3.07	2.93
25	0.45	0.40	1.68	2.81	2.57	3.79	2.95	2.87	0.40	3.05	3.05	5.16	4.91	3.00	2.93
25	0.80	0.05	1.12	2.42	2.27	2.96	2.52	2.56	0.23	***2.78***	***2.85***	5.72	5.69	***3.05***	***3.06***
25	0.05	0.80	2.21	2.95	2.63	4.19	3.21	3.01	0.74	3.33	3.23	4.61	4.28	3.14	2.80
25	0.30	0.45	0.67	2.15	1.94	2.48	2.11	2.03	0.11	2.46	2.42	6.75	6.38	3.29	3.11
25	0.45	0.30	0.56	2.06	1.85	2.25	1.97	1.89	0.09	2.23	2.16	7.34	7.02	3.50	3.34
25	0.70	0.05	0.31	1.79	1.62	1.68	1.79	1.72	0.04	***1.88***	***1.96***	8.89	8.86	***3.92***	***4.04***
25	0.05	0.70	1.00	2.40	2.12	2.80	2.42	2.30	0.24	2.73	2.59	5.88	5.51	3.05	2.91
50	0.50	0.50	5.56	4.99	4.73	5.23	4.91	4.66	5.48	5.17	5.02	4.87	4.72	4.63	*4.44*
50	0.90	0.10	5.55	5.03	4.91	5.23	4.91	4.75	5.33	4.96	5.05	4.95	4.96	*4.55*	*4.51*
50	0.10	0.90	5.54	4.99	4.66	5.12	4.87	*4.49*	5.32	4.99	4.88	4.88	4.66	4.64	*4.37*
50	0.50	0.45	2.31	3.11	2.90	4.23	3.33	3.16	0.97	3.67	3.61	3.99	3.85	3.01	2.91
50	0.45	0.50	2.41	3.16	2.93	4.20	3.39	3.18	1.02	3.72	3.66	4.01	3.87	2.96	2.87
50	0.80	0.15	1.96	2.72	2.63	4.03	3.12	3.03	0.63	***3.44***	***3.53***	4.24	4.12	2.91	2.91
50	0.15	0.80	2.97	3.46	3.27	4.42	3.65	3.45	1.25	3.87	3.78	4.11	3.93	3.02	2.80
50	0.40	0.45	0.36	1.71	1.64	2.04	1.84	1.73	0.12	2.26	2.26	7.58	7.27	3.77	3.69

续表

T	ϕ_1	ϕ_2	$\tau_{\hat{\alpha}_1}^*$	$t_{\hat{\alpha}_1}^*$	$t_{\hat{\alpha}_1}$	$\tau_{\hat{\alpha}_2}^*$	$t_{\hat{\alpha}_2}^*$	$t_{\hat{\alpha}_2}$	$\tau_{\hat{\delta}_1}^*$	$t_{\hat{\delta}_1}^*$	$t_{\hat{\delta}_1}$	Φ_1^*	Φ_1	Φ_2^*	Φ_2
50	0.45	0.40	0.33	1.73	1.62	2.08	1.81	1.73	0.09	2.27	2.24	7.95	7.68	3.83	3.76
50	0.80	0.05	0.15	***1.44***	***1.45***	1.45	1.64	1.63	0.04	1.91	1.90	***11.42***	***11.46***	4.69	4.70
50	0.05	0.80	0.57	1.99	1.92	2.73	2.17	2.06	0.21	2.64	2.55	6.30	6.05	3.52	3.31
50	0.30	0.45	0.10	1.33	1.20	1.09	1.37	1.30	0.01	1.55	1.51	15.30	14.86	6.25	6.14
50	0.45	0.30	0.05	1.19	1.11	0.90	1.29	1.27	0.01	1.36	1.34	18.35	18.13	7.19	7.00
50	0.70	0.05	0.03	1.05	1.03	0.65	1.16	1.13	0.00	***1.15***	***1.16***	26.20	26.07	10.22	10.31
50	0.05	0.70	0.13	1.47	1.42	1.33	1.46	1.39	0.03	1.74	1.70	11.95	11.56	5.32	5.00
50	0.70	0.05	0.03	1.05	1.03	0.65	1.16	1.13	0.00	***1.15***	***1.16***	26.20	26.07	10.22	10.31
50	0.05	0.70	0.13	1.47	1.42	1.33	1.46	1.39	0.03	1.74	1.70	11.95	11.56	5.32	5.00
100	0.50	0.50	5.00	5.04	4.97	5.18	4.97	4.71	4.96	*4.32*	*4.34*	5.26	5.06	4.63	*4.57*
100	0.90	0.10	5.03	5.03	4.97	5.17	4.95	4.76	4.96	4.51	*4.50*	5.12	5.16	4.73	4.80
100	0.10	0.90	4.99	5.09	4.93	5.26	5.07	4.77	4.97	*4.52*	*4.48*	5.23	5.11	4.75	4.61
100	0.50	0.45	0.82	2.00	1.97	3.16	2.43	2.36	0.36	***2.69***	***2.72***	5.79	5.63	3.34	3.23
100	0.45	0.50	0.86	2.10	2.00	3.20	2.62	2.39	0.37	***2.71***	***2.73***	5.76	5.53	3.28	3.21
100	0.80	0.15	0.53	1.82	1.82	2.55	2.10	2.01	0.17	***2.31***	***2.37***	6.73	6.68	***3.54***	***3.59***
100	0.15	0.80	1.20	2.23	2.18	3.63	2.86	2.64	0.46	***2.83***	***2.84***	5.12	4.93	3.24	3.17
100	0.40	0.45	0.06	1.22	1.21	0.61	0.99	0.95	0.01	***1.31***	***1.33***	22.32	21.82	8.75	8.74
100	0.45	0.40	0.06	1.22	1.21	0.57	0.99	0.93	0.01	***1.25***	***1.28***	23.76	23.29	9.31	9.26
100	0.80	0.05	0.02	1.05	1.04	0.25	0.86	0.71	0.00	1.10	1.11	39.60	39.28	15.64	15.86
100	0.05	0.80	0.01	1.31	1.33	1.02	1.31	1.25	0.03	1.45	1.38	15.58	15.18	6.38	6.27
100	0.30	0.45	0.01	1.03	1.00	0.14	0.64	0.60	0.00	***0.76***	***0.79***	56.02	55.24	23.85	23.75
100	0.45	0.30	0.01	0.90	0.88	0.12	0.57	0.54	0.00	0.69	0.74	65.30	64.61	***30.29***	***31.04***
100	0.70	0.05	0.00	0.86	0.83	0.04	0.53	0.46	0.00	0.61	0.67	82.43	82.25	***47.39***	***47.48***
100	0.05	0.70	0.03	1.12	1.03	0.24	0.77	0.71	0.00	0.89	0.88	42.91	42.11	16.88	16.60

由于模拟的随机性,实际检验概率不可能正好与 0.05 相同,根据 Godfrey 和 Orme 提供的实际显著性水平区间估计公式,取概率度为 1.96 得到实际显著性水平的区间估计为(4.60%,5.40%)[118]。首先考察检验量 $\tau_{\hat{\alpha}_1^*}$、$\tau_{\hat{\alpha}_2^*}$、$\tau_{\hat{\delta}_1^*}$,由于这三个检验量并不是渐近 Pivotal 检验量,因此当样本为 25 和 50 时,其检验效果绝大多数场合落在上述区间之外,且都是过度拒绝原假设,但当样本为 100 时,其检验效果非常好,均落在上述区间估计内。当考察检验量 $t_{\hat{\alpha}_1}$、$t_{\hat{\alpha}_2}$、$t_{\hat{\delta}_1}$、Φ_1、Φ_2 时,在三种样本下,$t_{\hat{\alpha}_1}$、$t_{\hat{\alpha}_2}$、$t_{\hat{\delta}_1}$、Φ_2 分别有 1 次、1 次、3 次和 4 次情况不满足上述区间估计要求,在表 4.1 中使用斜体和下划线表示(下同),而对比检验量 $t_{\hat{\alpha}_1^*}$、$t_{\hat{\alpha}_2^*}$、$t_{\hat{\delta}_1^*}$、Φ_1^*、Φ_2^* 时,分别有 0 次、0 次、3 次和 1 次情况落在上述区间之外,这说明 Bootstrap 检验较分位数检验具有更高的可靠性;再对比落入上述区间估计之内的两种检验方法,不难发现,Bootstrap 检验量相比分位数检验在绝大多数场下更靠近名义显著性水平 0.05,这说明 Bootstrap 方法具有更高的精度。因此,Bootstrap 方法在检验水平方面较使用分位数检验总体上具有优势。

当备择假设成立时,检验概率表示检验功效。用斜体和加粗形式标志分位数检验方法较 Bootstrap 检验方法有较高功效的场合(下同),不难发现,在绝大多数场合下,Bootstrap 检验功效要优于分位数检验功效,这表明 Bootstrap 方法在检验功效方面也具有优势。

4.4.2 含漂移项数据生成模式与蒙特卡罗模拟

1. 模拟参数设置

此种情况下的模拟设置与无漂移项的设置基本相同,只是检验量发生变化,分别为 $t_{\hat{\alpha}_3^\circ}$、$t_{\hat{\delta}_2}$、Φ_3 及其 Bootstrap 对应检验量 $t_{\hat{\alpha}_3^{*\circ}}$、$t_{\hat{\delta}_2^*}$、$\Phi_3^*$,以及与 $\hat{\alpha}_3$、$\hat{\delta}_2$ 对应的系数检验量 $\tau_{\hat{\alpha}_3^{*\circ}}$、$\tau_{\hat{\delta}_2^*}$,它们的定义与分布形式分别为

$$\tau_{\hat{\alpha}_3^{*\circ}} = T^{1/2}\hat{\alpha}_3^\circ \Rightarrow \sigma_\varepsilon \boldsymbol{e}'_{21}\boldsymbol{A}_{22}^{-1}\boldsymbol{B}_{22}$$

$$\tau_{\hat{\delta}_2^*} = T^{3/2}(\hat{\delta}_2^\circ - \alpha) \Rightarrow \sigma_\varepsilon \boldsymbol{e}'_{22}\boldsymbol{A}_{22}^{-1}\boldsymbol{B}_{22}$$

有关的参数组合如表 4.2 所示。

表 4.2　含漂移项数据生成检验的蒙特卡罗模拟结果

T	ϕ_1	ϕ_2	$\tau_{\hat{\alpha}_3^{*\circ}}$	$t_{\hat{\alpha}_3^{*\circ}}$	$t_{\hat{\alpha}_3^\circ}$	$\tau_{\hat{\delta}_2^*}$	$t_{\hat{\delta}_2^*}$	$t_{\hat{\delta}_2}$	Φ_3^*	Φ_3
25	0.50	0.50	5.65	4.85	4.78	6.28	4.87	4.81	4.88	4.81
25	0.90	0.10	5.30	4.61	4.70	6.08	4.80	5.05	4.69	4.98
25	0.10	0.90	5.99	4.99	4.59	6.35	5.26	5.03	4.94	4.61
25	0.50	0.45	7.47	3.70	3.49	23.48	***12.06***	12.31	6.23	6.19
25	0.45	0.50	6.99	3.92	3.77	21.59	***11.32***	***11.46***	6.01	5.91
25	0.80	0.15	6.09	3.22	3.18	29.13	***12.63***	***13.28***	***6.65***	***6.95***
25	0.15	0.80	7.54	4.16	3.91	17.92	10.93	10.79	6.04	5.81

续表

T	ϕ_1	ϕ_2	$\tau_{\hat{\alpha}_3^{*\circ}}$	$t_{\hat{\alpha}_3^{*\circ}}$	$t_{\hat{\alpha}_3^{\circ}}$	$\tau_{\hat{\delta}_2^*}$	$t_{\hat{\delta}_2^*}$	$t_{\hat{\delta}_2}$	Φ_3^*	Φ_3
25	0.45	0.40	9.27	2.79	2.70	66.59	***16.93***	***17.32***	***9.38***	***9.44***
25	0.40	0.45	8.63	2.56	2.38	65.08	***16.21***	***16.41***	8.87	8.75
25	0.80	0.05	8.32	***2.02***	***2.06***	75.62	***18.22***	***19.32***	***10.14***	***10.59***
25	0.05	0.80	9.04	2.64	2.53	58.32	15.65	15.36	8.32	7.90
25	0.35	0.40	10.44	2.23	2.12	86.90	***20.27***	***20.69***	10.59	10.50
25	0.40	0.35	10.11	2.06	2.00	87.30	***20.42***	***20.82***	***10.54***	***10.59***
25	0.70	0.05	10.72	***2.30***	***2.37***	92.65	***23.96***	***25.23***	***12.55***	***12.85***
25	0.05	0.70	10.89	2.73	2.49	81.03	19.06	18.78	10.25	9.79
50	0.50	0.50	5.35	4.85	4.73	5.56	4.52	4.52	4.93	4.79
50	0.90	0.10	5.64	5.24	5.11	5.69	5.29	5.37	5.16	5.31
50	0.10	0.90	5.26	4.80	*4.46*	5.30	4.85	4.83	4.86	4.63
50	0.50	0.45	6.36	2.24	2.16	61.29	***15.98***	***16.31***	12.19	12.12
50	0.45	0.50	6.54	2.30	2.21	61.59	***16.06***	***16.28***	12.28	12.17
50	0.80	0.15	5.81	1.82	1.82	68.50	***17.30***	***18.03***	***14.15***	***14.22***
50	0.15	0.80	6.86	2.58	2.40	54.75	16.25	16.23	10.95	10.69
50	0.50	0.45	8.88	1.40	1.32	96.78	***27.68***	***28.18***	19.06	18.88
50	0.45	0.50	8.79	1.43	1.40	96.06	***27.53***	***27.92***	18.67	18.49
50	0.80	0.05	9.28	1.65	1.61	99.15	***35.00***	***36.54***	***22.05***	***22.39***
50	0.05	0.80	9.13	1.77	1.68	92.43	***24.08***	***24.20***	18.53	18.00
50	0.35	0.40	10.91	1.92	1.83	99.85	***41.76***	***42.08***	24.40	23.95
50	0.40	0.35	10.69	1.77	1.70	99.77	***40.64***	***41.06***	24.17	23.87
50	0.70	0.05	10.34	1.92	1.87	99.93	***52.67***	***54.05***	***30.78***	***31.11***
50	0.05	0.70	10.85	1.77	1.65	99.48	35.44	35.32	21.79	21.48
100	0.50	0.50	5.00	4.68	*4.39*	5.47	5.04	5.11	4.70	4.68
100	0.90	0.10	5.05	4.76	4.63	5.34	4.90	4.99	4.95	5.09
100	0.10	0.90	5.39	5.21	4.79	5.26	5.31	5.25	4.98	4.99
100	0.50	0.45	5.89	1.08	0.98	93.20	26.30	26.29	38.21	38.09
100	0.45	0.50	5.87	0.93	0.87	92.13	***25.56***	***25.69***	37.47	37.44
100	0.80	0.15	6.43	1.19	1.10	96.87	***32.33***	***32.83***	***39.81***	***40.20***
100	0.15	0.80	5.61	1.29	1.18	87.06	22.35	22.27	35.68	35.65
100	0.45	0.40	10.12	1.12	1.00	99.97	***60.66***	***61.00***	***44.36***	***44.52***
100	0.40	0.45	10.25	1.29	1.13	99.99	***58.80***	***58.85***	***44.00***	***44.01***
100	0.80	0.05	10.91	1.17	1.07	99.99	***72.99***	***73.58***	***53.68***	***54.02***
100	0.05	0.80	9.94	1.18	1.04	99.95	49.43	49.42	40.65	40.78
100	0.35	0.40	11.15	1.49	1.41	100.00	***83.91***	***84.21***	64.02	64.00
100	0.40	0.35	11.07	1.41	1.27	100.00	***85.77***	***86.07***	***66.42***	***66.49***
100	0.70	0.05	11.10	1.75	1.58	100.00	***94.54***	***94.75***	80.56	80.82
100	0.05	0.70	11.42	1.51	1.40	100.00	***74.27***	***74.43***	53.87	53.74

2. 蒙特卡罗模拟与 Bootstrap 检验结果

首先考察检验水平，同样由于 $\tau_{\hat{\alpha}_3^{*\circ}}$、$\tau_{\hat{\delta}_2^{*}}$ 并非为渐近 Pivotal 检验量，因此检验水平在中小样本下，例如为 25 和 50 时具有较大的水平扭曲，当样本为 100 时，检验水平具有满意的结果。当使用分位数检验量 $t_{\hat{\alpha}_3^{\circ}}$、$t_{\hat{\delta}_2}$、$\Phi_3$ 时，$t_{\hat{\alpha}_3^{\circ}}$ 有 1 次的检验水平不满足上述区间估计要求，而 Bootstrap 检验量 $t_{\hat{\alpha}_3^{*\circ}}$、$t_{\hat{\delta}_2^{*}}$、$\Phi_3^{*}$ 均满足名义显著性水平区间估计的要求。因此，从这个角度来说，Bootstrap 方法在检验水平上仍具有优势。当考察检验功效时，三个检验量呈现出完全不同的规律：第一，$t_{\hat{\alpha}_3^{*\circ}}$ 较 $t_{\hat{\alpha}_3^{\circ}}$ 具有明显功效优势，除了两种情况之外，Bootstrap 方法的功效都大于分位数检验结果；第二，Φ_3^{*} 与 Φ_3 的检验功效基本相当；第三，$t_{\hat{\delta}_2}$ 较 $t_{\hat{\delta}_2^{*}}$ 具有明显的功效优势，只有 7 种场合下，检验量 $t_{\hat{\delta}_2^{*}}$ 的功效高于检验量 $t_{\hat{\delta}_2}$ 的功效。因此，就含漂移项的单位根检验模型而言，Bootstrap 方法较分位数方法在检验水平上的优势并不明显，而检验功效的优势与检验量的种类有关，所以此种情况下的 Bootstrap 检验与分位数检验总体相当。

4.4.3 实证研究

接下来使用本章介绍的检验量结合单位根项检验量以及 Bootstrap 方法对我国两个重要的宏观经济变量进行单位根检验，即中国人口序列和 GDP 序列①，分别记为 x_t 和 y_t，时间段为 1952～2013 年，本节分析其对数化序列，时序变化如图 4.1 和图 4.2 所示。陶长琪和江海峰利用 Wald 检验量和 Bootstrap 方法也研究这两个序列的单整性，但只使用了联合检验量，并未使用对漂移项和趋势项进行检验的伪 t 检验量；另外，其 Bootstrap 检验也仅使用联合 Wald 检验量，且 Bootstrap 方法基于 DF 检验模式，而本小节将使用 ADF 模式的 Bootstrap 检验[125]。

鉴于人口序列带有明显的趋势，因此估计带时间趋势的单位根模型。首先根据 Broock、Dechert 和 Scheinkman 的 BDS 检验确定模型中滞后差分因变量的滞后长度，确保扰动项为独立同分布的要求，此时得到滞后期为 8[126]；其次，取显著性水平为 10%，通过剔除不显著的滞后期得到估计模型如下：

$$\underset{}{d\ln x_t} = \underset{(1.55)}{+0.124} - \underset{(-1.98)}{0.0251\ln x_{t-1}} - \underset{(-3.31)}{0.3697d\ln x_{t-8}} - \underset{(-4.28)}{0.000838t} \tag{4.42}$$

括号内数值为 t 检验值，显然单位根项检验量伪 t 值为 -1.98，明显大于第四类单位根检验的分位数 -3.16，因此存在单位根；联合检验量 $\Phi_3 = 54.15$，这也明显大于对应分位数 5.54，这表明存在单位根，且序列中的趋势项不为零，而式(4.42)中

① 1952～2011 年数据来源于"http://wenku.baidu.com/link? url=MsVz3Ya9QYA2TjYkZDL_cs5dDPeo5UTLXzn5Ws8OBsCiwO5jgsZ-BKyCIEWe081IPMOroDpZkpe9x0xl _JA39GJCCW1ONqmup0tdBuRxsrW"；2012 年和 2013 年数据来源于国家统计局网站。

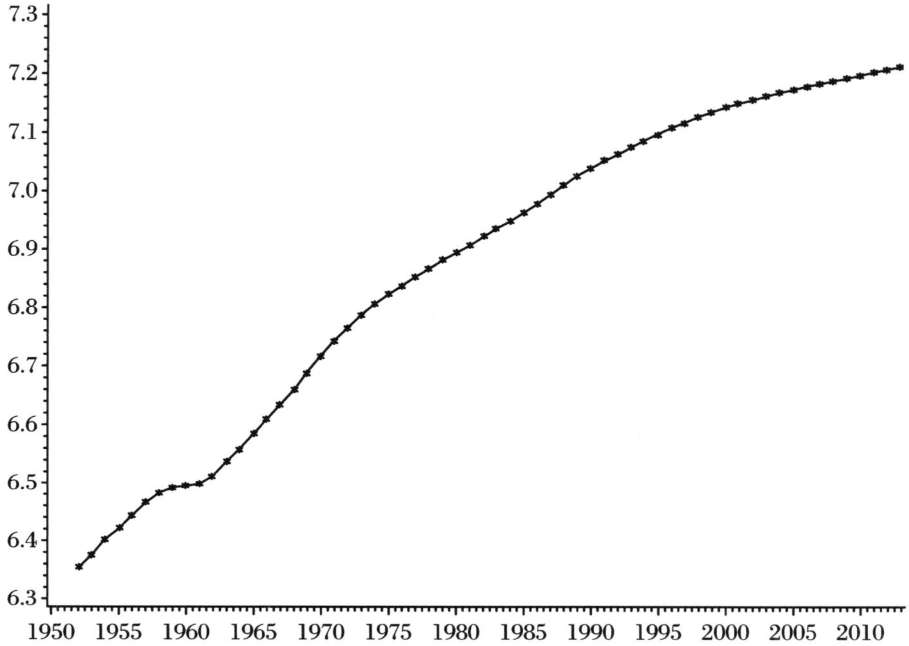

图 4.1　人口序列对数化时序图

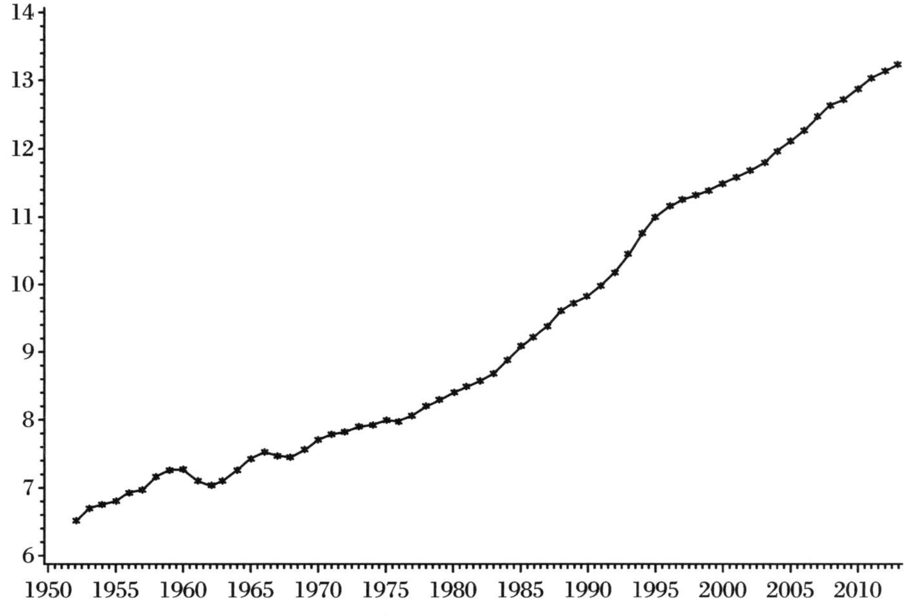

图 4.2　GDP 序列对数化时序图

的趋势项检验量伪 t 值为 -4.28,没有落在对应的区间估计结果$(-2.802,2.821)$内,因此这也表明趋势项非零。当使用 Bootstrap 检验时,设定检验次数为 5000,得到以上检验量的检验概率分别为 100%、0%、0%,显然 Bootstrap 检验非常支持使用分位数检验的结果。由于上述检验量的实际值与对应分位数值相差很大,故 Bootstrap 检验概率非常显著,据此初步得到我国人口序列为含趋势项的单位根过程。但当数据生成为含趋势单位根过程时,研究表明:单位根项、趋势项将服从正态分布[35]。就单位根项而言,其分布为

$$T^{5/2}(\hat{\rho}-1)\sim N(0,180\sigma^2/\alpha^2)$$

其中 α 为数据生成中的漂移项。为减少误差,不宜直接使用该检验量进行检验,而应改用 t 检验量形式,并使用样本资料的方差替代大样本下的渐近方差进行检验。根据式(4.42)中的 t 检验量值,和标准正态分布的分位数 -2.18 相比,分别接受存在单位根假设和拒绝趋势项为零的假设。因此式(4.42)描述了我国人口的数据生成过程,由于序列样本的差异以及滞后期选择的差异,其检验量值与陶长琪和江海峰的检验值有微小差异,但结论完全一致[125]。

按照上述思路,当对取对数 GDP 数据进行分析时,根据扰动项满足 BDS 的要求,估计模型得到滞后期长度为 2,因此有

$$\underset{}{d\ln y_t} = \underset{(1.69)}{0.186} - \underset{(-1.87)}{0.004319t} - \underset{(-1.42)}{0.0279\ln y_{t-1}} + \underset{(5.28)}{0.6683d\ln y_{t-1}} - \underset{(-2.15)}{0.2682d\ln y_{t-2}} \tag{4.43}$$

括号内数值为 t 检验值。根据单位根项伪 t 值接受原假设,存在单位根;而联合检验量 $\Phi_3=3.24$,小于对应分位数 5.54,因此接受趋势项为 0 的原假设;同时趋势项的伪 t 检验量为 -1.87,落入区间估计结果$(-2.802,2.821)$中,也接受趋势项为零的结论,因此两种检验结论具有一致性;漂移项检验伪 t 值为 1.69,落入 10%的区间估计结果$(-2.862,2.844)$中,故接受漂移项为零的假设。当使用 Bootstrap 检验时,设置检验次数为 5000,上述检验量的检验概率分别为 82.5%、64.2%和 40.16%、96%,因此两种检验方法具有一致性。剔除上述漂移项和趋势项,重新估计得到

$$d\ln y_t = \underset{(4.16)}{0.007271\ln y_{t-1}} + \underset{(5.52)}{0.7051d\ln y_{t-1}} - \underset{(-2.34)}{0.2949d\ln y_{t-2}}$$

此时使用第一类单位根检验量,其分位数约为 -5.5,因此仍接受原假设存在单位根,Bootstrap 的检验概率为 100%,也接受原假设。因此我国 GDP 序列为无趋势项单位根过程,这与陶长琪和江海峰的结论也有微小差异,产生差异的原因是联合检验量的选择不同和样本不同[119]。

本章小结

本章首先介绍 ADF 检验的基本原理，然后按照数据生成是否含有漂移项，在参考已有研究结果的基础上，导出了漂移项、趋势项检验量的分布，结果表明：系数估计量分布中含有未知参数，不能用于执行假设检验，但伪 t 检验量不含有任何未知参数，可以完成漂移项、趋势项是否显著为零的检验。接着仍然按照数据生成与检验模型设置的不同，引入 Bootstrap 方法对漂移项、趋势项以及联合检验量进行检验，理论研究表明：基于本文的 Bootstrap 方法下检验量的分布与原始样本下对应检验量具有相同的极限分布，可以用于检验；蒙特卡罗模拟表明：相对于使用分位数检验，总体而言，Bootstrap 方法在降低检验水平扭曲程度方面具有优势，在检验功效方面也不低于分位数检验结果；实证研究表明：分位数检验和 Bootstrap 检验得到的结论相同，与已有研究结论相符。

第5章 KSS检验模式下检验量分布与Bootstrap研究

5.1 KSS检验与非线性平稳过程

5.1.1 经典单位根检验的不足与改进

之前介绍的(A)DF检验、PP检验,它们都有一个共同特点,那就是在原假设下存在单位根,而在备择假设下序列以线性形式保持平稳,之所以出现这个特点,源于这三类检验是以ARIMA模型为基础演化而来的。经典ARIMA(p,d,q)模型可以表示为

$$(1-L)^d y_t = \phi_1 y_{t-1} + \phi_2 y_{t-2} + \cdots + \phi_p y_{t-p} + \varepsilon_t + \theta_1 \varepsilon_{t-1} + \theta_2 \varepsilon_{t-2} + \cdots + \theta_q \varepsilon_{t-q} \tag{5.1}$$

当$p=0,d=1,q=0$时,式(5.1)就转换为ARIMA(0,1,0)模型:

$$(1-L)y_t = \varepsilon_t \tag{5.2}$$

当$d=1,q=0$时,式(5.1)就转换为ARIMA(p,1,0)模型:

$$(1-L)y_t = \phi_1 y_{t-1} + \phi_2 y_{t-2} + \cdots + \phi_p y_{t-p} + \varepsilon_t \tag{5.3}$$

当$d=1,p=0$时,式(5.1)就转换为ARIMA(0,1,q)模型:

$$(1-L)y_t = \varepsilon_t + \theta_1 \varepsilon_{t-1} + \theta_2 \varepsilon_{t-2} + \cdots + \theta_q \varepsilon_{t-q} \tag{5.4}$$

其中式(5.2)、式(5.3)和式(5.4)分别对应DF、ADF、PP检验模式,式(5.4)的驱动项为平稳的MA(q)形式。

当研究人员使用这三类单位根检验研究经济序列时,在有些场合下得到的实证结果与原来基于经济理论的预期结果相矛盾,例如在国际货币经济学中,构成货币平价理论(PPP)基础的实际汇率序列通常被认为是平稳序列,但Taylor研究表明,实际汇率却是存在单位根的非平稳序列[121];又如宏观经济增长理论和真实经济周期理论(RBC)要求实际利率也为平稳序列,但Rose的研究结果表明,实际利率序列也具有单位根过程,从而不能随着时间的推移恢复到其平均水平[128]。特别是Nelson和Posser的研究结果表明:在其所考察的14个美国宏观经济序列中,除了失业率序列之外,其他13个序列都存在单位根,这些结论从某种程度上颠覆了

一些传统的经济理论[6]。

针对使用(A)DF、PP 单位根检验得出与传统经济理论相悖的结论，一些学者表示接受并修正原有的经济理论，例如 Edison 和 Kloveland 认为，PPP 理论的同质性假定只限于长期视角，在短期内，由于偏好或者技术等因素发生变化，这可能就会偏离同质性假定，他们通过对实际汇率序列进行适当调整，对调整后的序列重新进行单位根检验，结果表明调整后的实际汇率数据不再具有单位根，从而支持 PPP 理论[123]。但一些学者却对经典单位根检验理论提出质疑，为此部分学者尝试使用面板数据，以此来提高检验功效，例如 Abuaf 使用此类数据研究实际汇率，结果拒绝所有截面同时存在单位根的假定，Frankel 和 Rose、Wu 也得到了类似结论[130-132]。另一些学者尝试更改上述单位根假设的备择形式，例如 Balke 在阈值协整中提出了如何同时检验非平稳性和非线性平稳过程，Enders 和 Granger、Berben 和 Dijk、Caner 和 Hansen 将门限自回归(TAR)模型引入单位根检验，由此提出将单位根的备择假设修改为非线性平稳过程[133-136]。

5.1.2　非线性平稳与 KSS 检验

基于前人的研究和启示，Kapetanios、Shin 和 Snellb 把指数平滑转移模型引入单位根检验，从而提出 KSS 检验[11]。该检验假设数据生成如下：

$$y_t = \beta y_{t-1} + \theta y_{t-1}(1 - \mathrm{e}^{-\gamma y_{t-d}^2}) + \varepsilon_t \tag{5.5}$$

其中 $\varepsilon_t \sim \mathrm{iid}(0,\sigma^2)$，$\theta \geqslant 0$，$\gamma \geqslant 0$，$d \geqslant 1$，在 KSS 检验中取 $d=1$，为使数据在原假设成立时存在单位根，设 $\beta=1$，从而式(5.5)可以表示为

$$\Delta y_t = \theta y_{t-1}(1 - \mathrm{e}^{-\gamma y_{t-d}^2}) + \varepsilon_t \tag{5.6}$$

为使在备择假设下存在非线性平稳形式，构建 KSS 检验的假设为 $\mathrm{H}_0: \gamma=0$，$\mathrm{H}_1: \gamma>0$，此时当原假设 $\mathrm{H}_0: \gamma=0$ 成立时，式(5.6)表示随机游走过程，而当 $\mathrm{H}_1: \gamma>0$ 成立时，如果 $-2<\theta<0$，则式(5.6)表示非线性平稳过程。

为对式(5.6)进行检验，根据 Luukkonen 等的建议，对指数项 $1-\mathrm{e}^{-\gamma y_{t-1}^2}$ 在 $\gamma=0$ 处采用一阶泰勒展开[137]。此时式(5.6)转化为

$$\Delta y_t = \varphi y_{t-1}^3 + z_t \tag{5.7}$$

其中 $\varphi=\theta\gamma$，从而假设相应修改为 $\mathrm{H}_0': \varphi=0$，$\mathrm{H}_1': \varphi<0$，且当原假设成立时有 $z_t=\varepsilon_t$。KSS 检验采用伪 t 检验量形式，检验量为

$$t_{\hat{\varphi}} = \frac{\hat{\varphi}}{\mathrm{se}(\hat{\varphi})} \Rightarrow \frac{\int_0^1 W^3(s)\mathrm{d}W(s)}{\sqrt{\int_0^1 W^6(s)\mathrm{d}s}} = \frac{\frac{1}{4}W^4(1) - \frac{3}{2}\int_0^1 W^2(s)\mathrm{d}s}{\sqrt{\int_0^1 W^6(s)\mathrm{d}s}} \tag{5.8}$$

以上研究仅适用于序列 y_t 为零均值的单位过程且估计不含漂移项模型，对于估计含有漂移项或者数据生成含有非零均值而估计含有趋势项模型来说，应该修正上述 KSS 检验量，对于前者使用去均值(demean)的布朗运动，对于后者应该使

用去趋势(detrend)的布朗运动过程来替代式(5.8)中的布朗运动 $W(s)$。同时该文献也指出，当使用ADF检验模式时，检验量的分布形式与式(5.8)完全相同，且不需要调整。为配合在实证分析中使用KSS检验量，该文献以样本1000为基础，给出三种检验类型50000次1%、5%、10%分位数的模拟结果。

在此之后，Eklund以Logistic转移函数为基础研究KSS检验量，Park和Shintani综合多种转移函数并从ADF角度讨论用于执行KSS检验的inf(t)检验量[138-140]；蔡必卿和洪永淼使用PP检验模式考察数据生成无漂移项且估计式(5.5)的模型，理论研究表明：KSS检验量含有扰动项的长期方差，经过非参数调整以后，检验量的极限分布与式(5.8)完全相同，对于其他参数生成类型和设置类型的检验量均没有涉及[141]。

5.2 DF和KSS检验模式下漂移项、趋势项、联合检验量分布

KSS检验的优势在于引入非线性平稳形式，能够侦测经济序列中可能存在的非线性形式，从而提高了检验功效，但和传统单位根检验方法一样，KSS检验量分布也与数据的生成过程以及检验模型的设定形式相关，这必然也涉及漂移项、趋势项的选择，同时也涉及漂移项、趋势项和非线性项的联合假设①。为正确使用KSS检验，本节按照数据生成是否含有漂移项分两种情况进行研究，为便于说明问题，本节只讨论扰动项为独立同分布的结果，对于更为一般的检验将在5.3节进行研究。

5.2.1 无漂移项数据生成模式

1. 估计无趋势项模型

假设数据生成不含有漂移项，即为随机游走过程

$$y_t = y_{t-1} + \varepsilon_t \tag{5.9}$$

其中 $\varepsilon_t \sim \mathrm{iid}(0,\sigma_\varepsilon^2)$，不失一般性，假设 $y_0=0$。设估计含有漂移项的KSS检验模型如下：

$$\Delta y_t = \alpha_1 + \pi_1 y_{t-1}(1 - \mathrm{e}^{-\gamma y_{t-1}^2}) + \varepsilon_{1t} \tag{5.10}$$

这里采用原始KSS检验的设定形式，而不是采用如下模型：

---

① 由于原始的KSS检验事先把单位根作为默认前提，检验只涉及非线性项，因此联合检验也不涉及单位根项本身，本文采用这种模式进行联合检验。

$$y_t = \alpha_1 + \rho y_{t-1} + \pi_1 y_{t-1}(1 - \mathrm{e}^{-\gamma y_{t-1}^2}) + \varepsilon_{1t}$$

当采用这种模型时，相关联合检验必然包括检验 $\rho = 1$ 是否成立，Kapetanios、Shin 和 Snellb 指出这种处理方式的检验功效偏低[11]。我国学者刘雪燕把 $\rho = 1$ 作为联合检验的一部分，且使用 Wald 检验量进行研究[142]。本章研究不采用这种处理方法。

KSS 单位根检验原假设为 $\gamma = 0$。在式(5.10)中对漂移项建立假设 $\mathrm{H}_{01}: \alpha_1 = 0$，对漂移项和非线性项建立联合检验假设 $\mathrm{H}_{02}: \alpha_1 = 0, \gamma = 0$；由于在原假设成立存在单位根时，参数 π_1 不能识别，为此对指数项 $1 - \mathrm{e}^{-\gamma y_{t-1}^2}$ 在 $\gamma = 0$ 处采用一阶泰勒展开，此时式(5.10)变为

$$\Delta y_t = \alpha_1 + \varphi_1 y_{t-1}^3 + z_{1t} \tag{5.11}$$

其中 $\varphi_1 = \gamma\pi_1$，此时相应的联合检验修订为 $\mathrm{H}'_{02}: \alpha_1 = 0, \varphi_1 = 0$。记 $t_{\hat{\alpha}_1}$ 表示执行 $\mathrm{H}_{01}: \alpha_1 = 0$ 的伪 t 检验量，Φ_1 表示执行联合检验 $\mathrm{H}_{02}: \alpha_1 = 0, \gamma = 0$ 的检验量，令

$$\boldsymbol{x}'_{1t} = (1, y_{t-1}^3),\quad \boldsymbol{\beta}'_1 = (\alpha_1, \varphi_1),\quad \hat{\boldsymbol{\beta}}'_1 = (\hat{\alpha}_1, \hat{\varphi}_1)$$

$$\boldsymbol{\lambda}_1 = \mathrm{diag}(1, \sigma_\varepsilon^3),\quad \boldsymbol{\Lambda}_1 = \mathrm{diag}(T^{1/2}, T^2),\quad \boldsymbol{e}'_{11} = (1, 0)$$

$$\boldsymbol{A}_1 = \begin{pmatrix} 1 & \int_0^1 W^3(s)\mathrm{d}s \\ \int_0^1 W^3(s)\mathrm{d}s & \int_0^1 W^6(s)\mathrm{d}s \end{pmatrix},\quad \boldsymbol{B}_1 = \begin{pmatrix} W(1) \\ \int_0^1 W^3(s)\mathrm{d}W(s) \end{pmatrix}$$

则有如下定理成立。

定理 5.1　当数据生成为式(5.9)，估计模型为式(5.11)，则有：

(1) $t_{\hat{\alpha}_1} = \dfrac{\hat{\alpha}_1}{\mathrm{se}(\hat{\alpha}_1)} \Rightarrow \dfrac{\boldsymbol{e}'_{11}\boldsymbol{A}_1^{-1}\boldsymbol{B}_1}{\sqrt{\boldsymbol{e}'_{11}\boldsymbol{A}_1^{-1}\boldsymbol{e}_{11}}}$；

(2) $\Phi_1 = \dfrac{1}{2}(\boldsymbol{\Lambda}_1(\hat{\boldsymbol{\beta}}_1 - \boldsymbol{\beta}_1))'(\mathrm{Var}(\boldsymbol{\Lambda}_1(\hat{\boldsymbol{\beta}}_1 - \boldsymbol{\beta}_1)))^{-1}\boldsymbol{\Lambda}_1(\hat{\boldsymbol{\beta}}_1 - \boldsymbol{\beta}_1) \Rightarrow$

$\dfrac{1}{2}\boldsymbol{B}'_1\boldsymbol{A}_1^{-1}\boldsymbol{B}_1$。

证明　根据 OLS 估计，式(5.11)的估计量表示为

$$\boldsymbol{\Lambda}_1(\hat{\boldsymbol{\beta}}_1 - \boldsymbol{\beta}_1) = \left(\boldsymbol{\Lambda}_1^{-1}\sum_{t=1}^{T}\boldsymbol{x}_{1t}\boldsymbol{x}'_{1t}\boldsymbol{\Lambda}_1^{-1}\right)^{-1}\boldsymbol{\Lambda}_1^{-1}\sum_{t=1}^{T}\boldsymbol{x}_{1t}z_{1t}$$

在原假设成立时有 $z_{1t} = \varepsilon_t$。当数据生成为式(5.9)时有

$$T^{-5/2}\sum_{t=1}^{T}y_{t-1}^3 \Rightarrow \sigma_\varepsilon^3\int_0^1 W^3(s)\mathrm{d}s,\quad T^{-4}\sum_{t=1}^{T}y_{t-1}^6 \Rightarrow \sigma_\varepsilon^6\int_0^1 W^6(s)\mathrm{d}s$$

$$T^{-1/2}\sum_{t=1}^{T}\varepsilon_t \Rightarrow \sigma_\varepsilon W(1),\quad T^{-2}\sum_{t=1}^{T}y_{t-1}^3\varepsilon_t \Rightarrow \sigma_\varepsilon^4\int_0^1 W^3(s)\mathrm{d}W(s)$$

代入这些结果得到

$$\boldsymbol{\Lambda}_1(\hat{\boldsymbol{\beta}}_1 - \boldsymbol{\beta}_1) \Rightarrow \sigma_\varepsilon\boldsymbol{\lambda}_1^{-1}\boldsymbol{A}_1^{-1}\boldsymbol{B}_1 \tag{5.12}$$

记 $\hat{\sigma}_1^2$ 为式(5.11)扰动项方差 σ_ε^2 的估计,易知 $\hat{\sigma}_1^2 = \sigma_\varepsilon^2 + o_p(1)$。根据 OLS 估计得到

$$\mathrm{Var}(\boldsymbol{\Lambda}_1(\hat{\boldsymbol{\beta}}_1 - \boldsymbol{\beta}_1)) = \left(\boldsymbol{\Lambda}_1^{-1}\sum_{t=1}^{T}\boldsymbol{x}_{1t}\boldsymbol{x}'_{1t}\boldsymbol{\Lambda}_1^{-1}\right)^{-1}\hat{\sigma}_1^2 \Rightarrow \sigma_\varepsilon^2\boldsymbol{\lambda}_1^{-1}\boldsymbol{A}_1^{-1}\boldsymbol{\lambda}_1^{-1} \tag{5.13}$$

根据式(5.12)和式(5.13),得到漂移项假设 $\mathrm{H}_{01}:\alpha_1 = 0$ 和联合检验假设 $\mathrm{H}_{02}:\alpha_1 = 0$, $\gamma = 0$ 的检验量及其服从的分布分别为

$$t_{\hat{\alpha}_1} = \frac{\hat{\alpha}_1}{\mathrm{se}(\hat{\alpha}_1)} \Rightarrow \frac{\boldsymbol{e}'_{11}\boldsymbol{\lambda}_1^{-1}\boldsymbol{A}_1^{-1}\boldsymbol{B}_1}{\sqrt{\boldsymbol{e}'_{11}\boldsymbol{\lambda}_1^{-1}\boldsymbol{A}_1^{-1}\boldsymbol{\lambda}_1^{-1}\boldsymbol{e}_{11}}} = \frac{\boldsymbol{e}'_{11}\boldsymbol{A}_1^{-1}\boldsymbol{B}_1}{\sqrt{\boldsymbol{e}'_{11}\boldsymbol{A}_1^{-1}\boldsymbol{e}_{11}}}$$

$$\Phi_1 = \frac{1}{2}(\boldsymbol{\Lambda}_1(\hat{\boldsymbol{\beta}}_1 - \boldsymbol{\beta}_1))'(\mathrm{Var}(\boldsymbol{\Lambda}_1(\hat{\boldsymbol{\beta}}_1 - \boldsymbol{\beta}_1)))^{-1}\boldsymbol{\Lambda}_1(\hat{\boldsymbol{\beta}}_1 - \boldsymbol{\beta}_1) \Rightarrow \frac{1}{2}\boldsymbol{B}'_1\boldsymbol{A}_1^{-1}\boldsymbol{B}_1$$

故定理 5.1 得证。

2. 估计含趋势项模型

设数据生成仍为式(5.9),但估计含有漂移项和趋势项的模型如下:

$$\Delta y_t = \alpha_2 + \delta_1 t + \pi_2 y_{t-1}(1 - \mathrm{e}^{-\gamma y_{t-1}^2}) + \varepsilon_{2t} \tag{5.14}$$

在式(5.14)中对漂移项建立假设 $\mathrm{H}_{03}:\alpha_2 = 0$,对趋势项建立假设 $\mathrm{H}_{04}:\delta_1 = 0$,对漂移项、趋势项和非线性项建立联合检验假设 $\mathrm{H}_{05}:\alpha_2 = 0, \delta_1 = 0, \gamma = 0$。同样,由于在原假设成立存在单位根时,参数 π_2 不能识别,为此对指数项 $1 - \mathrm{e}^{-\gamma y_{t-1}^2}$ 在 $\gamma = 0$ 处采用一阶泰勒展开,此时式(5.14)变为

$$\Delta y_t = \alpha_2 + \delta_1 t + \varphi_2 y_{t-1}^3 + z_{2t} \tag{5.15}$$

其中 $\varphi_2 = \gamma\pi_2$,此时相应的联合检验修订为 $\mathrm{H}'_{05}:\alpha_2 = 0, \delta_1 = 0, \varphi_2 = 0$。记 $t_{\hat{\alpha}_2}$ 表示执行检验 $\mathrm{H}_{03}:\alpha_2 = 0$ 的伪 t 检验量,$t_{\hat{\delta}_1}$ 为执行检验 $\mathrm{H}_{04}:\delta_1 = 0$ 的伪 t 检验量,Φ_2 表示执行联合检验 $\mathrm{H}_{05}:\alpha_2 = 0, \delta_1 = 0, \gamma = 0$ 的检验量。令

$$\boldsymbol{\beta}'_2 = (\alpha_2, \delta_1, \varphi_2), \quad \hat{\boldsymbol{\beta}}'_2 = (\hat{\alpha}_2, \hat{\delta}_1, \hat{\varphi}_2)$$

$$\boldsymbol{x}'_{2t} = (1, t, y_{t-1}^3), \quad \boldsymbol{\lambda}_2 = \mathrm{diag}(1, 1, \sigma_\varepsilon^3)$$

$$\boldsymbol{\Lambda}_2 = \mathrm{diag}(T^{1/2}, T^{3/2}, T^2), \quad \boldsymbol{e}'_{21} = (1,0,0), \quad \boldsymbol{e}'_{22} = (0,1,0)$$

$$\boldsymbol{A}_2 = \begin{pmatrix} 1 & 1/2 & \int_0^1 W^3(s)\mathrm{d}s \\ 1/2 & 1/3 & \int_0^1 sW^3(s)\mathrm{d}s \\ \int_0^1 W^3(s)\mathrm{d}s & \int_0^1 sW^3(s)\mathrm{d}s & \int_0^1 W^6(s)\mathrm{d}s \end{pmatrix}, \quad \boldsymbol{B}_2 = \begin{pmatrix} W(1) \\ \int_0^1 s\mathrm{d}W(s) \\ \int_0^1 W^3(s)\mathrm{d}W(s) \end{pmatrix}$$

则有如下定理成立。

定理 5.2 当数据生成为式(5.9),估计模型为式(5.14)时,则有:

(1) $t_{\hat{\alpha}_2} = \dfrac{\hat{\alpha}_2}{\mathrm{se}(\hat{\alpha}_2)} \Rightarrow \dfrac{\boldsymbol{e}'_{21}\boldsymbol{A}_2^{-1}\boldsymbol{B}_2}{\sqrt{\boldsymbol{e}'_{21}\boldsymbol{A}_2^{-1}\boldsymbol{e}_{21}}}$;

(2) $t_{\hat{\delta}_1} = \dfrac{\hat{\delta}_1}{\mathrm{se}(\hat{\delta}_1)} \Rightarrow \dfrac{\boldsymbol{e}'_{22}\boldsymbol{A}_2^{-1}\boldsymbol{B}_2}{\sqrt{\boldsymbol{e}'_{22}\boldsymbol{A}_2^{-1}\boldsymbol{e}_{22}}}$;

(3) $\Phi_2 = \frac{1}{3}(\boldsymbol{\Lambda}_2(\hat{\boldsymbol{\beta}}_2 - \boldsymbol{\beta}_2))'(\mathrm{Var}(\boldsymbol{\Lambda}_2(\hat{\boldsymbol{\beta}}_2 - \boldsymbol{\beta}_2)))^{-1}\boldsymbol{\Lambda}_2(\hat{\boldsymbol{\beta}}_2 - \boldsymbol{\beta}_2) \Rightarrow \frac{1}{3}\boldsymbol{B}'_2\boldsymbol{A}_2^{-1}\boldsymbol{B}_2$。

证明　根据 OLS 估计，式(5.15)的估计量可以表示为

$$\boldsymbol{\Lambda}_2(\hat{\boldsymbol{\beta}}_2 - \boldsymbol{\beta}_2) = \left(\boldsymbol{\Lambda}_2^{-1}\sum_{t=1}^{T}\boldsymbol{x}_{2t}\boldsymbol{x}'_{2t}\boldsymbol{\Lambda}_2^{-1}\right)^{-1}\boldsymbol{\Lambda}_2^{-1}\sum_{t=1}^{T}\boldsymbol{x}_{2t}z_{2t}$$

在原假设成立时有 $z_{2t} = \varepsilon_t$。当数据生成为式(5.9)时有

$$T^{-7/2}\sum_{t=1}^{T}ty_{t-1}^3 \Rightarrow \sigma_\varepsilon^3\int_0^1 sW^3(s)\mathrm{d}s,\quad T^{-3/2}\sum_{t=1}^{T}t\varepsilon_t \Rightarrow \sigma_\varepsilon\int_0^1 s\mathrm{d}W(s)$$

代入这些结果得到

$$\boldsymbol{\Lambda}_2(\hat{\boldsymbol{\beta}}_2 - \boldsymbol{\beta}_2) \Rightarrow \sigma_\varepsilon\boldsymbol{\lambda}_2^{-1}\boldsymbol{A}_2^{-1}\boldsymbol{B}_2 \tag{5.16}$$

记 $\hat{\sigma}_2^2$ 为式(5.15)扰动项方差 σ_ε^2 的估计，易知 $\hat{\sigma}_2^2 = \sigma_\varepsilon^2 + o_p(1)$。根据 OLS 估计得到

$$\mathrm{Var}(\boldsymbol{\Lambda}_2(\hat{\boldsymbol{\beta}}_2 - \boldsymbol{\beta}_2)) = \left(\boldsymbol{\Lambda}_2^{-1}\sum_{t=1}^{T}\boldsymbol{x}_{2t}\boldsymbol{x}'_{2t}\boldsymbol{\Lambda}_2^{-1}\right)^{-1}\hat{\sigma}_2^2 \Rightarrow \sigma_\varepsilon^2\boldsymbol{\lambda}_2^{-1}\boldsymbol{A}_2^{-1}\boldsymbol{\lambda}_2^{-1} \tag{5.17}$$

根据式(5.16)和式(5.17)，得到漂移项假设 $\mathrm{H}_{03}: \alpha_2 = 0$、趋势项假设 $\mathrm{H}_{04}: \delta_1 = 0$ 的检验伪 t 检验量分别为

$$t_{\hat{\alpha}_2} = \frac{\hat{\alpha}_2}{\mathrm{se}(\hat{\alpha}_2)} \Rightarrow \frac{\boldsymbol{e}'_{21}\boldsymbol{\lambda}_2^{-1}\boldsymbol{A}_2^{-1}\boldsymbol{B}_2}{\sqrt{\boldsymbol{e}'_{21}\boldsymbol{\lambda}_2^{-1}\boldsymbol{A}_2^{-1}\boldsymbol{\lambda}_2^{-1}\boldsymbol{e}_{21}}} = \frac{\boldsymbol{e}'_{21}\boldsymbol{A}_2^{-1}\boldsymbol{B}_2}{\sqrt{\boldsymbol{e}'_{21}\boldsymbol{A}_2^{-1}\boldsymbol{e}_{21}}}$$

$$t_{\hat{\delta}_1} = \frac{\hat{\delta}_1}{\mathrm{se}(\hat{\delta}_1)} \Rightarrow \frac{\boldsymbol{e}'_{22}\boldsymbol{\lambda}_2^{-1}\boldsymbol{A}_2^{-1}\boldsymbol{B}_2}{\sqrt{\boldsymbol{e}'_{22}\boldsymbol{\lambda}_2^{-1}\boldsymbol{A}_2^{-1}\boldsymbol{\lambda}_2^{-1}\boldsymbol{e}_{22}}} = \frac{\boldsymbol{e}'_{22}\boldsymbol{A}_2^{-1}\boldsymbol{B}_2}{\sqrt{\boldsymbol{e}'_{22}\boldsymbol{A}_2^{-1}\boldsymbol{e}_{22}}}$$

构造联合检验 $\mathrm{H}'_{05}: \alpha_2 = 0, \delta_1 = 0, \varphi_2 = 0$ 的检验量服从的分布为

$$\Phi_2 = \frac{1}{3}(\boldsymbol{\Lambda}_2(\hat{\boldsymbol{\beta}}_2 - \boldsymbol{\beta}_2))'(\mathrm{Var}(\boldsymbol{\Lambda}_2(\hat{\boldsymbol{\beta}}_2 - \boldsymbol{\beta}_2)))^{-1}\boldsymbol{\Lambda}_2(\hat{\boldsymbol{\beta}}_2 - \boldsymbol{\beta}_2) \Rightarrow \frac{1}{3}\boldsymbol{B}'_2\boldsymbol{A}_2^{-1}\boldsymbol{B}_2$$

故定理 5.2 得证。

5.2.2　有漂移项数据生成模式

设数据生成为

$$y_t = y_{t-1} + c + \varepsilon_t \tag{5.18}$$

此时递归得到

$$y_t = ct + \eta_t \tag{5.19}$$

其中 $\eta_t = \sum_{s=1}^{t}\varepsilon_s$，仍假设 $y_0 = 0$。估计 KSS 检验模型为

$$\Delta y_t = \alpha_3 + \delta_2 t + \pi_3 y_{t-1}(1 - \mathrm{e}^{-\gamma y_{t-1}^2}) + \varepsilon_t \tag{5.20}$$

对漂移项建立假设 $H_{06}:\alpha_3=\alpha_0$，对趋势项建立假设 $H_{07}:\delta_2=0$，对趋势项和非线性项建立联合检验假设 $H_{08}:\delta_2=0,\gamma=0$。仍采用一阶泰勒展开得到

$$\Delta y_t = \alpha_3 + \delta_2 t + \varphi_3 y_{t-1}^3 + z_{3t} \tag{5.21}$$

其中 $\varphi_3=\pi_3\gamma$。对式(5.21)变形并重新令系数得到

$$\Delta y_t = \alpha_3 + \delta_2 t + \phi_0 (t-1)^3 + \phi_1 \eta_{t-1}(t-1)^2 + \phi_2 \eta_{t-1}^2 (t-1) + \phi_3 \eta_{t-1}^3 + z_{3t} \tag{5.22}$$

联合假设相应修正为 $H'_{08}:\delta_2=\phi_0=\phi_1=\phi_2=\phi_3=0$①，当原假设成立时有 $z_{3t}=\varepsilon_t$。记 $t_{\hat{\alpha}_3}$ 表示执行检验 $H_{06}:\alpha_3=\alpha_0$ 的伪 t 检验量，$t_{\hat{\delta}_2}$ 表示执行检验 $H_{07}:\delta_2=0$ 的伪 t 检验量，Φ_3 表示执行联合检验 $H_{08}:\delta_2=0,\gamma=0$ 的检验量。令

$$\boldsymbol{\beta}'_3=(\alpha_3,\delta_2,\phi_0,\phi_1,\phi_2,\phi_3),\quad \hat{\boldsymbol{\beta}}'_3=(\hat{\alpha}_3,\hat{\delta}_2,\hat{\phi}_0,\hat{\phi}_1,\hat{\phi}_2,\hat{\phi}_3)$$

$$\boldsymbol{\lambda}_3=\mathrm{diag}(1,1,1,\sigma_\varepsilon,\sigma_\varepsilon^2,\sigma_\varepsilon^3),\quad \boldsymbol{\lambda}_{31}=\mathrm{diag}(1,1,\sigma_\varepsilon,\sigma_\varepsilon^2,\sigma_\varepsilon^3)$$

$$\boldsymbol{x}'_{3t}=(1,t,(t-1)^3,(t-1)^2\eta_{t-1},(t-1)\eta_{t-1}^2,\eta_{t-1}^3)$$

$$\boldsymbol{\Lambda}_3=\mathrm{diag}(T^{1/2},T^{3/2},T^{7/2},T^3,T^{5/2},T^2),\quad \boldsymbol{\Lambda}_{31}=\mathrm{diag}(T^{3/2},T^{7/2},T^3,T^{5/2},T^2)$$

$$\boldsymbol{A}_3=\begin{pmatrix}\boldsymbol{A}_{11} & \boldsymbol{A}_{12}\\ \boldsymbol{A}_{21} & \boldsymbol{A}_{22}\end{pmatrix},\quad \boldsymbol{A}_{11}=\begin{pmatrix}1 & 1/2 & 1/4\\ 1/2 & 1/3 & 1/5\\ 1/4 & 1/5 & 1/7\end{pmatrix}$$

$$\boldsymbol{A}_{21}=\boldsymbol{A}'_{12},\quad \boldsymbol{e}'_{31}=(1,0,0,0,0,0),\quad \boldsymbol{e}'_{32}=(0,1,0,0,0,0)$$

$$\boldsymbol{A}_{12}=\begin{pmatrix}\int_0^1 s^2W(s)\mathrm{d}s & \int_0^1 sW^2(s)\mathrm{d}s & \int_0^1 W^3(s)\mathrm{d}s\\ \int_0^1 s^3W(s)\mathrm{d}s & \int_0^1 s^2W^2(s)\mathrm{d}s & \int_0^1 sW^3(s)\mathrm{d}s\\ \int_0^1 s^5W(s)\mathrm{d}s & \int_0^1 s^4W^2(s)\mathrm{d}s & \int_0^1 s^3W^3(s)\mathrm{d}s\end{pmatrix}$$

$$\boldsymbol{A}_{22}=\begin{pmatrix}\int_0^1 s^4W^2(s)\mathrm{d}s & \int_0^1 s^3W^3(s)\mathrm{d}s & \int_0^1 s^2W^4(s)\mathrm{d}s\\ \int_0^1 s^3W^3(s)\mathrm{d}s & \int_0^1 s^2W^4(s)\mathrm{d}s & \int_0^1 sW^5(s)\mathrm{d}s\\ \int_0^1 s^2W^4(s)\mathrm{d}s & \int_0^1 sW^5(s)\mathrm{d}s & \int_0^1 W^6(s)\mathrm{d}s\end{pmatrix},\quad \boldsymbol{R}=(\boldsymbol{0}_{5\times1},\boldsymbol{I}_5)$$

$$\boldsymbol{B}'_3=\Big(W(1),\int_0^1 s\mathrm{d}W(s),\int_0^1 s^3\mathrm{d}W(s),\int_0^1 s^2W(s)\mathrm{d}W(s),\int_0^1 sW^2(s)\mathrm{d}W(s),\int_0^1 W^3(s)\mathrm{d}W(s)\Big)$$

则有如下定理成立。

定理 5.3 当数据生成为式(5.18)，估计模型为式(5.20)时，则有：

---

① 此时 KSS 单位根检验为 $H_0:\phi_0=\phi_1=\phi_2=\phi_3=0$，检验量记为 t_{4k}，由于本节不研究单位根项检验，因此这里不列出其分布和单位根检验的分位数，在下节的实证分析中将使用这个检验量的分位数。

(1) $t_{\hat{\alpha}_3} = \dfrac{\hat{\alpha}_3 - \alpha_0}{\mathrm{se}(\hat{\alpha}_3)} \Rightarrow \dfrac{\boldsymbol{e}'_{31}\boldsymbol{A}_3^{-1}\boldsymbol{B}_3}{\sqrt{\boldsymbol{e}'_{31}\boldsymbol{A}_3^{-1}\boldsymbol{e}_{31}}}$;

(2) $t_{\hat{\delta}_2} = \dfrac{\hat{\delta}_2}{\mathrm{se}(\hat{\delta}_2)} \Rightarrow \dfrac{\boldsymbol{e}'_{32}\boldsymbol{A}_3^{-1}\boldsymbol{B}_3}{\sqrt{\boldsymbol{e}'_{32}\boldsymbol{A}_3^{-1}\boldsymbol{e}_{32}}}$;

(3) $\Phi_3 = \dfrac{1}{5}(\boldsymbol{R}(\hat{\boldsymbol{\beta}}_3 - \boldsymbol{\beta}_3))'(\mathrm{Var}(\boldsymbol{R}(\hat{\boldsymbol{\beta}}_3 - \boldsymbol{\beta}_3)))^{-1}\boldsymbol{R}(\hat{\boldsymbol{\beta}}_3 - \boldsymbol{\beta}_3) \Rightarrow$ $\dfrac{1}{5}(\boldsymbol{R}\boldsymbol{A}_3^{-1}\boldsymbol{B}_3)'(\boldsymbol{R}\boldsymbol{A}_3^{-1}\boldsymbol{R}')^{-1}(\boldsymbol{R}\boldsymbol{A}_3^{-1}\boldsymbol{B}_3)$。

证明　对式(5.22)使用OLS估计得到

$$\boldsymbol{\Lambda}_3(\hat{\boldsymbol{\beta}}_3 - \boldsymbol{\beta}_3) = \left(\boldsymbol{\Lambda}_3^{-1}\sum_{t=1}^{T}\boldsymbol{x}_{3t}\boldsymbol{x}'_{3t}\boldsymbol{\Lambda}_3^{-1}\right)^{-1}\boldsymbol{\Lambda}_3^{-1}\sum_{t=1}^{T}\boldsymbol{x}_{3t}z_{3t}$$

当数据生成为式(5.19)时有 $z_{3t} = \varepsilon_t$，且有以下结论：

$$T^{-7/2}\sum_{t=1}^{T}(t-1)^2\eta_{t-1} \Rightarrow \sigma_\varepsilon\int_0^1 s^2 W(s)\mathrm{d}s$$

$$T^{-3}\sum_{t=1}^{T}(t-1)\eta_{t-1}^2 \Rightarrow \sigma_\varepsilon^2\int_0^1 sW^2(s)\mathrm{d}s$$

$$T^{-5/2}\sum_{t=1}^{T}\eta_{t-1}^3 \Rightarrow \sigma_\varepsilon^3\int_0^1 W^3(s)\mathrm{d}s$$

$$T^{-9/2}\sum_{t=1}^{T}t(t-1)^2\eta_{t-1} \Rightarrow \sigma_\varepsilon\int_0^1 s^3 W(s)\mathrm{d}s$$

$$T^{-4}\sum_{t=1}^{T}t(t-1)\eta_{t-1}^2 \Rightarrow \sigma_\varepsilon^2\int_0^1 s^2 W^2(s)\mathrm{d}s$$

$$T^{-7/2}\sum_{t=1}^{T}t\eta_{t-1}^3 \Rightarrow \sigma_\varepsilon^3\int_0^1 sW^3(s)\mathrm{d}s$$

$$T^{-13/2}\sum_{t=1}^{T}(t-1)^5\eta_{t-1} \Rightarrow \sigma_\varepsilon\int_0^1 s^5 W(s)\mathrm{d}s$$

$$T^{-6}\sum_{t=1}^{T}(t-1)^4\eta_{t-1}^2 \Rightarrow \sigma_\varepsilon^2\int_0^1 s^4 W^2(s)\mathrm{d}s$$

$$T^{-11/2}\sum_{t=1}^{T}(t-1)^3\eta_{t-1}^3 \Rightarrow \sigma_\varepsilon^3\int_0^1 s^3 W^3(s)\mathrm{d}s$$

$$T^{-5}\sum_{t=1}^{T}(t-1)^2\eta_{t-1}^4 \Rightarrow \sigma_\varepsilon^4\int_0^1 s^2 W^4(s)\mathrm{d}s$$

$$T^{-9/2}\sum_{t=1}^{T}(t-1)\eta_{t-1}^5 \Rightarrow \sigma_\varepsilon^5\int_0^1 sW^5(s)\mathrm{d}s$$

$$T^{-7/2}\sum_{t=1}^{T}(t-1)^3\varepsilon_t \Rightarrow \sigma_\varepsilon\int_0^1 s^3\mathrm{d}W(s)$$

$$T^{-3}\sum_{t=1}^{T}(t-1)^2\eta_{t-1}\varepsilon_t\Rightarrow\sigma_\varepsilon^2\int_0^1 s^2W(s)\mathrm{d}W(s)$$

$$T^{-5/2}\sum_{t=1}^{T}(t-1)\eta_{t-1}^2\varepsilon_t\Rightarrow\sigma_\varepsilon^3\int_0^1 sW^2(s)\mathrm{d}W(s)$$

$$T^{-2}\sum_{t=1}^{T}\eta_{t-1}^3\varepsilon_t\Rightarrow\sigma_\varepsilon^4\int_0^1 W^3(s)\mathrm{d}W(s)$$

$$T^{-3/2}\sum_{t=1}^{T}t\varepsilon_t\Rightarrow\sigma_\varepsilon\int_0^1 s\mathrm{d}W(s),\ T^{-1/2}\sum_{t=1}^{T}\varepsilon_t\Rightarrow\sigma_\varepsilon W(1)$$

根据这些结论得到

$$\boldsymbol{\Lambda}_3(\hat{\boldsymbol{\beta}}_3-\boldsymbol{\beta}_3)\Rightarrow\sigma_\varepsilon\boldsymbol{\lambda}_3^{-1}\boldsymbol{A}_3^{-1}\boldsymbol{B}_3 \tag{5.23}$$

记 $\hat{\sigma}_3^2$ 为式(5.22)扰动项方差 σ_ε^2 的估计，则有 $\hat{\sigma}_3^2=\sigma_\varepsilon^2+o_p(1)$。再根据 OLS 估计得到

$$\mathrm{Var}(\boldsymbol{\Lambda}_3(\hat{\boldsymbol{\beta}}_3-\boldsymbol{\beta}_3))=\left(\boldsymbol{\Lambda}_3^{-1}\sum_{t=1}^{T}\boldsymbol{x}_{3t}\boldsymbol{x}_{3t}'\boldsymbol{\Lambda}_3^{-1}\right)^{-1}\hat{\sigma}_3^2\Rightarrow\sigma_\varepsilon^2\boldsymbol{\lambda}_3^{-1}\boldsymbol{A}_3^{-1}\boldsymbol{\lambda}_3^{-1} \tag{5.24}$$

分别从式(5.23)、式(5.24)中提取漂移项和趋势项的分布和标准差得到

$$t_{\hat{\alpha}_3}=\frac{\hat{\alpha}_3-\alpha_0}{\mathrm{se}(\hat{\alpha}_3)}\Rightarrow\frac{\boldsymbol{e}_{31}'\boldsymbol{\lambda}_3^{-1}\boldsymbol{A}_3^{-1}\boldsymbol{B}_3}{\sqrt{\boldsymbol{e}_{31}'\boldsymbol{\lambda}_3^{-1}\boldsymbol{A}_3^{-1}\boldsymbol{\lambda}_3^{-1}\boldsymbol{e}_{31}}}=\frac{\boldsymbol{e}_{31}'\boldsymbol{A}_3^{-1}\boldsymbol{B}_3}{\sqrt{\boldsymbol{e}_{31}'\boldsymbol{A}_3^{-1}\boldsymbol{e}_{31}}}$$

$$t_{\hat{\delta}_2}=\frac{\hat{\delta}_2}{\mathrm{se}(\hat{\delta}_2)}\Rightarrow\frac{\boldsymbol{e}_{32}'\boldsymbol{\lambda}_3^{-1}\boldsymbol{A}_3^{-1}\boldsymbol{B}_3}{\sqrt{\boldsymbol{e}_{32}'\boldsymbol{\lambda}_3^{-1}\boldsymbol{A}_3^{-1}\boldsymbol{\lambda}_3^{-1}\boldsymbol{e}_{32}}}=\frac{\boldsymbol{e}_{32}'\boldsymbol{A}_3^{-1}\boldsymbol{B}_3}{\sqrt{\boldsymbol{e}_{32}'\boldsymbol{A}_3^{-1}\boldsymbol{e}_{32}}}$$

由于联合检验 $\mathrm{H}_{08}':\delta_2=\phi_0=\phi_1=\phi_2=\phi_3=0$ 可以表示为 $\boldsymbol{R\beta}_3=\boldsymbol{0}$，从而检验量为

$$\begin{aligned}\Phi_3&=\frac{1}{5}(\boldsymbol{R}(\hat{\boldsymbol{\beta}}_3-\boldsymbol{\beta}_3))'(\mathrm{Var}(\boldsymbol{R}(\hat{\boldsymbol{\beta}}_3-\boldsymbol{\beta}_3)))^{-1}\boldsymbol{R}(\hat{\boldsymbol{\beta}}_3-\boldsymbol{\beta}_3)\\&=\left(\boldsymbol{R\Lambda}_3^{-1}\left(\boldsymbol{\Lambda}_3^{-1}\sum_{t=1}^{T}\boldsymbol{x}_{3t}\boldsymbol{x}_{3t}'\boldsymbol{\Lambda}_3^{-1}\right)^{-1}\boldsymbol{\Lambda}_3^{-1}\sum_{t=1}^{T}\boldsymbol{x}_{3t}\varepsilon_t\right)'\\&\quad\cdot\left(\boldsymbol{R\Lambda}_3^{-1}\left(\boldsymbol{\Lambda}_3^{-1}\sum_{t=1}^{T}\boldsymbol{x}_{3t}\boldsymbol{x}_{3t}'\boldsymbol{\Lambda}_3^{-1}\right)^{-1}\boldsymbol{\Lambda}_3^{-1}\boldsymbol{R}'\hat{\sigma}_3^2\right)^{-1}\\&\quad\cdot\boldsymbol{R\Lambda}_3^{-1}\left(\boldsymbol{\Lambda}_3^{-1}\sum_{t=1}^{T}\boldsymbol{x}_{3t}\boldsymbol{x}_{3t}'\boldsymbol{\Lambda}_3^{-1}\right)^{-1}\boldsymbol{\Lambda}_3^{-1}\sum_{t=1}^{T}\boldsymbol{x}_{3t}\varepsilon_t\end{aligned}$$

由于 $\boldsymbol{R\lambda}_3\boldsymbol{\Lambda}_3=\boldsymbol{\lambda}_{31}\boldsymbol{\Lambda}_{31}\boldsymbol{R}$，$\boldsymbol{R\lambda}_3^{-1}\boldsymbol{\Lambda}_3^{-1}=\boldsymbol{\lambda}_{31}^{-1}\boldsymbol{\Lambda}_{31}^{-1}\boldsymbol{R}$，$\boldsymbol{\lambda}_3\boldsymbol{\Lambda}_3\boldsymbol{R}'=\boldsymbol{R}'\boldsymbol{\lambda}_{31}\boldsymbol{\Lambda}_{31}$，利用这些结果以及 $\boldsymbol{\lambda}_3$、$\boldsymbol{\lambda}_{31}$、$\boldsymbol{\Lambda}_3$、$\boldsymbol{\Lambda}_{31}$ 为对角矩阵可以化简联合检验量的分布为

$$\Phi_3\Rightarrow\frac{1}{5}(\boldsymbol{RA}_3^{-1}\boldsymbol{B}_3)'(\boldsymbol{RA}_3^{-1}\boldsymbol{R}')^{-1}(\boldsymbol{RA}_3^{-1}\boldsymbol{B}_3)$$

故定理 5.3 得证。

从定理 5.1、定理 5.2 和定理 5.3 中可以看出：在 KSS 检验和 DF 检验模式下，漂移项、趋势项以及联合检验量都收敛到维纳过程的泛函，且不再含有任何未知参数，因此可以用于执行相关检验。

5.2.3　分位数与蒙特卡罗模拟

为在实证分析中使用上述漂移项、趋势项以及联合检验量，需要给出有限样本下的分位数，下面借助蒙特卡罗模拟技术得到常见样本下的分位数。分别设定数据生成为式(5.9)和式(5.18)，取 ε_t 服从标准正态分布，样本容量为 25、50、100、250、500 和 5000，模拟次数为 50000 次。由定理 5.3 可知，相关检验量与漂移项值 c 大小无关，因此当考察带漂移项的数据生成时，不失一般性，假设 $c=1$。模拟结果如表 5.1 至表 5.3 所示，其中表 5.1 每个样本的第一行、第二行和第三行分别对应检验量 $t_{\hat{\alpha}_1}$、$t_{\hat{\alpha}_2}$ $t_{\hat{\alpha}_3}$ 的模拟结果，表 5.2 的第一行和第二行分别对应检验量 $t_{\hat{\delta}_1}$、$t_{\hat{\delta}_2}$ 的模拟结果。显然，漂移项检验量和趋势项检验量的分位数有一个共同的特点，就是当检验量的分位数为负值时，随着样本的增大而增大；当分位数为正值时，随着样本的增大而减小。这表明随着样本的增大，估计的区间在变窄，且分位数随着样本的增大趋向稳定态势，这与检验量在大样本下具有极限分布相吻合。从表 5.3 来看，三个联合检验量的分位数也有一个共同的特征，即随着样本的增大而呈现下降趋势，且当样本足够大时趋向稳定值，这也是因为联合检验量在大样本下有明确的极限分布。在实证分析中，可以使用这些分位数结合 KSS 检验，用以确定序列的数据生成过程及其是否具有单位根。

表 5.1　几种样本下漂移项检验量 $t_{\hat{\alpha}_1}$、$t_{\hat{\alpha}_2}$、$t_{\hat{\alpha}_3}$ 常见分位数

样本容量	0.001	0.025	0.05	0.10	0.90	0.95	0.975	0.999
	−4.411	−2.974	−2.572	−2.142	2.162	2.600	3.002	4.533
25	−4.547	−2.754	−2.304	−1.789	1.792	2.313	2.757	4.491
	−4.861	−2.834	−2.376	−1.861	1.852	2.382	2.830	4.681
	−4.057	−2.859	−2.528	−2.128	2.142	2.544	2.905	4.203
50	−4.092	−2.649	−2.249	−1.776	1.790	2.271	2.678	4.082
	−4.141	−2.739	−2.313	−1.842	1.856	2.335	2.752	4.226
	−4.026	−2.835	−2.512	−2.128	2.131	2.510	2.844	4.112
100	−3.980	−2.621	−2.238	−1.775	1.783	2.262	2.683	4.091
	−4.115	−2.744	−2.347	−1.876	1.854	2.315	2.722	4.083
	−3.923	−2.826	−2.511	−2.128	2.146	2.518	2.847	3.936
250	−3.855	−2.649	−2.263	−1.780	1.788	2.263	2.668	3.945
	−3.980	−2.690	−2.323	−1.870	1.859	2.342	2.736	3.948
	−3.888	−2.802	−2.493	−2.123	2.135	2.496	2.808	3.999
500	−3.879	−2.622	−2.255	−1.791	1.800	2.264	2.653	3.893
	−3.948	−2.736	−2.336	−1.872	1.879	2.330	2.710	4.013

续表

样本容量	0.001	0.025	0.05	0.10	0.90	0.95	0.975	0.999
5000	−3.847	−2.805	−2.502	−2.138	2.116	2.477	2.794	3.921
	−3.852	−2.628	−2.254	−1.792	1.788	2.227	2.614	3.861
	−3.941	−2.727	−2.360	−1.897	1.891	2.356	2.738	3.926

表 5.2　几种样本下趋势项检验量 $t_{\hat{\delta}_1}$、$t_{\hat{\delta}_2}$ 常见分位数

样本容量	0.001	0.025	0.05	0.10	0.90	0.95	0.975	0.999
25	−4.478	−2.815	−2.406	−1.954	1.951	2.399	2.810	4.543
	−4.931	−2.970	−2.519	−1.978	1.956	2.479	2.960	4.895
50	−4.092	−2.783	−2.401	−1.980	1.961	2.378	2.736	4.096
	−4.503	−2.939	−2.505	−2.001	1.986	2.487	2.905	4.476
100	−3.970	−2.746	−2.412	−2.012	1.985	2.386	2.734	3.967
	−4.383	−2.929	−2.527	−2.020	2.007	2.494	2.907	4.367
250	−4.001	−2.743	−2.397	−2.002	1.994	2.398	2.748	3.956
	−4.211	−2.882	−2.508	−2.026	2.060	2.551	2.957	4.309
500	−3.878	−2.752	−2.417	−2.004	2.002	2.409	2.739	3.955
	−4.277	−2.949	−2.547	−2.060	2.047	2.528	2.929	4.274
5000	−3.861	−2.738	−2.394	−2.001	1.995	2.394	2.728	3.848
	−4.163	−2.944	−2.541	−2.069	2.068	2.557	2.954	4.223

5.3　ADF 和 KSS 检验模式下漂移项、趋势项、联合检验量分布

5.2 节中的检验量假设扰动项 ε_t 为独立同分布序列，同时对转移函数的阈值进行简化，本节将放松这两个假设。为确保扰动项满足独立同分布假定，可以采用像经典 ADF 检验的做法，在数据生成中加入适当的滞后期，接下来就这类模型给出漂移项、趋势项以及联合检验量的分布进行研究。

5.3.1　无漂移项数据生成模式

1. 估计无趋势项模型

为使扰动项满足独立同分布的假设，设无漂移项数据生成过程为

表 5.3 几种样本下联合检验量 Φ_1、Φ_2、Φ_3 常见分位数

样本容量	Φ_1				Φ_2				Φ_3			
	0.90	0.95	0.975	0.999	0.90	0.95	0.975	0.999	0.90	0.95	0.975	0.999
25	4.278	5.378	6.489	12.130	4.182	5.111	6.093	11.062	4.389	5.311	6.231	11.754
50	4.091	5.012	5.957	10.436	3.921	4.704	5.514	9.100	4.016	4.696	5.368	8.343
100	4.038	4.900	5.756	10.250	3.835	4.559	5.237	8.449	3.941	4.499	5.039	7.467
250	4.035	4.890	5.723	9.195	3.826	4.473	5.098	7.701	3.882	4.419	4.909	7.122
500	3.985	4.800	5.634	9.415	3.795	4.428	5.069	7.772	3.893	4.392	4.877	6.841
5000	3.963	4.788	5.588	9.053	3.755	4.389	4.979	7.509	3.891	4.389	4.848	6.752

$$y_t = \phi_1 y_{t-1} + \phi_2 y_{t-2} + \cdots + \phi_p y_{t-p} + \varepsilon_t \tag{5.25}$$

其中 $\varepsilon_t \sim \mathrm{iid}(0,\sigma_\varepsilon^2)$，式(5.25)可以重新表示为

$$y_t = \rho y_{t-1} + \zeta_1 \Delta y_{t-1} + \cdots + \zeta_{p-1}\Delta y_{t-p+1} + \varepsilon_t \tag{5.26}$$

其中 $\rho = \phi_1 + \phi_2 + \cdots + \phi_p$，$\zeta_i = -(\phi_{i+1} + \phi_{i+2} + \cdots + \phi_p)$，$i = 1,2,\cdots,p-1$，当 $\rho = 1$ 时表示存在单位根。为行文方便，不失一般性，本节假设 $p = 2$，即数据生成过程为

$$y_t = y_{t-1} + \theta\Delta y_{t-1} + \varepsilon_t \tag{5.27}$$

这里把单位根约束施加到数据生成中。为确保 Δy_t 为平稳序列，假设 $|\theta| < 1$ 成立，此时有

$$\Delta y_t = \theta(L)\varepsilon_t = (1-\theta L)^{-1}\varepsilon_t = u_t$$

记 $\sigma_u^2 = E(u_t^2)$，$\lambda = \theta(1)\sigma_\varepsilon$。为引入阈值 τ，估计含有漂移项模型如下：

$$\Delta y_t = \theta_1 u_{t-1} + \alpha_1 + \pi_1 y_{t-1}(1 - \mathrm{e}^{-\gamma(y_{t-1}-\tau)^2}) + \varepsilon_{1t} \tag{5.28}$$

在式(5.28)中对漂移项建立假设 $\mathrm{H}_{01}: \alpha_1 = 0$，建立联合检验假设 $\mathrm{H}_{02}: \alpha_1 = 0, \gamma = 0$。将 $1 - \mathrm{e}^{-\gamma(y_{t-1}-\tau)^2}$ 采用一阶泰勒展开，式(5.28)转化为

$$\Delta y_t = \theta_1 u_{t-1} + \alpha_1 + \varphi_1 y_{t-1} + \varphi_2 y_{t-1}^2 + \varphi_3 y_{t-1}^3 + z_{1t} \tag{5.29}$$

此时联合检验相应地修订为 $\mathrm{H}'_{02}: \alpha_1 = 0, \varphi_1 = 0, \varphi_2 = 0, \varphi_3 = 0$。记 $t_{\hat{\alpha}_1}$ 为执行假设检验 $\mathrm{H}_{01}: \alpha_1 = 0$ 的伪 t 检验量，Φ_1 为联合检验量。令

$$\boldsymbol{\lambda}_1 = \begin{pmatrix} 1 & 0 & 0 & 0 \\ 0 & \lambda & 0 & 0 \\ 0 & 0 & \lambda^2 & 0 \\ 0 & 0 & 0 & \lambda^3 \end{pmatrix}, \quad \boldsymbol{B}_1 = \begin{pmatrix} W(1) \\ \int_0^1 W(s)\mathrm{d}W(s) \\ \int_0^1 W^2(s)\mathrm{d}W(s) \\ \int_0^1 W^3(s)\mathrm{d}W(s) \end{pmatrix}, \quad \boldsymbol{e}_1 = \begin{pmatrix} 1 \\ 0 \\ 0 \\ 0 \end{pmatrix}$$

$$\boldsymbol{x}'_{11t} = (1, y_{t-1}, y_{t-1}^2, y_{t-1}^3), \quad \boldsymbol{x}'_{1t} = (u_{t-1}, \boldsymbol{x}'_{11t}), \quad \boldsymbol{\beta}'_1 = (\theta_1, \boldsymbol{\beta}'_{11})$$

$$\boldsymbol{\beta}'_{11} = (\alpha_1, \varphi_1, \varphi_2, \varphi_3), \quad \hat{\boldsymbol{\beta}}'_1 = (\hat{\theta}_1, \hat{\boldsymbol{\beta}}'_{11}), \quad \hat{\boldsymbol{\beta}}'_{11} = (\hat{\alpha}_1, \hat{\varphi}_1, \hat{\varphi}_2, \hat{\varphi}_3)$$

$$\boldsymbol{\Lambda}_{11} = \mathrm{diag}(T^{1/2}, T, T^{3/2}, T^2), \quad \boldsymbol{\Lambda}_1 = \mathrm{diag}(T^{1/2}, T^{1/2}, T, T^{3/2}, T^2)$$

$$\boldsymbol{A}_1 = \begin{pmatrix} 1 & \int_0^1 W(s)\mathrm{d}s & \int_0^1 W^2(s)\mathrm{d}s & \int_0^1 W^3(s)\mathrm{d}s \\ \int_0^1 W(s)\mathrm{d}s & \int_0^1 W^2(s)\mathrm{d}s & \int_0^1 W^3(s)\mathrm{d}s & \int_0^1 W^4(s)\mathrm{d}s \\ \int_0^1 W^2(s)\mathrm{d}s & \int_0^1 W^3(s)\mathrm{d}s & \int_0^1 W^4(s)\mathrm{d}s & \int_0^1 W^5(s)\mathrm{d}s \\ \int_0^1 W^3(s)\mathrm{d}s & \int_0^1 W^4(s)\mathrm{d}s & \int_0^1 W^5(s)\mathrm{d}s & \int_0^1 W^6(s)\mathrm{d}s \end{pmatrix}$$

则有如下定理成立。

定理 5.4 当数据生成为式(5.27)时，检验模型为式(5.28)，则有：

(1) $t_{\hat{\alpha}_1} = \dfrac{\hat{\alpha}_1}{\mathrm{se}(\hat{\alpha}_1)} \Rightarrow \dfrac{\boldsymbol{e}_1' \boldsymbol{A}_1^{-1} \boldsymbol{B}_1}{\sqrt{\boldsymbol{e}_1' \boldsymbol{A}_1^{-1} \boldsymbol{e}_1}}$;

(2) $\Phi_1 = \dfrac{1}{4}(\boldsymbol{\Lambda}_{11}(\hat{\boldsymbol{\beta}}_{11} - \boldsymbol{\beta}_{11}))'(\mathrm{Var}(\boldsymbol{\Lambda}_{11}(\hat{\boldsymbol{\beta}}_{11} - \boldsymbol{\beta}_{11})))^{-1}\boldsymbol{\Lambda}_{11}(\hat{\boldsymbol{\beta}}_{11} - \boldsymbol{\beta}_{11}) \Rightarrow$ $\dfrac{1}{4}\boldsymbol{B}_1'\boldsymbol{A}_1^{-1}\mathbf{B}_1$。

为证明定理 5.4，首先以引理的形式给出证明所使用的结论如下。

引理 5.1　当数据生成为式(5.27)时，有

$$T^{-(j+1)/2}\sum_{t=1}^{T} y_{t-1}^{j} u_{t-1} \Rightarrow \lambda^{j+1}\int_0^1 W^j(s)\mathrm{d}W(s) + \frac{j}{2}\lambda^{j-1}(\lambda^2 + \sigma_u^2)\int_0^1 W^{j-1}(s)\mathrm{d}s$$

该引理的证明可以参考 Jong 并进行滞后 1 期处理即可[143]。下面给出定理 5.4 的证明过程。

根据 OLS 估计得到

$$\boldsymbol{\Lambda}_1(\hat{\boldsymbol{\beta}}_1 - \boldsymbol{\beta}_1) = \left(\boldsymbol{\Lambda}_1^{-1}\sum_{t=1}^{T}\boldsymbol{x}_{1t}\boldsymbol{x}_{1t}'\boldsymbol{\Lambda}_1^{-1}\right)^{-1}\boldsymbol{\Lambda}_1^{-1}\sum_{t=1}^{T}\boldsymbol{x}_{1t}z_{1t}$$

$$\mathrm{Var}(\boldsymbol{\Lambda}_1(\hat{\boldsymbol{\beta}}_1 - \boldsymbol{\beta}_1)) = \left(\boldsymbol{\Lambda}_1^{-1}\sum_{t=1}^{T}\boldsymbol{x}_{1t}\boldsymbol{x}_{1t}'\boldsymbol{\Lambda}_1^{-1}\right)^{-1}\hat{\sigma}_1^2$$

其中 $\hat{\sigma}_1^2$ 为式(5.29)中扰动项的方差估计。首先根据引理 5.1 得到

$$T^{-3/2}\sum_{t=1}^{T} u_{t-1}y_{t-1} = o_p(1),\quad T^{-2}\sum_{t=1}^{T} u_{t-1}y_{t-1}^2 = o_p(1)$$

$$T^{-5/2}\sum_{t=1}^{T} u_{t-1}y_{t-1}^3 = o_p(1)$$

当原假设成立时有 $z_{1t} = \varepsilon_t$。根据陆懋祖[27]的结论得到

$$T^{-3/2}\sum_{t=1}^{T} y_{t-1} \Rightarrow \lambda\int_0^1 W(s)\mathrm{d}s,\quad T^{-2}\sum_{t=1}^{T} y_{t-1}^2 \Rightarrow \lambda^2\int_0^1 W^2(s)\mathrm{d}s$$

$$T^{-5/2}\sum_{t=1}^{T} y_{t-1}^3 \Rightarrow \lambda^3\int_0^1 W^3(s)\mathrm{d}s,\quad T^{-3}\sum_{t=1}^{T} y_{t-1}^4 \Rightarrow \lambda^4\int_0^1 W^4(s)\mathrm{d}s$$

$$T^{-7/2}\sum_{t=1}^{T} y_{t-1}^5 \Rightarrow \lambda^5\int_0^1 W^5(s)\mathrm{d}s,\quad T^{-4}\sum_{t=1}^{T} y_{t-1}^6 \Rightarrow \lambda^6\int_0^1 W^6(s)\mathrm{d}s$$

$$T^{-1/2}\sum_{t=1}^{T} \varepsilon_t \Rightarrow \sigma_\varepsilon W(1),\quad T^{-1/2}\sum_{t=1}^{T} u_{t-1}\varepsilon_t \Rightarrow \sigma_u\sigma_\varepsilon W(1)$$

$$T^{-1}\sum_{t=1}^{T} y_{t-1}\varepsilon_t \Rightarrow \sigma_\varepsilon\lambda\int_0^1 W(s)\mathrm{d}W(s),\quad T^{-3/2}\sum_{t=1}^{T} y_{t-1}^2\varepsilon_t \Rightarrow \sigma_\varepsilon\lambda^2\int_0^1 W^2(s)\mathrm{d}W(s)$$

$$T^{-2}\sum_{t=1}^{T} y_{t-1}^3\varepsilon_t \Rightarrow \sigma_\varepsilon\lambda^3\int_0^1 W^3(s)\mathrm{d}W(s)$$

根据这些分布结论得到

$$\boldsymbol{\Lambda}_1(\hat{\boldsymbol{\beta}}_1-\boldsymbol{\beta}_1)\Rightarrow\sigma_\varepsilon\begin{pmatrix}1 & 0\\ \mathbf{0}' & \boldsymbol{\lambda}_1\end{pmatrix}^{-1}\begin{pmatrix}\sigma_u^2 & \mathbf{0}\\ \mathbf{0}' & \boldsymbol{A}_1\end{pmatrix}^{-1}\begin{pmatrix}\sigma_u W(1)\\ \boldsymbol{B}_1\end{pmatrix}$$

$$\mathrm{Var}(\boldsymbol{\Lambda}_1(\hat{\boldsymbol{\beta}}_1-\boldsymbol{\beta}_1))\Rightarrow\sigma_\varepsilon^2\begin{pmatrix}1 & \mathbf{0}\\ \mathbf{0}' & \boldsymbol{\lambda}_1\end{pmatrix}^{-1}\begin{pmatrix}\sigma_u^2 & \mathbf{0}\\ \mathbf{0}' & \boldsymbol{A}_1\end{pmatrix}^{-1}\begin{pmatrix}1 & \mathbf{0}'\\ \mathbf{0} & \boldsymbol{\lambda}_1\end{pmatrix}^{-1}$$

从中提取$\hat{\boldsymbol{\beta}}_{11}-\boldsymbol{\beta}_{11}$得到

$$\boldsymbol{\Lambda}_{11}(\hat{\boldsymbol{\beta}}_{11}-\boldsymbol{\beta}_{11})\Rightarrow\sigma_\varepsilon\boldsymbol{\lambda}_1^{-1}\boldsymbol{A}_1^{-1}\boldsymbol{B}_1,\quad \mathrm{Var}(\boldsymbol{\Lambda}_{11}(\hat{\boldsymbol{\beta}}_{11}-\boldsymbol{\beta}_{11}))\Rightarrow\sigma_\varepsilon^2\boldsymbol{\lambda}_1^{-1}\boldsymbol{A}_1^{-1}\boldsymbol{\lambda}_1^{-1}\tag{5.30}$$

以上证明使用了结论 $\hat{\sigma}_1^2=\sigma_\varepsilon^2+o_p(1)$。根据式(5.30)得到

$$t_{\hat{\alpha}_1}=\frac{\hat{\alpha}_1}{\mathrm{se}(\hat{\alpha}_1)}\Rightarrow\frac{\sigma_\varepsilon\boldsymbol{e}_1'\boldsymbol{\lambda}_1^{-1}\boldsymbol{A}_1^{-1}\boldsymbol{B}_1}{\sqrt{\boldsymbol{e}_1'\sigma_\varepsilon^2\boldsymbol{\lambda}_1^{-1}\boldsymbol{A}_1^{-1}\boldsymbol{\lambda}_1^{-1}\boldsymbol{e}_1}}=\frac{\boldsymbol{e}_1'\boldsymbol{A}_1^{-1}\boldsymbol{B}_1}{\sqrt{\boldsymbol{e}_1'\boldsymbol{A}_1^{-1}\boldsymbol{e}_1}}$$

$$\Phi_1=\frac{1}{4}(\boldsymbol{\Lambda}_{11}(\hat{\boldsymbol{\beta}}_{11}-\boldsymbol{\beta}_{11}))'(\mathrm{Var}(\boldsymbol{\Lambda}_{11}(\hat{\boldsymbol{\beta}}_{11}-\boldsymbol{\beta}_{11})))^{-1}\boldsymbol{\Lambda}_{11}(\hat{\boldsymbol{\beta}}_{11}-\boldsymbol{\beta}_{11})$$

$$\Rightarrow\frac{1}{4}(\sigma_\varepsilon\boldsymbol{\lambda}_1^{-1}\boldsymbol{A}_1^{-1}\boldsymbol{B}_1)'(\sigma_\varepsilon^2\boldsymbol{\lambda}_1^{-1}\boldsymbol{A}_1^{-1}\boldsymbol{\lambda}_1^{-1})^{-1}\sigma_\varepsilon\boldsymbol{\lambda}_1^{-1}\boldsymbol{A}_1^{-1}\boldsymbol{B}_1=\frac{1}{4}\boldsymbol{B}_1'\boldsymbol{A}_1^{-1}\boldsymbol{B}_1$$

故定理 5.4 得证。

2. 估计含趋势项模型

设数据生成仍为式(5.27),估计含有漂移项和趋势项模型如下:

$$\Delta y_t=\theta_2 u_{t-1}+\alpha_2+\delta_1 t+\pi_2 y_{t-1}(1-\mathrm{e}^{-\gamma(y_{t-1}-\tau)^2})+\varepsilon_{2t}\tag{5.31}$$

在式(5.31)中对漂移项和趋势项分别建立假设 $\mathrm{H}_{03}:\alpha_2=0$、$\mathrm{H}_{04}:\delta_1=0$,建立联合检验假设 $\mathrm{H}_{05}:\alpha_2=0,\delta_1=0,\gamma=0$。对 $1-e^{-\gamma(y_{t-1}-\tau)^2}$ 采用一阶泰勒展开得到

$$\Delta y_t=\theta_2 u_{t-1}+\alpha_2+\delta_1 t+\phi_1 y_{t-1}+\phi_2 y_{t-1}^2+\phi_3 y_{t-1}^3+z_{2t}\tag{5.32}$$

此时联合检验相应修订为 $\mathrm{H}_{05}':\alpha_2=0,\delta_1=0,\phi_1=0,\phi_2=0,\phi_3=0$。记 $t_{\hat{\alpha}_2}$、$t_{\hat{\delta}_1}$ 分别为执行假设检验 $\mathrm{H}_{03}:\alpha_2=0$、$\mathrm{H}_{04}:\delta_1=0$ 的伪 t 检验量,Φ_2 为联合检验量。令

$$\boldsymbol{x}_{21t}'=(1,y_{t-1},y_{t-1}^2,y_{t-1}^3,t),\quad \boldsymbol{x}_{2t}'=(u_{t-1},\boldsymbol{x}_{21t}')$$

$$\boldsymbol{\beta}_{21}'=(\alpha_2,\phi_1,\phi_2,\phi_3,\delta_1),\quad \boldsymbol{\beta}_2'=(\theta_2,\boldsymbol{\beta}_{21}')$$

$$\hat{\boldsymbol{\beta}}_2'=(\hat{\theta}_2,\hat{\boldsymbol{\beta}}_{21}'),\quad \hat{\boldsymbol{\beta}}_{21}'=(\hat{\alpha}_2,\hat{\phi}_1,\hat{\phi}_2,\hat{\phi}_3,\hat{\delta}_1)$$

$$\boldsymbol{\Lambda}_{21}=\mathrm{diag}(T^{1/2},T,T^{3/2},T^2,T^{3/2}),\quad \boldsymbol{\Lambda}_2=\mathrm{diag}(T^{1/2},T^{1/2},T,T^{3/2},T^2,T^{3/2})$$

$$\boldsymbol{\lambda}_2=\begin{pmatrix}1&0&0&0&0\\0&\lambda&0&0&0\\0&0&\lambda^2&0&0\\0&0&0&\lambda^3&0\\0&0&0&0&1\end{pmatrix},\quad B_2=\begin{pmatrix}W(1)\\ \int_0^1 W(s)\mathrm{d}W(s)\\ \int_0^1 W^2(s)\mathrm{d}W(s)\\ \int_0^1 W^3(s)\mathrm{d}W(s)\\ \int_0^1 s\mathrm{d}W(s)\end{pmatrix}$$

$$\boldsymbol{e}_{21}=\begin{pmatrix}1\\0\\0\\0\\0\end{pmatrix},\quad \boldsymbol{e}_{22}=\begin{pmatrix}0\\0\\0\\0\\1\end{pmatrix}$$

$$\boldsymbol{A}_2=\begin{pmatrix}1 & \int_0^1 W(s)\mathrm{d}s & \int_0^1 W^2(s)\mathrm{d}s & \int_0^1 W^3(s)\mathrm{d}s & 1/2\\ \int_0^1 W(s)\mathrm{d}s & \int_0^1 W^2(s)\mathrm{d}s & \int_0^1 W^3(s)\mathrm{d}s & \int_0^1 W^4(s)\mathrm{d}s & \int_0^1 sW(s)\mathrm{d}s\\ \int_0^1 W^2(s)\mathrm{d}s & \int_0^1 W^3(s)\mathrm{d}s & \int_0^1 W^4(s)\mathrm{d}s & \int_0^1 W^5(s)\mathrm{d}s & \int_0^1 sW^2(s)\mathrm{d}s\\ \int_0^1 W^3(s)\mathrm{d}s & \int_0^1 W^4(s)\mathrm{d}s & \int_0^1 W^5(s)\mathrm{d}s & \int_0^1 W^6(s)\mathrm{d}s & \int_0^1 sW^3(s)\mathrm{d}s\\ 1/2 & \int_0^1 sW(s)\mathrm{d}s & \int_0^1 sW^2(s)\mathrm{d}s & \int_0^1 sW^3(s)\mathrm{d}s & 1/3\end{pmatrix}$$

则有如下定理成立。

定理 5.5　当数据生成为式(5.27),检验模型为式(5.31)时,则有:

(1) $t_{\hat{\alpha}_2}=\dfrac{\hat{\alpha}_2}{\mathrm{se}(\hat{\alpha}_2)}\Rightarrow\dfrac{\boldsymbol{e}_{21}'\boldsymbol{A}_2^{-1}\boldsymbol{B}_2}{\sqrt{\boldsymbol{e}_{21}'\boldsymbol{A}_2^{-1}\boldsymbol{e}_{21}}}$;

(2) $t_{\hat{\delta}_1}=\dfrac{\hat{\delta}_1}{\mathrm{se}(\hat{\delta}_1)}\Rightarrow\dfrac{\boldsymbol{e}_{22}'\boldsymbol{A}_2^{-1}\boldsymbol{B}_2}{\sqrt{\boldsymbol{e}_{22}'\boldsymbol{A}_2^{-1}\boldsymbol{e}_{22}}}$;

(3) $\Phi_2=\dfrac{1}{5}(\boldsymbol{\Lambda}_{22}(\hat{\boldsymbol{\beta}}_{22}-\boldsymbol{\beta}_{22}))'(\mathrm{Var}(\boldsymbol{\Lambda}_{22}(\hat{\boldsymbol{\beta}}_{22}-\boldsymbol{\beta}_{22})))^{-1}\boldsymbol{\Lambda}_{22}(\hat{\boldsymbol{\beta}}_{22}-\boldsymbol{\beta}_{22})\Rightarrow$ $\dfrac{1}{5}\boldsymbol{B}_2'\boldsymbol{A}_2^{-1}\boldsymbol{B}_2$。

证明　对式(5.32)使用 OLS 估计得到

$$\boldsymbol{\Lambda}_2(\hat{\boldsymbol{\beta}}_2-\boldsymbol{\beta}_2)=\left(\boldsymbol{\Lambda}_2^{-1}\sum_{t=1}^T\boldsymbol{x}_{2t}\boldsymbol{x}_{2t}'\boldsymbol{\Lambda}_2^{-1}\right)^{-1}\boldsymbol{\Lambda}_2^{-1}\sum_{t=1}^T\boldsymbol{x}_{2t}z_{2t}$$

$$\mathrm{Var}(\boldsymbol{\Lambda}_2(\hat{\boldsymbol{\beta}}_2-\boldsymbol{\beta}_2))=\left(\boldsymbol{\Lambda}_2^{-1}\sum_{t=1}^T\boldsymbol{x}_{2t}\boldsymbol{x}_{2t}'\boldsymbol{\Lambda}_2^{-1}\right)^{-1}\hat{\sigma}_2^2$$

其中 $\hat{\sigma}_2^2$ 为式(5.32)扰动项方差的估计。在原假设成立时有 $z_{2t}=\varepsilon_t$。根据陆懋祖[27]的结论得到

$$T^{-3/2}\sum_{t=1}^T tu_{t-1}\Rightarrow\lambda\int_0^1 s\mathrm{d}W(s),\quad T^{-5/2}\sum_{t=1}^T ty_{t-1}\Rightarrow\lambda\int_0^1 sW(s)\mathrm{d}s$$

$$T^{-3}\sum_{t=1}^T ty_{t-1}^2\Rightarrow\lambda^2\int_0^1 sW^2(s)\mathrm{d}s,\quad T^{-7/2}\sum_{t=1}^T ty_{t-1}^3\Rightarrow\lambda^3\int_0^1 sW^3(s)\mathrm{d}s$$

$$T^{-3/2}\sum_{t=1}^T t\varepsilon_t\Rightarrow\sigma_\varepsilon\int_0^1 s\mathrm{d}W(s),\quad T^{-1}\sum_{t=1}^T u_{t-1}=o_p(1)$$

结合引理 5.1 和无趋势模型的结论有

$$\boldsymbol{\Lambda}_2(\hat{\boldsymbol{\beta}}_2-\boldsymbol{\beta}_2)=\left(\boldsymbol{\Lambda}_2^{-1}\sum_{t=1}^{T}\boldsymbol{x}_{2t}\boldsymbol{x}'_{2t}\boldsymbol{\Lambda}_2^{-1}\right)^{-1}\boldsymbol{\Lambda}_2^{-1}\sum_{t=1}^{T}\boldsymbol{x}_{2t}z_{2t}$$

$$\Rightarrow\sigma_{\varepsilon}\begin{pmatrix}1 & \mathbf{0}\\ \mathbf{0}' & \boldsymbol{\lambda}_2\end{pmatrix}^{-1}\begin{bmatrix}\sigma_u^2 & \mathbf{0}\\ \mathbf{0}' & \boldsymbol{A}_2\end{bmatrix}^{-1}\begin{bmatrix}\sigma_u W(1)\\ \boldsymbol{B}_2\end{bmatrix}$$

$$\mathrm{Var}(\boldsymbol{\Lambda}_2(\hat{\boldsymbol{\beta}}_2-\boldsymbol{\beta}_2))=\left(\boldsymbol{\Lambda}_2^{-1}\sum_{t=1}^{T}\boldsymbol{x}_{2t}\boldsymbol{x}'_{2t}\boldsymbol{\Lambda}_2^{-1}\right)^{-1}\hat{\sigma}_2^2$$

$$\Rightarrow\sigma_{\varepsilon}^2\begin{pmatrix}1 & \mathbf{0}\\ \mathbf{0}' & \boldsymbol{\lambda}_2\end{pmatrix}^{-1}\begin{bmatrix}\sigma_u^2 & \mathbf{0}\\ \mathbf{0}' & A_2\end{bmatrix}^{-1}\begin{pmatrix}1 & \mathbf{0}'\\ \mathbf{0} & \boldsymbol{\lambda}_2\end{pmatrix}^{-1}$$

从中提取$\hat{\boldsymbol{\beta}}_{21}-\boldsymbol{\beta}_{21}$的分布与方差得到

$$\boldsymbol{\Lambda}_{21}(\hat{\boldsymbol{\beta}}_{21}-\boldsymbol{\beta}_{21})\Rightarrow\sigma_{\varepsilon}\boldsymbol{\lambda}_2^{-1}\boldsymbol{A}_2^{-1}\boldsymbol{B}_2,\quad \mathrm{Var}(\boldsymbol{\Lambda}_{21}(\hat{\boldsymbol{\beta}}_{21}-\boldsymbol{\beta}_{21}))\Rightarrow\sigma_{\varepsilon}^2\boldsymbol{\lambda}_2^{-1}\boldsymbol{A}_2^{-1}\boldsymbol{\lambda}_2^{-1} \tag{5.33}$$

根据式(5.33)计算漂移项、趋势项的伪 t 检验量为

$$t_{\hat{\alpha}_2}=\frac{\hat{\alpha}_2}{\mathrm{se}(\hat{\alpha}_2)}\Rightarrow\frac{\sigma_{\varepsilon}\boldsymbol{e}'_{21}\boldsymbol{\lambda}_2^{-1}\boldsymbol{A}_2^{-1}\boldsymbol{B}_2}{\sqrt{\boldsymbol{e}'_{21}\sigma_{\varepsilon}^2\boldsymbol{\lambda}_2^{-1}\boldsymbol{A}_2^{-1}\boldsymbol{\lambda}_2^{-1}\boldsymbol{e}_{21}}}=\frac{\boldsymbol{e}'_{21}\boldsymbol{A}_2^{-1}\boldsymbol{B}_{21}}{\sqrt{\boldsymbol{e}'_{21}\boldsymbol{A}_2^{-1}\boldsymbol{e}_{21}}}$$

$$t_{\hat{\delta}_2}=\frac{\hat{\delta}_2}{\mathrm{se}(\hat{\delta}_2)}\Rightarrow\frac{\sigma_{\varepsilon}\boldsymbol{e}'_{22}\boldsymbol{\lambda}_2^{-1}\boldsymbol{A}_2^{-1}\boldsymbol{B}_2}{\sqrt{\boldsymbol{e}'_{22}\sigma_{\varepsilon}^2\boldsymbol{\lambda}_2^{-1}\boldsymbol{A}_2^{-1}\boldsymbol{\lambda}_2^{-1}\boldsymbol{e}_{22}}}=\frac{\boldsymbol{e}'_{22}\boldsymbol{A}_2^{-1}\boldsymbol{B}_2}{\sqrt{\boldsymbol{e}'_{22}\boldsymbol{A}_2^{-1}\boldsymbol{e}_{22}}}$$

进一步得到联合检验量服从的分布为

$$\Phi_2=\frac{1}{5}(\boldsymbol{\Lambda}_{21}(\hat{\boldsymbol{\beta}}_{21}-\boldsymbol{\beta}_{21}))'(\mathrm{Var}(\boldsymbol{\Lambda}_{21}(\hat{\boldsymbol{\beta}}_{21}-\boldsymbol{\beta}_{21})))^{-1}\boldsymbol{\Lambda}_{21}(\hat{\boldsymbol{\beta}}_{21}-\boldsymbol{\beta}_{21})$$

$$\Rightarrow\frac{1}{5}(\sigma_{\varepsilon}\boldsymbol{\lambda}_2^{-1}\boldsymbol{A}_2^{-1}\boldsymbol{B}_2)'(\sigma_{\varepsilon}^2\boldsymbol{\lambda}_2^{-1}\boldsymbol{A}_2^{-1}\boldsymbol{\lambda}_2^{-1})^{-1}(\sigma_{\varepsilon}\boldsymbol{\lambda}_2^{-1}\boldsymbol{A}_2^{-1}\boldsymbol{B}_2)$$

$$=\frac{1}{5}\boldsymbol{B}'_2\boldsymbol{A}_2^{-1}\boldsymbol{B}_2$$

上述证明过程使用了结论 $\hat{\sigma}_2^2=\sigma_{\varepsilon}^2+o_p(1)$，故定理 5.5 也成立。

5.3.2 含漂移项数据生成模式

继续假设 $p=2$，设数据生成含非零漂移项过程为

$$\Delta y_t=\theta\Delta y_{t-1}+c+\varepsilon_t \tag{5.34}$$

仍假设$|\theta|<1$ 成立，此时有

$$\Delta y_t=\theta(L)(c+\varepsilon_t)=\alpha+u_t$$

$$y_t=\alpha t+\eta_t$$

其中 $\eta_t=\sum_{s=1}^{t}u_s$，假设 $y_0=0$，而估计模型为

$$\Delta y_t=\theta_3\Delta y_{t-1}+\alpha_3+\delta_2 t+\pi_3 y_{t-1}(1-\mathrm{e}^{-\gamma(y_{t-1}-\tau)^2})+\varepsilon_t \tag{5.35}$$

对漂移项建立假设 $H_{06}:\alpha_3=\alpha_0$，对趋势项建立假设 $H_{07}:\delta_2=0$，建立联合假设 H_{08}：$\delta_2=0,\gamma=0$。经过一阶泰勒展开得到

$$\Delta y_t = \theta_3\Delta y_{t-1}+\alpha_3+\delta_2 t+\varphi_3 y_{t-1}(y_{t-1}-\tau)^2+z_{3t} \tag{5.36}$$

其中 $\varphi_3=\pi_3\gamma$。对式(5.36)变形得到

$$\begin{aligned}\Delta y_t =& \theta_3 u_{t-1}+\alpha^*+\delta_2 t+\phi_0(t-1)^2+\phi_1(t-1)^3+\phi_2\eta_{t-1}+\phi_3\eta_{t-1}^2+\phi_4\eta_{t-1}^3\\&+\phi_5(t-1)\eta_{t-1}+\phi_6(t-1)^2\eta_{t-1}+\phi_7(t-1)\eta_{t-1}^2+z_{3t}\end{aligned} \tag{5.37}$$

漂移项修订为建立假设 $H'_{06}:\alpha^*=\alpha_0^*$，联合假设相应修正为

$$H'_{07}:\delta_2=0,\phi_0=\phi_1=\phi_2=\phi_3=\phi_4=\phi_5=\phi_6=\phi_7=0$$

当原假设成立时有 $z_{3t}=\varepsilon_t$。令

$$\boldsymbol{\beta}'_{31}=(\alpha^*,\delta_2,\phi_0,\phi_1,\phi_2,\phi_3,\phi_4,\phi_5,\phi_6,\phi_7),\quad \boldsymbol{\beta}'_3=(\theta_3,\boldsymbol{\beta}'_{31})$$

$$\hat{\boldsymbol{\beta}}'_3=(\hat{\theta}_3,\hat{\boldsymbol{\beta}}'_{31}),\quad \hat{\boldsymbol{\beta}}'_{31}=(\hat{\alpha}^*,\hat{\delta}_2,\hat{\phi}_0,\hat{\phi}_1,\hat{\phi}_2,\hat{\phi}_3,\hat{\phi}_4,\hat{\phi}_5,\hat{\phi}_6,\hat{\phi}_7)$$

$$\begin{aligned}\boldsymbol{x}'_{31t}=&(1,t,(t-1)^2,(t-1)^3,\eta_{t-1},\eta_{t-1}^2,\eta_{t-1}^3,(t-1)\eta_{t-1},\\&(t-1)^2\eta_{t-1},(t-1)\eta_{t-1}^2)\end{aligned}$$

$$\boldsymbol{x}'_{3t}=(u_{t-1},\boldsymbol{x}'_{31t}),\quad \boldsymbol{\Lambda}_{31}=\mathrm{diag}(T^{1/2},T^{3/2},T^{5/2},T^{7/2},T,T^{3/2},T^2,T^2,T^3,T^{5/2})$$

$$\boldsymbol{\Lambda}_{32}=\mathrm{diag}(T^{3/2},T^{5/2},T^{7/2},T,T^{3/2},T^2,T^2,T^3,T^{5/2})$$

$$\boldsymbol{\Lambda}_3=\mathrm{diag}(T^{1/2},T^{1/2},T^{3/2},T^{5/2},T^{7/2},T,T^{3/2},T^2,T^2,T^3,T^{5/2})$$

$$\boldsymbol{\lambda}_3=\mathrm{diag}(1,1,1,1,\lambda,\lambda^2,\lambda^3,\lambda,\lambda,\lambda^2),\quad \boldsymbol{\lambda}_{31}=\mathrm{diag}(1,1,1,\lambda,\lambda^2,\lambda^3,\lambda,\lambda,\lambda^2)$$

$$\boldsymbol{A}_3=\begin{pmatrix}\boldsymbol{A}_{31}&\boldsymbol{A}_{32}\\\boldsymbol{A}_{23}&\boldsymbol{A}_{33}\end{pmatrix},\quad \boldsymbol{A}_{31}=\begin{pmatrix}1&1/2&1/3&1/4\\1/2&1/3&1/4&1/5\\1/3&1/4&1/5&1/6\\1/4&1/5&1/6&1/7\end{pmatrix}$$

$$\boldsymbol{A}_{23}=\boldsymbol{A}'_{32},\quad \boldsymbol{R}=(\boldsymbol{0}_{9\times1},\boldsymbol{I}_9)$$

$$\begin{aligned}\boldsymbol{B}'_3=\Big(&W(1),\int_0^1 s\mathrm{d}W(s),\int_0^1 s^2\mathrm{d}W(s),\int_0^1 s^3\mathrm{d}W(s),\int_0^1 W(s)\mathrm{d}W(s),\int_0^1 W^2(s)\mathrm{d}W(s),\\&\int_0^1 W^3(s)\mathrm{d}W(s),\int_0^1 sW(s)\mathrm{d}W(s),\int_0^1 s^2W(s)\mathrm{d}W(s),\int_0^1 sW^2(s)\mathrm{d}W(s)\Big)\end{aligned}$$

$$\boldsymbol{e}'_{31}=(1,0,0,0,0,0,0,0,0,0,0),\quad \boldsymbol{e}'_{32}=(0,1,0,0,0,0,0,0,0,0,0)$$

$$\boldsymbol{A}_{32}=\begin{pmatrix}\int_0^1 W(s)\mathrm{d}s&\int_0^1 W^2(s)\mathrm{d}s&\int_0^1 W^3(s)\mathrm{d}s&\int_0^1 sW(s)\mathrm{d}s&\int_0^1 s^2W(s)\mathrm{d}s&\int_0^1 sW^2(s)\mathrm{d}s\\\int_0^1 sW(s)\mathrm{d}s&\int_0^1 sW^2(s)\mathrm{d}s&\int_0^1 sW^3(s)\mathrm{d}s&\int_0^1 s^2W(s)\mathrm{d}s&\int_0^1 s^3W(s)\mathrm{d}s&\int_0^1 s^2W^2(s)\mathrm{d}s\\\int_0^1 s^2W(s)&\int_0^1 s^2W^2(s)\mathrm{d}s&\int_0^1 s^2W^3(s)\mathrm{d}s&\int_0^1 s^3W(s)\mathrm{d}s&\int_0^1 s^4W(s)\mathrm{d}s&\int_0^1 s^3W^2(s)\mathrm{d}s\\\int_0^1 s^3W(s)&\int_0^1 s^3W^2(s)\mathrm{d}s&\int_0^1 s^3W^3(s)\mathrm{d}s&\int_0^1 s^4W(s)\mathrm{d}s&\int_0^1 s^5W(s)\mathrm{d}s&\int_0^1 s^4W^2(s)\mathrm{d}s\end{pmatrix}$$

$$\boldsymbol{A}_{33}=\begin{pmatrix}\int_0^1 W^2(s)\mathrm{d}s & \int_0^1 W^3(s)\mathrm{d}s & \int_0^1 W^4(s)\mathrm{d}s & \int_0^1 sW^2(s)\mathrm{d}s & \int_0^1 s^2W^2(s)\mathrm{d}s & \int_0^1 sW^3(s)\mathrm{d}s\\ \int_0^1 W^3(s)\mathrm{d}s & \int_0^1 W^4(s)\mathrm{d}s & \int_0^1 W^5(s)\mathrm{d}s & \int_0^1 sW^3(s)\mathrm{d}s & \int_0^1 s^2W^3(s)\mathrm{d}s & \int_0^1 sW^4(s)\mathrm{d}s\\ \int_0^1 W^4(s)\mathrm{d}s & \int_0^1 W^5(s)\mathrm{d}s & \int_0^1 W^6(s)\mathrm{d}s & \int_0^1 sW^4(s)\mathrm{d}s & \int_0^1 s^2W^4(s)\mathrm{d}s & \int_0^1 sW^5(s)\mathrm{d}s\\ \int_0^1 sW^2(s)\mathrm{d}s & \int_0^1 sW^3(s)\mathrm{d}s & \int_0^1 sW^4(s)\mathrm{d}s & \int_0^1 s^2W^2(s)\mathrm{d}s & \int_0^1 s^3W^2(s)\mathrm{d}s & \int_0^1 s^2W^3(s)\mathrm{d}s\\ \int_0^1 s^2W^2(s)\mathrm{d}s & \int_0^1 s^2W^3(s)\mathrm{d}s & \int_0^1 s^2W^4(s)\mathrm{d}s & \int_0^1 s^3W^2(s)\mathrm{d}s & \int_0^1 s^4W^2(s)\mathrm{d}s & \int_0^1 s^3W^3(s)\mathrm{d}s\\ \int_0^1 sW^3(s)\mathrm{d}s & \int_0^1 sW^4(s)\mathrm{d}s & \int_0^1 sW^5(s)\mathrm{d}s & \int_0^1 s^2W^3(s)\mathrm{d}s & \int_0^1 s^3W^3(s)\mathrm{d}s & \int_0^1 s^2W^4(s)\mathrm{d}s\end{pmatrix}$$

记三个假设对应的检验量分别为 $t_{\hat{\alpha}^*}$、$t_{\hat{\delta}_2}$ 和 Φ_3,则有如下定理成立。

定理 5.6 当数据生成为式(5.34),检验模型为式(5.35)时,则有:

(1) $t_{\hat{\alpha}^*}=\dfrac{\hat{\alpha}^*-\alpha_0^*}{\mathrm{se}(\hat{\alpha}^*)}\Rightarrow\dfrac{\boldsymbol{e}'_{31}\boldsymbol{A}_3^{-1}\boldsymbol{B}_3}{\sqrt{\boldsymbol{e}'_{31}\boldsymbol{A}_3^{-1}\boldsymbol{e}_{31}}}$;

(2) $t_{\hat{\delta}_2}=\dfrac{\hat{\delta}_2}{\mathrm{se}(\hat{\delta}_2)}\Rightarrow\dfrac{\boldsymbol{e}'_{32}\boldsymbol{A}_3^{-1}\boldsymbol{B}_2}{\sqrt{\boldsymbol{e}'_{32}\boldsymbol{A}_3^{-1}\boldsymbol{e}_{32}}}$;

(3) $\Phi_3=\dfrac{1}{9}(\boldsymbol{R}(\hat{\boldsymbol{\beta}}_{31}-\boldsymbol{\beta}_{31}))'(\mathrm{Var}(\boldsymbol{R}(\hat{\boldsymbol{\beta}}_{31}-\boldsymbol{\beta}_{31})))^{-1}\boldsymbol{R}(\hat{\boldsymbol{\beta}}_{31}-\boldsymbol{\beta}_{31})\Rightarrow$
$\dfrac{1}{9}(\boldsymbol{R}\boldsymbol{A}_3^{-1}\boldsymbol{B}_3)'(\boldsymbol{R}\boldsymbol{A}_3^{-1}\boldsymbol{R}')^{-1}(\boldsymbol{R}\boldsymbol{A}_3^{-1}\boldsymbol{B}_3)$。

证明 由于 $\eta_{t-1}=\sum_{s=1}^{t-1}u_s$,这与数据生成为式(5.27)中的 y_{t-1} 相同,因此利用 η_{t-1}替代 y_{t-1}时相关分布的结论仍不变。对式(5.37)使用 OLS 估计并结合无漂移项的结论得到

$$\boldsymbol{\Lambda}_3(\hat{\boldsymbol{\beta}}_3-\boldsymbol{\beta}_3)=\left(\boldsymbol{\Lambda}_3^{-1}\sum_{t=1}^{T}\boldsymbol{x}_{3t}\boldsymbol{x}'_{3t}\boldsymbol{\Lambda}_3^{-1}\right)^{-1}\boldsymbol{\Lambda}_3^{-1}\sum_{t=1}^{T}\boldsymbol{x}_{3t}z_{3t}$$
$$\Rightarrow\sigma_\varepsilon\begin{pmatrix}1 & \boldsymbol{0}\\ \boldsymbol{0}' & \boldsymbol{\lambda}_3\end{pmatrix}^{-1}\begin{pmatrix}\sigma_u^2 & \boldsymbol{0}\\ \boldsymbol{0}' & \boldsymbol{A}_3\end{pmatrix}^{-1}\begin{pmatrix}\sigma_u W(1)\\ \boldsymbol{B}_3\end{pmatrix}$$

$$\mathrm{Var}(\boldsymbol{\Lambda}_3(\hat{\boldsymbol{\beta}}_3-\boldsymbol{\beta}_3))=\left(\boldsymbol{\Lambda}_3^{-1}\sum_{t=1}^{T}\boldsymbol{x}_{3t}\boldsymbol{x}'_{3t}\boldsymbol{\Lambda}_3^{-1}\right)^{-1}\hat{\sigma}_3^2\Rightarrow\sigma_\varepsilon^2\begin{pmatrix}1 & \boldsymbol{0}\\ \boldsymbol{0}' & \boldsymbol{\lambda}_3\end{pmatrix}^{-1}\begin{pmatrix}\sigma_u^2 & \boldsymbol{0}\\ \boldsymbol{0}' & \boldsymbol{A}_3\end{pmatrix}^{-1}$$

记 $\hat{\sigma}_3^2$ 为式(5.37)中扰动项方差 σ_ε^2 的估计。据此提取$\hat{\boldsymbol{\beta}}_{31}-\boldsymbol{\beta}_{31}$的分布与方差得到

$$\boldsymbol{\Lambda}_{31}(\hat{\boldsymbol{\beta}}_{31}-\boldsymbol{\beta}_{31})\Rightarrow\sigma_\varepsilon\boldsymbol{\lambda}_3^{-1}\boldsymbol{A}_3^{-1}\boldsymbol{B}_3,\quad \mathrm{Var}(\boldsymbol{\Lambda}_{31}(\hat{\boldsymbol{\beta}}_{31}-\boldsymbol{\beta}_{31}))\Rightarrow\sigma_\varepsilon^2\boldsymbol{\lambda}_3^{-1}\boldsymbol{A}_3^{-1}\boldsymbol{\lambda}_3^{-1}\tag{5.38}$$

根据式(5.38)提取漂移项和趋势项的分布与方差得到

$$t_{\hat{\alpha}^*}=\frac{\hat{\alpha}^*-\alpha_0^*}{\mathrm{se}(\hat{\alpha}^*)}\Rightarrow\frac{\boldsymbol{e}'_{31}\sigma_\varepsilon\boldsymbol{\lambda}_3^{-1}\boldsymbol{A}_3^{-1}\boldsymbol{B}_3}{\sqrt{\boldsymbol{e}'_{31}\sigma_\varepsilon^2\boldsymbol{\lambda}_3^{-1}\boldsymbol{A}_3^{-1}\boldsymbol{\lambda}_3^{-1}\boldsymbol{e}_{31}}}=\frac{\boldsymbol{e}'_{31}\boldsymbol{A}_3^{-1}\boldsymbol{B}_3}{\sqrt{\boldsymbol{e}'_{31}\boldsymbol{A}_3^{-1}\boldsymbol{e}_{31}}}$$

$$t_{\hat{\delta}_2} = \frac{\hat{\delta}_2}{\mathrm{se}(\hat{\delta}_2)} \Rightarrow \frac{\boldsymbol{e}'_{32}\sigma_{\varepsilon}\boldsymbol{\lambda}_3^{-1}\boldsymbol{A}_3^{-1}\boldsymbol{B}_3}{\sqrt{\boldsymbol{e}'_{32}\sigma_{\varepsilon}^2\boldsymbol{\lambda}_3^{-1}\boldsymbol{A}_3^{-1}\boldsymbol{\lambda}_3^{-1}\boldsymbol{e}_{32}}} = \frac{\boldsymbol{e}'_{32}\boldsymbol{A}_3^{-1}\boldsymbol{B}_3}{\sqrt{\boldsymbol{e}'_{32}\boldsymbol{A}_3^{-1}\boldsymbol{e}_{32}}}$$

由于联合检验可以表示为 $\boldsymbol{R\beta}_{31}=\boldsymbol{0}$，从而检验量为

$$\begin{aligned}\Phi_3 &= \frac{1}{9}(\boldsymbol{R}(\hat{\boldsymbol{\beta}}_{31}-\boldsymbol{\beta}_{31}))'(\mathrm{Var}(\boldsymbol{R}(\hat{\boldsymbol{\beta}}_{31}-\boldsymbol{\beta}_{31})))^{-1}\boldsymbol{R}(\hat{\boldsymbol{\beta}}_{31}-\boldsymbol{\beta}_{31})\\ &= \Big(\boldsymbol{R\Lambda}_{31}^{-1}\Big(\boldsymbol{\Lambda}_{31}^{-1}\sum_{t=1}^{T}\boldsymbol{x}_{31t}\boldsymbol{x}'_{31t}\boldsymbol{\Lambda}_{31}^{-1}\Big)^{-1}\boldsymbol{\Lambda}_{31}^{-1}\sum_{t=1}^{T}\boldsymbol{x}_{31t}\varepsilon_t\Big)'\\ &\quad\cdot\Big(\boldsymbol{R\Lambda}_{31}^{-1}\Big(\boldsymbol{\Lambda}_{31}^{-1}\sum_{t=1}^{T}\boldsymbol{x}_{31t}\boldsymbol{x}'_{31t}\boldsymbol{\Lambda}_{31}^{-1}\Big)^{-1}\boldsymbol{\Lambda}_{31}^{-1}\boldsymbol{R}'\hat{\sigma}_3^2\Big)^{-1}\\ &\quad\cdot\boldsymbol{R\Lambda}_{31}^{-1}\Big(\boldsymbol{\Lambda}_{31}^{-1}\sum_{t=1}^{T}\boldsymbol{x}_{31t}\boldsymbol{x}'_{31t}\boldsymbol{\Lambda}_{31}^{-1}\Big)^{-1}\boldsymbol{\Lambda}_{31}^{-1}\sum_{t=1}^{T}\boldsymbol{x}_{31t}\varepsilon_t\end{aligned}$$

由于 $\boldsymbol{R\lambda}_3\boldsymbol{\Lambda}_{31}=\boldsymbol{\lambda}_{31}\boldsymbol{\Lambda}_{32}\boldsymbol{R}$，$\boldsymbol{R\lambda}_3^{-1}\boldsymbol{\Lambda}_{31}^{-1}=\boldsymbol{\lambda}_{31}^{-1}\boldsymbol{\Lambda}_{32}^{-1}\boldsymbol{R}$，$\boldsymbol{\lambda}_3\boldsymbol{\Lambda}_{31}\boldsymbol{R}'=\boldsymbol{R}'\boldsymbol{\lambda}_{31}\boldsymbol{\Lambda}_{32}$，利用这些结论以及 $\boldsymbol{\lambda}_3$、$\boldsymbol{\lambda}_{31}$、$\boldsymbol{\Lambda}_{31}$、$\boldsymbol{\Lambda}_{32}$ 为对角矩阵可以化简得到联合检验量 Φ_3 的分布为

$$\Phi_3 \Rightarrow \frac{1}{9}(\boldsymbol{RA}_3^{-1}\boldsymbol{B}_3)'(\boldsymbol{RA}_3^{-1}\boldsymbol{R}')^{-1}(\boldsymbol{RA}_3^{-1}\boldsymbol{B}_3)$$

以上证明使用了结论 $\hat{\sigma}_3^2=\sigma_{\varepsilon}^2+o_p(1)$，故定理 5.6 得证。

5.3.3　分位数与蒙特卡罗模拟

为在实证分析中使用 ADF 模式下 KSS 检验中上述漂移项、趋势项以及联合检验量，需要给出有限样本下的分位数，下面借助蒙特卡罗模拟技术得到常见样本下的分位数。定理 5.4、定理 5.5 和定理 5.6 表明：上述检验量分布不受 u_{t-1} 影响，和 DF 检验模式下检验量的分布完全相同，因此采用 DF 检验模式获取模拟值。设 ε_t 服从标准正态分布，样本容量为 25、50、100、250、500 和 5000，模拟次数为 50000 次。当采用 DF 检验模式时，定理 5.6 中检验量 $t_{\hat{\alpha}^*}$ 执行检验 $\alpha_0^*=c$，且该分布与 c 无关，不失一般性，假设 $c=1$。模拟结果如表 5.4 至表 5.6 所示，其中表 5.4 中每个样本的第一行、第二行和第三行分别对应检验量 $t_{\hat{\alpha}_1}$、$t_{\hat{\alpha}_2}$、$t_{\hat{\alpha}^*}$ 的模拟结果，表 5.5 中的第一行和第二行分别对应检验量 $t_{\hat{\delta}_1}$、$t_{\hat{\delta}_2}$ 的模拟结果。

表 5.4　几种样本下漂移项检验量 $t_{\hat{\alpha}_1}$、$t_{\hat{\alpha}_2}$、$t_{\hat{\alpha}^*}$ 常见分位数

样本容量	0.001	0.025	0.05	0.10	0.90	0.95	0.975	0.999
	−3.742	−2.336	−1.982	−1.605	1.603	1.964	2.322	3.762
25	−4.365	−2.756	−2.335	−1.891	1.895	2.339	2.756	4.376
	−4.553	−2.686	−2.253	−1.771	1.766	2.244	2.689	4.532
	−3.633	−2.354	−2.026	−1.660	1.656	2.012	2.343	3.583
50	−4.235	−2.700	−2.353	−1.932	1.900	2.328	2.698	4.096
	−4.018	−2.650	−2.272	−1.843	1.831	2.254	2.616	3.952

续表

样本容量	0.001	0.025	0.05	0.10	0.90	0.95	0.975	0.999
	-3.581	-2.413	-2.087	-1.707	1.691	2.059	2.387	3.582
100	-4.042	-2.723	-2.352	-1.950	1.951	2.365	2.729	4.051
	-4.011	-2.684	-2.327	-1.933	1.917	2.337	2.684	3.921
	-3.557	-2.436	-2.102	-1.728	1.728	2.112	2.451	3.520
250	-3.964	-2.722	-2.378	-1.975	1.973	2.378	2.723	3.942
	-4.023	-2.756	-2.396	-1.987	2.003	2.421	2.787	3.989
	-3.572	-2.442	-2.125	-1.746	1.738	2.119	2.441	3.598
500	-3.962	-2.721	-2.384	-1.987	1.988	2.391	2.751	4.042
	-4.048	-2.790	-2.426	-2.010	2.013	2.433	2.786	4.110
	-3.603	-2.471	-2.142	-1.761	1.760	2.136	2.457	3.529
5000	-3.938	-2.732	-2.391	-1.987	1.995	2.395	2.739	3.902
	-4.099	-2.821	-2.466	-2.035	2.029	2.462	2.820	4.072

表 5.5　几种样本下趋势项检验量 $t_{\hat{\delta}_1}$、$t_{\hat{\delta}_2}$ 常见分位数

样本容量	0.001	0.025	0.05	0.10	0.90	0.95	0.975	0.999
25	-5.114	-3.313	-2.859	-2.363	2.330	2.846	3.300	4.924
	-4.945	-2.838	-2.330	-1.793	1.782	2.338	2.823	5.029
50	-4.660	-3.239	-2.837	-2.343	2.352	2.839	3.230	4.778
	-4.367	-2.817	-2.369	-1.863	1.890	2.398	2.841	4.533
100	-4.516	-3.229	-2.825	-2.359	2.341	2.791	3.174	4.443
	-4.332	-2.903	-2.468	-1.956	1.976	2.484	2.917	4.384
250	-4.367	-3.177	-2.795	-2.347	2.356	2.807	3.189	4.458
	-4.431	-2.975	-2.548	-2.041	2.004	2.531	2.958	4.363
500	-4.418	-3.182	-2.796	-2.349	2.356	2.802	3.169	4.330
	-4.404	-2.981	-2.557	-2.064	2.069	2.577	2.989	4.319
5000	-4.381	-3.160	-2.799	-2.354	2.348	2.812	3.180	4.419
	-4.308	-3.007	-2.590	-2.069	2.081	2.592	3.012	4.379

显然,漂移项检验量和趋势项检验量的分位数有一个共同特点,就是当检验量的分位数为负值时,随着样本的增大而增大;当分位数为正值时,随着样本的增大而减小。这表明随着样本的增大,估计的区间在变窄,且分位数随着样本的增大趋向稳定态势,这与检验量在大样本下具有极限分布相吻合。从表 5.6 来看,三个联合检验量的分位数也有一个共同的特征,即随着样本的增大而呈现下降趋势,且当样本足够大时趋向稳定值,这也是因为联合检验量在大样本下有明确的极限分布。在实证分析中,可以使用这些分位数结合 KSS 检验,用以确定序列的数据生成过程以及是否具有单位根。

表 5.6　几种样本下联合检验量 Φ_1、Φ_2、Φ_3 常见分位数

样本容量	Φ_1				Φ_2				Φ_3			
	0.90	0.95	0.975	0.999	0.90	0.95	0.975	0.999	0.90	0.95	0.975	0.999
25	3.014	3.712	4.431	8.381	3.711	4.518	5.366	9.717	4.164	5.079	6.020	12.234
50	2.944	3.511	4.065	6.847	3.439	4.044	4.632	7.450	3.528	4.043	4.555	7.014
100	2.924	3.428	3.907	6.199	3.346	3.917	4.440	6.748	3.382	3.806	4.212	6.105
250	2.952	3.458	3.912	6.028	3.313	3.828	4.297	6.306	3.340	3.701	4.055	5.598
500	2.945	3.419	3.894	5.971	3.304	3.783	4.228	6.147	3.347	3.717	4.066	5.468
5000	2.965	3.454	3.910	5.924	3.298	3.772	4.216	6.173	3.339	3.692	4.008	5.371

5.4 KSS 检验模式下检验量的 Bootstrap 研究

5.2 节和 5.3 节研究表明：基于 DF 和 ADF 检验模式的 KSS 检验量不含有未知成分，可以统一使用基于本文 DF 模式检验量的分位数，但由于检验量的分布只存在于大样本下，有限样本下的分布并不存在，因此使用有限样本的分位数仍可能存在检验水平扭曲；另一方面，由于检验量分位数的获取，仍都假设扰动项服从标准正态分布，这比独立同分布的假定施加了更强的约束，而实证分析中的扰动项未必满足此要求，因此也可能导致检验水平失真，本节将使用 Bootstrap 方法对此进行修正。

在 4.3 节中已经讨论了如何利用 Recursive Bootstrap 方法完成 ADF 模式下相关检验量的 Bootstrap 检验，显然这种方法也适用于 KSS 检验量研究，这里不再重复使用这种方法，本节使用基于独立同分布假设下的扰动项来进行检验，并考察之前一直没有考虑的扰动项分布类型对检验量检验水平和检验功效的影响。

5.4.1 无漂移项数据生成模式

1. 数据生成与检验模型构建

设数据生成过程为之前的式(5.9)，即

$$y_t = y_{t-1} + \varepsilon_t \tag{5.39}$$

其中 $\varepsilon_t \sim \mathrm{iid}(0, \sigma_\varepsilon^2)$，假设 $y_0 = 0$。设估计 KSS 检验模型分别为之前的式(5.10)和式(5.14)，即

$$\Delta y_t = \alpha_1 + \pi_1 y_{t-1}(1 - \mathrm{e}^{-\gamma y_{t-1}^2}) + \varepsilon_{1t} \tag{5.10}$$

$$\Delta y_t = \alpha_2 + \delta_1 t + \pi_2 y_{t-1}(1 - \mathrm{e}^{-\gamma y_{t-1}^2}) + \varepsilon_{2t} \tag{5.14}$$

以上模型通过对指数项 $1 - \mathrm{e}^{-\gamma y_{t-1}^2}$ 在 $\gamma = 0$ 处采用一阶泰勒展开分别转变为之前的式(5.11)和式(5.15)：

$$\Delta y_t = \alpha_1 + \varphi_1 y_{t-1}^3 + z_{1t} \tag{5.11}$$

$$\Delta y_t = \alpha_2 + \delta_1 t + \varphi_2 y_{t-1}^3 + z_{2t} \tag{5.15}$$

建立的假设分别为

$$\mathrm{H}_{01}: \alpha_1 = 0, \quad \mathrm{H}'_{02}: \alpha_1 = \varphi_1 = 0, \quad \mathrm{H}_{03}: \alpha_2 = 0$$

$$\mathrm{H}_{04}: \delta_1 = 0, \quad \mathrm{H}'_{05}: \alpha_2 = \delta_1 = \varphi_2 = 0$$

对应检验量分别记为 $t_{\hat{\alpha}_1}$、Φ_1、$t_{\hat{\alpha}_2}$、$t_{\hat{\delta}_1}$、Φ_2。

2. Bootstrap 检验过程

对于无漂移项数据生成过程式(5.39)来说，这里不再使用第 3 章和第 4 章基

于数据生成过程的残差，而是基于估计模型的残差来构造 Bootstrap 样本，即分别使用式(5.11)和式(5.15)的残差。Bootstrap 检验步骤如下：

(1) 使用 OLS 分别估计式(5.11)和式(5.15)，所得到的残差分别记为 $\hat{\varepsilon}_{1t}$，$\hat{\varepsilon}_{2t}$，$t=1,2,\cdots,T$。

(2) 分别以 $\hat{\varepsilon}_{1t}$，$\hat{\varepsilon}_{2t}$，$t=1,2,\cdots,T$ 为母体，采用有放回的方法抽取样本，记为 $\tilde{\varepsilon}_{1t}^*$，$\tilde{\varepsilon}_{2t}^*$，$t=1,2,\cdots,T$。

(3) 设 $y_{10}^* = y_{20}^* = 0$，按照如下递归等式生成 Bootstrap 样本 y_{1t}^*，y_{2t}^*，$t=1,2,\cdots,T$：

$$y_{1t}^* = y_{1t-1}^* + \tilde{\varepsilon}_{1t}^* \tag{5.40}$$

$$y_{2t}^* = y_{2t-1}^* + \tilde{\varepsilon}_{2t}^* \tag{5.41}$$

(4) 以 y_{1t}^*、y_{2t}^* 为样本，分别按照式(5.11)和式(5.15)的形式估计模型如下：

$$\Delta y_{1t}^* = \alpha_1^* + \varphi_1^* y_{1,t-1}^{*3} + z_{1t}^* \tag{5.42}$$

$$\Delta y_{2t}^* = \alpha_2^* + \delta_1^* t + \phi_2^* y_{2,t-1}^{*3} + z_{2t}^* \tag{5.43}$$

(5) 分别建立假设：

$$\mathrm{H}_{01}^*: \alpha_1^* = 0、\mathrm{H}_{02}^*: \alpha_1^* = 0,\quad \varphi_1^* = 0$$

$$\mathrm{H}_{03}^*: \alpha_2^* = 0、\mathrm{H}_{04}^*: \delta_1^* = 0、\mathrm{H}_{05}^*: \alpha_2^* = \delta_1^* = \phi_2^* = 0$$

记

$$\boldsymbol{\beta}_1^{*\prime} = (\alpha_1^*, \varphi_1^*),\quad \hat{\boldsymbol{\beta}}_1^{*\prime} = (\hat{\alpha}_1^*, \hat{\varphi}_1^*),\quad \boldsymbol{x}_{1t}^{*\prime} = (1, y_{1t-1}^*)$$

$$\boldsymbol{\beta}_2^{*\prime} = (\alpha_2^*, \delta_1^*, \varphi_2^*),\quad \hat{\boldsymbol{\beta}}_2^{*\prime} = (\hat{\alpha}_2^*, \hat{\delta}_1^*, \hat{\varphi}_2^*),\quad \boldsymbol{x}_{2t}^{*\prime} = (1, t, y_{2t-1}^*)$$

并根据式(5.42)、式(5.43)利用 Bootstrap 样本 y_{1t}^*，y_{2t}^*，$t=1,2,\cdots,T$ 分别计算检验量值如下：

$$t_{\hat{\alpha}_1^*} = \frac{\hat{\alpha}_1^*}{\mathrm{se}(\hat{\alpha}_1^*)},\quad \Phi_1^* = \frac{1}{2s_1^{*2}}(\hat{\boldsymbol{\beta}}_1^* - \boldsymbol{\beta}_1^*)'\left(\sum_{t=1}^{T}\boldsymbol{x}_{1t}^*\boldsymbol{x}_{1t}^{*\prime}\right)(\hat{\boldsymbol{\beta}}_1^* - \boldsymbol{\beta}_1^*)$$

$$t_{\hat{\alpha}_2^*} = \frac{\hat{\alpha}_2^*}{\mathrm{se}(\hat{\alpha}_2^*)},\quad t_{\hat{\delta}_1^*} = \frac{\hat{\delta}_1^*}{\mathrm{se}(\hat{\delta}_1^*)}$$

$$\Phi_2^* = \frac{1}{3s_2^{*2}}(\hat{\boldsymbol{\beta}}_2^* - \boldsymbol{\beta}_2^*)'\left(\sum_{t=1}^{T}\boldsymbol{x}_{2t}^*\boldsymbol{x}_{2t}^{*\prime}\right)(\hat{\boldsymbol{\beta}}_2^* - \boldsymbol{\beta}_2^*)$$

其中 s_1^{*2}、s_2^{*2} 分别根据式(5.42)、式(5.43)的残差计算扰动项方差估计值。

(6) 重复步骤(2)和步骤(5)共 B 次，设第 b 次检验量值为 $t_{\hat{\alpha}_1^*,b}$、$\Phi_{1,b}^*$、$t_{\hat{\alpha}_2^*,b}$、$t_{\hat{\delta}_1^*,b}$ 和 $\Phi_{2,b}^*$，$b=1,2,\cdots,B$。

(7) 按照以下公式计算 Bootstrap 检验概率：

$$p_{1i} = \frac{1}{B}\sum_{b=1}^{B} I(|t_{\hat{\alpha}_i^*,b}| > |t_{\hat{\alpha}_i}|),\quad p_2 = \frac{1}{B}\sum_{b=1}^{B} I(|t_{\hat{\delta}_1^*,b}| > |t_{\hat{\delta}_1}|)$$

$$p_{3i} = \frac{1}{B}\sum_{b=1}^{B} I(\Phi_{i,b}^* > \Phi_i),\quad i = 1,2$$

其中 $I(\cdot)$ 为示性函数，条件为真取 1，否则取 0。如果有检验概率小于事先指定的显著性水平，就拒绝对应的原假设，否则就接受原假设。

3. Bootstrap 检验的有效性

为说明 Bootstrap 检验的有效性，需要从理论上证明：基于 Bootstrap 样本得到的检验量与原始样本下对应的检验量在大样本下具有相同的极限分布。下面定理给出了检验结论。

定理 5.7 当数据生成为式(5.39)，采用上述 Bootstrap 样本构造方法，估计式(5.42)和式(5.43)时有：

(1) $t_{\hat{\alpha}_1^*} = \dfrac{\hat{\alpha}_1^*}{\mathrm{se}(\hat{\alpha}_1^*)} \Rightarrow \dfrac{\boldsymbol{e}'_{11}\boldsymbol{A}_1^{-1}\boldsymbol{B}_1}{\sqrt{\boldsymbol{e}'_{11}\boldsymbol{A}_1^{-1}\boldsymbol{e}_{11}}}$；

(2) $\Phi_1^* = \dfrac{1}{2s_1^{*2}}(\hat{\boldsymbol{\beta}}_1^* - \boldsymbol{\beta}_1^*)'\left(\sum_{t=1}^{T}\boldsymbol{x}_{1t}^*\boldsymbol{x}_{1t}^{*\prime}\right)(\hat{\boldsymbol{\beta}}_1^* - \boldsymbol{\beta}_1^*) \Rightarrow \dfrac{1}{2}\boldsymbol{B}'_1\boldsymbol{A}_1^{-1}\boldsymbol{B}_1$；

(3) $t_{\hat{\alpha}_2^*} = \dfrac{\hat{\alpha}_2^*}{\mathrm{se}(\hat{\alpha}_2^*)} \Rightarrow \dfrac{\boldsymbol{e}'_{21}\boldsymbol{A}_2^{-1}\boldsymbol{B}_2}{\sqrt{\boldsymbol{e}'_{21}\boldsymbol{A}_2^{-1}\boldsymbol{e}_{21}}}$；

(4) $t_{\hat{\delta}_1^*} = \dfrac{\hat{\delta}_1^*}{\mathrm{se}(\hat{\delta}_1^*)} \Rightarrow \dfrac{\boldsymbol{e}'_{22}\boldsymbol{A}_2^{-1}\boldsymbol{B}_2}{\sqrt{\boldsymbol{e}'_{22}\boldsymbol{A}_2^{-1}\boldsymbol{e}_{22}}}$；

(5) $\Phi_2^* = \dfrac{1}{3s_2^{*2}}(\hat{\boldsymbol{\beta}}_2^* - \boldsymbol{\beta}_2^*)'\left(\sum_{t=1}^{T}\boldsymbol{x}_{2t}^*\boldsymbol{x}_{2t}^{*\prime}\right)(\hat{\boldsymbol{\beta}}_2^* - \boldsymbol{\beta}_2^*) \Rightarrow \dfrac{1}{3}\boldsymbol{B}'_2\boldsymbol{A}_2^{-1}\boldsymbol{B}_2$。

其中有关符号见定理 5.1 和定理 5.2 的解释。

为说明 Bootstrap 方法的有效性，就必须从理论上证明基于 Bootstrap 样本下的检验量与原始样本对应的检验量具有相同的极限分布，为此首先构造如下部分和序列：

$$S_{iT,0}^* = 0, \quad S_{iT,k}^* = \sum_{j=1}^{k}\tilde{\varepsilon}_{ij}^*, \quad i = 1,2; k = 1,2,\cdots,T$$

再利用序列 $S_{iT,k}^*$ 构造过程 $\{Y_{iT}^*(r): r\in[0,1]\}$ 如下：

$$Y_{iT}^*(r) = \frac{1}{\sqrt{T}s_{iT}}\left[S_{iT,\lceil Tr\rceil}^* + (Tr - \lceil Tr\rceil)\tilde{\varepsilon}_{i\lceil Tr\rceil+1}^*\right], \quad r \in [0,1] \quad (5.44)$$

其中 $\lceil Tr\rceil$ 为不超过 Tr 的最大正整数，$s_{iT}(i=1,2)$ 是根据式(5.11)和式(5.15)中残差计算的扰动项方差估计。首先以如下引理的形式给出 Bootstrap 不变原理。

引理 5.2 设 $\hat{\varepsilon}_{1t}$、$\hat{\varepsilon}_{2t}$ 为式(5.11)、式(5.15)的残差，令 $\hat{F}_{1T}$、$\hat{F}_{2T}$ 为它们各自的经验分布函数，$\tilde{\varepsilon}_{1t}^*$、$\tilde{\varepsilon}_{2t}^*$ 是来自 $\hat{F}_{1T}$、$\hat{F}_{2T}$ 有放回抽样的样本，定义式(5.44)中的 $\{Y_{iT}^*(r): r \in [0,1]\}$，则当 $T\to\infty$ 时几乎处处依概率有 $Y_{iT}^*(r) \Rightarrow W(r)$，$r\in[0,1]$。

证明 引理 5.2 的证明过程参照 Ferretti 和 Romo 的叙述，但需要验证本文的残差 $\hat{\varepsilon}_{1t}$、$\hat{\varepsilon}_{2t}$ 与他们的残差具有相同的统计性质，Ferretti 和 Romo 的残差取自

如下回归模型[75]：

$$y_t = \rho y_{t-1} + \varepsilon_t \tag{5.45}$$

记式(5.45)的残差为 $\breve{\varepsilon}_t$，容易证明，当数据为式(5.39)时有 $\breve{\varepsilon}_t = \varepsilon_t + o_p(1)$。下面证明这里的残差也具有上述性质。实际上，当采用式(5.11)估计时，式(5.12)表明：

$$\boldsymbol{\Lambda}_1(\hat{\boldsymbol{\beta}}_1 - \boldsymbol{\beta}_1) \Rightarrow \sigma_\varepsilon \boldsymbol{\lambda}_1^{-1} \boldsymbol{A}_1^{-1} \boldsymbol{B}_1$$

这表明 $\hat{\alpha}_1 - \alpha_1 = O_p(T^{-1/2})$，$\hat{\varphi}_1 - \varphi_1 = O_p(T^{-2})$，根据式(5.11)得到

$$\hat{\varepsilon}_{1t} = \varepsilon_{1t} - (\hat{\alpha}_1 - \alpha_1) - (\hat{\varphi}_1 - \varphi_1) y_{t-1}^3$$

当存在单位根时，由于 $y_{t-1}^3 = O_p(T^{3/2})$，据此知 $\hat{\varepsilon}_{1t} = \varepsilon_t + O_p(T^{-1/2}) = \varepsilon_t + o_p(1)$，因此 $\hat{\varepsilon}_{1t}$ 与 $\breve{\varepsilon}_t$ 具有相同的统计性质。类似地，当估计式(5.15)时，根据式(5.16)得到

$$\hat{\alpha}_2 - \alpha_2 = O_p(T^{-1/2}), \quad \hat{\delta}_1 - \delta_1 = O_p(T^{-3/2}), \quad \hat{\varphi}_2 - \varphi_2 = O_p(T^{-2})$$

因此有

$$\begin{aligned} \hat{\varepsilon}_{2t} &= \varepsilon_t - (\hat{\alpha}_2 - \alpha_2) - (\hat{\delta}_1 - \delta_1) t - (\hat{\varphi}_2 - \varphi_2) y_{t-1}^3 \\ &= \varepsilon_t + O_p(T^{-1/2}) = \varepsilon_t + o_p(1) \end{aligned}$$

这就证明了 $\hat{\varepsilon}_{2t}$ 与 $\breve{\varepsilon}_t$ 也具有相同的统计性质，所以引理 5.2 成立。

利用上述结果还可以得到

$$s_{1T}^2 = \sigma_\varepsilon^2 + o_p(1), \quad s_{2T}^2 = \sigma_\varepsilon^2 + o_p(1) \tag{5.46}$$

此外还需要在 Ferretti 和 Romo 构造 R_{i2T}^* 的基础上再引入 R_{i1T}^* 与 R_{i3T}^*，表达式分别如下：

$$R_{i1T}^* = T^{-1} \sum_{t=1}^{T} Y_{iT}^* \left(\frac{t}{T} \right) - \int_0^1 Y_{iT}^*(r) \mathrm{d}r$$

$$R_{i3T}^* = T^{-2} \sum_{t=1}^{T} t Y_{iT}^* \left(\frac{t}{T} \right) - \int_0^1 r Y_{iT}^*(r) \mathrm{d}r$$

于是有如下引理，证明过程参见 Ferretti 和 Romo 的叙述[75]。

引理 5.3　在 $(y_1, y_2, \cdots, y_T, \cdots)$ 几乎所有的样本路径上，当 $T \to \infty$ 时有 $R_{ijT}^* = o_{P^*}(1)$，$i = 1,2$；$j = 1,2,3$ 成立。

下面利用上述两个引理证明定理 5.7 中所需要的结论，以引理的形式给出。

引理 5.4　在引理 5.2、引理 5.3 的条件下，采用式(5.40)、式(5.41)来构造 Bootstrap 样本，则有：

(1) $T^{-1/2} \sum_{t=1}^{T} \tilde{\varepsilon}_{it}^* \Rightarrow \sigma_\varepsilon W(1)$；

(2) $T^{-5/2} \sum_{t=1}^{T} y_{it-1}^{*3} \Rightarrow \sigma_\varepsilon^3 \int_0^1 W^3(r) \mathrm{d}r$；

(3) $T^{-3/2} \sum_{t=1}^{T} t \tilde{\varepsilon}_{2t}^* \Rightarrow \sigma_\varepsilon \int_0^1 r \mathrm{d}W(r)$；

(4) $T^{-2}\sum_{t=1}^{T} y_{it-1}^{*3}\tilde{\varepsilon}_{it}^{*} \Rightarrow \sigma_{\varepsilon}^{4}\int_{0}^{1} W^{3}(r)\mathrm{d}W(r)$；

(5) $T^{-4}\sum_{t=1}^{T} y_{it-1}^{*6} \Rightarrow \sigma_{\varepsilon}^{6}\int_{0}^{1} W^{6}(r)\mathrm{d}r$；

(6) $T^{-7/2}\sum_{t=1}^{T} t y_{2t-1}^{*3} \Rightarrow \sigma_{\varepsilon}^{3}\int_{0}^{1} rW^{3}(r)\mathrm{d}r$。

证明　由于 $T^{-1/2}\sum_{t=1}^{T}\tilde{\varepsilon}_{it}^{*} = s_{iT}Y_{iT}^{*}(1)$，根据引理 5.2 和式(5.46)得到结论(1)成立。

根据 Bootstrap 样本构造式(5.40)、式(5.41)可以得到

$$y_{it}^{*} = y_{i0}^{*} + \sum_{s=1}^{t}\tilde{\varepsilon}_{is}^{*}$$

为此得到 y_{it}^{*} 的部分和收敛结果为

$$T^{-1/2}y_{i\lceil Tr\rceil}^{*} = T^{-1/2}\sum_{s=1}^{\lceil Tr\rceil}\tilde{\varepsilon}_{is}^{*} \Rightarrow \sigma_{\varepsilon}W(r)$$

因此得到

$$T^{-5/2}\sum_{t=1}^{T} y_{it-1}^{*3} = \int_{0}^{1}(T^{-1/2}y_{i\lceil Tr\rceil}^{*})^{3}\mathrm{d}r \Rightarrow \sigma_{\varepsilon}^{3}\int_{0}^{1} W^{3}(r)\mathrm{d}r$$

因此结论(2)成立。对于结论(3)至结论(6)，结合引理 5.2、引理 5.3 并仿照陆懋祖定理 1.7 的证明思路可以证明这些结论是成立的[27]。

利用大数定律和 Slusky 定理以及引理 5.4，以 $\tilde{\varepsilon}_{it}^{*}$、$y_{it}^{*}$ 替代 ε_t、y_t 仿照定理 5.1 和定理 5.2 的证明过程，可以得到定理 5.7 的结论。

5.4.2　含漂移项数据生成模式

1. 数据生成过程

设数据生成为

$$y_t = y_{t-1} + c + \varepsilon_t \tag{5.18}$$

由于数据生成含有漂移项，在估计残差的同时也要估计漂移项，此时不能直接使用转换后模型的残差来生成 Bootstrap 样本。为此更改 Bootstrap 方法如下：

(1) 使用 OLS 估计下列式(5.47)，记式(5.47)中的参数分别为 $\hat{\alpha}$ 和 $\hat{\rho}$，得到残差估计 $\hat{\varepsilon}_t$，$t = 1,2,\cdots,T$。由于此时模型中含有截距项，故不需要中心化处理。

$$y_t = \alpha + \rho y_{t-1} + \varepsilon_t \tag{5.47}$$

(2) 以 $\hat{\varepsilon}_t$ 为母体，采用有放回的方法从 $\hat{\varepsilon}_t$ 中抽取样本，记为 $\tilde{\varepsilon}_t^{*}$，$t = 1,2,\cdots,T$。

(3) 设 $y_0^{*} = 0$，按照如下递归等式生成 Bootstrap 样本 y_t^{*}，$t = 1,2,\cdots,T$。

$$y_t^{*} = \hat{\alpha} + y_{t-1}^{*} + \tilde{\varepsilon}_t^{*} \tag{5.48}$$

(4) 以 y_t^* 为样本，按照类似式(5.22)的形式估计转换和去势后的模型如下：

$$\Delta y_t^* = \alpha_3^* + \delta_2^* t + \phi_0^* (t-1)^3 + \phi_1^* \eta_{t-1}^* (t-1)^2 + \phi_2^* \eta_{t-1}^{*2}(t-1) + \phi_3^* \eta_{t-1}^{*3} + z_{3t}^* \tag{5.49}$$

其中 $\eta_{t-1}^* = y_{t-1}^* - \hat{\alpha}(t-1)$。

(5) 分别建立假设：

$$\mathrm{H}_{06}^*: \alpha_3^* = \hat{\alpha}, \quad \mathrm{H}_{07}^*: \delta_2^* = 0, \quad \mathrm{H}_{08}': \delta_2^* = \phi_0^* = \phi_1^* = \phi_2^* = \phi_3^* = 0$$

记

$$\boldsymbol{\beta}_3^{*\prime} = (\alpha_3^*, \delta_2^*, \phi_0^*, \phi_1^*, \phi_2^*, \phi_3^*), \quad \hat{\boldsymbol{\beta}}_3^{*\prime} = (\hat{\alpha}_3^*, \hat{\delta}_2^*, \hat{\phi}_0^*, \hat{\phi}_1^*, \hat{\phi}_2^*, \hat{\phi}_3^*)$$

$$\boldsymbol{x}_{3t}^{*\prime} = (1, t, (t-1)^3, \eta_{t-1}^* (t-1)^2, \eta_{t-1}^{*2}(t-1), \eta_{t-1}^{*3})$$

并根据式(5.49)利用 Bootstrap 样本 y_t^* 分别计算检验量值如下：

$$t_{\hat{\alpha}_3^*} = \frac{\hat{\alpha}_3^* - \hat{\alpha}}{\mathrm{se}(\hat{\alpha}_3^*)}, \quad t_{\hat{\delta}_2^*} = \frac{\hat{\delta}_2^*}{\mathrm{se}(\hat{\delta}_2^*)}$$

$$\Phi_3^* = \frac{1}{5}(\boldsymbol{R}(\hat{\boldsymbol{\beta}}_3^* - \boldsymbol{\beta}_3^*))'(\mathrm{Var}(\boldsymbol{R}(\hat{\boldsymbol{\beta}}_3^* - \boldsymbol{\beta}_3^*)))^{-1}\boldsymbol{R}(\hat{\boldsymbol{\beta}}_3^* - \boldsymbol{\beta}_3^*)$$

其中 $\boldsymbol{R} = (\boldsymbol{0}_{5\times 1}, \boldsymbol{I}_5)$。

(6) 重复步骤(2)和步骤(5)共 B 次，设第 b 次检验量值为 $t_{\hat{\alpha}_3^*,b}$、$t_{\hat{\delta}_2^*,b}$、$\Phi_{3,b}^*$，$b=1,2,\cdots,B$。

(7) 按照以下公式计算 Bootstrap 检验概率：

$$p_1 = \frac{1}{B}\sum_{b=1}^{B} I(|t_{\hat{\alpha}_3^*,b}| > |t_{\hat{\alpha}_3}|), \quad p_2 = \frac{1}{B}\sum_{b=1}^{B} I(|t_{\hat{\delta}_2^*,b}| > |t_{\hat{\delta}_2}|)$$

$$p_3 = \frac{1}{B}\sum_{b=1}^{B} I(\Phi_{3,b}^* > \Phi_3)$$

其中 $I(\cdot)$为示性函数，条件为真取 1，否则取 0。如果有检验概率小于事先指定的显著性水平，就拒绝对应的原假设，否则就接受原假设。

下面定理给出了此种情况下的 Bootstrap 检验结论。

定理 5.8　当数据生成为式(5.18)，采用上述 Bootstrap 样本构造方法，估计式(5.49)时有：

(1) $t_{\hat{\alpha}_3^*} = \dfrac{\hat{\alpha}_3^* - \hat{\alpha}}{\mathrm{se}(\hat{\alpha}_3^*)} \Rightarrow \dfrac{\boldsymbol{e}_{31}'\boldsymbol{A}_3^{-1}\boldsymbol{B}_3}{\sqrt{\boldsymbol{e}_{31}'\boldsymbol{A}_3^{-1}\boldsymbol{e}_{31}}}$；

(2) $t_{\hat{\delta}_2^*} = \dfrac{\hat{\delta}_2^*}{\mathrm{se}(\hat{\delta}_2^*)} \Rightarrow \dfrac{\boldsymbol{e}_{32}'\boldsymbol{A}_3^{-1}\boldsymbol{B}_3}{\sqrt{\boldsymbol{e}_{32}'\boldsymbol{A}_3^{-1}\boldsymbol{e}_{32}}}$；

(3) $\Phi_3^* = \dfrac{1}{5}(\boldsymbol{R}(\hat{\boldsymbol{\beta}}_3^* - \boldsymbol{\beta}_3^*))'(\mathrm{Var}(\boldsymbol{R}(\hat{\boldsymbol{\beta}}_3^* - \boldsymbol{\beta}_3^*)))^{-1}\boldsymbol{R}(\hat{\boldsymbol{\beta}}_3^* - \boldsymbol{\beta}_3^*) \Rightarrow$
$\dfrac{1}{5}(\boldsymbol{R}\boldsymbol{A}_3^{-1}\boldsymbol{B}_3)'(\boldsymbol{R}\boldsymbol{A}_3^{-1}\boldsymbol{R}')^{-1}(\boldsymbol{R}\boldsymbol{A}_3^{-1}\boldsymbol{B}_3)$。

其中相关符号见定理 5.3 中的介绍。

证明定理 5.8 仍要使用引理 5.2、引理 5.3。为此首先验证此种情况下扰动项估计仍能满足引理 5.2 和引理 5.3 的条件。

当数据生成为式(5.18)，估计式(5.47)时，根据陆懋祖[27]的结论得到

$$\hat{\alpha}-\alpha=O_p(T^{-1/2}),\quad \hat{\rho}-1=O_p(T^{-3/2})$$

另一方面，当数据生成为式(5.18)时有 $y_{t-1}=O_p(T)$，从而有

$$\hat{\varepsilon}_t=\varepsilon_t-(\hat{\alpha}-\alpha)-(\hat{\rho}-1)y_{t-1}=\varepsilon_t+O_p(T^{-1/2})=\varepsilon_t+o_p(1)$$

故此种情况下的扰动项也具有 Ferretti 和 Romo 中残差的性质，故引理 5.2 和引理 5.3 成立[75]。

又由于 Bootstrap 数据生成为式(5.48)，因此递归得到

$$y_t^*=\hat{\alpha}t+\sum_{s=1}^{t}\tilde{\varepsilon}_s^*$$

所以有

$$\eta_{t-1}^*=y_{t-1}^*-\alpha^*(t-1)=\sum_{s=1}^{t-1}\tilde{\varepsilon}_s^*$$

这与数据生成无漂移项的 Bootstrap 样本 y_{t-1}^* 完全相同，因此使用 η_{t-1}^* 替代引理 5.4 中的 y_{t-1}^*，相关结论不变，同时还可以继续证明如下结论成立：

$$T^{-7/2}\sum_{t=1}^{T}(t-1)^2\eta_{t-1}^*\Rightarrow\sigma_\varepsilon\int_0^1 s^2W(s)\mathrm{d}s$$

$$T^{-3}\sum_{t=1}^{T}(t-1)\eta_{t-1}^{*2}\Rightarrow\sigma_\varepsilon^2\int_0^1 sW^2(s)\mathrm{d}s$$

$$T^{-9/2}\sum_{t=1}^{T}t(t-1)^2\eta_{t-1}^*\Rightarrow\sigma_\varepsilon\int_0^1 s^3W(s)\mathrm{d}s$$

$$T^{-4}\sum_{t=1}^{T}t(t-1)\eta_{t-1}^{*2}\Rightarrow\sigma_\varepsilon^2\int_0^1 s^2W^2(s)\mathrm{d}s$$

$$T^{-13/2}\sum_{t=1}^{T}(t-1)^5\eta_{t-1}^*\Rightarrow\sigma_\varepsilon\int_0^1 s^5W(s)\mathrm{d}s$$

$$T^{-6}\sum_{t=1}^{T}(t-1)^4\eta_{t-1}^2\Rightarrow\sigma_\varepsilon^2\int_0^1 s^4W^2(s)\mathrm{d}s$$

$$T^{-11/2}\sum_{t=1}^{T}(t-1)^3\eta_{t-1}^{*3}\Rightarrow\sigma_\varepsilon^3\int_0^1 s^3W^3(s)\mathrm{d}s$$

$$T^{-5}\sum_{t=1}^{T}(t-1)^2\eta_{t-1}^{*4}\Rightarrow\sigma_\varepsilon^4\int_0^1 s^2W^4(s)\mathrm{d}s$$

$$T^{-9/2}\sum_{t=1}^{T}(t-1)\eta_{t-1}^{*5}\Rightarrow\sigma_\varepsilon^5\int_0^1 sW^5(s)\mathrm{d}s$$

$$T^{-7/2}\sum_{t=1}^{T}(t-1)^3\tilde{\varepsilon}_t^*\Rightarrow\sigma_\varepsilon\int_0^1 s^3\mathrm{d}W(s)$$

$$T^{-3}\sum_{t=1}^{T}(t-1)^2\eta_{t-1}^{*}\tilde{\varepsilon}_t^{*}\Rightarrow\sigma_{\varepsilon}^{2}\int_0^1 s^2W(s)\mathrm{d}W(s)$$

$$T^{-5/2}\sum_{t=1}^{T}(t-1)\eta_{t-1}^{*2}\tilde{\varepsilon}_t^{*}\Rightarrow\sigma_{\varepsilon}^{3}\int_0^1 sW^2(s)\mathrm{d}W(s)$$

利用这些结论参照定理 5.3 的证明过程可以完成定理 5.8 的证明，这里不再给出具体过程。

显然，根据 5.3 节的分析，本节 Bootstrap 的检验方法也适用于带阈值且扰动项为独立同分布的相关 KSS 检验量，对于 ADF 模式下的 KSS 检验可以使用 RB 方法检验，本节不再叙述。

5.5　蒙特卡罗模拟与实证研究

前面从理论上证实了可以使用 Bootstrap 检验方法完成相应的检验，但实际检验效果还需要使用蒙特卡罗模拟方法来和使用分位数方法进行对比。为了说明该方法可以用于检验实际时间序列的平稳性，本节还将使用两种检验方法进行实证分析。

5.5.1　无漂移项数据生成模式与蒙特卡罗模拟

1. 模拟设置

设数据生成为无漂移项的单位根过程，扰动项为 $\varepsilon_t \sim \mathrm{iin}(0,1)$，样本容量分别取 25、50 和 100，蒙特卡罗模拟次数为 10000 次，Bootstrap 检验次数为 1000 次，检验使用的分位数分别来自表 5.1 至表 5.6；取显著性水平为 0.05；检验使用两种不同的残差：一种是使用基于约束的残差，即使用 $\hat{\varepsilon}_t = y_t - y_{t-1}$ 的中心化残差来构造样本，相关检验量在下标使用 r 表示；另一种是使用无约束的残差，且使用与各自估计模型相对应的残差来生成 Bootstrap 样本，即 5.4 节中介绍的方法。当考察检验功效时，采用 Kapetanios、Shin 和 Snellb 中的参数设置，即 π 分别取 −0.1、−0.5、−1、−1.5，而 γ 分别取 0.01、0.05、0.1、1，此时使用约束的残差来构造 Bootstrap 样本[11]。

2. 模拟结果

表 5.7 和表 5.8 分别给出了不带阈值和带阈值的检验结果。根据名义检验水平 0.05 得到实际显著性水平区间估计结果为(4.60%，5.40%)。显然，对于不带阈值的检验来说，所有分位数检验结果均落在上述区间估计范围内，具有较好的检验水平；当使用基于约束的残差时，Bootstrap 检验也具有满意的显著性水平，但当使用无约束残差时，有两处检验(用加粗和斜体表示，下同)不满足区间估计要求。

当考虑带阈值的检验时,分位数检验存在严重的检验水平扭曲,仅当样本为 100 时才有较满意的检验水平;基于约束残差的 Bootstrap 检验仍然具有满意的检验水平,而基于无约束残差的 Bootstrap 检验仍有 1 处不满足区间估计要求。水平检验表明:Bootstrap 检验方法较分位数检验具有明显的优势,尤其是使用基于约束残差的 Bootstrap 检验方法。

表 5.7　不带阈值 5 种检验量的检验结果

T	$t_{\hat{\alpha}_1}$	Φ_1	$t_{\hat{\alpha}_2}$	$t_{\hat{\delta}_1}$	Φ_2	$t^*_{r\hat{\alpha}_1}$	Φ^*_{r1}	$t^*_{r\hat{\alpha}_2}$	$t^*_{r\hat{\delta}_1}$	Φ^*_{r2}	$t^*_{\hat{\alpha}_1}$	Φ^*_1	$t^*_{\hat{\alpha}_2}$	$t^*_{\hat{\delta}_1}$	Φ^*_2
25	4.88	5.00	4.89	4.79	4.87	4.88	4.76	5.02	4.92	4.88	4.77	4.76	5.03	4.81	***4.53***
50	4.99	4.95	5.30	5.31	5.14	5.03	5.04	5.19	5.08	5.07	4.85	4.81	5.25	5.35	5.10
100	5.14	5.09	5.52	5.25	4.95	4.87	4.85	4.88	5.01	4.90	5.12	5.15	***5.56***	5.21	5.03

表 5.8　带阈值 5 种检验量的检验结果

T	$t_{\hat{\alpha}_1}$	Φ_1	$t_{\hat{\alpha}_2}$	$t_{\hat{\delta}_1}$	Φ_2	$t^*_{r\hat{\alpha}_1}$	Φ^*_{r1}	$t^*_{r\hat{\alpha}_2}$	$t^*_{r\hat{\delta}_1}$	Φ^*_{r2}	$t^*_{\hat{\alpha}_1}$	Φ^*_1	$t^*_{\hat{\alpha}_2}$	$t^*_{\hat{\delta}_1}$	Φ^*_2
25	***6.36***	***6.72***	***6.32***	***6.65***	***7.42***	5.06	4.87	4.97	4.78	4.84	5.39	5.12	5.08	4.88	5.13
50	***5.63***	***6.19***	***5.71***	***5.50***	***5.73***	4.75	5.04	4.96	5.10	5.02	5.03	5.24	5.02	4.84	***4.55***
100	5.07	***5.57***	5.03	5.09	5.16	5.01	5.03	4.96	5.15	5.17	4.89	4.90	4.82	4.79	4.62

接下来考察检验功效,表 5.9 列出了不带阈值的功效模拟结果,总结可以得到几个结论:第一,固定样本 T 和 γ 时,Φ_1、Φ_2 检验功效随着 π 的绝对值减小而降低,这是由于这种变化会削弱非线性,因此功效会下降,但 $t_{\hat{\alpha}_1}$、$t_{\hat{\alpha}_2}$、$t_{\hat{\delta}_1}$ 的检验功效变化趋势正好相反。第二,固定样本 T 和 π 时,Φ_1、Φ_2 检验功效随着 γ 降低而降低,但 $t_{\hat{\alpha}_1}$、$t_{\hat{\alpha}_2}$、$t_{\hat{\delta}_1}$ 的检验功效变化趋势正好相反。第三,当固定 π 和 γ 时,Φ_1、Φ_2 检验功效随着样本 T 增大而增大,但 $t_{\hat{\alpha}_1}$、$t_{\hat{\alpha}_2}$、$t_{\hat{\delta}_1}$ 的检验功效变化趋势也正好相反。第四,上述检验量变化规律同样适用于 Bootstrap 对应检验量的结果。第五,当比较上述检验量与对应 Bootstrap 检验量的检验功效时,两者检验功效基本相同,但使用原始样本计算检验量的功效略微占优。

表 5.9　不带阈值 5 种检验量的检验结果

T	π	γ	$t_{\hat{\alpha}_1}$	Φ_1	$t_{\hat{\alpha}_2}$	$t_{\hat{\delta}_1}$	Φ_2	$t^*_{\hat{\alpha}_1}$	Φ^*_1	$t^*_{\hat{\alpha}_2}$	$t^*_{\hat{\delta}_1}$	Φ^*_2
25	−1.50	1.00	0.10	96.77	0.27	0.26	89.75	0.08	96.55	0.26	0.27	89.39
25	−1.50	0.10	0.57	50.79	1.53	1.45	35.22	0.55	49.68	1.68	1.48	34.20
25	−1.50	0.05	0.72	27.38	2.14	2.00	17.62	0.68	26.64	2.17	2.01	16.89
25	−1.50	0.01	1.38	6.71	3.55	3.28	5.30	1.33	6.43	3.61	3.32	4.95
25	−1.00	1.00	0.12	73.55	0.42	0.36	51.79	0.11	72.56	0.43	0.40	50.55
25	−1.00	0.10	0.58	29.47	1.56	1.60	18.68	0.62	28.92	1.68	1.62	18.07
25	−1.00	0.05	0.82	16.09	2.19	2.31	10.62	0.79	15.45	2.27	2.31	10.38
25	−1.00	0.01	1.60	5.18	4.17	3.66	4.60	1.54	4.82	4.27	3.71	4.39
25	−0.50	1.00	0.07	22.21	0.56	0.60	11.05	0.60	21.65	0.54	0.65	10.75
25	−0.50	0.10	0.66	10.55	2.13	2.38	7.22	0.61	10.12	2.18	2.37	6.93

续表

T	π	γ	$t_{\hat{\alpha}_1}$	Φ_1	$t_{\hat{\alpha}_2}$	$t_{\hat{\delta}_1}$	Φ_2	$t^*_{\hat{\alpha}_1}$	Φ_1^*	$t^*_{\hat{\alpha}_2}$	$t^*_{\hat{\delta}_1}$	Φ_2^*
25	−0.50	0.05	0.86	7.06	2.79	2.74	5.17	0.80	6.69	2.84	2.80	5.00
25	−0.50	0.01	1.79	4.26	4.51	4.50	3.69	1.79	4.14	4.74	4.67	3.51
25	−0.10	1.00	0.61	3.44	2.91	3.26	2.71	0.67	3.25	3.09	3.36	2.60
25	−0.10	0.10	1.55	3.78	3.78	4.32	3.49	1.50	3.65	3.90	4.33	3.33
25	−0.10	0.05	1.85	3.66	4.58	4.51	3.42	1.82	3.49	4.72	4.51	3.23
25	−0.10	0.01	3.43	4.01	5.68	5.16	4.43	3.31	3.86	5.86	5.14	4.29
50	−1.50	1.00	0.01	99.99	0.21	0.07	99.93	0.01	99.99	0.18	0.09	99.92
50	−1.50	0.10	0.38	95.52	1.03	0.75	85.75	0.39	95.21	1.02	0.77	85.57
50	−1.50	0.05	0.52	78.41	1.33	1.08	58.74	0.45	77.88	1.35	1.06	58.24
50	−1.50	0.01	0.88	18.99	2.68	2.26	12.25	0.86	18.58	2.66	2.24	12.21
50	−1.00	1.00	0.06	99.00	0.20	0.15	95.14	0.06	98.91	0.16	0.14	95.09
50	−1.00	0.10	0.44	81.57	1.08	0.86	61.81	0.49	81.08	1.05	0.88	61.56
50	−1.00	0.05	0.53	54.42	1.39	1.14	34.61	0.56	53.67	1.38	1.18	34.26
50	−1.00	0.01	0.04	67.13	0.19	0.16	42.49	0.03	66.28	0.20	0.14	41.74
50	−0.50	1.00	0.07	22.21	0.56	0.60	11.05	0.60	11.12	2.80	2.70	7.65
50	−0.50	0.10	0.41	37.06	1.16	1.10	20.68	0.37	36.72	1.13	1.14	20.42
50	−0.50	0.05	0.74	22.54	1.90	1.60	13.27	0.74	21.85	1.86	1.56	13.18
50	−0.50	0.01	1.41	7.21	3.68	3.33	5.61	1.36	7.10	3.54	3.37	5.49
50	−0.10	1.00	0.02	5.59	1.51	1.48	3.30	0.24	5.42	1.50	1.51	3.22
50	−0.10	0.10	0.83	5.55	2.62	2.52	3.69	0.76	5.33	2.54	2.54	3.58
50	−0.10	0.05	1.08	5.17	3.77	3.71	4.69	1.03	4.95	3.69	3.66	4.53
50	−0.10	0.01	2.54	4.56	5.14	4.61	3.97	2.49	4.42	5.14	4.50	3.80
100	−1.50	1.00	0.03	100.00	0.06	0.05	100.00	0.03	100.00	0.01	0.04	100.00
100	−1.50	0.10	0.21	100.00	0.57	0.04	99.98	0.21	100.00	0.06	0.41	99.98
100	−1.50	0.05	0.36	99.84	0.83	0.60	98.73	0.38	99.83	0.84	0.61	98.68
100	−1.50	0.01	0.72	67.70	1.83	1.48	43.15	0.70	67.33	1.89	1.46	42.87
100	−1.00	1.00	0.01	100.00	0.03	0.08	100.00	0.02	100.00	0.06	0.08	100.00
100	−1.00	0.10	0.26	99.91	0.81	0.68	98.95	0.26	99.92	0.76	0.65	98.93
100	−1.00	0.05	0.41	98.29	1.07	0.89	90.94	0.38	98.23	1.00	0.90	90.91
100	−1.00	0.01	0.75	44.53	2.09	1.58	25.51	0.77	44.27	2.06	1.58	25.60
100	−0.50	1.00	0.01	98.17	0.01	0.05	92.40	0.02	98.08	0.09	0.05	92.21
100	−0.50	0.10	0.24	92.36	0.95	0.65	74.64	0.22	91.96	0.95	0.66	74.45
100	−0.50	0.05	0.47	75.16	1.30	1.12	49.51	0.44	74.75	1.38	1.07	48.96
100	−0.50	0.01	1.02	19.25	2.43	2.17	11.97	1.01	19.07	2.48	2.16	12.15
100	−0.10	1.00	0.04	16.17	0.57	0.35	7.12	0.06	16.10	0.55	0.36	7.14
100	−0.10	0.10	0.43	13.21	1.79	1.32	7.20	0.39	13.20	1.73	1.30	7.20
100	−0.10	0.05	0.76	10.30	2.37	1.93	6.69	0.78	10.34	2.37	2.01	6.73
100	−0.10	0.01	1.47	5.53	4.07	3.93	4.41	1.52	5.54	4.00	3.87	4.42

5.5.2 含漂移项数据生成模式与蒙特卡罗模拟

现考虑带漂移项的数据生成过程,取漂移项为 1,表 5.10、表 5.11 列出了带漂移项的模拟结果。根据名义显著性水平的区间估计结果,显然带阈值的检验模式下分位数检验方法有 1 次不满要求,其他检验都与名义显著性水平相吻合,总体来看,使用带约束残差的 Bootstrap 检验效果优于无约束残差的对应结果。表 5.12 给出了不带阈值模型检验功效模拟结果,Φ_3 功效的变化规律与无漂移项数据生成中的 Φ_1、Φ_2 完全相同,但 $t_{\hat{\alpha}_3}$、$t_{\hat{\delta}_2}$ 的功效变化除了随着样本的增大而增大之外,其他仍与无漂移项数据生成中的漂移项和趋势项检验结果相同。当比较检验量 $t_{\hat{\alpha}_3}$、$t_{\hat{\delta}_2}$、Φ_3 与 $t^*_{\hat{\alpha}_3}$、$t^*_{\hat{\delta}_2}$、Φ^*_3 检验功效时,两者基本相当,但在绝大多数场合下,Bootstrap 检验量略微占优。

表 5.10 不带阈值 3 种检验量的检验结果

T	$t_{\hat{\alpha}_3}$	$t_{\hat{\delta}_2}$	Φ_3	$t^*_{r\hat{\alpha}_3}$	$t^*_{r\hat{\delta}_2}$	Φ^*_{r3}	$t^*_{\hat{\alpha}_3}$	$t^*_{\hat{\delta}_2}$	Φ^*_3
25	5.12	5.00	4.92	4.97	5.08	4.76	5.13	4.92	4.96
50	4.91	5.14	4.83	4.83	5.03	4.92	5.03	5.14	4.95
100	4.94	4.87	4.80	4.95	4.96	5.21	5.16	4.75	4.79

表 5.11 带阈值 3 种检验量的检验水平

T	$t_{\hat{\alpha}_3}$	$t_{\hat{\delta}_2}$	Φ_3	$t^*_{r\hat{\alpha}_3}$	$t^*_{r\hat{\delta}_2}$	Φ^*_{r3}	$t^*_{\hat{\alpha}_3}$	$t^*_{\hat{\delta}_2}$	Φ^*_3
25	4.83	***7.79***	5.06	5.24	4.94	5.03	4.61	4.92	4.95
50	5.22	4.97	5.11	4.87	4.88	5.05	5.21	4.73	5.15
100	4.94	4.74	4.85	4.87	5.05	5.08	4.96	4.87	4.72

表 5.12 不带阈值 3 种检验量的检验功效

T	π	γ	$t_{\hat{\alpha}_3}$	$t_{\hat{\delta}_2}$	Φ_3	$t^*_{\hat{\alpha}_3}$	$t^*_{\hat{\delta}_2}$	Φ^*_3
25	−1.50	1.00	2.33	3.44	9.60	2.31	3.51	9.47
25	−1.50	0.10	4.00	5.43	5.30	4.02	5.52	5.22
25	−1.50	0.05	4.10	6.36	5.99	4.06	6.33	5.78
25	−1.50	0.01	5.11	6.35	5.34	4.91	6.13	5.47
25	−1.00	1.00	3.38	4.76	4.40	3.26	4.72	4.27
25	−1.00	0.10	4.27	6.20	5.97	4.21	6.24	5.85
25	−1.00	0.05	4.70	6.54	6.16	4.52	6.45	6.05
25	−1.00	0.01	4.95	5.87	5.46	5.03	5.96	5.38
25	−0.50	1.00	4.49	6.97	5.85	4.40	6.85	5.95
25	−0.50	0.10	4.83	6.56	6.39	4.81	6.67	6.33
25	−0.50	0.05	4.77	6.57	5.65	4.74	6.54	5.64
25	−0.50	0.01	4.73	5.46	5.26	4.73	5.49	5.24

续表

T	π	γ	$t_{\hat{\alpha}_3}$	$t_{\hat{\delta}_2}$	Φ_3	$t^*_{\hat{\alpha}_3}$	$t^*_{\hat{\delta}_2}$	Φ^*_3
25	−0.10	1.00	5.50	6.42	5.89	5.53	6.37	5.82
25	−0.10	0.10	4.86	5.24	5.40	4.83	5.19	5.29
25	−0.10	0.05	5.52	5.50	5.17	5.49	5.52	5.22
25	−0.10	0.01	5.12	5.04	5.18	5.24	4.99	5.10
50	−1.50	1.00	3.04	4.81	13.52	2.98	4.81	13.71
50	−1.50	0.10	4.82	5.79	4.86	4.80	5.80	4.94
50	−1.50	0.05	4.97	6.71	5.92	5.07	6.83	6.02
50	−1.50	0.01	4.88	7.10	6.70	5.05	7.09	6.82
50	−1.00	1.00	4.18	4.74	4.18	4.34	4.78	4.18
50	−1.00	0.10	5.19	6.18	5.80	5.54	6.23	5.90
50	−1.00	0.05	5.05	7.36	6.65	5.25	7.25	6.83
50	−1.00	0.01	4.76	6.85	6.26	4.73	6.86	6.26
50	−0.50	1.00	5.90	6.57	5.92	5.84	6.65	5.96
50	−0.50	0.10	5.22	7.20	6.71	5.30	7.08	6.83
50	−0.50	0.05	4.71	6.70	6.15	4.87	6.70	6.39
50	−0.50	0.01	5.06	6.22	6.14	5.13	6.17	6.20
50	−0.10	1.00	5.08	6.91	6.62	5.24	6.91	6.77
50	−0.10	0.10	5.15	6.25	5.97	5.24	6.17	6.06
50	−0.10	0.05	5.12	5.81	5.97	5.18	5.93	6.09
50	−0.10	0.01	4.80	5.27	5.43	5.03	5.28	5.47
100	−1.50	1.00	3.65	6.13	17.34	3.85	6.05	17.56
100	−1.50	0.10	4.90	5.79	4.25	5.11	5.63	4.14
100	−1.50	0.05	5.71	6.06	5.10	5.86	5.93	5.00
100	−1.50	0.01	5.61	7.71	6.72	5.84	7.48	6.62
100	−1.00	1.00	4.68	4.85	3.98	4.85	4.72	3.96
100	−1.00	0.10	5.61	6.28	4.66	5.96	6.20	4.65
100	−1.00	0.05	5.78	6.88	5.78	5.80	6.67	5.60
100	−1.00	0.01	5.36	7.36	6.91	5.48	7.35	6.83
100	−0.50	1.00	5.82	6.18	4.93	5.96	6.04	4.77
100	−0.50	0.10	6.44	7.32	6.26	6.61	7.21	6.13
100	−0.50	0.05	5.73	8.04	6.73	6.05	7.87	6.76
100	−0.50	0.01	4.86	6.80	6.99	5.02	6.60	7.02
100	−0.10	1.00	5.59	7.28	7.17	5.66	7.26	7.31
100	−0.10	0.10	5.40	7.07	6.53	5.53	6.86	6.61
100	−0.10	0.05	5.48	7.46	6.64	5.62	7.34	6.70
100	−0.10	0.01	4.65	6.48	5.83	4.70	6.40	5.87

5.5.3 实证研究

通货膨胀率是宏观经济系统的重要指标，与人民生活密切相关，国内不少学者对该指标是否具有单位根进行了有益的探索。赵留彦等、王少平和彭方平、张屹山和张代强分别使用马尔科夫机制转换模型、ESTAR 模型和门限自回归模型对通货膨胀率进行实证研究，他们的研究表明：我国通货膨胀率具有非线性变动特征[144-146]。但蔡必清和洪永淼指出，上述文献研究结论的成立取决于通货膨胀率具有平稳性这一假设前提，为检验这一前提是否成立，他们利用商品零售价格同比指数增长率表示通货膨胀率，采用 KSS 检验量进行单位根检验，最终研究表明：在 10%的显著性水平下，无法拒绝我国通货膨胀率是单位根过程[141]。

然而蔡必清和洪永淼的研究中存在一个重要问题，如何选择检验模型的形式却具有随意性[141]。正如作者在文中所指出的那样："由于我们不知道通货膨胀率是否存在趋势项和漂移项，首先做去趋势化处理。"因此，他们并没有得到最终数据生成模型的形式。本节使用基于 KSS 检验模式下漂移项、趋势项以及联合检验量完成通货膨胀率的单位根检验并确定其数据生成过程。

取居民消费价格指数的同比增长率作为通货膨胀率指标，选取同比指标可以消除季节变动，时间跨度为 2002 年 1 月至 2014 年 7 月的月度数据①。首先从一般含有趋势的模型开始检验，记 KSS 单位根检验量分别为 t_{k4}、t_{k3}、t_{k2}、t_{k1}，其中 t_{k4} 为联合检验模式，其余三个检验量为 Kapetanios、Shin 和 Snellb 给出的检验量，分别对应去势、去均值和零均值检验结果。四种检验量的分位数分别为 5.138、-3.40、-2.93、-2.22[11]。

首先以式(5.18)为数据生成模型，利用样本数据的差分平均值估计漂移项。由 OLS 估计方法得到相关检验量值分别为 $\Phi_3=0.920$，$t_{\hat{\delta}_2}=-0.106$，$t_{\hat{\alpha}_3}=0.555$，用于 KSS 检验单位根的联合检验量值为 0.935，由蒙特卡罗模拟得到该种样本下 95%分位数分别为 4.467、(-2.921，2.932)、(-2.698，2.673)、5.138；显然，KSS 单位根联合检验量值 $0.935<5.138$，表明序列存在单位根，而单位根项和趋势项联合检验值 $0.920<4.467$，也表明为趋势项为零的单位根过程；趋势项的伪 t 检验量值 -0.106 也落于分位数的区间(-2.921，2.932)内，也表明趋势项为零，这与联合检验的结论相一致；漂移项检验值 0.555 也落于分位数的区间(-2.698，2.673)内，说明漂移项为零。接下来以无漂移项数据生成模型为基础，利用模型(5.15)进行检验，得到的检验量值分别为 $\Phi_2=1.046$，$t_{\hat{\delta}_1}=-0.729$，$t_{\hat{\alpha}_2}=1.217$，对应的 KSS 检验量值为 -1.458，而 KSS 检验量分位数为 -3.40，因此接受原假设表示存在单位根；而本文研究的三个检验量分位数分别为 4.489、

① 数据来源网站"http://data.eastmoney.com/cjsj/cpi.html"。

(−2.726,2.761)、(−2.634,2.641),将统计量值与分位数对比得到:联合检验表明趋势项和漂移项为零的单位根过程,漂移项和趋势项的伪 t 检验量也支持它们各自为零的结论,为此继续使用模型(5.11)进行检验,相关检验量值分别为 $\Phi_1 = 1.307$,$t_{\hat{\alpha}_1} = 1.094$,对应的 KSS 检验量值为 −1.572,此时 KSS 检验量分位数为 −2.93,因此检验表明存在单位根,本文提出的两个检验量分位数分别为 4.868、(−2.822,2.832),联合检验表明为漂移项为零的单位根过程,漂移项的伪 t 检验也说明漂移项为零。最后剔除漂移项估计最为简单的模型如下:

$$\Delta y_t = \phi_0 y_{t-1}^3 + \varepsilon_{0t}$$

得到 KSS 检验量为 −1.189,KSS 检验分位数为 −2.22,因此仍然接受原假设表明为单位根过程,且为数据生成无漂移项的单位根过程,这与实际经济理论比较符合。

如果使用 Bootstrap 检验,使用基于约束残差得到的检验量模拟 5000 次,则检验量与对应的检验概率分别为 0.3912(t_{k1}^*)、0.6854($t_{r\hat{\alpha}_1}^*$)、0.7078(Φ_{r1}^*)、0.559(t_{k2}^*)、0.3982($t_{r\hat{\alpha}_2}^*$)、0.7304($t_{r\hat{\delta}_1}^*$)、0.8862(Φ_{r2}^*)、0.7806(t_{k3}^*)、0.717($t_{r\hat{\alpha}_3}^*$)、0.9496($t_{r\hat{\delta}_2}^*$)、0.9876(Φ_{r3}^*)、0.9936(t_{k4}^*)。显然,Bootstrap 检验结果与使用分位数检验结果完全一致,实际上从模拟角度来看,两类检验方法的检验水平与检验功效基本相当,因此得到这样的结论也不足为奇。

本章小结

本章首先指出经典 DF 类检验的不足,在此基础上介绍 KSS 检验的基本原理。然后按照数据生成是否含有漂移项、备择假设成立时数据生成是否含有阈值、检验模式的不同,分别导出了漂移项检验量、趋势项检验量以及它们与非线性项联合检验量的分布,结果表明:DF 检验模式和 ADF 检验模式并不影响检验量的分布,但是否带阈值会导致检验量分布不同,蒙特卡罗模拟显示,对应检验量的分位数也有差异。接着仍然按照数据生成与检验模型设置的不同,引入 Bootstrap 方法对漂移项、趋势项以及联合检验量进行检验,理论研究表明:基于本文的 Bootstrap 方法下检验量的分布与原始样本下对应的检验量具有相同的极限分布,其可以用于检验;蒙特卡罗模拟表明:相对于分位数检验,Bootstrap 方法在检验水平有优势,在检验功效方面与分位数检验结果相当;实证研究表明:通过本章的漂移项、趋势项以及联合检验量配合 KSS 检验量,可以得到被检验序列的数据生成形式,从而完善 KSS 检验结论。本章实证分析中分位数检验和 Bootstrap 检验得到的结论相同,这与它们在检验水平和检验功效相当是一致的。

第 6 章 KPSS 检验模式下检验量分布与 Bootstrap 研究

6.1 平稳原假设与检验

6.1.1 序列构成分解

之前的单位根检验方法都是以序列存在单位根为原假设，以序列线性平稳为备择假设，但也有学者更改假设设立的顺序，提出以序列平稳为原假设，以存在单位根为备择假设。这种假设设立的基础是将序列分解成三个部分：第一个是确定性趋势部分，包括常数趋势、线性趋势，也可能是无趋势形式；第二个是随机平稳成分，用以将序列表示成随机过程；第三个是非平稳的单整部分。在这种假设设置下，如果序列没有非平稳的单整部分，那么序列在去势后将是平稳过程，或者说序列是围绕某种趋势变动的随机过程。根据趋势的类型，序列可以表示为

$$y_t = \xi_t + \varepsilon_t \tag{6.1}$$

$$y_t = \mu + \xi_t + \varepsilon_t \tag{6.2}$$

$$y_t = \beta_0 + \beta_1 t + \xi_t + \varepsilon_t \tag{6.3}$$

$$\xi_t = \xi_{t-1} + u_t$$

其中 ε_t 和 u_t 为两个不相关过程，且既可以为独立同分布过程，也可以为一般平稳过程，ξ_t 就是序列中的单整成分。平稳性假设为 $\mathrm{H}_0:\sigma_u^2=0$，$\mathrm{H}_1:\sigma_u^2>0$，当原假设成立时，式(6.1)、式(6.2)和式(6.3)中不再含有 ξ_t，因此当序列 y_t 退势后，ε_t 即为平稳过程。由于实证分析中并不知道 ε_t 序列，为此需要估计该扰动项，通常采用 OLS 估计方法得到趋势项参数 μ、β_0、β_1 的估计，记为 $\hat{\mu}$、$\hat{\beta}_0$、$\hat{\beta}_1$，设 $e_t^{(i)}$，$i=1,2,3$ 为上述三个回归模型的残差，当原假设 $\mathrm{H}_0:\sigma_u^2=0$ 成立时，$e_t^{(i)}$，$i=1,2,3$ 也为平稳序列。记

$$S_t^{(i)} = \sum_{s=1}^{t} e_s^{(i)}, \quad t = 1,2,\cdots,T;i = 1,2,3$$

为残差部分和序列，有关平稳性检验量都是以该序列或者其变体为基础建立。

6.1.2　平稳性检验量

1. 修正重标极差检验量

这种检验方法是对上述部分和 $S_t^{(i)}$ 的极差用标准差来调整构造检验量。例如对于式(6.2)而言，检验量为

$$RS^{(2)} = T^{-1/2} R_T^{(2)} / s_y$$

其中

$$R_T^{(2)} = \max_t S_t^{(2)} - \min_t S_t^{(2)}, \quad s_y = \left(T^{-1}\sum_{t=1}^{T}(y_t - \bar{y})^2\right)^{1/2}, \quad \bar{y} = T^{-1}\sum_{t=1}^{T} y_t$$

Lo 研究表明，RS 检验量对扰动项为非高斯分布且方差无限的序列具有稳健性，当扰动项 u_t 为独立同分布序列时，其分布为

$$RS^{(2)} \Rightarrow \sup_{r\in[0,1]} V_1(r) - \inf_{r\in[0,1]} V_1(r)$$

其中 $V(r) = W(r) - rW(1)$ 为一阶布朗桥过程，$W(r)$ 为标准布朗运动[147]。如果 u_t 为一般平稳过程，记其长期方差为 σ^2，估计量为 $\hat{\sigma}^2$，此时检验量需要重新修正，得到修正重标极差检验量(Modified Rescaled Range Statistics, MRS)：

$$MRS^{(2)} = T^{-1/2} R_T^{(2)} / \hat{\sigma}$$

修正重标极差检验量分布与 $R_T^{(2)}$ 分布相同。

类似地，对于式(6.1)和式(6.3)的数据生成过程，也有类似检验量和构造过程，其分布分别为

$$MRS^{(1)} \Rightarrow \sup_{r\in[0,1]} W(r) - \inf_{r\in[0,1]} W(r)$$

$$MRS^{(3)} \Rightarrow \sup_{r\in[0,1]} V_2(r) - \inf_{r\in[0,1]} V_2(r)$$

其中 $V_2(r)$ 为二阶布朗桥过程，其表达式参见 6.2 节的介绍。

2. KPSS 检验量

Kwiakowski 等根据上述部分和序列和残差序列构造了 KPSS 检验量[8]。当扰动项 u_t 为独立同分布序列时，KPSS 检验量为

$$KPSS^{(i)} = \frac{T^{-1}\sum_{t=1}^{T}(S_t^{(i)})^2}{\sum_{t=1}^{T}(e_t^{(i)})^2}$$

如果 u_t 为一般平稳过程时，记其长期方差为 σ^2，估计量为 $\hat{\sigma}_i^2$，检验量此时重新修正为

$$KPSS^{(i)} = \frac{T^{-2}\sum_{t=1}^{T}(S_t^{(i)})^2}{\hat{\sigma}_i^2}$$

研究表明，经上述修正后检验量极限分布分别为

$$KPSS^{(1)} \Rightarrow \int_0^1 W^2(r)\mathrm{d}r,\quad KPSS^{(2)} \Rightarrow \int_0^1 V_1^2(r)\mathrm{d}r,\quad KPSS^{(3)} \Rightarrow \int_0^1 V_2^2(r)\mathrm{d}r$$

3. SBDH 检验量

Choi 和 Ahn 基于 AR 模式提出 LM 检验量和 SBDH 检验量，Cappuccio 和 Lubian 的模拟指出，由于 LM 检验量的检验功效低于 SBDH 检验量，因此这里只介绍 SBDH 检验量[148,149]。一种构造方法是使用之前的残差部分和序列，另一种方法是采用递归方法直接获取残差部分和，例如，当原假设成立时，对式(6.2)和式(6.3)构造递归求和得到

$$\sum_{s=1}^{t} y_s = \mu t + \sum_{s=1}^{t} \varepsilon_s,\quad t = 1,2,\cdots,T \tag{6.4}$$

$$\sum_{s=1}^{t} y_s = \beta_0 t + \frac{1}{2}\beta_1 t(t+1) + \sum_{s=1}^{t} \varepsilon_s,\quad t = 1,2,\cdots,T \tag{6.5}$$

直接使用 OLS 估计方法可以得到参数 β_0、β_1 的估计值，进而得到残差部分和。例如就式(6.5)而言，如果记参数估计为$\hat{\beta}_0$、$\hat{\beta}_1$，$S_{y,t} = \sum_{s=1}^{t} y_s$，则残差部分和为

$$S_{e,t}^{(2)} = S_{y,t} - \hat{\beta}_0 t - \frac{1}{2}\hat{\beta}_1 t(t+1)$$

记 $\hat{\omega}_i^2$ 分别对应 $\Delta S_{e,t}^{(i)}$的长期方差，则 SBDH 检验量为

$$SBDH^{(i)} = \frac{T^{-2}\sum_{t=1}^{T}(S_{e,t}^{(i)})^2}{\hat{\omega}_i^2},\quad i = 1,2,3$$

在大样本下，上述检验量的分布分别为

$$SBDH^{(1)} \Rightarrow \int_0^1 W^2(r)\mathrm{d}r$$

$$SBDH^{(2)} \Rightarrow \int_0^1 W^2(r)\mathrm{d}r - 3\left(\int_0^1 rW(r)\mathrm{d}r\right)^2$$

$$SBDH^{(3)} \Rightarrow \int_0^1 W^2(r)\mathrm{d}r - 3\left(\int_0^1 rW(r)\mathrm{d}r\right)^2 + 6\int_0^1 W^2(r)\mathrm{d}r\int_0^1 rW(r)\mathrm{d}r$$

4. KS 检验量

Xiao 建议采用 Komogoroff-Smirnoff(KS)形式构造检验量，其一般形式为

$$KS^{(i)} = \max_{t=1,2,\cdots,T}\left(T^{-1/2}\frac{t}{\hat{\sigma}_i}\left|\frac{S_t^{(i)}}{t} - \frac{S_T^{(i)}}{T}\right|\right),\quad i = 1,2,3$$

当使用式(6.2)和式(6.3)的残差部分和时，根据 OLS 估计的性质有 $S_T^{(i)}=0, i=2,3$，当使用式(6.1)的残差部分和时有 $S_T^{(1)} = T^{-1}\sum_{t=1}^{T} y_t$[150]。这些检验量在大样本下的分布分别为

$$KS^{(1)} \Rightarrow \sup_{r\in[0,1]} |V_1(r)|, \quad KS^{(2)} \Rightarrow \sup_{r\in[0,1]} |V_1(r)|, \quad KS^{(3)} \Rightarrow \sup_{r\in[0,1]} |V_2(r)|$$

5．LBM 检验量

以上 4 种检验方法有一个共同缺点，即当扰动项 u_t 为一般平稳过程时，必须对其长期方差进行估计，这就需要采用非参数方式进行调整，从而涉及核函数及带宽的选择，不同的选择会导致不同的检验量值，从而可能会得到相反的检验结论。为了解决这个问题，Leybourne 和 McCabe 采用参数形式进行调整，使用 AR 形式估计模型，为此他们提出用两步方法得到上述残差部分和[151]。第一步估计如下模型：

$$\Delta y_t = \beta_0 + \sum_{i=1}^{p} \phi_i \Delta y_{t-i} + \varepsilon_t + \theta\varepsilon_{t-1}$$

上式中引入扰动项 MA 成分是为了提高检验功效。使用 ML 方法得到参数估计值，进而得到调整的因变量 y_t^* 如下：

$$y_t^* = y_t - \sum_{i=1}^{p} \hat{\phi}_i \Delta y_{t-i}$$

第二步使用因变量 y_t^* 替代原始因变量 y_t，通过 OLS 去势得到残差，并构造残差部分和序列，记此时的残差以及残差部分和分别为 $\tilde{e}_t^{(i)}$、$\tilde{S}_t^{(i)} = \sum_{i=1}^{t} \tilde{e}_t^{(i)}$，则 LBM 检验量形式为

$$LBM^{(i)} = \frac{T^{-1}\sum_{t=1}^{T} (\tilde{S}_t^{(i)})^2}{\sum_{t=1}^{T} (\tilde{e}_t^{(i)})^2}, \quad i = 1,2,3$$

显然，$LBM^{(i)}$ 的构造采用了 $KPSS^{(i)}$ 的构造形式，Leybourne 和 McCabe 研究表明：$LBM^{(i)}$ 与 $KPSS^{(i)}$ 检验量分布在大样本下是一致的，但有限样本下的分位数存在细微差别[145]。此后 Leybourne 和 McCabe 对上述检验量进行修正，从而提出 $MLBM^{(i)}$ 检验量[152]。

6.1.3　KPSS 检验量的修订

在以上 5 种以序列平稳为原假设的检验中，目前只有 KPSS 检验方法被计量软件 Stata、SAS 等所采用，因此本章主要就 KPSS 检验做深入研究，为此，本小节最后简要综述 KPSS 检验的发展。为方便叙述，本章称以存在单位根为原假设的检验为第一类检验。

相对于第一类检验，KPSS 检验研究相对滞后，但由于第一类检验在某些特殊情形下会引发严重功效损失，于是学者们试图将 KPSS 检验和第一类检验配合使用，以期得到更可靠的结论，这极大地推动了 KPSS 检验的深入研究。近 20 年来，

已涌现出不少文献，归纳起来，代表性文献的研究内容主要集中在以下三个方面：

一是检验拓展研究。例如 Hobijn 等考虑 $d_{0t}=0$ 时 KPSS 检验量分布，并证实无论在哪种假设下，只要数据生成过程含 d_{2t} 而估计模型含 d_{1t}，或者数据生成过程含 d_{1t} 而估计模型含 d_{0t} 时，检验量都具有一致性[49]。Hadri 等将结构突变因素引入模型，并考察一个突变点时检验量分布和检验效果；也有学者考察水平和趋势双突变时检验量分布及其一致性问题[153]。

二是检验量改进研究。主要集中在估计长期方差 σ_{ε}^2 和构造检验的分位数。Hobijn 等首先使用二次谱核并依据数据自身特点选择滞后期估计 σ_{ε}^2[49]；Sul 等利用 AR(p)模型拟合扰动项 ε_t，并给出修正 KPSS 检验量[154]；Kurozumi 等在 Sul 等[154]基础上利用谱密度估计 σ_{ε}^2，也提出偏差修正 KPSS 检验量[155]。为获取有限样本分位数，Amsler 提出利用 $l=bT(b\in(0,1))$确定滞后期，并导出在原假设成立时 KPSS 检验量分布和有限样本的分位数[156]；Jönsson 主张根据具体样本和特定滞后期利用响应面技术获取特定样本分位数。以上作者模拟研究表明：使用有限样本分位数可以降低检验水平扭曲程度[157]。

三是模型误设研究。Carrion-i-Silvestre 等指出：当模型存在水平突变但突变点被误设时，KPSS 检验会出现水平扭曲，扭曲程度取决于突变幅度[158]；Hadri 等则从模拟角度证实：当原假设成立时，如果数据生成为 d_{1t} 而误用 d_{2t} 估计，检验水平并未发生扭曲，但会过度拒绝原假设[153]。这表明 KPSS 检验同时受到数据生成过程和估计模型选择的影响，一旦两者不匹配，就会得出错误结论。

显然，以上研究既丰富了 KPSS 检验理论，降低了检验水平扭曲程度，提高了检验精度，又表明在实证分析中要正确设定 KPSS 检验模型。不难发现，上述研究视角与第一类检验完全一致，但在研究内容上，和第一类检验相比，仍有几个方面值得进一步完善：

第一，Schmidt 和 Phillips 考虑了一般趋势下单位根 LM 检验，揭示了第一类单位根检验量分布随趋势递增的变化规律，但对含一般趋势的 KPSS 检验尚没有文献讨论[159]。

第二，第一类检验隐含数据生成具有二次趋势的单位根检验①，但在 KPSS 检验中，已有研究最高趋势仅为线性趋势，对具有非线性二次趋势宏观经济序列而言，这显然不能满足实证分析需要。

第三，Hobijn 等考虑数据生成为 $d_{2t}(d_{1t})$而估计模型为 $d_{1t}(d_{0t})$时检验量一致性问题，但对反向检验模式检验量性质没有研究[49]；Hadri 等也仅从模拟角度考察原假设成立时生成模型为 d_{1t} 而检验模型为 d_{2t} 这一特定反向 KPSS 检验模式[153]。显然，为全面考察 KPSS 检验量性质，理论和实证分析还要研究其他类型

① 这对应数据生成和估计模型都含有线性趋势单位根过程，由于检验量服从正态分布，因此很少被关注。

反向检验及其解释。

第四,由于单位根检验过程也是数据生成识别过程,下节研究表明,KPSS 检验本身难以区分模型误设,故检验必须遵循一定的逻辑顺序。为此有必要为 KPSS 检验构建一个类似第一类检验的 DJSR① 流程,但尚没有文献对此进行研究。

有鉴于此,本章首先着重讨论一般趋势生成模型 KPSS 检验量分布与一致性,并给出二次趋势下 KPSS 检验量的分布与分位数;其次研究二次趋势模型 KPSS 检验量在模型误设时的检验量分布与性质,给出趋势项检验量的分布与常见分位数,再根据模型误设检验结论构建 KPSS 检验流程;最后由于 KPSS 检验量及趋势项检验量的分布仍只在大样本下成立,有限样本下只能使用对应的分位数,因此可能存在检验的水平扭曲,为减少水平扭曲程度,将使用 Bootstrap 检验方法降低水平扭曲,同时利用本章提出的 KPSS 检验流程进行实证分析。

6.2　非线性趋势下 KPSS 检验量

6.2.1　KPSS 检验量分布与一致性

1. 数据生成与 KPSS 检验量分布

设一般趋势数据生成过程为

$$\begin{cases} y_t = \beta_0 + \beta_1 t + \beta_2 t^2 + \cdots + \beta_{m-1} t^{m-1} + \xi_t + \varepsilon_t \\ \xi_t = \xi_{t-1} + u_t \end{cases}, \quad t = 1,2,\cdots,T \tag{6.6}$$

其中 ε_t 和 u_t 为一般稳定过程;记 $\sigma_\varepsilon^2 = \lim\limits_{T\to\infty} E\left(T^{-1}\left(\sum\limits_{t=1}^{T}\varepsilon_t\right)^2\right)$、$\sigma_u^2 = \lim\limits_{T\to\infty} E\left(T^{-1}\left(\sum\limits_{t=1}^{T}u_t\right)^2\right)$ 分别表示各自的长期方差。原假设为 $H_0: \sigma_u^2 = 0$,表示序列为某种趋势平稳过程。设 $\hat{\sigma}_\varepsilon^2$ 为 σ_ε^2 一致估计量。记 e_t 为下列回归模型残差:

$$y_t = \beta_0 + \beta_1 t + \beta_2 t^2 + \cdots + \beta_{m-1} t^{m-1} + \varepsilon_t \tag{6.7}$$

记 $S_t = \sum\limits_{i=1}^{t} e_i, t = 1,2,\cdots,T$,构造如下检验量:

$$\eta_m = T^{-2}\sum_{t=1}^{T} S_t^2 / \hat{\sigma}_\varepsilon^2$$

则有以下定理成立。

定理 6.1　设数据生成过程和估计模型分别为式(6.6)、式(6.7),在原假设

① 该流程由 Dolado 等[11]提出,用于确定第一类检验中数据的生成过程。

$H_0:\sigma_u^2=0$ 成立时有

$$\eta_m \Rightarrow \int_0^1 V_m^2(r)\mathrm{d}r$$

其中 $V_m(r) = W(r) - \boldsymbol{q}'_m(r)\boldsymbol{Q}_m^{-1}\int_0^1 \boldsymbol{g}_m(r)\mathrm{d}W(r)$ 为 m 阶布朗桥,$W(r)$ 为标准布朗运动,而

$$\boldsymbol{q}_m(r) = (r, r^2/2, \cdots, r^m/m)', \quad \boldsymbol{g}_m(r) = (1, r, \cdots, r^{m-1})'$$

$$\boldsymbol{Q}_m = (q_{ij})_{m\times m}, \quad q_{ij} = \frac{1}{i+j-1}$$

证明 令 $\boldsymbol{x}'_{m,t}=(1,t,t^2,\cdots,t^{m-1})$,$\boldsymbol{\beta}'^m=(\beta_0,\beta_1,\cdots,\beta_{m-1})$,$\hat{\boldsymbol{\beta}}^m$ 为 OLS 估计。由式(6.7)可得

$$\hat{\boldsymbol{\beta}}^m - \boldsymbol{\beta}^m = \left(\sum_{t=1}^{T}\boldsymbol{x}_{m,t}\boldsymbol{x}'_{m,t}\right)^{-1}\sum_{t=1}^{T}\boldsymbol{x}_{m,t}\varepsilon_t \tag{6.8}$$

当 $r\in[0,1]$时,令$\lceil Tr\rceil$表示不超过 Tr 的整数部分,根据多项式求和及中心极限定理有

$$T^{-j-1}\sum_{t=1}^{\lceil Tr\rceil}t^j \to r^{j+1}/(j+1), \quad T^{-j+1/2}\sum_{t=1}^{T}t^{j-1}\varepsilon_t \Rightarrow \sigma_\varepsilon\int_0^1 r^{j-1}\mathrm{d}W(r)$$

记 $\boldsymbol{D}_{T,m}=\mathrm{diag}(T,T^3,\cdots,T^{2m-1})$,$\boldsymbol{E}_{T,m}=T^{-1/2}\boldsymbol{D}_{T,m}^{-1/2}$,从而有

$$\sum_{t=1}^{\lceil Tr\rceil}\boldsymbol{E}_{T,m}\boldsymbol{x}_{m,t} \to \boldsymbol{q}_m(r), \quad \boldsymbol{D}_{T,m}^{-1/2}\sum_{t=1}^{T}\boldsymbol{x}_{m,t}\varepsilon_t \Rightarrow \sigma_\varepsilon\int_0^1 \boldsymbol{g}_m(r)\mathrm{d}W(r)$$

$$\boldsymbol{D}_{T,m}^{-1/2}\sum_{t=1}^{T}(\boldsymbol{x}_{m,t}\boldsymbol{x}'_{m,t})\boldsymbol{D}_{T,m}^{-1/2} \to \boldsymbol{Q}_m$$

把上述结果代入式(6.8)容易得到参数估计量的分布为

$$\boldsymbol{D}_{T,m}^{1/2}(\hat{\boldsymbol{\beta}}^m - \boldsymbol{\beta}^m) \Rightarrow \sigma_\varepsilon\boldsymbol{Q}_m^{-1}\int_0^1 \boldsymbol{g}_m(r)\mathrm{d}W(r) \tag{6.9}$$

另一方面计算式(6.7)残差得到

$$e_t = \varepsilon_t - x'_{m,t}(\hat{\boldsymbol{\beta}}^m - \boldsymbol{\beta}^m) \tag{6.10}$$

记 $S_{\lceil Tr\rceil} = \sum_{t=1}^{\lceil Tr\rceil}e_t$,根据部分和收敛定理以及式(6.9)得到

$$\begin{aligned} T^{-1/2}S_{\lceil Tr\rceil} &= T^{-1/2}\sum_{t=1}^{\lceil Tr\rceil}\varepsilon_t - \sum_{t=1}^{\lceil Tr\rceil}(\boldsymbol{E}_{T,m}\boldsymbol{x}_{m,t})'\boldsymbol{D}_{T,m}^{1/2}(\hat{\boldsymbol{\beta}}^m - \boldsymbol{\beta}^m) \\ &\Rightarrow \sigma_\varepsilon W(r) - \sigma_\varepsilon\boldsymbol{q}'_m(r)\boldsymbol{Q}_m^{-1}\int_0^1 \boldsymbol{g}_m(r)\mathrm{d}W(r) \triangleq \sigma_\varepsilon V_m(r) \end{aligned}$$

据此有

$$T^{-2}\sum_{t=1}^{T}S_t^2 \Rightarrow \sigma_\varepsilon^2\int_0^1 V_m^2(r)\mathrm{d}r$$

又由于 $\hat{\sigma}_\varepsilon^2$ 为σ_ε^2 一致估计量,代入 $\hat{\sigma}_\varepsilon^2$ 并根据 Slutsky 定理知定理 6.1 成立。

在实际计算中,需要事先估计 $\hat{\sigma}_\varepsilon^2$,Phillips 和 Perron 建议使用如下估计量:

$$\hat{\sigma}_\varepsilon^2(l) = T^{-1}\sum_{t=1}^{T} e_t^2 + 2T^{-1}\sum_{s=1}^{l} w(s,l)\sum_{t=s+1}^{T} e_t e_{t-s}$$

其中 $w(s,l)=1-\frac{s}{l+1}$为 Newey 和 West 巴雷特加权核函数[7,160]。为确保 $\hat{\sigma}_\varepsilon^2$ 的一致性,Andrews 指出取 $l=o(T^{1/2})$会有满意的效果[161]。

2. 检验量的一致性

接下来讨论该检验量在备择假设成立时的性质,下面定理给出了结论。

定理 6.2 设数据生成过程和估计模型分别为式(6.6)、式(6.7),当 $\mathrm{H}_1:\sigma_u^2>0$ 成立时有

$$(l/T)\eta_m \Rightarrow \int_0^1\left(\int_0^r W_m(a)\mathrm{d}a\right)^2\mathrm{d}r\Big/\left(K\int_0^1 W_m^2(a)\mathrm{d}a\right)$$

其中 $W_m(a) = W(a) - \boldsymbol{g}'_m(a)\boldsymbol{Q}_m^{-1}\int_0^1 \boldsymbol{g}_m(s)W(s)\mathrm{d}s$ 为 m 阶去势布朗运动过程,$K = \int_0^1 k(s)\mathrm{d}s$,$k(s)$ 为估计 $\hat{\sigma}_\varepsilon^2$ 所使用的加权核函数。

证明 记 $\boldsymbol{F}_{T,m} = T^{-1}\boldsymbol{D}_{T,m}^{-1/2}$,根据收敛定理有

$$\boldsymbol{F}_{T,m}\sum_{t=1}^{T}\boldsymbol{x}_{m,t}\xi_t \Rightarrow \sigma_u\int_0^1 \boldsymbol{g}_m(s)W(s)\mathrm{d}s$$

代入式(6.8)得到当备择假设成立时有

$$T^{-1}\boldsymbol{D}_{T,m}^{1/2}(\hat{\boldsymbol{\beta}}^m - \boldsymbol{\beta}^m) \Rightarrow \sigma_u\boldsymbol{Q}_m^{-1}\int_0^1 \boldsymbol{g}_m(s)W(s)\mathrm{d}s \tag{6.11}$$

此时残差为

$$e_t = \xi_t - \boldsymbol{x}'_{m,t}(\hat{\boldsymbol{\beta}}^m - \boldsymbol{\beta}^m) + \varepsilon_t$$

再根据部分和收敛定理得到

$$\begin{aligned} T^{-3/2}S_{\lceil Tr\rceil} &= T^{-3/2}\sum_{t=1}^{\lceil Tr\rceil}\xi_t - \sum_{t=1}^{\lceil Tr\rceil}(\boldsymbol{E}_{T,m}\boldsymbol{x}_{m,t})'T^{-1}\boldsymbol{D}_{T,m}^{1/2}(\hat{\boldsymbol{\beta}}^m - \boldsymbol{\beta}^m) + o_p(1) \\ &\Rightarrow \sigma_u\int_0^r W(a)\mathrm{d}a - \sigma_u\boldsymbol{q}'_m(r)\boldsymbol{Q}_m^{-1}\int_0^1 \boldsymbol{g}_m(s)W(s)\mathrm{d}s \\ &\triangleq \sigma_u\int_0^r W_m(a)\mathrm{d}a \end{aligned}$$

利用此结论并应用连续映射定理得到

$$T^{-4}\sum_{t=1}^{T}S_t^2 = \int_0^1(T^{-3/2}S_{\lceil Tr\rceil})^2\mathrm{d}r \Rightarrow \sigma_u^2\int_0^1\left(\int_0^r W_m(a)\mathrm{d}a\right)^2\mathrm{d}r$$

这表明 η_m 的分子为 $O_p(T^2)$。根据 Phillips 可以得到

$$(lT)^{-1}\hat{\sigma}_\varepsilon^2(l) \Rightarrow K\sigma_u^2\int_0^1 W_m^2(a)\mathrm{d}a$$

这表明 η_m 的分母为 $O_p(Tl)$[162]。所以有

$$(l/T)\eta_m \Rightarrow \int_0^1 \left(\int_0^r W_m(a)\mathrm{d}a\right)^2 \mathrm{d}r \Big/ \left(K\int_0^1 W_m^2(a)\mathrm{d}a\right)$$

故定理 6.2 成立。

定理 6.2 表明 $\eta_m = O_p(T/l)$，因此当 $T\to\infty$ 且 l 的增长速度低于 T（例如 $l = o(T^{1/2})$）时有 $\eta_m \xrightarrow{P} \infty$，从而拒绝原假设，即检验量在大样本下具有一致性。

6.2.2 二次趋势 *KPSS* 检验量

以上给出一般趋势下 *KPSS* 检验量的分布与一致性结论，虽然现实中宏观经济序列往往会呈现出非线性趋势，但一般不会超过二次趋势，因此需要单独考察 $m=3$ 时的检验量分布与分位数。

1. 检验量分布

当 $\mathrm{H}_0:\sigma_u^2 = 0$ 成立时，根据定理 6.1 有 $\eta_3 \Rightarrow \int_0^1 V_3^2(r)\mathrm{d}r$，其中 $V_3(r) = W(r) - 3ar + 12br^2 - 10cr^3$，通过展开表达式得到 a、b、c 分别为

$$a = W(1) + 12\int_0^1 W(s)\mathrm{d}s - 20\int_0^1 sW(s)\mathrm{d}s$$

$$b = W(1) + 8\int_0^1 W(s)\mathrm{d}s - 15\int_0^1 sW(s)\mathrm{d}s$$

$$c = W(1) + 6\int_0^1 W(s)\mathrm{d}s - 12\int_0^1 sW(s)\mathrm{d}s$$

显然，这些参数使得检验量 η_3 收敛到维纳过程的泛函，为非标准分布。

2. 检验量分位数

为在下节的实证分析中使用该检验量，需要导出其分位数，因此需要使用蒙特卡罗模拟技术。设样本为 10～100，每次递增 5，为考察大样本下的分位数，再取样本为 200 和 1000；由于检验量分布不依赖于模型(6.6)中各个趋势项取值，不失一般性，令 $\beta_0 = 2$，$\beta_1 = 1.5$，$\beta_2 = 0.8$；设定模拟次数为 50 万次，$\varepsilon_t \sim N(0,1)$。表 6.1 给出部分样本常见分位数模拟结果。显然，当样本达到 40 时，绝大多数分位数在小数点后三位趋向稳定，这与 m 为 1 和 2 时检验量分位数的趋势完全一致，与理论分析在大样本下具有分布相符合。

表 6.1　部分样本下 η_3 常见分位数模拟结果

	10	20	30	40	50	60	70	100	200	1000
0.90	0.0795	0.0763	0.0748	0.0740	0.0735	0.0732	0.0729	0.0725	0.0719	0.0715
0.95	0.0889	0.0885	0.0879	0.0874	0.0872	0.0870	0.0869	0.0867	0.0863	0.0860
0.975	0.0970	0.1002	0.1007	0.1007	0.1008	0.1008	0.1009	0.1009	0.1007	0.1006
0.99	0.1056	0.1148	0.1171	0.1180	0.1187	0.1190	0.1194	0.1196	0.1200	0.1203

6.3　二次趋势模型误设与 KPSS 检验流程

6.3.1　二次趋势模型误设与检验量性质

定理 6.2 表明，当原假设 $H_0:\sigma_u^2=0$ 不成立时，η_3 能够拒绝原假设，且具有较高的检验功效，但这仅为当 m 都为 3 且模型正确设定时的结论，如果真实模型中 m 分别为 1、2、4 以及零均值平稳模型和单位根过程，而估计模型都为二次趋势平稳过程，则检验结论如何呢？为方便分析，不失一般性，假设 ε_t 和 u_t 均为无关的独立同分布过程。

首先考察 m 为 1、2 和零均值结论，即假设数据生成过程分别为

$$y_t = \beta_0 + \beta_1 t + \beta_2 t^2 + \varepsilon_t,\quad t = 1,2,\cdots,T \tag{6.12}$$

$$\begin{cases} y_t = \beta_0 + \beta_1 t + \beta_2 t^2 + \xi_t + \varepsilon_t \\ \xi_t = \xi_{t-1} + u_t \end{cases},\quad t = 1,2,\cdots,T \tag{6.13}$$

当考察零均值模型时有 $\beta_0=\beta_1=\beta_2=0$，当 m 为 1 时有 $\beta_0\neq 0,\beta_1=\beta_2=0$，当 m 为 2 时有 $\beta_1\neq 0,\beta_2=0$。其中式(6.12)对应趋势平稳过程，式(6.13)对应单位根过程。估计模型为

$$y_t = b_0 + b_1 t + b_2 t^2 + v_t \tag{6.14}$$

则有如下定理成立。

定理 6.3　若估计模型为式(6.14)，当数据生成为式(6.12)时仍有 $\eta_3\Rightarrow\int_0^1 V_3^2(r)\mathrm{d}r$；若数据生成为式(6.13)，则有 $\eta_3 = O_p(T)$。

证明　设 $\boldsymbol{b}'=(b_0,b_1,b_2)$，$\hat{\boldsymbol{b}}$ 为 OLS 估计，则有

$$\hat{\boldsymbol{b}} = \left(\sum_{t=1}^{T}(\boldsymbol{x}_{3,t}\boldsymbol{x}'_{3,t})\right)^{-1}\sum_{t=1}^{T}\boldsymbol{x}_{3,t}y_t$$

当数据生成为式(6.12)时，经过计算表明此时仍有

$$\boldsymbol{D}_{T,3}^{1/2}(\hat{\boldsymbol{b}}-\boldsymbol{\beta}^3)\Rightarrow\sigma_\varepsilon\boldsymbol{Q}_3^{-1}\int_0^1\boldsymbol{g}_3(r)\mathrm{d}W(r)$$

$$e_t = \varepsilon_t - \boldsymbol{x}'_{3,t}(\hat{\boldsymbol{b}}-\boldsymbol{\beta}^3)$$

成立，这与式(6.9)和式(6.10)有相同性质，因此有 $\eta_3\Rightarrow\int_0^1 V_3^2(r)\mathrm{d}r$ 成立。

而当数据生成为式(6.13)时，计算也表明

$$\begin{gathered} T^{-1}\boldsymbol{D}_{T,3}^{1/2}(\hat{\boldsymbol{b}}-\boldsymbol{\beta}^3)\Rightarrow\sigma_u\boldsymbol{Q}_3^{-1}\int_0^1\boldsymbol{g}_3(s)W(s)\mathrm{d}s \\ e_t = \xi_t + \varepsilon_t - \boldsymbol{x}'_{3,t}(\hat{\boldsymbol{b}}-\boldsymbol{\beta}^3) \end{gathered} \tag{6.15}$$

这与式(6.11)及其对应的残差具有相同性质,从而仍有

$$T^{-4}\sum_{t=1}^{T}S_t^2 \Rightarrow \sigma_u^2\int_0^1\left(\int_0^r W_3(a)\mathrm{d}a\right)^2\mathrm{d}r$$

成立。另一方面有

$$\begin{aligned}T^{-1/2}e_{\lceil Tr\rceil} &= T^{-1/2}\xi_{\lceil Tr\rceil}+T^{-1/2}\varepsilon_{\lceil Tr\rceil}-(T^{1/2}\boldsymbol{D}_{T,3}^{-1/2}\boldsymbol{x}_{3,\lceil Tr\rceil})'T^{-1}\boldsymbol{D}_{T,3}^{1/2}(\hat{\boldsymbol{b}}-\boldsymbol{\beta}^3)\\ &\Rightarrow \sigma_u\left(W(r)-\boldsymbol{g}_3'(r)\,\boldsymbol{Q}_3^{-1}\int_0^1\boldsymbol{g}_3(s)W(s)\mathrm{d}s\right)\\ &\triangleq \sigma_u W_3(r)\end{aligned}$$

故

$$T^{-2}\sum_{t=1}^{T}e_t^2 = T^{-1}\sum_{t=1}^{T}(T^{-1/2}e_t)^2 \Rightarrow \sigma_u^2\int_0^1 W_3^2(r)\mathrm{d}r \tag{6.16}$$

从而有

$$T^{-1}\eta_3 = \frac{T^{-2}T^{-2}\sum_{t=1}^{T}S_t^2}{T^{-1}T^{-1}\sum_{t=1}^{T}e_t^2} \Rightarrow \frac{\int_0^1\left(\int_0^r W_3(a)\mathrm{d}a\right)^2\mathrm{d}r}{\int_0^1 W_3^2(r)\mathrm{d}r}$$

这表明 $\eta_3 = O_p(T)$。故定理6.3成立。

仿照定理6.3的证明过程,很容易得到如下两个推论:

推论6.1 如果数据生成中 m 为1,而估计模型中设定 m 为2,则当原假设成立时有 $\eta_2 \Rightarrow \int_0^1 V_2^2(r)\mathrm{d}r$,当备择假设成立时有 $\eta_2 = O_p(T)$。

推论6.2 如果数据生成趋势项为零,而估计模型中设定 m 为1,则当原假设成立时有 $\eta_1 \Rightarrow \int_0^1 V_1^2(r)\mathrm{d}r$,当备择假设成立时有 $\eta_1 = O_p(T)$。

推论1前半部分表明:如果数据生成是非零均值平稳过程,而误用线性趋势模型进行KPSS检验,检验量 η_2 分布与数据生成和估计都为线性趋势模型结果完全相同,这从理论上解释了Hadri等的模拟实验结果[153]。显然,定理3及其推论拓展了Hobijn等的反向检验结论[47]。

再考察 m 为4时的性质,即假设数据生成过程分别为

$$y_t = c_0 + c_1 t + c_2 t^2 + c_3 t^3 + \varepsilon_t \tag{6.17}$$

$$\begin{cases} y_t = c_0 + c_1 t + c_2 t^2 + c_3 t^3 + \xi_t + \varepsilon_t \\ \xi_t = \xi_{t-1} + u_t \end{cases} \tag{6.18}$$

其中 $c_3 \neq 0$。而估计模型仍为式(6.14),则有如下定理成立。

定理6.4 若数据生成为式(6.17)和式(6.18),采用式(6.14)估计时,都有 $\eta_3 = O_p(T)$。

证明 记 $\boldsymbol{c} = (c_0, c_1, c_2)'$,当数据生成为式(6.17)时,采用式(6.14)估计有

$$\hat{\boldsymbol{b}} - \boldsymbol{c} = \left(\sum_{t=1}^{T}(\boldsymbol{x}_{3,t}\boldsymbol{x}'_{3,t})\right)^{-1}\sum_{t=1}^{T}\boldsymbol{x}_{3,t}(c_3 t^3 + \varepsilon_t)$$

令 $\boldsymbol{\Lambda} = \mathrm{diag}(T^{-3}, T^{-2}, T^{-1})$，计算表明

$$\boldsymbol{\Lambda}(\hat{\boldsymbol{b}} - \boldsymbol{c}) \Rightarrow \boldsymbol{Q}_3^{-1}(1/4, 1/5, 1/6)' c_3$$

另一方面有 $e_t = \varepsilon_t - \boldsymbol{x}'_{3,t}(\hat{\boldsymbol{b}} - \boldsymbol{c}) + c_3 t^3$，从而得到

$$T^{-3} e_{\lceil Tr \rceil} \Rightarrow [r^3 - g'_3(r)\, Q_3^{-1}(1/4, 1/5, 1/6)'] c_3 \triangleq \Delta_1$$

$$T^{-4} S_{\lceil Tr \rceil} \Rightarrow [r^4/4 - q'_3(r)\, Q_3^{-1}(1/4, 1/5, 1/6)'] c_3 \triangleq \Delta_2$$

因此根据连续映射定理有

$$T^{-7}\sum_{t=1}^{T} e_t^2 = \int_0^1 (T^{-3} e_{\lceil Tr \rceil})^2 \mathrm{d}r \Rightarrow \int_0^1 \Delta_1^2 \mathrm{d}r$$

$$T^{-9}\sum_{t=1}^{T} S_t^2 = \int_0^1 (T^{-4} S_{\lceil Tr \rceil})^2 \mathrm{d}r \Rightarrow \int_0^1 \Delta_2^2 \mathrm{d}r$$

从而得到

$$T^{-1}\eta_3 = \frac{T^{-9}\sum_{t=1}^{T} S_t^2}{T^{-7}\sum_{t=1}^{T} e_t^2} \Rightarrow \frac{\int_0^1 \Delta_2^2 \mathrm{d}r}{\int_0^1 \Delta_1^2 \mathrm{d}r}$$

所以 $\eta_3 = O_p(T)$。

若数据生成为式(6.18)，由于 t^3 在数据生成过程中起支配作用，单位根成分 ξ_t 的作用被湮没，因此相关结论与式(6.17)数据生成过程相同，故定理 6.4 成立。定理 6.4 拓广了 Hobijn 等的结论[47]。

6.3.2　蒙特卡罗模拟分析

为验证上述理论，现进行蒙特卡罗模拟分析。取 c_3 为 0.1，其他参数设定与 6.2 节中分位数模拟取值完全一样，设扰动项 $\varepsilon_t \sim N(0,1)$ 和 $u_t \sim N(0,1)$，且两者相互独立，模拟次数为 5 万次，取显著性水平 $\alpha = 0.05$。表 6.2 给出模拟结果：其中 zero 分别表示趋势为零，m1 表示 $m = 1$，而 h0、h1 表示对应 H_0、H_1 成立，因此 zeroh0 表示数据生成中趋势项为零且原假设成立时的模拟结果，其他指标也可以类似理解。根据定理 6.3，如果数据生成中趋势阶数 m 不超过估计模型中阶数 3 且 H_0 成立时都有 $\eta_3 \Rightarrow \int_0^1 V_3^2(r)\mathrm{d}r$，而 zeroh0、m1h0、m2h0、m3h0 表示零均值和 m 分别为 1、2 和 3 且原假设 H_0 成立的结果，因此预期 η_3 的实际检验水平应该与名义显著性水平 0.05 非常接近；定理 6.3 和定理 6.4 表明：无论数据生成中 m 取何值，只要备择假设成立，或者 m 为 4 而原假设成立时均有 $\eta_3 = O_p(T)$，此时预期实际拒绝率随着样本增大应该接近 1，这对应 zeroh1、m1h1、m2h1、m3h1、m4h0

和 m4h1 的模拟结果。显然，表 6.2 中所有模拟结果与理论预期非常吻合。特别地，m4h0 和 m4h1 表明在较小样本时也能得到很高的检验功效。蒙特卡罗模拟结果从实验角度证实了上述定理 6.1 至定理 6.4。

表 6.2　不同数据生成模型下的模拟结果

样本	zeroh0	zeroh1	m1h0	m1h1	m2h0	m2h1	m3h0	m3h1	m4h0	m4h1
10	4.98	10.79	5.10	10.93	4.93	10.58	5.07	10.52	86.58	96.10
20	5.05	36.02	4.96	36.00	5.09	35.90	4.84	35.85	100.00	100.00
30	5.23	60.45	5.16	60.55	4.78	60.27	5.14	60.69	100.00	100.00
40	4.96	77.03	4.93	76.95	4.81	77.43	5.09	77.25	100.00	100.00
50	4.88	86.95	4.95	86.80	5.08	86.86	4.92	86.81	100.00	100.00
60	4.82	92.54	4.97	92.56	4.91	92.58	5.03	92.59	100.00	100.00
70	4.88	95.82	4.91	95.76	5.11	95.74	5.12	95.84	100.00	100.00
80	5.18	97.56	5.01	97.47	4.98	97.55	4.91	97.57	100.00	100.00
90	4.99	98.62	5.00	98.57	5.15	98.56	5.14	98.55	100.00	100.00
100	4.96	99.14	4.85	99.13	5.01	99.16	5.11	99.12	100.00	100.00
200	4.95	99.99	4.96	99.99	5.12	100.00	4.98	99.99	100.00	100.00
1000	4.98	100.00	5.00	100.00	5.01	100.00	4.86	100.00	100.00	100.00

6.3.3　趋势项检验量分布与 KPSS 检验流程

1. 趋势项检验量分布

定理 6.3 表明：即使数据生成中 m 为 1、2 或者均值为零，当原假设和备择假设分别成立时，检验量 η_3 的性质与 m 为 3 完全相同，因此，当以式(6.14)估计并执行假设检验时，如果接受原假设，此时还需进一步判断 m 的值，当备择假设成立时也是如此，这实际上就是检验模型(6.12)、模型(6.13)中趋势项参数 $\beta_i=0$，$i=0,1,2$ 是否成立。推论 6.1 和推论 6.2 也类似表明需要对模型中趋势类型进行识别。由于实际经济序列趋势很少超过二次，本小节不讨论 m 为 4 时的参数检验。当原假设成立时，模型(6.12)中 $\beta_i=0$ 检验可以使用普通 t 检验，这里不再介绍，但对备择假设成立的模型(6.13)而言，相关检验量分布收敛到维纳过程的泛函，需要使用模拟方法得到分位数，下面首先分析备择假设成立时趋势项检验量的分布。

先建立假设 $H_0:\beta_2=0$，此时数据由一次趋势附带单位根过程生成，根据式(6.15)有

$$T^{-1}T^{5/2}(\hat{b}_2-\beta_2)\Rightarrow\sigma_u 30\int_0^1(1-6s+6s^2)W(s)\mathrm{d}s$$

由于分布中含未知量 σ_u，故不能直接用于检验。根据式(6.16)并结合原假设 $H_0:\beta_2=0$ 成立有

$$t_2 = \frac{T^{5/2}\hat{b}_2}{\sqrt{\sum_{t=1}^{T} e_t^2}} \Rightarrow \frac{30\int_0^1 (1-6s+6s^2)W(s)\mathrm{d}s}{\sqrt{\int_0^1 W_3^2(r)\mathrm{d}r}}$$

检验量 t_2 不含有任何未知成分，可以检验假设 $H_0:\beta_2=0$。对于检验 $H_0:\beta_1=0$ 和 $H_0:\beta_0=0$，此时对应数据生成分别为非零均值和零均值并附带单位根过程，相应估计模型为式(6.14)中分别剔除 b_2 和 b_1。根据以上推导过程类似得到

$$t_1 = \frac{T^{3/2}\hat{b}_1}{\sqrt{\sum_{t=1}^{T} e_t^2}} \Rightarrow \frac{12\int_0^1 (s-1/2)W(s)\mathrm{d}s}{\sqrt{\int_0^1 W_2^2(r)\mathrm{d}r}}$$

$$t_0 = \frac{T^{1/2}\hat{b}_0}{\sqrt{\sum_{t=1}^{T} e_t^2}} \Rightarrow \frac{\int_0^1 W(s)\mathrm{d}s}{\sqrt{\int_0^1 W_1^2(r)\mathrm{d}r}}$$

2. 趋势项检验量分位数

为在实证分析中应用上述检验量，需要给出相应的分位数，取扰动项 $\varepsilon_t \sim N(0,1)$ 和 $u_t \sim N(0,1)$，设定模拟次数为 50 万次。当获取检验量 t_2 的分位数时，不失一般性，设定 $\beta_0=\beta_1=1.5$，$\beta_2=0$，而获取检验量 t_1 的分位数时，设定 $\beta_0=1.5$，$\beta_1=\beta_2=0$，当获取检验量 t_0 的分位数时，设定 $\beta_0=\beta_1=\beta_2=0$。表 6.3 至表 6.5 分别给出三个检验量常见分位数的模拟结果。模拟结果显示，随着样本的增大，分位数的估计区间有扩大的趋势，且趋势变化幅度没有呈现激增趋向，这与这三个检验量在大样本下有明确的极限分布相吻合。

表 6.3 检验量 t_2 不同样本下的分位数模拟结果

样本	0.01	0.025	0.05	0.10	0.90	0.95	0.975	0.99
10	−23.3814	−18.4904	−14.8277	−11.0813	11.0490	14.7297	18.4024	23.4483
20	−19.5384	−16.1117	−13.2887	−10.2081	10.1427	13.2299	16.0511	19.5640
30	−19.8046	−16.4378	−13.6462	−10.5245	10.5601	13.6954	16.5137	19.9211
40	−20.4160	−17.0468	−14.1957	−10.9610	10.9142	14.1235	16.9962	20.4518
50	−21.0183	−17.4539	−14.5068	−11.2143	11.2611	14.5344	17.4846	20.9189
60	−21.4925	−17.9084	−14.8831	−11.5092	11.5039	14.8712	17.8860	21.4851
70	−21.8101	−18.1875	−15.1578	−11.7043	11.7246	15.1622	18.2246	21.7831
80	−22.2043	−18.4999	−15.3817	−11.8884	11.8582	15.3804	18.5033	22.2596
90	−22.4176	−18.6816	−15.4930	−11.9405	12.0505	15.5717	18.6679	22.4941
100	−22.7321	−18.9342	−15.7609	−12.1687	12.1070	15.6787	18.8630	22.6501
200	−24.1372	−20.0358	−16.6234	−12.8101	12.8901	16.7245	20.1527	24.3035
1000	−25.8710	−21.3450	−17.6072	−13.5058	13.5541	17.6104	21.2568	25.6663

表 6.4　检验量 t_1 不同样本下的分位数模拟结果

样本	0.01	0.025	0.05	0.10	0.90	0.95	0.975	0.99
10	−8.9620	−7.0898	−5.7273	−4.3063	4.3079	5.7439	7.1431	8.9787
20	−8.8930	−7.2681	−5.9808	−4.5599	4.5316	5.9433	7.2505	8.8496
30	−9.2411	−7.6132	−6.2695	−4.8037	4.8191	6.2894	7.6315	9.2447
40	−9.5530	−7.8828	−6.4882	−4.9721	4.9909	6.5231	7.9175	9.6399
50	−9.8886	−8.1525	−6.7253	−5.1443	5.1181	6.7061	8.1380	9.8982
60	−10.1657	−8.3623	−6.8685	−5.2549	5.2445	6.8673	8.3279	10.1579
70	−10.2554	−8.4534	−6.9562	−5.3026	5.3168	6.9587	8.4556	10.2876
80	−10.5038	−8.5996	−7.0643	−5.3988	5.3924	7.0486	8.5623	10.4412
90	−10.5785	−8.6655	−7.1310	−5.4375	5.4234	7.1095	8.6724	10.5511
100	−10.6009	−8.7120	−7.1698	−5.4853	5.4919	7.2103	8.7614	10.7006
200	−11.2231	−9.2126	−7.5352	−5.7432	5.7218	7.5341	9.2038	11.2500
1000	−11.9292	−9.6622	−7.8975	−5.9646	5.9564	7.8714	9.6617	11.9108

表 6.5　检验量 t_0 不同样本下的分位数模拟结果

样本	0.01	0.025	0.05	0.10	0.90	0.95	0.975	0.99
10	−2.9730	−2.4711	−2.0824	−1.6601	1.6628	2.0842	2.4700	2.9737
20	−2.7489	−2.3767	−2.0539	−1.6827	1.6792	2.0512	2.3719	2.7497
30	−2.7376	−2.3829	−2.0768	−1.7138	1.7144	2.0717	2.3749	2.7323
40	−2.7254	−2.3815	−2.0858	−1.7309	1.7378	2.0932	2.3887	2.7341
50	−2.7501	−2.4048	−2.1091	−1.7548	1.7511	2.1049	2.3971	2.7368
60	−2.7551	−2.4202	−2.1234	−1.7656	1.7623	2.1178	2.4123	2.7541
70	−2.7664	−2.4255	−2.1356	−1.7759	1.7765	2.1329	2.4272	2.7611
80	−2.7669	−2.4310	−2.1407	−1.7822	1.7791	2.1364	2.4322	2.7696
90	−2.7756	−2.4397	−2.1459	−1.7902	1.7856	2.1445	2.4375	2.7691
100	−2.7789	−2.4456	−2.1514	−1.7928	1.7984	2.1550	2.4522	2.7866
200	−2.8199	−2.4799	−2.1801	−1.8200	1.8195	2.1764	2.4769	2.8206
1000	−2.8645	−2.5158	−2.2099	−1.8425	1.8435	2.2115	2.5112	2.8619

3. KPSS 检验流程

为得到正确的检验结论，防止模型误设，根据模型误设检验结论和趋势项检验量分布结果，总结 KPSS 检验流程如下：

(1) 以式(6.14)为基础进行 KPSS 检验，如果接受原假设，则进入步骤(2)，否则进入步骤(3)。

(2) 分别估计二次趋势、一次趋势和非零均值的模型，并分别对模型中的二次趋势项、一次趋势项和非零均值项使用普通 t 检验量进行显著性检验，确定模型最终趋势类型。

(3) 在式(6.13)中利用检验量 t_2 检验假设 $H_0: \beta_2 = 0$，如果拒绝原假设，表明模型为二次趋势并附带单位根过程，否则进入步骤(4)。

(4) 在式(6.13)中令 $\beta_2=0$,重新估计一次趋势模型,并利用检验量 t_1 检验假设 $H_0:\beta_1=0$,如果拒绝原假设,表明模型为一次趋势并附带单位根过程,否则进入步骤(5)。

(5) 在式(6.13)中令 $\beta_1=\beta_2=0$,再次估计非零均值模型,并利用检验量 t_0 检验假设 $H_0:\beta_0=0$,如果拒绝原假设,表明模型为非零均值并附带单位根过程,否则表明数据为零均值附带单位根过程。

6.4　KPSS 检验 Bootstrap 研究

6.4.1　检验量性质与 Bootstrap 适用性

根据本章的研究,二次趋势平稳性检验量在大样本下收敛到维纳过程的泛函,而判断序列中趋势类型的检验量,除了几种特殊情况之外也收敛到维纳过程的泛函,故这些检验量都是非标准检验量,这与第一类单位根检验具有相同的性质,于是在有限样本下也可能存在检验水平扭曲,因此从理论上来说,可以使用 Bootstrap 方法来降低检验水平扭曲程度。然而对于 6.3 中的趋势项检验却不能使用 Bootstrap 方法,因为这些检验量是在备择假设成立时得到的结果,此时扰动项是两种不同扰动项的合成,例如就最简单的式(6.1)数据生成过程而言,当备择假设成立时有

$$y_t=\xi_t+\varepsilon_t,\quad \xi_t=\xi_{t-1}+u_t$$

对此进行差分得到

$$y_t-y_{t-1}=\varepsilon_t-\varepsilon_{t-1}+u_t$$

显然,无论是原始序列还是差分序列,均含有两种不同误差成分,对于实证分析中给定的序列而言,无法区分 ε_t 和 u_t,所以不能构造 Bootstrap 检验所使用的残差。但二次趋势平稳性检验量却是在原假设成立时得到的结果,因此可以使用 Bootstrap 方法研究。根据数据生成中扰动项 ε_t 的分布特点,可以采用不同的 Bootstrap 样本构造方法,当 ε_t 为一般平稳过程时,可以采用第 3 章中的 Stationary Bootstrap 方法检验,而当 ε_t 为独立同分布过程时,可以采用有放回的简单随机抽样方式构造 Bootstrap 样本。例如 Lee J 和 Lee Y I 采用 Sieve Bootstrap 方法对 KPSS 检验进行研究[102];Gulesserian 和 Kejriwal 比较 Sieve Bootstrap 和 Stationary Bootstrap 方法的检验功效,结果表明后者的检验功效高于前者[157]。这些检验量仅限于线性趋势下 KPSS 检验量的研究,对于本章提及的二次趋势 KPSS 检验量却没有文献研究,而且基于 KPSS 检验模式的 Bootstrap 样本构造过程与第一类检验的 Bootstrap 样本构造方法不同,因此本节将对此使用 Bootstrap 方法进行分析,

同时鉴于已有文献以及第 3 章中已经介绍使用 Stationary Bootstrap 方法完成相应的检验,本节使用基于独立同分布的扰动项对二次趋势 KPSS 检验量进行研究。

6.4.2 二次趋势 KPSS 检验量的 Bootstrap 检验

1. Bootstrap 实现方法

当原假设成立时,数据生成过程为式(6.12),即有

$$y_t = \beta_0 + \beta_1 t + \beta_2 t^2 + \varepsilon_t \tag{6.12}$$

Bootstrap 检验步骤如下:

(1) 利用 OLS 估计式(6.12),记估计值分别为$\hat{\beta}_0, \hat{\beta}_1, \hat{\beta}_2$,得到的残差记为 $\hat{\varepsilon}_t$。

(2) 以 $\hat{\varepsilon_t}$ 为母体,采用有放回的随机抽样方式获取残差,记为 $\tilde{\varepsilon_t^*}$,$t=1,2,\cdots,T$。

(3) 按照如下模型产生 Bootstrap 样本 y_t^*:

$$y_t^* = \hat{\beta}_0 + \hat{\beta}_1 t + \hat{\beta}_2 t^2 + \tilde{\varepsilon}_t^* \text{①} \tag{6.19}$$

(4) 以式(6.14)中的样本 y_t^* 构造检验量如下:

$$\eta_3^* = T^{-2} \sum_{t=1}^{T} S_t^{*2} / \hat{\sigma}_\varepsilon^2$$

其中 $\hat{\sigma}_\varepsilon^2$ 是根据式(6.12)中的残差 $\hat{\varepsilon}_t$ 而计算的扰动项方差估计,S_t^* 是根据式(6.19)中的残差而计算的部分和序列。

(5) 重复步骤(2)至步骤(4)共 B 次,设第 b 次检验量值为 η_{3b}^*,$b=1,2,\cdots,B$。

(6) 按照以下公式计算 Bootstrap 检验概率:

$$p = \frac{1}{B} \sum_{b=1}^{B} I(\eta_{3b}^* > \eta_3)$$

其中 $I(\cdot)$为示性函数,条件为真取 1,否则取 0。如果有检验概率 p 小于事先指定的显著性水平,就拒绝对应的原假设,否则就接受原假设。

2. Bootstrap 检验的有效性

为说明上述 Bootstrap 方法的有效性,就要从理论上证明 η_{3b}^*与 η_3 在大样本下具有相同的极限分布,下面定理给出了结论。

定理 6.5 当数据生成为式(6.12)且 ε_t 为独立同分布时,采用上述 Bootstrap 方法构造样本计算 KPSS 检验量 η_3^*,则有 $\eta_3^* \Rightarrow \int_0^1 V_3^2(r)\mathrm{d}r$。

证明 当使用 OLS 估计式(6.19)时,根据式(6.9)得到

$$\boldsymbol{D}_{T,3}^{1/2}(\hat{\boldsymbol{\beta}}^3 - \boldsymbol{\beta}^3) \Rightarrow \sigma_\varepsilon \boldsymbol{Q}_3^{-1} \int_0^1 \boldsymbol{g}_3(r)\mathrm{d}W(r) \tag{6.20}$$

---

① 对于 Bootstrap 检验理论研究而言,可以采用真实值 $\beta_0, \beta_1, \beta_2$,但在实证分析中,由于这些值通常是未知的,因此必须采用估计值来替代。

其中 $\boldsymbol{D}_{T,3}^{1/2}=\mathrm{diag}(T^{1/2},T^{3/2},T^{5/2})$，据此可以得到

$$\hat{\beta}_0-\beta_0=O_p(T^{-1/2}),\quad \hat{\beta}_1-\beta_1=O_p(T^{-3/2}),\quad \hat{\beta}_2-\beta_2=O_p(T^{-5/2})$$

另一方面计算式(6.12)的残差得到

$$\begin{aligned}\hat{\varepsilon}_t&=\varepsilon_t-(\hat{\beta}_0-\beta_0)-(\hat{\beta}_1-\beta_1)t-(\hat{\beta}_2-\beta_2)t^2\\&=\varepsilon_t+O_p(T^{-1/2})=\varepsilon_t+o_p(1)\end{aligned}$$

据此可以得到 $\hat{\sigma}_\varepsilon^2=\sigma_\varepsilon^2+o_p(1)$。

由于 $\tilde{\varepsilon}_t^*$ 是来自总体 $\hat{\varepsilon}_t$ 的独立同分布样本，则有

$$E(\tilde{\varepsilon}_t^*)=T^{-1}\sum_{t=1}^{T}\hat{\varepsilon}_t=0,\quad \mathrm{Var}(\tilde{\varepsilon}_t^*)=T^{-1}\sum_{t=1}^{T}\hat{\varepsilon}_t^2=\hat{\sigma}_\varepsilon^2$$

据此得到 $\tilde{\varepsilon}_t^*\sim\mathrm{iid}(0,\hat{\sigma}_\varepsilon^2)$。当使用式(6.19)的Bootstrap样本估计模型时，记参数OLS估计为 $\hat{\boldsymbol{\beta}}^{3*}=(\hat{\beta}_0^*,\hat{\beta}_1^*,\hat{\beta}_2^*)'$，则有

$$\hat{\boldsymbol{\beta}}^{3*}-\hat{\boldsymbol{\beta}}^{3}=\left(\sum_{t=1}^{T}\boldsymbol{x}_{3,t}\boldsymbol{x}_{3,t}'\right)^{-1}\sum_{t=1}^{T}\boldsymbol{x}_{3,t}\tilde{\varepsilon}_t^*$$

根据Bootstrap样本下的中心极限定理和结论 $\hat{\sigma}_\varepsilon^2=\sigma_\varepsilon^2+o_p(1)$有

$$T^{-1/2}\sum_{t=1}^{T}\tilde{\varepsilon}_t^*\Rightarrow\sigma_\varepsilon\int_0^1\mathrm{d}W(r),\quad T^{-3/2}\sum_{t=1}^{T}t\tilde{\varepsilon}_t^*\Rightarrow\sigma_\varepsilon\int_0^1 r\mathrm{d}W(r)$$

$$T^{-5/2}\sum_{t=1}^{T}t^2\tilde{\varepsilon}_t^*\Rightarrow\sigma_\varepsilon\int_0^1 r^2\mathrm{d}W(r)$$

从而得到

$$\boldsymbol{D}_{T,3}^{1/2}(\hat{\boldsymbol{\beta}}^{3*}-\hat{\boldsymbol{\beta}}^{3})\Rightarrow\sigma_\varepsilon\boldsymbol{Q}_3^{-1}\int_0^1\boldsymbol{g}_3(r)\mathrm{d}W(r)\tag{6.21}$$

另一方面残差估计为

$$e_t^*=\tilde{\varepsilon}_t^*-\boldsymbol{x}_{3,t}'(\hat{\boldsymbol{\beta}}^{3*}-\hat{\boldsymbol{\beta}}^{3})$$

记 $S_{\lceil Tr\rceil}^*=\sum_{t=1}^{\lceil Tr\rceil}e_t^*$，则根据部分和收敛定理和式(6.21)得到

$$\begin{aligned}T^{-1/2}S_{\lceil Tr\rceil}^*&=T^{-1/2}\sum_{t=1}^{\lceil Tr\rceil}e_t^*-\sum_{t=1}^{\lceil Tr\rceil}(\boldsymbol{E}_{T,3}\boldsymbol{x}_{3,t})'\boldsymbol{D}_{T,3}^{1/2}(\hat{\boldsymbol{\beta}}^{3*}-\hat{\boldsymbol{\beta}}^{3})\\&\Rightarrow\sigma_\varepsilon W(r)-\sigma_\varepsilon\boldsymbol{q}_3'(r)\boldsymbol{Q}_3^{-1}\int_0^1\boldsymbol{g}_3(r)\mathrm{d}W(r)\\&\triangleq\sigma_\varepsilon V_3(r)\end{aligned}$$

故有

$$T^{-2}\sum_{t=1}^{T}S_t^{*2}\Rightarrow\sigma_\varepsilon^2\int_0^1 V_3^2(r)\mathrm{d}r$$

利用结论 $\hat{\sigma}_\varepsilon^2$ 为 σ_ε^2 一致估计量，代入 $\hat{\sigma}_\varepsilon^2$ 并根据Slutsky定理知定理6.5成立。

定理6.5表明可以使用Bootstrap方法来替代有限样本下的分位数进行二次趋势的KPSS检验，因此借助蒙特卡罗模拟可以比较两种方法检验的效果。

6.5 蒙特卡罗模拟与实证研究

为考察表 6.3 至表 6.5 的分位数检验效果，也为研究 Bootstrap 方法的检验优势，本节将使用蒙特卡罗模拟对趋势项分位数的检验水平和检验功效进行研究，而对二次趋势下的 KPSS 检验，将借助蒙特卡罗模拟方法比较分位数检验和 Bootstrap 检验的效果，并应用 KPSS 检验的流程进行实证分析。

6.5.1 趋势检验量水平检验、功效检验研究

1. 模拟参数设置

为验证表 6.3 至表 6.5 检验量分位数对其他参数组合的稳健性，设置与获取分位数趋势参数不同的数值，仍然设定扰动项 $\varepsilon_t \sim N(0,1)$ 和 $u_t \sim N(0,1)$，设定模拟次数为 1 万次，样本取为 20、50 和 100，显著性水平为 0.05。趋势项参数的选取如表 6.6 所示，其中 $\beta_2=0$ 对应检验水平模拟结果，例如对于第一组参数组合，当考察检验量 t_2 时，取 $\beta_0=\beta_1=0.5$，当考察检验量 t_1 时，取 $\beta_0=0.5$，$\beta_1=\beta_2=0$，当考察检验量 t_0 时，取 $\beta_0=\beta_1=\beta_2=0$；$\beta_2 \neq 0$ 对应检验功效模拟结果，例如对于第一组参数组合，当考察检验量 t_2 时，取 $\beta_0=2$，$\beta_1=0.5$，$\beta_2=0.05$，当考察检验量 t_1 时，取 $\beta_0=2$，$\beta_1=0.5$，$\beta_2=0$，当考察检验量 t_0 时，取 $\beta_0=2$，$\beta_1=\beta_2=0$。

2. 蒙特卡罗模拟结果

表 6.6 给出不同趋势项参数设定时检验水平与检验功效模拟结果，就模拟水平来说，由于名义显著性水平的区间估计结果为(4.60%，5.40%)，因此有 4 种情况的检验水平落在上述区间之外(用加粗和斜体表示)，其余 32 种组合都在上述区间内，因此总体上具有较为满意的检验水平。从检验功效来看，相对来说，检验量 t_2 的功效最高，且参数要求较低，即使 β_2 取值为 0.05，在样本为 50 时具有 100% 的正确率，而若 β_2 取值为 0.1，在样本为 20 时，也有 96.67% 的正确率。检验量 t_1 的功效对参数要求也不太高，例如若 β_1 取值为 0.5，在样本为 100 时具有 97.86% 的正确率，若 β_1 取值为 1.0 则具有 100% 的正确率。相比之下，检验量 t_0 对参数 β_0 取值要求较高，要想得到较高的检验功效，就必须取较大的参数 β_0，而且该检验量的检验功效随着样本的增大明显呈现下降趋势，这与检验量 t_2、检验量 t_1 完全相反。

表 6.6 趋势项检验量 t_0、t_1、t_2 不同样本下的分位数模拟结果

样本	β_0	β_1	β_2	t_0	t_1	t_2
20	0.5	0.5	0	5.30	4.99	4.76
50	2.5	1.5	0	4.95	5.29	5.10
100	0.5	1.5	0	5.23	4.93	5.24
20	2.0	0.5	0	4.58	4.80	5.19
50	2.0	0.5	0	5.04	4.62	***5.50***
100	2.0	0.5	0	***4.57***	5.05	5.23
20	3.0	1.0	0	5.02	5.35	4.63
50	3.0	1.0	0	4.84	5.06	5.21
100	3.0	1.0	0	5.15	5.18	4.90
20	4.0	1.5	0	5.40	4.62	4.84
50	4.0	1.5	0	5.17	4.85	***4.49***
100	4.0	1.5	0	5.23	5.22	***4.51***
20	2.0	0.5	0.05	18.04	45.88	48.57
50	2.0	0.5	0.05	12.39	83.98	100.00
100	2.0	0.5	0.05	9.25	97.86	100.00
20	3.0	1.0	0.1	31.90	95.33	96.67
50	3.0	1.0	0.1	20.16	99.97	100.00
100	3.0	1.0	0.1	13.44	100.00	100.00
25	4.0	1.5	0.5	48.16	99.94	100.00
50	4.0	1.5	0.5	30.89	100.00	100.00
100	4.0	1.5	0.5	19.72	100.00	100.00

6.5.2 二次趋势 KPSS 检验量的 Bootstrap 检验研究

为考察二次趋势下 KPSS 检验量 η_3 的分位数对扰动项其他分布类型的稳健性，现假设扰动项分别为 $\varepsilon_t \sim N(0,1)$、$\varepsilon_t \sim t(5)$和 $\varepsilon_t \sim \chi^2(5)$，分别记为第一种、第二种和第三种扰动项。对卡方分布的扰动项进行中心化处理，使其期望为零。取样本为 25、50 和 100，显著性水平为 0.05，检验量 η_3 的分位数取自表 6.1。趋势项参数与模拟值获取的设置一样，蒙特卡罗模拟 1 万次，Bootstrap 检验次数为 1000 次。模拟结果如表 6.7 所示：其中检验量 η_{31} 表示对应第一种扰动项分位数检验结果，η_{31}^* 表示第一种扰动项但是使用 Bootstrap 方法检验结果，η_{31p}、η_{31p}^* 分别表示当备择假设成立时使用分位数和 Bootstrap 方法检验结果，对于其他检验量也可类似理解。

由于名义检验水平的区间估计(4.60%，5.40%)，因此表 6.7 的结果表明，三种类型扰动项对应的检验量，无论是直接使用分位数方法进行检验，还是利用 Bootstrap 方法检验，实际检验值均落在上述区间估计内，因此具有满意的检验水平，但对比两种检验结果不难发现，Bootstrap 检验实际水平总体上更接近名义显著性水平。当考察检验功效时，不难得到三个结论：第一，随着样本的增加，检验功效明显呈递增趋势；第二，对于任何一种样本，三种扰动项类型的检验功效没有显著差异，且与使用哪种检验方法无关；第三，对于任何一种样本，Bootstrap 检验功效与使用分位数检验功效基本相当。

表 6.7　趋势项检验量 η_3 不同样本下的分位数模拟结果

样本	η_{31}	η_{31}^*	η_{32}	η_{32}^*	η_{33}	η_{33}^*	η_{31p}	η_{31p}^*	η_{32p}	η_{32p}^*	η_{33p}	η_{33p}^*
20	5.13	5.03	5.01	5.14	4.60	4.74	50.29	49.82	49.38	49.13	49.06	48.99
50	5.01	5.00	4.77	4.74	4.99	5.01	86.35	86.15	86.92	86.86	86.54	86.49
100	4.64	4.71	4.64	4.69	4.62	4.63	99.02	99.05	99.22	99.22	99.06	99.10

因此，表 6.7 的结果显示，对于二次趋势 KPSS 检验而言，Bootstrap 检验具有一定的水平优势，但功效优势不明显，且扰动项的分布类型对检验效果没有明显影响。

6.5.3　KPSS 检验流程与实证研究

本节使用 6.3 节中总结的 KPSS 检验流程来考察经典文献中的检验结论。Nelson 和 Plosser 利用第一类检验考察了美国 14 个宏观变量的平稳性[6]。这里使用 KPSS 检验方法分析其中 6 个序列，分别为名义 GNP（X1）、实际人均 GNP（X2）、失业率（X3）、消费者价格指数（X4）、收益率（X5）和个股价格指数（X6）①。第一类检验表明除失业率是平稳序列之外，其他 5 个变量对数化序列都是差分平稳过程。为验证这个结论并确定模型中的趋势类型，现使用 KPSS 检验流程进行检验，6 个变量的样本、处理序列信息和检验结果如表 6.8 所示，其中“对数”表示对原变量进行对数化处理，“原始”表示未经处理；滞后期是计算扰动项长期方差所使用的带宽 l，根据 $l=o(T^{1/2})$ 取 l 为 $T^{1/4}$ 的整数部分。由 Kwaitkowski 等得到 η_1、η_2 在显著性水平为 0.05 时分位数分别为 0.463、0.146，由表 6.1 知 η_3 的分位数基本在 0.086 左右[8]。

根据 KPSS 检验流程，首先使用 η_3 进行平稳性检验，显然，只有变量 X3 接受原假设表示其为可能存在某种趋势的平稳过程，其他 5 个变量都是非平稳过程。其次，为确定这 5 个变量是哪种类型的非平稳过程，再对这 5 个变量使用 t_2 检验 $\beta_2=0$ 是否成立，根据表 6.3 得到 5% 显著性水平分位数即使在样本为 60 时，下限和上限分别为 −17.9084、17.8860，由表 6.8 中 t_2 取值可知，这些检验量的实际值都落入上述区间内，因此都接受 $\beta_2=0$。接着使用检验量 η_2 进行检验，这 5 个变量

① 感谢 Jin Lee 提供这 6 支序列的原始数据。

检验量值都大于临界分位数 0.146,因此需要进一步使用 t_1 检验 $\beta_1=0$ 是否成立。由表 6.4 知 5%显著性水平分位数在样本为 60 时,下限和上限分别为 -8.3623、8.3279,此时结合表 6.8 中 t_1 取值得到 X1、X2 中 $\beta_1\neq0$ 并停止检验,但 X4、X5、X6 满足 $\beta_1=0$,还需要进一步检验是零均值非平稳过程还是非零均值非平稳过程。由于这 3 个变量对应的检验量 η_1 都大于临界分位数 0.463,为此进一步使用 t_0 检验 $\beta_0=0$ 是否成立。结合表 6.5 中分位数知,即使取样本为 100 时,分位数下限和上限也仅为 -2.4456、2.4522,表 6.8 显示这 3 个变量的 t_0 值都落在此范围之外,表明 $\beta_0\neq0$。据此可以认为名义 GNP(X1)和实际人均 GNP(X2)为一次趋势单位根过程;消费者价格指数(X4)、收益率(X5)和个股价格指数(X6)为带漂移项单位根过程。

表 6.8　6 个序列信息与平稳性 KPSS 检验结果

	X1	X2	X3	X4	X5	X6
样本容量	62	62	81	111	71	100
检验变量	对数	对数	对数	对数	原始	对数
滞后期	2	2	3	4	2	4
η_3	0.117	0.101	0.074	0.100	0.224	0.140
η_2	0.272	0.204	0.079	0.401	0.255	0.302
η_1	2.036	1.944	0.114	1.690	0.823	1.741
t_2	7.610	7.009	-0.741	17.523	5.455	12.314
t_1	12.671	8.594	-0.462	4.545	0.363	7.131
t_0	12.075	21.628	2.482	8.568	4.038	2.718

由于 X3 为平稳过程,需要使用普通 t 分布检验趋势项参数 $\beta_i=0,i=0,1,2$ 是否成立,重新计算表明 $t_2=-0.49,t_1=-1.19,t_0=22.20$,根据标准 t 分布的分位数结果接受 $\beta_2=\beta_1=0$ 和 $\beta_0\neq0$,故失业率(X3)为非零均值平稳过程。由于表 6.7 显示 Bootstrap 检验与分位数检验的效果无明显差异,因此这里不再使用 Bootstrap 方法检验。

显然,使用本章提出的 KPSS 检验流程也得到了与第一类检验相同的结论,和第一类检验 DJSR 流程相比,并不需要计算联合检验量,因而更为简便,而且还能精确确定包含的趋势类型,因而其优越性是显然的。

本章小结

本章首先介绍序列构成分解方法,并提供几种以序列平稳为原假设的单位根检验方法,重点介绍 KPSS 检验原理;然后研究一般非线性趋势数据生成下 KPSS

检验量的分布形式及其一致性问题，并给出二次非线性趋势 KPSS 检验量的分布与检验使用的分位数。在讨论模型误设和推导趋势项检验量在备择假设成立时的分布基础上，提炼出 KPSS 检验流程。通过蒙特卡罗模拟技术对趋势项检验量考察检验水平和检验功效，模拟表明：相关检验量在原假设成立时，具有满意的检验水平，在备择假设成立时，不同趋势类型对应参数的检验功效因参数不同而有差异，但总体上具有较高的检验功效。对二次趋势 KPSS 检验量使用 Bootstrap 进行检验，理论研究表明：基于本章的 Bootstrap 方法下检验量的分布与原始样本下对应检验量具有相同的极限分布，其可以用于检验；蒙特卡罗模拟表明：相对于使用分位数检验，Bootstrap 检验具有一定的水平优势，检验功效也基本相当，且扰动项的分布类型对检验效果没有明显影响；实证研究表明：使用本章的 KPSS 检验流程，结合趋势项检验量进行显著性检验，可以确定序列生成的趋势类型，检验结论与 DF 类检验结果相一致。

第 7 章　递归调整检验模式下检验量分布与 Bootstrap 研究

7.1　递归调整单位根检验简介

7.1.1　经典 DF 检验偏差

经典 DF 检验有一个显著特点：无论是原假设成立还是备择假设成立，趋势项（包括零均值的无趋势类型）生成与单位根生成都融合在一个模型中，即用单方程来表示数据生成。例如，无漂移项和带漂移项的单位根数据生成分别为

$$y_t = \rho y_{t-1} + \varepsilon_t, \quad t = 1,2,\cdots,T \tag{7.1}$$

$$y_t = \delta + \rho y_{t-1} + \varepsilon_t, \quad t = 1,2,\cdots,T \tag{7.2}$$

其中 $\rho = 1$，$\varepsilon_t \sim \text{iid}(0,\sigma^2)$，假设 $y_0 = 0$。例如，对式(7.1)可以建立两个检验模型：

$$y_t = \rho y_{t-1} + \varepsilon_t, \quad t = 1,2,\cdots,T \tag{7.3}$$

$$y_t = \alpha + \rho y_{t-1} + \varepsilon_t, \quad t = 1,2,\cdots,T \tag{7.4}$$

其中式(7.3)对应第一类 DF 检验，式(7.4)对应第二类 DF 检验。经典第二类 DF 检验参数估计为

$$\hat{\rho} - \rho = \frac{\sum_{t=1}^{T}(y_{t-1} - \bar{y})\varepsilon_t}{\sum_{t=1}^{T}(y_{t-1} - \bar{y})^2} \tag{7.5}$$

其中 $\bar{y} = T^{-1}\sum_{j=1}^{T} y_j$ 为全样本均值。当原假设成立时有

$$y_t = \sum_{s=1}^{t}\varepsilon_s, \quad \bar{y} = T^{-1}\sum_{t=1}^{T}\sum_{s=1}^{t}\varepsilon_s$$

因此 $y_{t-1} - \bar{y}$ 与 ε_t 相关，这就违背了经典假设的要求，从而产生估计偏差，例如 Tanaka、Shaman 和 Stine 研究表明偏差为

$$E(\hat{\rho}) - \rho_0 = -T^{-1}(1 + 3\rho_0) + o(T^{-1})$$

其中 ρ_0 为参数 ρ 的真实取值。显然，这种偏差随着 ρ_0 靠近 1 而逐渐变大，这在样

本 T 较小时表现更为明显，进而降低单位根检验的功效[164,165]。

类似情形也存在于估计带趋势项模型中，例如以式(7.1)为数据生成模型，而以式(7.6)为估计模型：

$$y_t = \alpha + \delta t + \rho y_{t-1} + \varepsilon_t, \quad t = 1,2,\cdots,T \tag{7.6}$$

对式(7.6)两边求均值有

$$\bar{y} = \alpha + 0.5\delta(T+1) + \rho\bar{y}_{-1} + \bar{\varepsilon}$$

其中 $\bar{y} = T^{-1}\sum_{t=1}^{T} y_t$，$\bar{y}_{-1} = T^{-1}\sum_{t=1}^{T} y_{t-1}$，$\bar{\varepsilon} = T^{-1}\sum_{t=1}^{T}\varepsilon_t$，作离差得到

$$y_t - \bar{y} = \delta(t - 0.5(T+1)) + \rho(y_{t-1} - \bar{y}_{-1}) + \varepsilon_t - \bar{\varepsilon} \tag{7.7}$$

如果对式(7.7)使用 OLS，则不难发现此时仍存在 $y_{t-1} - \bar{y}_{-1}$ 与 $\varepsilon_t - \bar{\varepsilon}$ 相关的问题，因此参数估计 $\hat{\rho}$ 也存在偏差，这也导致检验功效的降低。这种情况也存在于以式(7.2)为数据生成模型，以式(7.6)为估计模型的第四类 DF 检验中。实际上，这可以通过对式(7.6)消除共线性后进行离差变换，得到类似式(7.7)的模型。

以上情况还存在于以式(7.2)为数据生成模型，而以式(7.4)为估计模型的第三类 DF 检验中，通过离差变换得到

$$y_t - \bar{y} = \rho(y_{t-1} - \bar{y}_{-1}) + \varepsilon_t - \bar{\varepsilon} \tag{7.8}$$

因此，除第一类 DF 检验之外，其他三类 DF 检验都存在解释变量与扰动项相关的非经典假设情况。

7.1.2 递归估计与偏差改进

为消除偏差，就必须消除解释变量与扰动项之间的自相关性，针对第二类 DF 检验，Shin 和 So 更改检验模型(7.5)的设定形式如下[47]：

$$y_t - \mu = \rho(y_{t-1} - \mu) + w_t \tag{7.9}$$

用递归均值 $\bar{y}_{t-1} = (t-1)^{-1}\sum_{j=1}^{t-1} y_j$ 替代式(7.5)中的全样本均值 $\bar{y}$ 得到

$$\hat{\rho}_r - \rho = \frac{\sum_{t=1}^{T}(y_{t-1} - \bar{y}_{t-1})w_t}{\sum_{t=1}^{T}(y_{t-1} - \bar{y}_{t-1})^2} \tag{7.10}$$

Shin 和 So① 模拟表明：对于同样的真值 ρ_0，和式(7.5)相比，引入递归均值 $\bar{y}_{t-1}$ 以后，$\hat{\rho}_r$ 比 $\hat{\rho}$ 更加接近真实值 ρ_0，偏差改进程度约为 $(1+\rho_0)/T$[47]。因此，对于较大的 ρ_0 或者较小的样本 T，递归均值方法确实可以降低估计偏差，这使得递归均值调整下检验统计量的分位数右偏，从而提高检验功效。Cook 使用递归均值调整方

---

① 模拟的具体结果参见 Shin 和 So 的表 1 内容[47]。

法讨论结构突变单位根检验模型，也得到类似结论[160]；刘雪燕、白仲林将递归均值调整检验作为一种退势方法与其他退势方法比较检验功效，结果表明，在四种退势检验中，递归均值调整检验功效仅次于 GLS-DF 检验结果，而高于其他两类检验方法[167,168]。

针对含有趋势检验模型，Rodrigues、Lizarazu 和 Villaseñor 进一步研究递归趋势调整单位根检验模型[169,170]。但他们采用 Bhargava 的做法，使用两个模型表示各自的生成过程[44]。例如，对估计含趋势项对应的数据生成过程采用双模型表示如下：

$$\begin{cases} y_t = \alpha + \beta t + x_t \\ x_t = \rho x_{t-1} + \varepsilon_t \end{cases} \tag{7.11}$$

式(7.11)中的第一个模型用来描述趋势，第二个模型生成单位根。消除 x_t 后得到

$$y_t - \alpha - \beta t = \rho(y_{t-1} - \alpha - \beta(t-1)) + \varepsilon_t$$

当使用 OLS 估计时，这种处理仍然不能消除解释变量与扰动项相关的情况，为此他们提出三种转换模式，分别令

$$y_{1t} = y_t - \hat{\alpha}^r - \hat{\beta}^r(t-1) - T^{-1}\sum_{t=1}^{T}\Delta y_t$$

$$y_{1t-1} = y_{t-1} - \hat{\alpha}^r - \hat{\beta}^r(t-1)$$

$$y_{2t} = y_t - T^{-1}\sum_{k=1}^{T}\Delta y_k - \sum_{k=1}^{t-1}\frac{1}{k}y_k$$

$$y_{2t-1} = y_{t-1} - \sum_{k=1}^{t-1}\frac{1}{k}y_k$$

$$y_{3t} = y_t - \hat{\alpha}_t^r - \hat{\beta}_t^r t$$

$$y_{3t-1} = y_{t-1} - \hat{\alpha}_{t-1}^r - \hat{\beta}_{t-1}^r(t-1)$$

其中 $\hat{\alpha}_{t-1}^r$、$\hat{\beta}_{t-1}^r$ 为上述两个参数 α、β 的递归估计，即根据下列回归模型

$$y_k = \alpha + \beta k + \eta_k \tag{7.12}$$

估计，但只使用直到 $t-1$ 期的结果。对式(7.12)使用 OLS 得到

$$\begin{pmatrix} \hat{\alpha}_{t-1}^r \\ \hat{\beta}_{t-1}^r \end{pmatrix} = \begin{pmatrix} t-1 & \sum_{k=1}^{t-1} k \\ \sum_{k=1}^{t-1} k & \sum_{k=1}^{t-1} k^2 \end{pmatrix}^{-1} \begin{pmatrix} \sum_{k=1}^{t-1} y_k \\ \sum_{k=1}^{t-1} k y_k \end{pmatrix}$$

对 $\hat{\alpha}_t^r$、$\hat{\beta}_t^r$ 也可以类似理解。

Rodrigues、Lizarazu 和 Villaseñor 对这三种调整情况进行蒙特卡罗模拟，比较了这三种调整之间的检验功效与检验水平，结果表明，在检验功效方面差异不

明显[169,170]。

7.1.3 递归估计评述

引入递归调整方法是否能够提高检验功效呢?由于单位根检验功效同时取决于数据生成过程和检验模型设定形式,就递归均值调整方法而言,Shin 和 So 在所有模拟中都假设 $\mu=0$,当原假设 $H_0:\rho=1$ 成立时,由式(7.9)可知,无论 $\mu=0$ 是否成立,对模拟均不产生影响,但当 $\mu\neq 0$ 且备择假设成立时,模型(7.9)表示均值为 μ 的平稳过程,对于此种情况下的检验功效,他们并没有给出结论[47]。从可比性角度来说,当备择假设成立时,$\mu=0$ 意味着序列为零均值平稳过程,如果使用 DF 检验,则应该与第一类 DF 检验而不是第二类 DF 检验比较功效;如果从误设检验模型形式来说,即错误选择带漂移项检验模型,但均值仍为零,此时可以比较递归均值调整检验模式与采用全样本均值 $\bar{y}$ 调整的第二类 DF 检验模式。显然,Shin 和 So 仅比较了后者,而忽略了前者,由此得到的结论缺乏普遍性[47]。

当 $\mu\neq 0$ 时,还可以从双模型数据生成角度来理解式(7.9),即采用 Bhargava 的双模型表示如下:

$$\begin{cases} y_t = \mu + x_t \\ x_t = \rho x_{t-1} + \varepsilon_t \end{cases} \tag{7.13}$$

当 $\mu=0$ 时对应 Shin 和 So 的结论,当 $\mu\neq 0$ 且 $\rho=1-c/T(c>0)$ 为近单位根时,模型(7.9)表明 y_t 是均值为 μ 的平稳过程,这也正是模型(7.13)表示的含义[44,47]。相对于第二类 DF 检验模式,等价于模型(7.4)中 $\delta=T^{-1}c\mu\neq 0$ 且 $\rho=1-c/T$,这时也可以比较第二类 DF 检验与递归均值调整检验下的检验功效,显然,Shin 和 So 也没有对此进行研究[47]。

Shin 和 So 的研究表明:递归调整后单位根检验量在大样本下也收敛到维纳过程的泛函,因此在有限样本下使用分位数检验,可能存在检验的水平扭曲[47]。

Rodrigues、Lizarazu 和 Villaseñor 的研究中没有考虑与对应的 DF 检验比较功效,也没有推导趋势调整后的模型单位根检验量是否具有明确的分布[169,170]。

因此,要全面评价递归均值单位根检验的功效,就必须从检验模型设定形式和均值 μ 取值是否为零两个角度出发,在保持可比性基础上进行全面分析,即应该研究以下四个内容:

(1) 真实均值 $\mu=0$,比较正确使用第一类 DF 检验和递归均值调整检验的功效。

(2) 真实均值 $\mu=0$,比较误用第二类 DF 检验与递归均值调整检验的功效。

(3) 真实均值 $\mu\neq 0$,比较正确使用第二类 DF 检验与递归均值调整检验的功效。

(4) 使用 Bootstrap 方法,降低检验水平扭曲,改善检验功效。

对趋势调整单位根检验而言,一方面需要推导相关检验量的分布,另一方面也要与对应的 DF 检验类型进行功效比较,并使用 Bootstrap 进行改进。

接下来在 7.2 节中详细研究均值递归调整的单位根检验与第一类 DF、第二类 DF 检验功效;在 7.3 节中使用 Bootstrap 方法进一步研究递归均值调整检验;在 7.4 节中提出另一类递归趋势调整方法,完成对模型(7.6)的检验,并使用 Bootstrap 方法进行改进。

7.2　递归均值调整单位根检验功效比较研究

7.2.1　零均值数据生成检验功效理论公式

1. 第一类 DF 检验

如果数据生成与检验模型都不含有漂移项,此时对应第一类 DF 检验,根据式(7.3)有

$$\hat{\rho}_1 - \rho = \sum_{t=1}^{T} y_{t-1}\varepsilon_t \Big/ \sum_{t=1}^{T} y_{t-1}^2$$

当 $H_1: \rho = 1 - c/T$ 成立时,递推式(7.3)有 $y_t = \rho^t y_0 + \eta_t$,其中 $\eta_t = \sum_{s=0}^{t-1} \rho^s \varepsilon_{t-s}$,且有 $T^{-1/2}\eta_{\lceil Tr\rceil} \Rightarrow \sigma J_c(r)$ 成立,$\lceil Tr\rceil$ 表示不超过 $Tr(r \in [0,1])$ 的正整数,$J_c(r) = \int_0^r e^{-c(r-s)}\,dW(s)$。利用结论 $\rho^{\lceil Tr\rceil} \to e^{-rc}$ 得到 $T^{-1/2} y_{\lceil Tr\rceil} \Rightarrow \sigma J_c(r)$,根据 Phillips 有

$$\begin{cases} \tau_1 = T(\hat{\rho}_1 - \rho) = \dfrac{T^{-1}\sum\limits_{t=1}^{T} y_{t-1}\varepsilon_t}{T^{-2}\sum\limits_{t=1}^{T} y_{t-1}^2} \Rightarrow \dfrac{\int_0^1 J_c(r)\,dW(r)}{\int_0^1 J_c^2(r)\,dr} \\ t_1 = \dfrac{\hat{\rho}_1 - \rho}{se(\hat{\rho}_1)} = \dfrac{\sum\limits_{t=1}^{T} y_{t-1}\varepsilon_t}{\hat{\sigma}_1\sqrt{\sum\limits_{t=1}^{T} y_{t-1}^2}} \Rightarrow \dfrac{\int_0^1 J_c(r)\,dW(r)}{\sqrt{\int_0^1 J_c^2(r)\,dr}} \end{cases} \tag{7.14}$$

其中 $\hat{\sigma}_1$ 根据式(7.3)残差进行估计(下同)[171]。从而检验功效为

$$\begin{cases} P(T(\hat{\rho}_1-1)<C_{\tau_1\alpha}\mid\rho=1-c/T)=P\left(\dfrac{\int_0^1 J_c(r)\mathrm{d}W(r)}{\int_0^1 J_c^2(r)\mathrm{d}r}<C_{\tau_1\alpha}+c\right) \\ P\left(\dfrac{\hat{\rho}_1-1}{\mathrm{se}(\hat{\rho}_1)}<C_{t_1\alpha}\mid\rho=1-c/T\right)=P\left(\dfrac{\int_0^1 J_c(r)\mathrm{d}W(r)}{\sqrt{\int_0^1 J_c^2(r)\mathrm{d}r}}<C_{t_1\alpha}+\dfrac{1}{T}\dfrac{c}{\mathrm{se}(\hat{\rho}_1)}\right) \end{cases} \tag{7.15}$$

其中 $C_{\tau_1\alpha}$、$C_{t_1\alpha}$分别是式(7.14)中当 $c=0$ 时检验统计量 τ_1、t_1 对应显著性水平为 α 的分位数，$\mathrm{se}(\hat{\rho}_1)$为 $\hat{\rho}_1$ 标准差。式(7.15)等号左边给出了检验功效的模拟计算公式，而等号右边给出了功效计算的理论公式(下同)，这就导出了研究内容(1)中第一类 DF 检验统计量的功效公式。

2. 递归均值调整检验

设数据生成 $\mu=0$，但误设成含均值模型进行检验，此时既可以采用全样本均值 $\bar{y}$ 调整的第二类 DF 检验模式，也可以使用递归均值 $\bar{y}_{t-1}$ 调整模式检验。当采用后种方法估计时有

$$y_t-\bar{y}_{t-1}=\rho(y_{t-1}-\bar{y}_{t-1})+\upsilon_t$$

由于真实模型 $\mu=0$，因此有 $\upsilon_t=\varepsilon_t-(1-\rho)\bar{y}_{t-1}$。利用 OLS 估计有

$$\hat{\rho}_r-\rho=\frac{\sum_{t=1}^{T}(y_{t-1}-\bar{y}_{t-1})\upsilon_t}{\sum_{t=1}^{T}(y_{t-1}-\bar{y}_{t-1})^2} \tag{7.16}$$

建立检验统计量为

$$\tau_{rma}=T(\hat{\rho}_r-\rho)=\frac{\sum_{t=1}^{T}(y_{t-1}-\bar{y}_{t-1})\upsilon_t}{\sum_{t=1}^{T}(y_{t-1}-\bar{y}_{t-1})^2}$$

$$t_{rma}=\frac{\hat{\rho}_r-\rho}{\mathrm{se}(\hat{\rho}_r)}=\frac{\sum_{t=1}^{T}(y_{t-1}-\bar{y}_{t-1})\upsilon_t}{\hat{\sigma}_2\sqrt{\sum_{t=1}^{T}(y_{t-1}-\bar{y}_{t-1})^2}}$$

根据 $T^{-1/2}y_{\lceil Tr\rceil}\Rightarrow\sigma J_c(r)$得到

$$T^{-1/2}\bar{y}_{\lceil Tr\rceil}=T^{-1/2}\lceil Tr\rceil^{-1}\sum_{l=1}^{\lceil Tr\rceil}y_l\Rightarrow\sigma r^{-1}\int_0^r J_c(s)\mathrm{d}s$$

根据 Kurtz 和 Protter[172]有

$$\frac{T^{-1}\sum_{t=1}^{T}(y_{t-1}-\bar{y}_{t-1})\varepsilon_t}{T^{-2}\sum_{t=1}^{T}(y_{t-1}-\bar{y}_{t-1})^2}\Rightarrow\frac{B}{D},\quad \frac{T^{-2}\sum_{t=1}^{T}(y_{t-1}-\bar{y}_{t-1})\bar{y}_{t-1}}{T^{-2}\sum_{t=1}^{T}(y_{t-1}-\bar{y}_{t-1})^2}\Rightarrow\frac{E}{D}$$

其中

$$B=\int_0^1\left(J_c(r)-r^{-1}\int_0^r J_c(s)\mathrm{d}s\right)\mathrm{d}W(r)$$

$$D=\int_0^1\left(J_c(r)-r^{-1}\int_0^r J_c(s)\mathrm{d}s\right)^2\mathrm{d}r$$

$$E=\int_0^1\left(J_c(r)-r^{-1}\int_0^r J_c(s)\mathrm{d}s\right)\left(r^{-1}\int_0^r J_c(s)\mathrm{d}s\right)\mathrm{d}r$$

因此得到

$$\tau_{rma}\Rightarrow\frac{B-cE}{D},\quad t_{rma}\Rightarrow\frac{B-cE}{\sqrt{D}}\tag{7.17}$$

从而采用递归均值调整模式时检验功效为

$$\begin{cases}P(T(\hat{\rho}_r-1)<C_{\tau r\alpha}\mid\rho=1-c/T)=P\left(\dfrac{B-cE}{D}<C_{\tau r\alpha}+c\right)\\ P\left(\dfrac{\hat{\rho}_r-1}{\mathrm{se}(\hat{\rho}_r)}<C_{tr\alpha}\mid\rho=1-c/T\right)=P\left[\dfrac{B-cE}{\sqrt{D}}<C_{tr\alpha}+\dfrac{1}{T}\dfrac{c}{\mathrm{se}(\hat{\rho}_r)}\right]\end{cases}\tag{7.18}$$

其中 $C_{\tau r\alpha}$、$C_{tr\alpha}$分别是式(7.17)中当 $c=0$ 时检验统计量 τ_{rma}、t_{rma}对应显著性水平为 α 的分位数，$\mathrm{se}(\hat{\rho}_r)$为 $\hat{\rho}_r$ 标准差，这就导出了研究内容(1)和研究内容(2)中递归均值调整检验统计量的功效公式。

3. 第二类 DF 检验

如果采用第二类 DF 检验模式，即采用如下检验模型：

$$y_t=\rho y_{t-1}+\beta+\varepsilon_t$$

则根据最小二乘法有

$$\tau_2=T(\hat{\rho}_2-\rho)=\frac{T^{-1}\sum_{t=1}^{T}(y_{t-1}-\bar{y})\varepsilon_t}{T^{-2}\sum_{t=1}^{T}(y_{t-1}-\bar{y})^2},\quad t_2=\frac{\hat{\rho}_2-\rho}{\mathrm{se}(\hat{\rho}_2)}=\frac{\sum_{t=1}^{T}(y_{t-1}-\bar{y}_{t-1})\varepsilon_t}{\hat{\sigma}_3\sqrt{\sum_{t=1}^{T}(y_{t-1}-\bar{y}_{t-1})^2}}\tag{7.19}$$

利用结论 $T^{-1/2}y_{\lceil Tr\rceil}\Rightarrow\sigma J_c(r)$ 得到 $T^{-1/2}\bar{y}\Rightarrow\sigma\int_0^1 J_c(s)\mathrm{d}s$，代入式(7.19)可得

$$\begin{cases} \tau_2 = T(\hat{\rho}_2 - \rho) \Rightarrow \dfrac{\int_0^1 \left(J_c(r) - \int_0^1 J_c(s)\mathrm{d}s\right)\mathrm{d}W(r)}{\int_0^1 \left(J_c(r) - \int_0^1 J_c(s)\mathrm{d}s\right)^2 \mathrm{d}r} \\ t_2 = \dfrac{\hat{\rho}_2 - \rho}{\mathrm{se}(\hat{\rho}_2)} \Rightarrow \dfrac{\int_0^1 \left(J_c(r) - \int_0^1 J_c(s)\mathrm{d}s\right)\mathrm{d}W(r)}{\sqrt{\int_0^1 \left(J_c(r) - \int_0^1 J_c(s)\mathrm{d}s\right)^2 \mathrm{d}r}} \end{cases} \tag{7.20}$$

从而得到全样本均值 $\bar{y}$ 调整第二类 DF 检验功效为

$$P(T(\hat{\rho}_2 - 1) < C_{\tau_2\alpha} \mid \rho = 1 - c/T)$$
$$= P\left(\frac{\int_0^1 \left(J_c(r) - \int_0^1 J_c(s)\mathrm{d}s\right)\mathrm{d}W(r)}{\int_0^1 \left(J_c(r) - \int_0^1 J_c(s)\mathrm{d}s\right)^2 \mathrm{d}r} < C_{\tau_2\alpha} + c\right)$$
$$P\left(\frac{\hat{\rho}_2 - 1}{\mathrm{se}(\hat{\rho}_2)} < C_{t_2\alpha} \mid \rho = 1 - c/T\right)$$
$$= P\left(\frac{\int_0^1 \left(J_c(r) - \int_0^1 J_c(s)\mathrm{d}s\right)\mathrm{d}W(r)}{\sqrt{\int_0^1 \left(J_c(r) - \int_0^1 J_c(s)\mathrm{d}s\right)^2 \mathrm{d}r}} < C_{t_2\alpha} + \frac{1}{T}\frac{c}{\mathrm{se}(\hat{\rho}_2)}\right)$$

其中 $C_{\tau_2\alpha}$、$C_{t_2\alpha}$分别是式(7.20)中当 $c=0$ 时检验统计量 τ_2、t_2 对应显著性水平为 α 的分位数，$\mathrm{se}(\hat{\rho}_2)$为 $\hat{\rho}_2$ 标准差，这就导出了研究内容(2)中第二类 DF 检验统计量的功效公式。

7.2.2　非零均值数据生成检验功效理论公式

实际上，Shin 和 So 的理论研究中并没有要求 $\mu=0$，下面分两种情况讨论非零均值时的检验功效[47]。

1. 单方程第二类 DF 检验

为得到含有非零均值平稳序列，就需要假设式(7.2)中 $\delta\neq 0$。为和式(7.9)表示的模型具有可比性，必须保证在原假设成立时有相同的均值，因此有 $\delta=(1-\rho)\mu$。当备择假设 $H_1:\rho=1-c/T$ 成立时，根据式(7.2)结合 $\delta=(1-\rho)\mu$ 递推得到

$$y_t = \mu(1-\rho^t) + \rho^t y_0 + \eta_t \tag{7.21}$$

利用结论 $\rho^{\lceil Tr\rceil}\to \mathrm{e}^{-rc}$，$T^{-1/2}\eta_{\lceil Tr\rceil}\Rightarrow\sigma J_c(r)$得到 $T^{-1/2}y_{\lceil Tr\rceil}\Rightarrow\sigma J_c(r)$仍成立，此时在正确设定检验模型时，单位根项参数估计和极限分布仍为式(7.19)和式(7.20)，因此检验功效的理论公式和零均值下的结果完全相同。这就导出了研究内容(3)中第二类 DF 检验统计量的功效公式。

需要说明的是，之所以有这样的结论，是由于 $T^{-1/2}\mu(1-\rho^{\lceil Tr\rceil})=o(1)$成立。

这表明:当样本充分大且备择假设成立时,无论均值 μ 是否为 0,检验功效理论公式相同,但这仅限于大样本下的结论,而有限样本下的结果仍有差异,下节模拟结果证实了这点。

2. 双方程递归均值调整模型检验

当使用数据生成式(7.13)来考察非零均值单位根过程或者平稳过程时,消除 x_t 可得到式(7.9),此时仍使用递归均值 $\bar{y}_{t-1}$进行调整得到检验模型为

$$y_t - \bar{y}_{t-1} = \rho(y_{t-1} - \bar{y}_{t-1}) + v_t \tag{7.22}$$

其中 $v_t = (1-\rho)(\mu - \bar{y}_{t-1}) + \varepsilon_t = \upsilon_t + T^{-1}c\mu$,而 υ_t 为 $\mu = 0$ 时对应的扰动项。当备择假设 $H_1:\rho = 1 - c/T$ 成立时,原递归均值调整式(7.16)相应修改为

$$\hat{\rho}_r - \rho = \frac{\sum_{t=1}^{T}(y_{t-1} - \bar{y}_{t-1})v_t}{\sum_{t=1}^{T}(y_{t-1} - \bar{y}_{t-1})^2} = \frac{\sum_{t=1}^{T}(y_{t-1} - \bar{y}_{t-1})\upsilon_t}{\sum_{t=1}^{T}(y_{t-1} - \bar{y}_{t-1})^2} + \frac{\mu c}{T}\frac{\sum_{t=1}^{T}(y_{t-1} - \bar{y}_{t-1})}{\sum_{t=1}^{T}(y_{t-1} - \bar{y}_{t-1})^2} \tag{7.23}$$

另一方面,根据式(7.9)可得式(7.21)成立,故此时仍有 $T^{-1/2}y_{\lceil Tr\rceil} \Rightarrow \sigma J_c(r)$,$T^{-1/2}\bar{y}_{\lceil Tr\rceil} \Rightarrow r^{-1}\int_0^r J_c(s)\mathrm{d}s$ 成立。因此有

$$\sum_{t=1}^{T}(y_{t-1} - \bar{y}_{t-1}) = O_p(T^{3/2}),\quad \sum_{t=1}^{T}(y_{t-1} - \bar{y}_{t-1})^2 = O_p(T^2)$$

据此可以得到 $\mu \neq 0$ 在近单位根成立时检验统计量 τ_{rma} 和 t_{rma} 分布仍分别为

$$\tau_{rma} \Rightarrow \frac{B - cE}{D},\quad t_{rma} \Rightarrow \frac{B - cE}{\sqrt{D}}$$

从而检验功效仍为式(7.18)。这就导出了研究内容(3)中递归均值调整检验统计量的功效公式。

同样需要说明的是,均值 μ 是否为零不影响检验功效理论公式的原因在于式(7.23)中第二项为 $O_p(T^{-3/2})$,其对分布的影响在大样本下可以忽略,但在有限样本下仍有差异。

7.2.3　检验功效的蒙特卡罗模拟分析

1. 模拟设置

为比较递归均值调整模式与 DF 类检验模式下的检验功效,现进行蒙特卡罗模拟分析。设模拟次数为 1 万次,取样本容量为 25、50、100,显著性水平为 0.05,ε_t 服从标准正态分布,ρ 分别取 1、0.95、0.90、0.85 和 0.80,μ 按照研究内容分别设置 $\mu = 0$ 和 $\mu \neq 0$ 两种情况。

2. 零均值数据生成与模拟

首先比较均值 $\mu=0$ 时第一类 DF 检验、第二类 DF 检验和递归均值调整检验的模拟结果，表 7.1 给出了模拟结果。当 $\mu=0$ 且备择假设成立时，数据生成都是零均值平稳过程，根据研究内容(1)和研究内容(2)可知，此时第一类 DF 检验、第二类 DF 检验分别与递归均值调整检验的功效具有可比性。表 7.1 表明：当 $\rho<1$ 时，对于相同的 ρ 和样本容量，递归均值调整模式检验统计量 τ_{rma}、t_{rma} 的检验功效都高于第二类 DF 检验对应检验统计量 τ_2、t_2，这与 Shin 和 So 的结论完全一致[47]，但明显低于第一类 DF 检验对应检验统计量 τ_1、t_1，这是他们没有发现的结论。从这个角度来说，不能完全接受递归均值调整检验模式能够提高检验功效的说法。另外，表 7.1 也显示，对于相同的 ρ，随着样本 T 增大，每种检验统计量的检验功效呈递增趋势；对于相同样本容量 T，随着 ρ 降低，每种检验统计量的检验功效也呈递增趋势，这可以从 $\rho=1-c/T$ 中得到解释，因为上述两种情况都会导致 c 呈递增趋势，而上文各个检验功效计算公式都表明检验功效随着 c 递增而递增。

表 7.1　零均值递归调整、两类 DF 检验的水平与功效模拟结果

ρ	样本容量	τ_1	t_1	τ_2	t_2	τ_{rma}	t_{rma}
1.00	25	5.06	5.05	***4.29***	4.66	4.91	4.84
	50	5.14	5.12	***4.47***	***4.50***	4.89	4.96
	100	5.28	5.24	4.84	5.11	5.17	5.14
0.95	25	8.98	8.75	7.19	5.88	8.25	8.07
	50	14.82	15.02	9.68	6.65	12.01	12.10
	100	31.94	32.28	18.67	11.80	23.46	24.02
0.90	25	13.72	13.88	9.41	6.51	11.12	11.23
	50	32.88	33.07	18.60	11.26	23.37	24.03
	100	76.83	77.05	46.50	31.34	55.43	56.09
0.85	25	23.42	23.54	13.53	8.71	16.16	16.36
	50	56.72	57.19	31.32	19.68	38.09	38.49
	100	97.35	96.98	78.33	62.72	85.15	85.12
0.80	25	33.65	33.76	18.22	10.92	22.04	22.41
	50	78.73	78.72	47.40	31.36	56.63	56.73
	100	99.83	99.85	95.58	87.53	97.68	97.50

另外，表 7.1 还给出了此种情况下第一类 DF 检验、第二类 DF 检验以及递归均值调整检验的检验水平模拟结果，这对应 $\rho=1$ 的取值。由于模拟的随机性，每种检验的实际显著性水平不可能正好等于名义水平 0.05。根据 Godfrey 和 Orme 提供的实际显著性水平区间估计公式，取概率度为 1.96 得到实际显著性水平的区间估计为(4.60%，5.40%)[124]。显然，除三种情况之外(用加粗和斜体表示，下同)，这些检验统计量的检验水平均落在该区间估计内，因此具有满意的检验水平，

从而在此基础之上的检验功效比较是有意义的。

3. 非零均值数据生成与模拟

接下来考察当 $\mu\neq0$ 时各个检验统计量检验功效。直观地认为，当 μ 与 0 差距不大时，相关检验结论应该与 $\mu=0$ 结果大体相同，为了考察 μ 的变化对各个检验统计量检验功效的影响，同时鉴于经济时间序列中的 $\mu>0$，本节考察 μ 从 1 到 10 每次递增 0.5 时的功效，表 7.2 至表 7.4 只给出了上述 4 种样本下 μ 取值为 1、5 和 10 时各个检验统计量的检验功效和检验水平。

表 7.2　样本为 25 时均值调整和 DF 检验的功效模拟结果

ρ	均值	τ_1	t_1	τ_2	t_2	τ_{rma}	t_{rma}
	1	5.04	4.90	***4.28***	4.64	5.04	4.99
1.00	5	5.20	5.12	***4.10***	5.00	4.83	4.72
	10	5.07	4.92	4.69	5.03	5.07	5.17
	1	8.40	8.27	6.89	5.90	7.94	7.68
0.95	5	4.32	4.12	4.51	5.57	4.93	4.92
	10	0.40	0.37	1.05	5.99	1.14	1.00
	1	13.82	13.66	9.63	6.75	11.43	11.56
0.90	5	1.09	1.00	3.68	8.58	3.64	3.38
	10	0.00	0.00	0.20	15.83	0.06	0.04
	1	18.27	18.13	12.69	8.72	15.42	15.58
0.85	5	0.06	0.06	3.93	14.20	3.17	3.15
	10	0.00	0.00	0.15	38.80	0.04	0.02
	1	23.49	23.64	16.97	11.05	20.20	20.40
0.80	5	0.01	0.01	5.51	23.75	4.36	3.78
	10	0.00	0.00	0.24	67.35	0.01	0.01

表 7.3　样本为 50 时均值调整和 DF 检验的功效模拟结果

ρ	均值	τ_1	t_1	τ_2	t_2	τ_{rma}	t_{rma}
	1	4.95	4.86	4.87	4.92	5.15	5.09
1.00	5	5.27	5.31	4.67	4.93	5.06	5.08
	10	5.00	5.14	4.62	5.13	5.24	5.10
	1	13.41	13.56	10.19	7.04	11.96	12.19
0.95	5	3.07	3.08	6.19	7.89	6.04	5.98
	10	0.04	0.05	1.39	10.26	0.55	0.52
	1	26.84	26.93	17.98	11.52	21.73	22.37
0.90	5	0.27	0.29	10.33	16.98	7.14	6.74
	10	0	0	1.87	36.92	0.14	0.09

续表

ρ	均值	τ_1	t_1	τ_2	t_2	τ_{rma}	t_{rma}
	1	41.49	41.75	30.59	20.24	39.69	37.20
0.85	5	0.01	0.01	20.70	33.49	12.96	11.78
	10	0	0	6.65	76.81	0.10	0.04
	1	54.92	55.60	47.28	32.39	54.75	55.22
0.80	5	0	0	37.89	56.00	24.95	22.43
	10	0	0	22.18	95.80	0.62	0.29

表 7.4　样本为 100 时均值调整和 DF 检验的功效模拟结果

ρ	均值	τ_1	t_1	τ_2	t_2	τ_{rma}	t_{rma}
	1	5.17	5.17	4.95	5.17	5.34	5.39
1.00	5	4.90	4.91	***4.50***	4.72	4.78	4.94
	10	4.91	4.75	4.63	5.12	4.97	4.91
	1	28.48	28.81	18.43	11.36	22.53	23.13
0.95	5	2.77	2.70	13.85	13.63	12.19	12.16
	10	0	0	5.74	22.50	1.29	1.08
	1	64.59	64.92	46.76	32.02	55.22	56.14
0.90	5	0.06	0.07	41.40	42.88	33.44	32.02
	10	0	0	30.19	76.13	2.82	1.76
	1	86.77	86.66	78.31	63.27	85.20	85.10
0.85	5	0.01	0.01	77.56	79.44	67.08	63.94
	10	0	0	77.22	98.65	14.20	8.82
	1	96.91	96.44	95.63	87.98	97.52	97.34
0.80	5	0	0	95.99	96.33	91.26	88.75
	10	0	0	97.91	99.99	43.00	29.52

根据研究内容(3)可知,此时第一类 DF 检验统计量没有可比性,而第二类 DF 检验和递归均值检验模式在备择假设成立时都表示非零均值的平稳过程,具有可比性。表 7.2 显示:当 $\mu=1$ 且 $\rho<1$ 时,对于相同的 ρ,递归均值调整模式的检验统计量 τ_{rma}、t_{rma} 的检验功效都高于第二类 DF 检验对应检验统计量 τ_2、t_2;当 $\mu>1$ 时,除样本容量为 25 且 $\rho=0.95$ 之外,其他参数组合下,第二类 DF 检验对应检验统计量 τ_2、t_2 的检验功效都不低于递归均值调整下对应检验统计量 τ_{rma}、t_{rma}。表 7.3 和表 7.4 也反映了类似的结论。因此,当 $\mu\neq0$ 时,递归均值调整模式下检验功效也不是始终最高。

另外,除表 7.2 和 7.4 中共有三处检验水平没有落在上述理论检验水平区间估计之外,表 7.2 至表 7.4 中第二类 DF 检验统计量和递归均值检验统计量在其他场合下检验水平都很好地落入理论检验水平的区间估计内,因此上述的检验功效比较也是有意义的。

为反映出 μ 取值对检验统计量功效的影响，下面以第二类 DF 检验和递归均值调整检验模式的伪 t 检验统计量为代表，给出检验功效、样本容量和 ρ 取值的三维图形，结果如图 7.1 至图 7.6 所示，其中纵轴表示检验功效，取值为 0 至 1；标有 4 个刻度坐标轴表示 ρ 取值，分别为 0.80、0.85、0.90 和 0.95；取值从 1 到 10 的轴

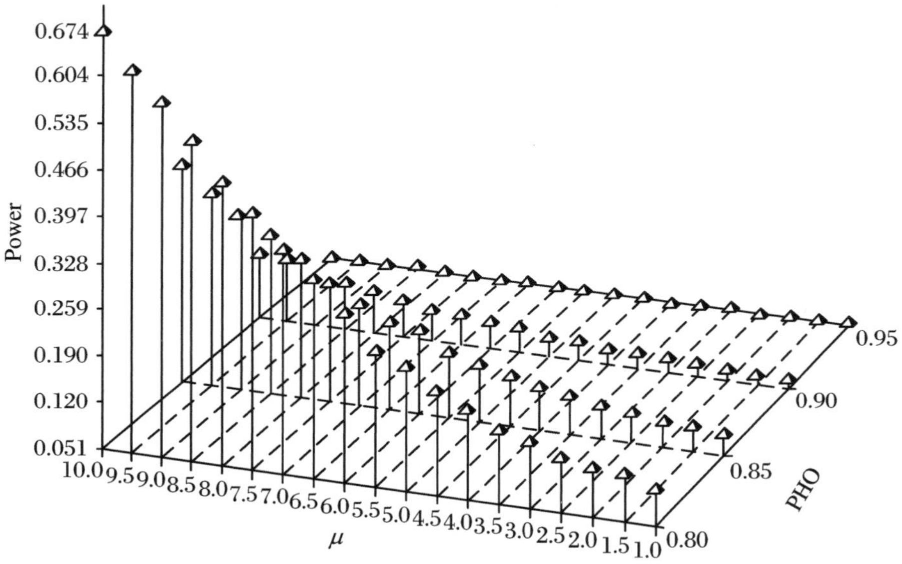

图 7.1　样本为 25 时第二类 DF 伪 t 检验统计量功效

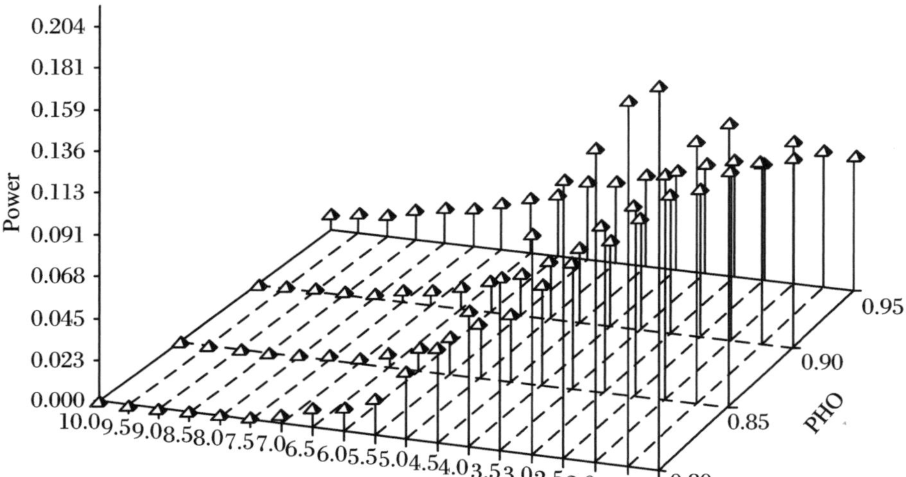

图 7.2　样本为 25 时递归均值调整伪 t 检验统计量功效

表示均值 μ 变化过程。图 7.1、图 7.3、图 7.5 对应第二类 DF 伪 t 检验统计量 3 种样本的检验功效图，而图 7.2、图 7.4、图 7.6 表示递归均值调整伪 t 检验统计量 3 种样本的检验功效图。显然，对固定的 μ，两类检验模式的检验功效随着 ρ 增加呈递增趋势，但当固定 ρ 时，对于第二类 DF 检验来说，检验功效随着 μ 增加呈递增趋势，而对于均值调整检验模式来说，检验功效却随着 μ 增加呈递减趋势。类似的结论也适用于两类检验模式的系数检验统计量。因此综合表 7.2 至表 7.4 以及图 7.1 至图 7.6 的结果，显然，当 $\mu>0$ 时，第二类 DF 检验统计量的检验功效在大多数场合下要高于均值调整递归检验模式的检验功效。

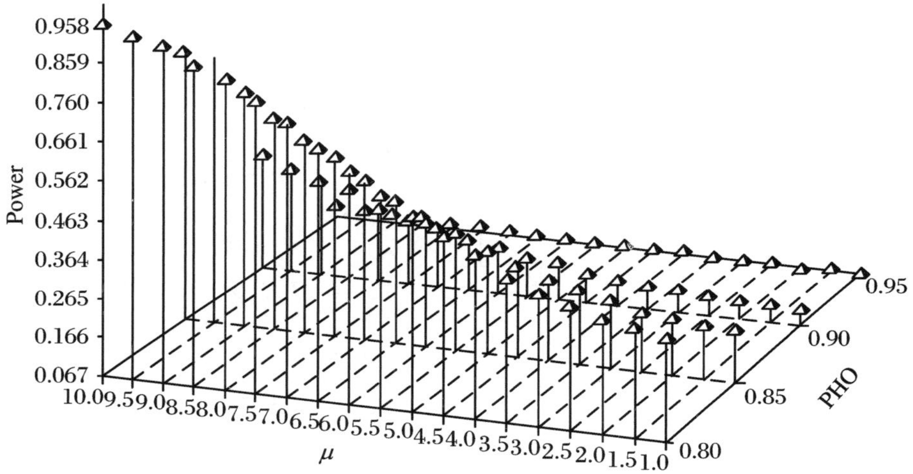

图 7.3　样本为 50 时第二类 DF 伪 t 检验统计量功效

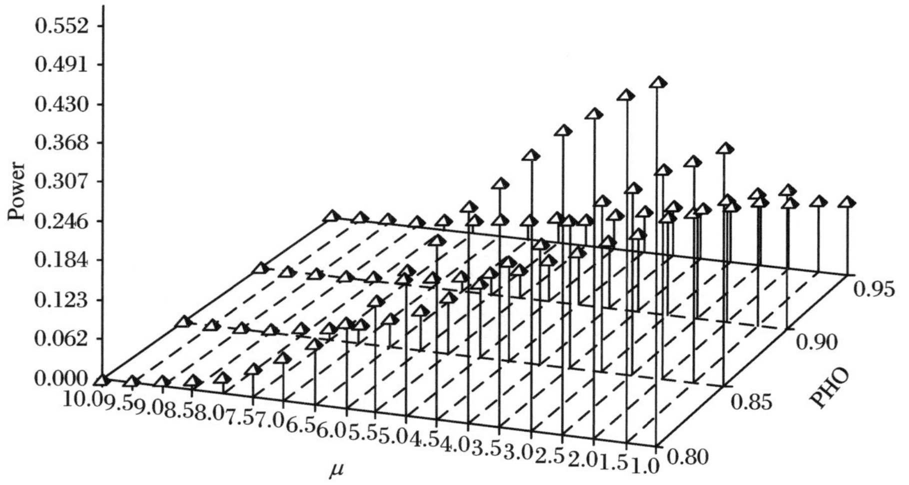

图 7.4　样本为 50 时递归均值调整伪 t 检验统计量功效

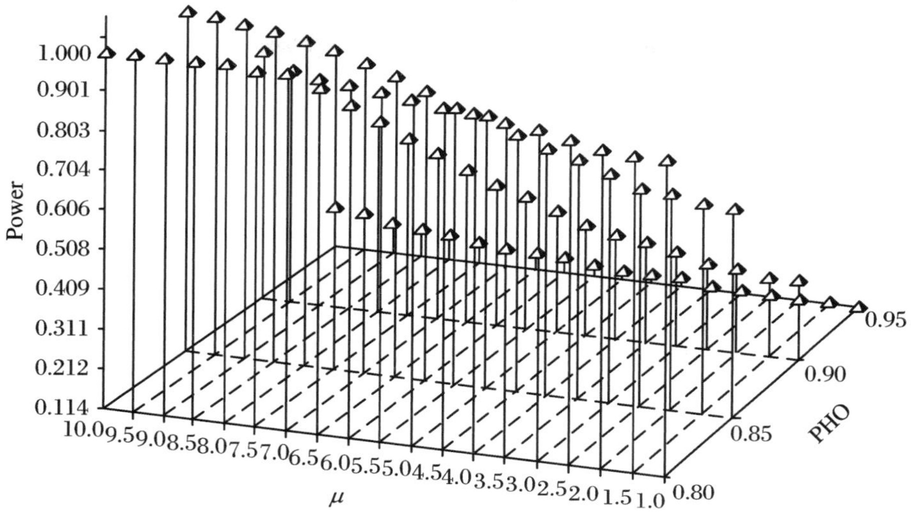

图 7.5　样本为 100 时第二类 DF 伪 t 检验统计量功效

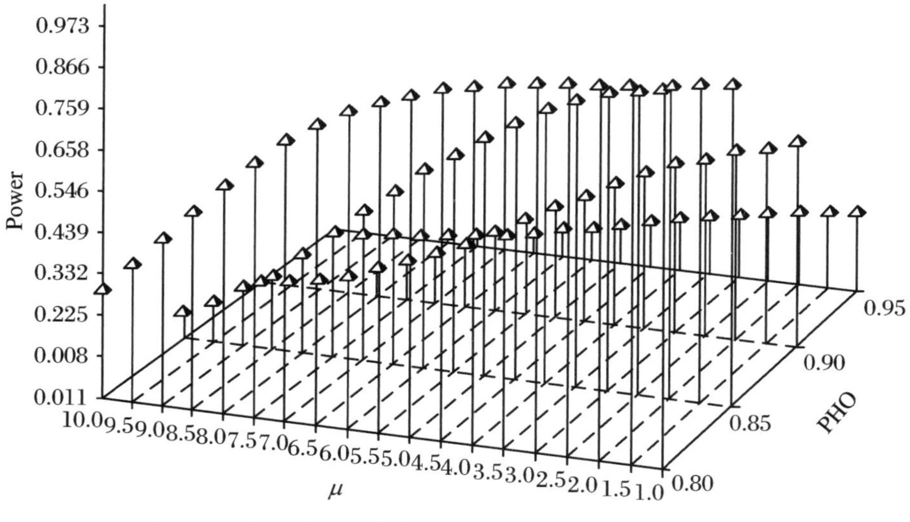

图 7.6　样本为 100 时递归均值调整伪 t 检验统计量功效

7.2.4　递归均值调整检验功效结论

综上分析，本节得到以下几点结论：

(1) 当原假设成立表示单位根过程而备择假设成立表示平稳过程时，无论平稳过程的均值是否为零，第二类 DF 检验功效理论公式相同，递归均值调整模式检验功效理论公式也与均值是否为零无关，但这仅限于大样本下的结论，而有限样本下结论不成立,模拟结果验证了这点。

(2) 当序列表示为零均值平稳过程时,第一类 DF 检验模型为正确设定形式,而第二类 DF 检验和递归均值调整检验模式为模型误设形式,三种检验模式满足可比性原则,模拟结果表明:此时递归均值调整检验模式的检验功效高于第二类 DF 检验模式但低于第一类 DF 检验模式,这表明对于零均值的平稳过程而言,递归均值调整检验模式的检验功效并非最高。

(3) 当序列表示为非零均值的平稳过程时,第一类 DF 检验模型为误设形式,而第二类 DF 检验和递归均值调整检验模式为正确模型形式。此时只有后两种检验模式满足可比性原则,模拟结果表明,递归均值检验功效的优势仅限于较小的非零均值,对于较大均值,第二类 DF 检验模式的检验功效具有优势。

(4) 无论均值是否为零,各种检验统计量的实际检验水平与名义检验水平完全吻合,因此上述有关检验功效的结论得到检验水平结果的支持。

因此,在实证分析中,应结合序列均值的判断,谨慎使用递归均值调整模式进行单位根检验。

7.3 递归均值调整单位根检验的 Bootstrap 研究

7.3.1 约束残差与检验水平研究

1. Bootstrap 检验步骤

7.2 节研究表明:无论均值 μ 是否为零,只要原假设存在单位根时,序列生成过程为无漂移项的单位根过程,而已有研究表明:当进行水平分析时,使用基于单位根约束残差构造 Bootstrap 样本效果会更好;而研究检验功效时结论正好相反,应使用基于无约束残差。本节遵循这个先验结论。水平分析 Bootstrap 检验步骤如下:

(1) 估计残差为 $\hat{\varepsilon}_t = y_t - y_{t-1}$,并对 $\hat{\varepsilon}_t$ 做中心化处理,记为 $\tilde{\varepsilon}_t = \hat{\varepsilon}_t - \bar{\varepsilon}$。

(2) 以 $\tilde{\varepsilon}_t$ 为总体采用有放回抽样方式抽取残差,记为 $\tilde{\varepsilon}^*_{T,t}$, $t = 1,2,\cdots,T$,并在原假设成立时按照下列递归公式

$$y^*_{T,t} = y^*_{T,t-1} + \tilde{\varepsilon}^*_{T,t} \tag{7.24}$$

生成 Bootstrap 样本 $y^*_{T,t}$, $t = 1,2,\cdots,T$,取初始值 $y^*_{T,0} = 0$。

(3) 利用 Bootstrap 样本 $y^*_{T,t}$ 分别计算递归均值 $\bar{y}^*_{t-1} = \dfrac{1}{t-1}\sum_{j=1}^{t-1} y^*_j$ 和全样本均值 $\bar{y}^* = T^{-1}\sum_{j=1}^{T} y^*_j$,根据第一类 DF、第二类 DF 和递归均值调整方法计算三种

单位根检验量，并冠以上标星号"＊"和下标 b 表示，分别记为 τ_{1b}^*、τ_{2b}^*、τ_{rmab}^*、t_{1b}^*、t_{2b}^*、t_{rmab}^*。

(4) 重复上述步骤(2)和步骤(3)共 B 次，从而得到系列检验量如 τ_{1b}^*、τ_{2b}^*、τ_{rmab}^*、t_{1b}^*、t_{2b}^*、t_{rmab}^*，$b=1,2,\cdots,B$。

(5) 最后按照以下公式计算检验概率：

$$p_{i\tau} = \frac{1}{B}\sum_{b=1}^{B} I(\tau_{ib}^* \leqslant \tau_i),\quad p_{it} = \frac{1}{B}\sum_{b=1}^{B} I(t_{ib}^* \leqslant t_i),\quad i = 1,2$$

$$p_{\tau r} = \frac{1}{B}\sum_{b=1}^{B} I(\tau_{rmab}^* \leqslant \tau_{rma}),\quad p_{tr} = \frac{1}{B}\sum_{b=1}^{B} I(t_{rmab}^* \leqslant t_{rma})$$

其中 $I(\cdot)$为示性函数，条件成立取1，否则取0。如果有检验概率大于事先给定的显著性水平，就接受原假设，否则就拒绝原假设。

2. Bootstrap 检验的合理性

下面定理给出了上述 Bootstrap 检验的合理性：

定理 7.1　当数据生成为式(7.1)的单位根过程时，采用上述 Bootstrap 方法构造样本，使用递归均值 $\bar{y}_{t-1}^*$、全样本均值 $\bar{y}^*$ 进行调整，计算第一类 DF、第二类 DF 和递归均值调整检验量 τ_1^*、τ_2^*、τ_{rma}^*、t_1^*、t_2^*、t_{rma}^*，则有

$$\tau_1^* \Rightarrow \frac{\int_0^1 W(r)\mathrm{d}W(r)}{\int_0^1 W^2(r)\mathrm{d}r},\quad t_1^* \Rightarrow \frac{\int_0^1 W(r)\mathrm{d}W(r)}{\sqrt{\int_0^1 W^2(r)\mathrm{d}r}}$$

$$\tau_2^* \Rightarrow \frac{\int_0^1 W(r)\mathrm{d}W(r) - W(1)\int_0^1 W(r)\mathrm{d}r}{\int_0^1 W^2(r)\mathrm{d}r - \left(\int_0^1 W(r)\mathrm{d}r\right)^2}$$

$$t_2^* \Rightarrow \frac{\int_0^1 W(r)\mathrm{d}W(r) - W(1)\int_0^1 W(r)\mathrm{d}r}{\sqrt{\int_0^1 W^2(r)\mathrm{d}r - \left(\int_0^1 W(r)\mathrm{d}r\right)^2}}$$

$$\tau_{rma}^* \Rightarrow \frac{\int_0^1 (W(r) - \overline{W}(r))\mathrm{d}W(r)}{\int_0^1 (W(r) - \overline{W}(r))^2\mathrm{d}r},\quad t_{rma}^* \Rightarrow \frac{\int_0^1 (W(r) - \overline{W}(r))\mathrm{d}W(r)}{\sqrt{\int_0^1 (W(r) - \overline{W}(r))^2\mathrm{d}r}}$$

其中 $\overline{W}(r) = \frac{1}{r}\int_0^r W(s)\mathrm{d}s$。

为证明定理7.1，首先构造如下部分和序列：

$$R_{T,0}^* = 0,\quad R_{T,k}^* = \sum_{j=1}^{k} \tilde{\varepsilon}_{T,t}^*,\quad k = 1,2,\cdots,T$$

并构造如下连续随机过程：

$$U_T^*(r) = \frac{1}{\sqrt{T}s_T}[R_{T,\lceil Tr\rceil}^* + (Tr - \lceil Tr\rceil)\varepsilon_{T,\lceil Tr\rceil+1}^*], \quad r \in [0,1] \tag{7.25}$$

其中 s_T 是基于约束残差 $\hat{\varepsilon}_t$ 计算的样本标准差。下面引理给出了 Bootstrap 不变原理。

引理 7.1 设 $\hat{\varepsilon}_t$ 为式(7.1)对应的残差，$\tilde{\varepsilon}_t$ 为中心化残差，$\tilde{F}_T$ 为 $\tilde{\varepsilon}_t$ 的经验分布函数，$\tilde{\varepsilon}_{T,t}^*$ 是来自 $\tilde{F}_T$ 有放回抽样。定义式(7.25)中的$\{U_T^*(r):r\in[0,1]\}$，则当 $T\to\infty$ 时几乎处处依概率有 $U_T^*(r)\Rightarrow W(r)$，$r\in[0,1]$。

证明 根据式(7.1)得到

$$\tilde{\varepsilon}_t = \varepsilon_t - \bar{\varepsilon} = \varepsilon_t + o_p(1)$$

故残差条件满足 Ferretti 和 Romo 的条件，因此引理 7.1 成立[75]。

下面给出定理 7.1 的证明过程。

证明 根据 Bootstrap 样本构造方法和大数定律得到

$$s_T^2 = \frac{1}{T}\sum_{t=1}^{T}\hat{\varepsilon}_t^2 = \frac{1}{T}\sum_{t=1}^{T}(\varepsilon_t - \bar{\varepsilon})^2 = \sigma^2 + o_p(1)$$

$$\mathrm{E}(\tilde{\varepsilon}_{T,t}^*) = T^{-1}\sum_{t=1}^{T}\tilde{\varepsilon}_t = T^{-1}\sum_{t=1}^{T}(\hat{\varepsilon}_t - \bar{\varepsilon}) = 0$$

$$\mathrm{Var}(\tilde{\varepsilon}_{T,t}^*) = T^{-1}\sum_{t=1}^{T}\tilde{\varepsilon}_t^2 = T^{-1}\sum_{t=1}^{T}(\hat{\varepsilon}_t - \bar{\varepsilon})^2 = s_T^2$$

因此根据 Bootstrap 抽样方式得到 $\tilde{\varepsilon}_{T,t}^*$ 为零均值的独立同分布序列，方差收敛到 σ^2。用 Bootstrap 样本执行第一类 DF 检验、第二类 DF 检验以及递归均值调整检验模型如下：

$$\begin{cases} y_{T,t}^* = \rho_1^* y_{T,t-1}^* + \tilde{\varepsilon}_{T,t}^* \\ y_{T,t}^* = \delta^* + \rho_2^* y_{T,t-1}^* + \tilde{\varepsilon}_{T,t}^* \\ y_{T,t}^* - \mu^* = \rho_r^*(y_{T,t-1}^* - \mu^*) + \tilde{\varepsilon}_{T,t}^* \end{cases} \tag{7.26}$$

采用递归均值 $\bar{y}_{t-1}^*$ 作为 μ^* 的估计得到递归均值调整估计模型为

$$y_{T,t}^* - \bar{y}_{t-1}^* = \rho_r^*(y_{T,t-1}^* - \bar{y}_{t-1}^*) + \nu_t^*$$

其中 $\nu_t^* = \tilde{\varepsilon}_{T,t}^* + (1-\rho_r^*)(\mu^* - \bar{y}_{t-1}^*)$，在原假设成立时有 $\nu_t^* = \tilde{\varepsilon}_{T,t}^*$。根据引理 7.1 有

$$T^{-1/2}y_{T,\lceil Tr\rceil}^* \Rightarrow \sigma W(r)$$

结合引理 7.1 和连续映射定理、Slutsky 定理和 Kurtz 和 Protter 的定理 2.1 得到[172]

$$T^{-1/2}\bar{y}_{\lceil Tr\rceil}^* = \frac{T}{\lceil Tr\rceil}T^{-3/2}\sum_{j=1}^{\lceil Tr\rceil}y_{T,j}^* = \frac{T}{\lceil Tr\rceil}\int_0^r s_T U_T^*(s)\mathrm{d}s$$

$$\Rightarrow \frac{\sigma}{r}\int_0^r W(s)\mathrm{d}s \triangleq \sigma\overline{W}(r)$$

$$T^{-3/2}\sum_{t=1}^{T} y_{T,t-1}^{*} = \int_0^1 s_T U_T^{*}(s)\mathrm{d}s \Rightarrow \sigma\int_0^1 W(s)\mathrm{d}s$$

$$T^{-2}\sum_{j=1}^{T} y_{T,t-1}^{*2} = \int_0^1 s_T^2 U_T^{*2}(s)\mathrm{d}s \Rightarrow \sigma^2\int_0^1 W^2(s)\mathrm{d}s$$

$$T^{-1}\sum_{t=1}^{T} y_{T,t-1}^{*}\tilde{\varepsilon}_{T,t}^{*} \Rightarrow \sigma^2\int_0^1 W(s)\mathrm{d}W(s)$$

$$T^{-1}\sum_{t=1}^{T} (y_{T,t-1}^{*} - \bar{y}_{t-1}^{*})\tilde{\varepsilon}_{T,t}^{*} \Rightarrow \sigma^2\int_0^1 (W(r) - \overline{W}(r))\mathrm{d}W(r)$$

据此得到

$$\tau_1^{*} = T(\hat{\rho}_1^{*} - 1) = \frac{T^{-1}\sum_{t=2}^{T} y_{T,t-1}^{*}\tilde{\varepsilon}_{T,t}^{*}}{T^{-2}\sum_{t=2}^{T} y_{T,t-1}^{*2}} \Rightarrow \frac{\int_0^1 W(r)\mathrm{d}W(r)}{\int_0^1 W^2(r)\mathrm{d}r}$$

$$\tau_2^{*} = T(\hat{\rho}_2^{*} - 1) = \frac{T^{-1}\left(\sum_{t=2}^{T} y_{T,t-1}^{*}\tilde{\varepsilon}_{T,t}^{*} - T^{-1}\sum_{t=2}^{T} y_{T,t-1}^{*}\sum_{t=2}^{T}\tilde{\varepsilon}_{T,t}^{*}\right)}{T^{-2}\sum_{t=2}^{T}(y_{T,t-1}^{*} - \bar{y}^{*})^2}$$

$$\Rightarrow \frac{\int_0^1 W(r)\mathrm{d}W(r) - W(1)\int_0^1 W(r)\mathrm{d}r}{\int_0^1 W^2(r)\mathrm{d}r - \left(\int_0^1 W(r)\mathrm{d}r\right)^2}$$

$$\tau_{rma}^{*} = T(\hat{\rho}_r^{*} - 1) = \frac{T^{-1}\sum_{t=2}^{T}(y_{T,t-1}^{*} - \bar{y}_{t-1}^{*})\tilde{\varepsilon}_{T,t}^{*}}{T^{-2}\sum_{t=2}^{T}(y_{T,t-1}^{*} - \bar{y}_{t-1}^{*})^2} \Rightarrow \frac{\int_0^1 (W(r) - \overline{W}(r))\mathrm{d}W(r)}{\int_0^1 (W(r) - \overline{W}(r))^2\mathrm{d}r}$$

记 s_1^{*2}、s_2^{*2}、s_3^{*2} 为式(7.26)中的残差估计的扰动项方差，则根据上述系数检验量分布得到 $s_i^{*2} = \sigma^2 + o_p(1), i = 1,2,3$。利用该结论和上述估计量的方差表达式得到

$$t_1^{*} = \frac{\hat{\rho}_1^{*} - 1}{\mathrm{se}(\hat{\rho}_1^{*})} = \frac{T^{-1}\sum_{t=2}^{T} y_{T,t-1}^{*}\tilde{\varepsilon}_{T,t}^{*}}{s_1^{*2}\sqrt{T^{-2}\sum_{t=2}^{T} y_{T,t-1}^{*2}}} \Rightarrow \frac{\int_0^1 W(r)\mathrm{d}W(r)}{\sqrt{\int_0^1 W^2(r)\mathrm{d}r}}$$

$$t_2^{*} = \frac{\hat{\rho}_2^{*} - 1}{\mathrm{se}(\hat{\rho}_2^{*})} = \frac{T^{-1}\left(\sum_{t=2}^{T} y_{T,t-1}^{*}\tilde{\varepsilon}_{T,t}^{*} - T^{-1}\sum_{t=2}^{T} y_{T,t-1}^{*}\sum_{t=2}^{T}\tilde{\varepsilon}_{T,t}^{*}\right)}{s_2^{*2}\sqrt{T^{-2}\sum_{t=2}^{T}(y_{T,t-1}^{*} - \bar{y}^{*})^2}}$$

$$\Rightarrow \frac{\int_0^1 W(r)\mathrm{d}W(r) - W(1)\int_0^1 W(r)\mathrm{d}r}{\sqrt{\int_0^1 W^2(r)\mathrm{d}r - (\int_0^1 W(r)\mathrm{d}r)^2}}$$

$$t_{rma}^{*} = \frac{\hat{\rho}_r^{*} - 1}{\mathrm{se}(\hat{\rho}_r^{*})} = \frac{T^{-1}\sum_{t=2}^{T}(y_{T,t-1}^{*} - \bar{y}_{t-1}^{*})\tilde{\varepsilon}_{T,t}^{*}}{s_3^{*2}\sqrt{T^{-2}\sum_{t=2}^{T}(y_{T,t-1}^{*} - \bar{y}_{t-1}^{*})^2}} \Rightarrow \frac{\int_0^1 (W(r) - \overline{W}(r))\mathrm{d}W(r)}{\sqrt{\int_0^1 (W(r) - \overline{W}(r))^2\mathrm{d}r}}$$

故定理 7.1 得证。

如果令式(7.14)、式(7.17)和式(7.20)中的 $c=0$，并注意到此时有 $J(r)=W(r)$ 成立，就得到原始样本下检验量 τ_1、t_1、τ_2、t_2、τ_{rma}、t_{rma}，这与 Bootstrap 方法下对应的检验量分布完全相同。这就从理论上证实了可以使用 Bootstrap 方法来构造检验使用的分位数，而不必使用基于有限样本和扰动项为标准正态分布得到的分位数，故上述 Bootstrap 方法能够用于水平分析。

7.3.2 无约束残差与检验功效研究

当执行功效检验时，使用基于无约束的残差进行抽样，检验步骤与检验水平完全相同。特别地，当执行第二类 DF 检验时，可以使用自身的残差构造 Bootstrap 样本，而对于递归均值调整的检验，可以使用第二类 DF 检验所使用的残差，也可以使用基于递归均值调整的残差。下面首先给出均值 $\mu\neq 0$ 时的检验结论，如定理 7.2 所示。

定理 7.2 当数据生成满足 $\mathrm{H}_1:\rho=1-c/T$ 的式(7.2)和式(7.9)，其中式(7.2)满足 $\delta=(1-\rho)\mu=T^{-1}c\mu$，当使用如下式(7.27)和式(7.28)的无约束残差替代约束残差构造 Bootstrap 样本时，检验量 τ_2^{*}、τ_{rma}^{*}、t_2^{*}、t_{rma}^{*} 的分布与定理 7.1 中的分布完全相同。

证明 由于检验功效和检验水平的 Bootstrap 检验的差别就是残差选择不同，为证明两种样本构造方法的等价性，就需要证明两者的残差具有相同的统计性质，从而得到引理 7.1 是成立的。为此分别估计如下模型：

$$y_t = \rho y_{t-1} + \delta + \varepsilon_t \tag{7.27}$$

$$y_t - \mu = \rho(y_{t-1} - \mu) + \varepsilon_t \tag{7.28}$$

其中 $\delta=(1-\rho)\mu=T^{-1}c\mu$。记上述检验量分别为 $\hat{\rho}_2$ 和 $\hat{\rho}_r$，根据 7.2.2 小节的分析有 $\hat{\rho}_r-\rho=O_p(T^{-1})$。再根据式(7.21)知 $y_{t-1}=O_p(T^{1/2})$，因此根据式(7.28)得到

$$\begin{aligned}\hat{\varepsilon}_t &= \varepsilon_t - (\hat{\rho}_r - \rho)(y_{t-1} - \mu) = \varepsilon_t + O_p(T^{-1})O_p(T^{1/2}) \\ &= \varepsilon_t + O_p(T^{-1/2}) = \varepsilon_t + o_p(1)\end{aligned}$$

从而 $\widehat{\varepsilon}_t$ 与 $\hat{\varepsilon}_t$ 有相同的统计性质。对式(7.27)使用 OLS 估计得到

$$\begin{pmatrix} \breve{\delta}-\delta \\ \breve{\rho}-\rho \end{pmatrix} = \begin{pmatrix} T & \sum_{t=1}^{T} y_{t-1} \\ \sum_{t=1}^{T} y_{t-1} & \sum_{t=1}^{T} y_{t-1}^2 \end{pmatrix} \begin{pmatrix} \sum_{t=1}^{T} \varepsilon_t \\ \sum_{t=1}^{T} y_{t-1}\varepsilon_t \end{pmatrix}$$

当备择假设 $H_1: \rho = 1 - c/T$ 成立时,根据 7.2.2 小节知

$$T^{-1/2} y_{\lceil Tr \rceil} \Rightarrow \sigma J(r)$$

$$T^{-3/2} \sum_{t=1}^{T} y_{t-1} = \int_0^1 T^{-1/2} y_{\lceil Tr \rceil} \mathrm{d}r \Rightarrow \sigma \int_0^1 J(r)\mathrm{d}r$$

$$T^{-2} \sum_{t=1}^{T} y_{t-1}^2 = \int_0^1 (T^{-1/2} y_{\lceil Tr \rceil})^2 \mathrm{d}r \Rightarrow \sigma^2 \int_0^1 J^2(r)\mathrm{d}r$$

$$T^{-1} \sum_{t=1}^{T} y_{t-1}\varepsilon_t = T^{-1} \sum_{t=1}^{T} \left(\rho^{t-1} y_0 + \delta \sum_{s=0}^{t-2} \rho^s + \eta_{t-1}\right)\varepsilon_t \Rightarrow \sigma \int_0^1 J(r)\mathrm{d}W(r)$$

结合这些结论得到

$$\begin{pmatrix} T^{1/2}(\breve{\delta}-\delta) \\ T(\breve{\rho}-\rho) \end{pmatrix} \Rightarrow \begin{pmatrix} 1 & \sigma\int_0^1 J(r)\mathrm{d}r \\ \sigma\int_0^1 J(r)\mathrm{d}r & \sigma^2\int_0^1 J^2(r)\mathrm{d}r \end{pmatrix}^{-1} \begin{pmatrix} \sigma W(1) \\ \sigma\int_0^1 J(r)\mathrm{d}W(r) \end{pmatrix}$$

因此有 $\breve{\delta} = \delta + O_p(T^{-1/2})$,$\breve{\rho} = \rho + O_p(T^{-1})$。从而此时无约束残差估计为

$$\breve{\varepsilon}_t = y_t - \breve{\rho} y_{t-1} - \breve{\delta} = \varepsilon_t - (\breve{\delta}-\delta) - (\breve{\rho}-\rho) y_{t-1} = \varepsilon_t + o_p(1)$$

这表明对第二类 DF 检验而言,基于备择假设成立时无约束残差 $\breve{\varepsilon}_t$ 和基于原假设成立时约束残差 $\hat{\varepsilon}_t$ 具有相同的统计性质,据此得到引理 7.1 成立,进而定理 7.2 成立。

当 $\delta=0$ 时,就可以得到零均值时备择假设下的定理 7.2 也是成立的。定理 7.2 表明:基于无约束残差的 Bootstrap 方法仍能用于功效研究。

7.3.3　蒙特卡罗模拟研究

为对上述理论结果进行验证,现进行蒙特卡罗模拟。设定 Bootstrap 检验次数为 1000 次,蒙特卡罗模拟次数为 5000 次,样本分别为 25、50 和 100,显著性水平取 0.05,扰动项 $\varepsilon_t \sim \text{iin}(0,1)$。表 7.5 给出零均值时第一类 DF 检验、第二类 DF 检验和递归均值调整检验的模拟结果。

当考察检验水平时,同样,由于模拟的随机性,实际拒绝概率的模拟值不可能正好等于显著性水平 0.05,根据 Godfrey 和 Orme 提供的实际显著性水平区间估计公式,当模拟次数为 5000 次时,取概率度为 1.96 得到实际显著性水平的区间估计为(4.40%,5.60%)[118]。按照此区间估计要求,τ_2 与 t_{rma} 分别有 1 次和 2 次检

验结果不满足上述区间要求（在表 7.5 中用斜体加下划线标志），且为拒绝不足；对比之下，Bootstrap 方法下仅 t_1^* 有 1 次不满足要求，其他检验量的实际检验概率都落在上述区间估计之内，具有满意的检验水平。

表 7.5　零均值递归调整、两类 DF 检验的水平和功效模拟结果

ρ	样本	τ_1	τ_2	τ_{rma}	t_1	t_2	t_{rma}	τ_1^*	τ_2^*	τ_{rma}^*	t_1^*	t_2^*	t_{rma}^*
	25	5.32	4.40	5.08	5.16	4.92	*3.48*	5.20	5.14	5.02	5.08	5.10	5.38
1.00	50	5.02	*4.16*	4.68	5.00	4.50	*3.74*	5.20	4.82	4.72	4.48	5.16	4.78
	100	4.94	5.28	5.32	5.06	5.56	4.66	5.02	5.40	5.48	*5.64*	4.90	5.18
	25	9.42	6.98	8.00	9.32	5.86	5.94	9.30	8.16	6.14	8.14	9.50	9.06
0.95	50	14.16	9.82	11.88	14.40	6.94	10.42	14.36	11.84	7.00	10.56	14.78	13.00
	100	32.58	19.22	23.54	33.32	12.06	24.20	33.10	23.24	12.12	19.48	33.76	25.60
	25	15.34	9.58	11.64	15.64	6.16	9.48	15.34	11.90	6.68	11.22	16.08	14.42
0.90	50	33.28	17.96	22.62	33.30	11.32	22.78	32.90	22.34	11.64	19.36	33.22	27.12
	100	76.60	47.34	56.84	76.50	31.98	58.52	76.78	56.02	31.74	48.58	76.50	60.80
	25	23.48	13.50	16.70	23.18	8.20	15.12	23.64	16.90	8.56	15.74	23.72	21.70
0.85	50	56.72	30.40	37.60	57.18	19.12	39.14	57.02	36.78	19.50	32.02	57.46	44.50
	100	97.96	78.52	85.62	97.64	62.60	86.24	97.62	84.90	62.42	79.18	97.58	87.50
	25	33.58	18.50	21.98	33.72	10.64	22.00	33.46	22.36	11.12	21.04	34.24	29.20
0.80	50	78.00	47.14	56.78	78.20	30.80	58.66	77.82	55.48	31.74	49.94	78.26	64.12
	100	99.88	95.62	97.96	99.88	97.32	97.90	99.94	97.64	86.76	95.78	99.88	98.18
	25	46.40	24.54	28.22	46.10	14.54	29.24	45.80	29.00	15.16	27.46	46.02	39.02
0.75	50	91.74	65.02	73.02	91.60	47.12	75.14	91.98	72.66	47.34	66.94	91.80	79.80
	100	100	99.74	99.86	100	97.88	99.76	100	99.82	99.78	99.70	100	99.76

当 $\rho<1$ 时，此时对应检验功效，对于相同的 ρ 和样本容量，递归均值调整模式检验统计量 τ_{rma}、t_{rma} 的检验功效都高于第二类 DF 检验对应检验统计量 τ_2、t_2，但明显低于第一类 DF 检验对应检验统计量 τ_1、t_1，这与表 7.1 的结论相一致。当与 Bootstrap 检验功效相对比时，不难发现，检验量 τ_1 与 τ_1^* 的功效基本相当，t_1^* 的功效总体低于 t_1 的结果；τ_2^*、t_2^* 的功效明显高于对应检验量 τ_2、t_2；τ_{rma}^* 的功效明显低于 τ_2，但 t_{rma}^* 的功效明显高于 t_{rma}。这说明 Bootstrap 对某些检验量的功效具有提升作用，而对另一些检验量的功效具有反向作用。最后比较 Bootstrap 模式下检验量的功效：显然此时有 $\tau_1^*>\tau_2^*>\tau_{rma}^*$，这表明在 Bootstrap 检验框架下，递归均值的系数检验量的功效最低。另一方面，不难发现总体上有 $t_2^*>t_{rma}^*>t_1^*$ 成立，这也改变了以前的结论。总体来说，Bootstrap 方法提升了第二类 DF 检验量的功效；无论是哪种检验式，递归均值调整的检验功效并不是最优的。

当均值 $\mu\neq0$ 时，表 7.6 至表 7.9 给出了 μ 分别为 1.5、2.5、3.5 和 4.5 的结果。这些结果弥补了表 7.2 至表 7.4 中 μ 从 1 到 5 之间没有反映出的变量检验功效变化趋势。此时第一类DF检验没有可比性，因此没有考虑。显然，当$\mu=1.5$时总体上有$\tau_{rma}>\tau_2$，$\tau_{rma}^*>\tau_2^*$，$t_{rma}^*>t_2^*$，$t_{rma}>t_2$成立，表明递归均值调整检验功效有优势，但当$\mu=4.5$时，Bootstrap方法检验量功效明显占优，表明Bootstrap方法检验功效有优势；而$\mu=2.5$与$\mu=3.5$正好位于$\mu=1.5$与$\mu=4.5$之间，正好反映了这种功效优劣顺序变化的渐近过程，其中在$\mu=2.5$中，递归均值调整检验功效的优势趋势仍能得到持续，但τ_2^*已经呈现出较τ_{rma}^*有优势趋势；当$\mu=3.5$时，第二类DF检验量的功效优势在4种检验量τ_2、t_2、τ_2^*、t_2^*中已经全面体现出来，最终在$\mu=4.5$时整体占优。

表7.6　$u=1.5$均值调整和DF检验的功效模拟结果

ρ	样本	τ_2	τ_{rma}	t_2	t_{rma}	τ_2^*	τ_{rma}^*	t_2^*	t_{rma}^*
	25	6.58	7.68	6.28	5.18	8.00	7.80	6.42	8.70
0.95	50	9.64	11.46	6.98	9.56	10.72	11.18	7.16	12.06
	100	18.26	22.30	11.74	22.08	18.90	22.14	11.92	23.88
	25	9.10	10.76	6.84	7.32	10.56	10.98	7.28	11.86
0.90	50	17.30	20.40	11.58	18.28	18.62	20.28	1.96	22.48
	100	46.80	54.16	33.08	54.68	48.12	53.82	32.62	57.24
	25	12.02	13.82	9.04	9.38	13.88	14.36	9.32	15.64
0.85	50	29.42	34.46	20.00	31.64	31.24	33.94	20.60	37.42
	100	78.06	84.12	64.00	83.76	78.98	83.70	63.70	85.52
	25	16.20	18.68	12.08	12.48	18.82	18.86	12.48	19.68
0.80	50	46.42	52.86	33.12	49.34	48.90	51.92	33.76	55.42
	100	95.76	97.66	88.46	97.30	96.12	97.54	88.12	97.66
	25	21.86	25.14	16.02	16.26	25.20	25.74	17.14	24.64
0.75	50	64.94	70.16	50.52	66.68	66.44	69.44	50.70	72.86
	100	99.78	99.86	98.28	99.70	99.72	99.78	98.10	99.68

表7.7　$u=2.5$均值调整和DF检验的功效模拟结果

ρ	样本	τ_2	τ_{rma}	t_2	t_{rma}	τ_2^*	τ_{rma}^*	t_2^*	t_{rma}^*
	25	6.14	7.20	**6.00**	**4.54**	7.70	7.54	6.32	7.36
0.95	50	8.92	10.28	7.20	8.24	9.80	10.28	7.64	10.50
	100	17.72	20.28	11.78	19.32	18.28	20.30	11.88	20.98
	25	7.50	8.36	7.64	4.66	9.16	8.70	7.84	7.78
0.90	50	15.62	17.26	12.32	12.48	16.78	17.22	12.42	16.18
	100	45.60	50.06	34.90	47.92	46.92	49.62	34.90	50.76
	25	10.02	10.52	**9.84**	**4.20**	11.86	11.00	10.44	7.70
0.85	50	27.76	29.46	22.20	20.40	29.42	29.40	22.72	26.00
	100	78.06	81.54	66.72	78.72	79.14	81.20	66.28	80.86

续表

ρ	样本	τ_2	τ_{rma}	t_2	t_{rma}	τ_2^*	τ_{rma}^*	t_2^*	t_{rma}^*
	25	13.40	14.50	14.02	3.80	**15.90**	**14.64**	**14.66**	**7.68**
0.80	50	44.34	46.78	37.72	31.44	46.96	46.04	37.64	38.98
	100	96.00	97.06	90.30	95.48	96.32	96.72	90.02	96.26
	25	18.96	20.04	19.46	4.04	21.76	20.38	20.40	8.22
0.75	50	63.74	65.26	55.40	45.92	65.58	64.26	56.02	55.04
	100	99.80	99.76	98.84	99.58	99.80	99.74	98.82	99.54

表 7.8　$u=3.5$ 均值调整和 DF 检验的功效模拟结果

ρ	样本	τ_2	τ_{rma}	t_2	t_{rma}	τ_2^*	τ_{rma}^*	t_2^*	t_{rma}^*
	25	5.22	6.16	5.76	3.74	6.34	6.64	6.06	6.32
0.95	50	8.18	8.54	7.62	6.26	8.88	8.44	7.76	8.00
	100	16.40	17.44	12.38	15.22	16.82	17.38	12.60	16.84
	25	5.54	6.02	7.86	2.52	6.80	6.32	8.38	4.26
0.90	50	13.22	12.74	13.56	6.48	14.82	12.84	13.78	9.20
	100	44.22	44.50	37.54	38.34	45.34	43.90	37.34	41.16
	25	7.14	7.16	11.28	1.20	8.94	7.38	11.94	2.72
0.85	50	24.80	23.22	25.32	8.22	26.60	23.32	25.92	12.76
	100	77.90	77.14	70.58	69.58	79.16	76.50	70.70	72.62
	25	10.18	9.78	16.96	0.54	12.10	9.96	17.66	1.88
0.80	50	41.74	38.28	42.72	11.20	44.36	37.80	43.26	18.30
	100	96.30	95.66	93.06	90.74	96.58	95.46	92.78	92.36
	25	15.00	14.26	24.46	0.26	17.94	14.42	25.06	1.24
0.75	50	61.98	57.18	63.24	15.58	64.16	56.44	63.20	25.86
	100	99.82	99.68	99.44	98.78	99.82	99.64	99.34	98.88

表 7.9　$u=4.5$ 均值调整和 DF 检验的功效模拟结果

ρ	样本	τ_2	τ_{rma}	t_2	t_{rma}	τ_2^*	τ_{rma}^*	t_2^*	t_{rma}^*
	25	4.40	5.28	5.64	2.82	5.28	5.32	5.92	4.84
0.95	50	7.18	6.50	7.66	4.32	7.68	6.66	7.82	5.44
	100	14.94	14.26	13.78	10.88	15.34	14.06	13.90	12.26
	25	4.00	4.14	8.06	0.92	4.62	4.34	8.62	2.06
0.90	50	11.18	8.74	14.90	2.54	12.34	9.12	15.00	3.86
	100	42.40	37.54	41.20	25.74	43.58	37.44	41.12	29.18
	25	4.72	4.44	13.18	0.22	5.72	4.48	13.92	0.46
0.85	50	23.06	19.72	27.24	4.28	24.98	19.78	27.76	6.80
	100	77.40	71.14	75.78	53.18	78.52	70.90	75.38	58.08

续表

ρ	样本	τ_2	τ_{rma}	t_2	t_{rma}	τ_2^*	τ_{rma}^*	t_2^*	t_{rma}^*
	25	6.78	5.68	21.02	0.00	8.42	6.02	21.76	0.18
0.80	50	39.54	29.04	51.00	1.80	41.62	29.08	51.36	3.82
	100	96.50	93.38	95.78	80.16	96.92	93.14	95.78	83.26
	25	10.70	8.58	31.64	0.00	13.06	8.70	33.18	0.04
0.75	50	60.20	47.14	72.76	1.52	63.12	46.66	72.98	4.14
	100	99.84	99.44	99.76	94.16	99.82	99.36	99.80	95.58

7.4 递归趋势调整单位根检验与 Bootstrap 实证研究

7.4.1 趋势回归模型与递归趋势调整

7.3 节主要讨论了原假设存在单位根而备择假设为零均值平稳过程、非零均值平稳过程，实际上还存在以线性趋势为平稳过程的单位根检验，Dickey 和 Fuller 讨论了数据生成为模型(7.1)，但估计模型为[4]

$$y_t = \rho y_{t-1} + \delta_0 + \delta_1 t + \varepsilon_t \tag{7.29}$$

并检验单位根假设 $H_{01}:\rho=1$ 和联合假设 $H_{02}:\rho=1,\delta_0=\delta_1=0$，其中对应单位根检验的系数检验量、伪 t 检验量与第四类 DF 检验量分布完全相同，而联合假设检验就是第 3 章、第 4 章中的联合检验量 Φ_2。Rodrigues、Lizarazu 和 Villaseñor 也讨论了线性趋势模型的递归调整单位根检验，但其数据生成在原假设成立时为带漂移项的单位根过程，且没有导出单位根检验量的分布[169,170]。受到他们研究的启发，本节也从递归趋势调整模式方面研究式(7.29)的单位根检验。为此采用类似 Bhargava 的做法，估计如下模型：

$$y_t - (\alpha + \beta t) = \rho(y_{t-1} - \alpha - \beta t) + \varepsilon_t \tag{7.30}$$

并建立假设 $H_0:\rho=1$。显然当 $\rho=1$ 时有 $y_t = y_{t-1}+\varepsilon_t$，这确保在原假设成立时，数据生成为无漂移项单位根过程[44]。当备择假设成立时，式(7.30)等价表示为

$$y_t = \rho y_{t-1} + \alpha(1-\rho) + (1-\rho)\beta t + \varepsilon_t$$

为确保在备择假设成立时和 DF 检验具有可比性，需要设置 $\delta_0=\alpha(1-\rho)$，$\delta_1=\beta(1-\rho)$。根据递归趋势调整思想，记 $\hat{\alpha}_{t-1}^r$、$\hat{\beta}_{t-1}^r$ 为参数 α、β 的递归估计，即 $\hat{\alpha}_{t-1}^r$、$\hat{\beta}_{t-1}^r$ 根据下列回归模型

$$y_k = \alpha + \beta k + e_k,\quad k=1,2,\cdots,t-1 \tag{7.31}$$

估计，但只使用直到 $t-1$ 期的数据。此时模型(7.30)转变为

$$y_t - \hat{\alpha}_{t-1}^r - \hat{\beta}_{t-1}^r t = \rho(y_{t-1} - \hat{\alpha}_{t-1}^r - \hat{\beta}_{t-1}^r t) + v_t$$

其中 $v_t = (\rho-1)(\hat{\alpha}_{t-1}^r + \hat{\beta}_{t-1}^r t) - (\rho-1)(\alpha+\beta t) + \varepsilon_t$。记

$$y_{1t} = y_t - \hat{\alpha}_{t-1}^r - \hat{\beta}_{t-1}^r t, \quad y_{2t} = y_{t-1} - \hat{\alpha}_{t-1}^r - \hat{\beta}_{t-1}^r t$$

则式(7.31)的递归单位根估计为

$$\hat{\rho}_{tr} - \rho = \frac{\sum_{t=1}^{T} y_{1t} v_t}{\sum_{t=1}^{T} y_{2t}^2} \tag{7.32}$$

7.4.2 递归趋势调整单位根检验量分布

1. 预备知识

为得到 $\hat{\rho}_{tr} - \rho$ 的分布,需要先得到 $\hat{\alpha}_{t-1}^r$、$\hat{\beta}_{t-1}^r$ 的分布结果。对式(7.31)使用最小二乘法得到

$$\begin{pmatrix} \hat{\alpha}_{t-1}^r \\ \hat{\beta}_{t-1}^r \end{pmatrix} = \begin{pmatrix} \dfrac{2(2t-1)}{(t-1)(t-2)} \sum_{k=1}^{t-1} y_k - \dfrac{6}{(t-1)(t-2)} \sum_{k=1}^{t-1} k y_k \\ -\dfrac{6}{(t-1)(t-2)} \sum_{k=1}^{t-1} y_k + \dfrac{12}{t(t-1)(t-2)} \sum_{k=1}^{t-1} k y_k \end{pmatrix} \tag{7.33}$$

首先介绍如下引理。

引理 7.2 设$\{S_{T,k}, 1 \leqslant k \leqslant T, T > 1\}$为随机变量阵列,且

$$\| S_{T,k} \|_1 \triangleq E|S_{T,k}| \leqslant C\sqrt{k/T}$$

其中 C 为不依赖于k,T 的常数,规定 $S_{T,0}=0$,且令 $U_T(s) = S_{T,\lceil Ts \rceil}$,$0 \leqslant s \leqslant 1$ 满足

$$U_T(\cdot) \Rightarrow U(\cdot)$$

其中 U 为$D[0,1]$上轨道连续的随机过程,⇒表示分布弱收敛的极限。定义

$$V_{T,k} = \frac{S_{T,k}}{k^p}, \quad 1 \leqslant k \leqslant T, T \geqslant 1, p \geqslant 0$$

则有

$$\sup_{1 \leqslant k \leqslant T} |V_{T,k}| = \begin{cases} O_p(T^{-p/3}), & 0 \leqslant p < 3/2 \\ O_p(logT/\sqrt{T}), & p = 3/2 \\ O_p(1/\sqrt{T}), & p > 3/2 \end{cases}$$

证明 由 $U_T(\cdot) \Rightarrow U(\cdot)$可知$\sup_{1 \leqslant k \leqslant T} |S_{T,k}| = O_p(1)$。当$0 \leqslant p < 3/2$ 时,有

$$\sup_{1 \leqslant k \leqslant T} |V_{T,k}| \leqslant \sum_{1 \leqslant k \leqslant T^{1/3}} |V_{T,k}| + \sup_{T^{1/3} \leqslant k \leqslant T} |V_{T,k}| \triangleq Y_T + Z_T$$

而

$$E|Y_T| \leqslant \sum_{1\leqslant k\leqslant T^{1/3}} \frac{\|S_{T,k}\|_1}{k^p} \leqslant \frac{C}{\sqrt{T}} \sum_{1\leqslant k\leqslant T^{1/3}} k^{1/2-p} \leqslant CT^{(3/2-p)/3-1/2} = CT^{-p/3}$$

$$Z_T = \sup_{T^{1/3}\leqslant k\leqslant T} \left| \frac{S_{T,k}}{k^p} \right| \leqslant \frac{1}{T^{p/3}} \sup_{1\leqslant k\leqslant T} |S_{T,k}| = O_p(T^{-p/3})$$

因此第一个结论成立。

当 $p=3/2$ 时，有

$$E(\sup_{1\leqslant k\leqslant T} |V_{T,k}|) \leqslant E(\sum_{k=1}^{T} |V_{T,k}|) \leqslant \left\| \sum_{k=1}^{T} |V_{T,k}| \right\|_1 \leqslant \sum_{k=1}^{T} \|V_{T,k}\|_1$$

$$= \sum_{k=1}^{T} \frac{\|S_{T,k}\|_1}{k^{3/2}} \leqslant \frac{C}{\sqrt{T}} \sum_{k=1}^{T} \frac{1}{k} \leqslant \frac{ClogT}{\sqrt{T}}$$

因此第二个等式也成立。当 $p>3/2$ 时，有

$$E(\sup_{1\leqslant k\leqslant T} |V_{T,k}|) \leqslant \sum_{k=1}^{T} \left\| \frac{S_{T,k}}{k^p} \right\|_1 \leqslant \frac{C}{\sqrt{T}} \sum_{k=1}^{T} k^{1/2-p} \leqslant \frac{C}{\sqrt{T}}$$

所以第三个结论也成立，故引理7.2得证。

由以上引理7.2得到证明本节所需如下推论。

推论7.1　若 $\varepsilon_t \sim \mathrm{iid}(0,\sigma^2)$，取 $p=1$，记 $S_{T,k}$ 分别取下列结果：

$$S_{T,k} \triangleq \eta_k = \sum_{j=1}^{k} \varepsilon_j / \sqrt{T}, \quad S_{T,k} = \frac{1}{k} \sum_{j=1}^{k} \eta_j / \sqrt{T}, \quad S_{T,k} = \frac{1}{k^2} \sum_{j=1}^{k} j\eta_j / \sqrt{T}$$

若 $\lceil Tr \rceil$ 表示不超过 $Tr(0\leqslant r\leqslant 1)$ 的整数部分，$c_k = O(1/k)$，则有

$$\sup_{1\leqslant k\leqslant T} \left| c_{\lceil Tr \rceil} \frac{\eta_{\lceil Tr \rceil}}{\sqrt{T}} \right| = O_p(T^{-1/3})$$

$$\sup_{1\leqslant k\leqslant T} \left| c_{\lceil Tr \rceil} \frac{1}{\lceil Tr \rceil} \sum_{j=1}^{\lceil Tr \rceil} \frac{\eta_j}{\sqrt{T}} \right| = O_p(T^{-1/3})$$

$$\sup_{1\leqslant k\leqslant T} \left| c_{\lceil Tr \rceil} \frac{1}{\lceil Tr \rceil^2} \sum_{j=1}^{\lceil Tr \rceil} \frac{j\eta_j}{\sqrt{T}} \right| = O_p(T^{-1/3})$$

此即当 $a_l = O(l^{-1})$，$b_l = O(l^{-2})$，$c_l = O(l^{-3})$ 时，有 $a_{\lceil Tr \rceil} \frac{\eta_{\lceil Tr \rceil}}{\sqrt{T}} \Rightarrow 0$，$b_{\lceil Tr \rceil} \sum_{j=1}^{\lceil Tr \rceil} \frac{\eta_j}{\sqrt{T}} \Rightarrow 0$，$c_{\lceil Tr \rceil} \sum_{j=1}^{\lceil Tr \rceil} \frac{j\eta_j}{\sqrt{T}} \Rightarrow 0$ 成立。

当原假设成立具有单位根时，显然有 $y_k = y_{k-1} + \varepsilon_{k-1} = \sqrt{T}\eta_k$，根据单位根下的结论有

$$T^{-1/2} y_{\lceil Tr \rceil} \Rightarrow \sigma W(r), \quad T^{-3/2} \sum_{k=1}^{\lceil Tr \rceil} y_k \Rightarrow \sigma \int_0^r W(s)\mathrm{d}s, \quad T^{-5/2} \sum_{k=1}^{\lceil Tr \rceil} k y_k \Rightarrow \sigma \int_0^r sW(s)\mathrm{d}s$$

由式(7.33)取部分和得到

$$T^{-1/2} \hat{\alpha}_{\lceil Tr \rceil} = \frac{2T(2\lceil Tr \rceil + 1)}{\lceil Tr \rceil(\lceil Tr \rceil - 1)} T^{-3/2} \sum_{k=1}^{\lceil Tr \rceil} y_k - \frac{6T^{-2}}{\lceil Tr \rceil(\lceil Tr \rceil - 1)} T^{-5/2} \sum_{k=1}^{\lceil Tr \rceil} k y_k$$

$$T^{1/2}\hat{\beta}^r_{\lceil Tr\rceil} = -\frac{6T^2}{\lceil Tr\rceil(\lceil Tr\rceil - 1)}T^{-3/2}\sum_{k=1}^{\lceil Tr\rceil} y_k + \frac{12T^3}{\lceil Tr\rceil(\lceil Tr\rceil - 1)(\lceil Tr\rceil + 1)}T^{-5/2}\sum_{k=1}^{\lceil Tr\rceil} ky_k$$

根据推论 7.1 得到

$$\begin{cases} T^{-1/2}\hat{\alpha}^r_{\lceil Tr\rceil} \Rightarrow \dfrac{\sigma}{r^2}\displaystyle\int_0^r (4r - 6s)W(s)\mathrm{d}s \\ T^{1/2}\hat{\beta}^r_{\lceil Tr\rceil} \Rightarrow \dfrac{\sigma}{r^3}\displaystyle\int_0^r (12s - 6r)W(s)\mathrm{d}s \\ T^{-1/2}\hat{\beta}^r_{\lceil Tr\rceil}(\lceil Tr\rceil + 1) \Rightarrow \dfrac{\sigma}{r^2}\displaystyle\int_0^r (12s - 6r)W(s)\mathrm{d}s \end{cases} \tag{7.34}$$

2. 检验量分布推导

根据式(7.34)得到

$$T^{-1/2}y_{2t} = T^{-1/2}(y_{\lceil Tr\rceil} - \hat{\alpha}^r_{\lceil Tr\rceil} - \hat{\beta}^r_{\lceil Tr\rceil}(\lceil Tr\rceil + 1)) \Rightarrow \sigma(W(r) - W_*(r))$$

其中 $W_*(r) = \dfrac{1}{r^2}\displaystyle\int_0^r (6s - 2r)W(s)\mathrm{d}s$。当原假设成立时有 $v_t = \varepsilon_t$，结合式(7.32)、Kurtz 和 Protter 的定理 2.1 得到[172]

$$\tau_{rt} = T(\hat{\rho}_{rt} - 1) = \frac{T^{-1}\sum_{t=3}^{T} y_{2t}\varepsilon_t}{T^{-2}\sum_{t=3}^{T} y_{2t}^2} \Rightarrow \frac{\int_0^1 (W(r) - W_*(r))\mathrm{d}W(r)}{\int_0^1 (W(r) - W_*(r))^2\mathrm{d}r} \tag{7.35}$$

据此得到扰动项方差 σ^2 估计为

$$\hat{\sigma}^2 = (T-4)^{-1}\sum_{t=3}^{T}(y_{1t} - \hat{\rho}_{rt}y_{2t})^2 = \sigma^2 + o_p(1)$$

进而得到单位根伪 t 检验量分布为

$$t_{rt} = \frac{T^{-1}\sum_{t=3}^{T} y_{1t}\varepsilon_t}{\hat{\sigma}\sqrt{T^{-2}\sum_{t=3}^{T} y_{2t}^2}} \Rightarrow \frac{\int_0^1 (W(r) - W_*(r))\mathrm{d}W(r)}{\sqrt{\int_0^1 (W(r) - W_*(r))^2\mathrm{d}r}} \tag{7.36}$$

关于 τ_{rt}、t_{rt} 的分位数将在 7.4.4 小节中用蒙特卡罗模拟方法得到。

7.4.3 Bootstrap 检验研究

由式(7.35)、式(7.36)可知，此种递归趋势调整下的单位根检验量在大样本下也收敛到维纳过程的泛函，为非标准分布，当使用有限样本下的分位数时，可能存在检验水平扭曲，因此可以使用 Bootstrap 方法来修订。

1. 约束残差与检验水平

仿照递归均值调整的 Bootstrap 检验方法，当考察检验水平时使用约束残差，此时的 Bootstrap 检验步骤与递归均值调整检验水平的检验步骤完全相同，相关的证明过程也类似。设 Bootstrap 样本下的对应检验量记为 τ_{rt}^*、t_{rt}^*，结合式(7.35)和式(7.36)的证明过程，可以证明 τ_{rt}^*、t_{rt}^* 与 τ_{rt}、t_{rt} 在大样本下具有相同的极限分布。

2. 无约束残差与检验功效

当考察检验功效时，使用无约束的残差，这时可以使用基于全样本回归的 OLS 估计量来得到残差，也可以使用基于递归趋势调整的 OLS 估计量来获取残差，两者在大样本下是一致的，下面以全样本回归的 OLS 估计量来分析。此时使用式(7.29)回归，记估计量分别为 $\hat{\delta}_0$、$\hat{\delta}_1$ 和 $\hat{\rho}$，结合当备择假设成立时有 $y_{t-1} = O_p(T)$ 的结论，经过计算不难得到

$$\hat{\delta}_0 - \delta_0 = O_p(T^{-1/2}), \quad \hat{\delta}_1 - \delta_1 = O_p(T^{-3/2}), \quad \hat{\rho} - \rho = O_p(T^{-3/2})$$

因此可以得到在备择假设成立时的残差估计为

$$\tilde{\varepsilon}_t = \varepsilon_t - (\hat{\delta}_0 - \delta_0) - (\hat{\delta}_1 - \delta_1)t - (\hat{\rho} - \rho)y_{t-1} = \varepsilon_t + o_p(1)$$

显然，该残差满足使用弱收敛的相关结论，故基于无约束残差构造的 Bootstrap 检验量与原始样本计算的检验量 τ_{rt}、t_{rt} 在大样本下具有相同的极限分布。

因此，无论是基于约束残差，还是无约束残差，都可以使用 Bootstrap 样本计算分位数替代基于标准正态分布扰动项分布获得的分位数。

7.4.4 蒙特卡罗模拟分析

为得到上述基于递归趋势调整单位根检验量有限样本下的分位数，下面进行蒙特卡罗模拟分析。设定模拟次数为 5 万次，为降低分位数的随机性，将该过程进行 50 次，取 50 次分位数的平均值作为最终的模拟结果。表 7.10 给出 5 种样本常见分位数的模拟结果，其中每个样本中第一行和第二行是分别与式(7.35)和式(7.36)对应检验量的分位数。和同种条件下的经典 DF 检验量相比，分位数明显偏大，模拟显示，当 $\rho = 1$ 时，表 7.10 中 5 种样本单位根项 ρ 基于递归趋势调整式(7.32)估计的平均值分别为 0.919、0.959、0.979、0.992 和 0.996，而根据经典 DF 检验方法式(7.6)得到 ρ 的平均值分别为 0.647、0.810、0.902、0.959 和 0.979，显然，正是由于采用了递归趋势调整估计方法，消除了存在于经典 DF 模式中式(7.7)解释变量与扰动项之间自相关问题，因此降低了估计偏差，这从估计角度说明了递归趋势调整方法的优越性。

接下来考察递归趋势调整与对应 DF 检验两者的功效差异，取样本为 25、50 和 100，分位数来自表 7.10，Bootstrap 检验次数为 1000 次，蒙特卡罗模拟 1 万次，显著性水平为 0.05，ρ 分别取 1.00、0.95、0.90、0.85、0.80、0.75，Bootstrap 样本

构造采用 7.4.3 小节的方法，表 7.11 给出了模拟结果。

表 7.10　递归趋势调整单位根两种检验量常见分位数

样本	1	2.5	5	10	90	95	97.5	99
25	−16.54	−13.25	−10.64	−7.92	4.18	5.39	6.45	7.74
	−3.01	−2.38	−1.92	−1.46	1.14	1.58	2.02	2.60
50	−17.15	−13.71	−11.04	−8.25	3.61	4.62	5.48	6.49
	−2.71	−2.24	−1.87	−1.46	1.07	1.46	1.83	2.30
100	−17.72	−14.14	−11.31	−8.41	3.37	4.29	5.07	5.97
	−2.60	−2.19	−1.85	−1.47	1.04	1.42	1.76	2.17
250	−18.06	−14.32	−11.43	−8.48	3.23	4.12	4.85	5.68
	−2.53	−2.15	−1.83	−1.47	1.03	1.40	1.72	2.11
500	−18.22	−14.40	−11.47	−8.49	3.19	4.06	4.77	5.58
	−2.51	−2.14	−1.83	−1.47	1.02	1.39	1.71	2.09

表 7.11　两类检验量的检验水平与检验功效模拟结果

ρ	样本	τ_3	τ_{tr}	t_3	t_{rt}	τ_3^*	τ_{rt1}^*	τ_{rt2}^*	t_3^*	t_{rt1}^*	t_{rt2}^*
1.00	25	*4.00*	4.73	4.75	5.12	4.62	4.76	4.69	4.67	*3.34*	*2.72*
	50	4.69	5.00	5.23	5.32	5.05	4.99	4.98	5.17	*4.34*	*3.89*
	100	4.99	4.99	5.02	5.02	5.08	5.09	5.06	4.98	*4.52*	*4.26*
0.95	25	3.49	10.85	4.99	11.18	4.09	10.78	10.90	5.03	5.44	8.85
	50	2.30	8.82	5.55	6.59	2.52	8.88	8.90	5.65	***5.57***	6.50
	100	1.43	2.62	12.62	***1.31***	1.52	2.56	2.56	12.56	***1.18***	1.37
0.90	25	3.71	22.93	5.77	18.54	4.34	22.82	23.02	5.96	11.89	17.54
	50	4.33	23.62	9.91	14.37	4.80	23.46	23.63	9.98	12.36	14.61
	100	13.74	28.12	28.11	***14.24***	13.89	28.12	28.11	28.05	***13.34***	14.76
0.85	25	4.90	37.91	7.32	28.20	5.73	37.92	37.87	7.17	20.42	28.49
	50	10.46	51.16	15.62	33.19	11.41	51.14	51.18	15.29	30.28	34.80
	100	43.19	78.11	48.45	55.97	43.71	78.23	78.01	47.90	54.50	57.28
0.80	25	7.18	52.59	8.77	39.49	8.34	52.44	52.43	8.90	31.25	41.54
	50	20.82	77.70	22.55	57.61	22.29	77.56	77.49	22.22	54.67	60.36
	100	74.04	97.36	70.89	87.37	74.52	97.31	97.31	70.51	86.54	88.29
0.75	25	10.25	65.05	10.76	50.97	11.94	65.12	64.89	10.86	42.76	54.43
	50	33.81	92.11	31.50	77.16	35.63	91.92	92.05	31.55	75.16	80.09
	100	91.93	99.89	88.24	97.75	92.15	99.88	99.88	87.88	97.64	98.14

首先比较两类检验量的检验水平扭曲程度，即当 ρ 取 1 时实际拒绝率与名义拒绝率 0.05 的差异程度。由于模拟的随机性，无论使用哪类检验方法，每类检验的实际显著性水平不可能正好等于名义水平 0.05，根据 Godfrey 和 Orme 提供

的实际显著性水平区间估计公式，取概率度为1.96得到实际显著性水平的区间估计为(4.57%，5.43%)[118]。根据这个标准，检验量 τ_3 有1次的实际检验概率落入上述区间之外(用斜体和下划线标识)，而Bootstrap方法中检验量 t_{rt1}^* 显然不满足上述区间估计要求，采用递归趋势调整残差构造样本时，τ_{rt2}^* 具有满意的检验水平，而 t_{rt2}^* 明显出现拒绝不足的情况，这说明伪 t 检验量的Bootstrap方法没有优势。

接下来比较检验功效，首先就使用原始样本计算的检验量 τ_3、τ_{tr}、t_3、t_{rt} 的功效而言，显然有 $\tau_{tr}>\tau_3$ 成立，在扣除两种情况(用加粗和斜体标志)之外也有 $t_{tr}>t_3$，而且这种优势非常明显，尤其是在小样本下或者近单位根过程中，这表明本节提出的递归趋势具有明显的功效优势。其次考察Bootstrap方法对应的检验量，显然有 $\tau_{rt1}^*>\tau_3^*$，在扣除三种情况之外有 $t_{rt1}^*>t_3^*$，且优势也在小样本或近单位根过程中表现尤为明显。当比较使用两种不同的残差来构造Bootstrap检验样本时，不难发现，τ_{rt1}^* 与 τ_{rt2}^* 的功效总体相当，但 t_{rt2}^* 的功效明显优于 t_{rt1}^*，这说明使用自身检验量对应的残差具有更好的检验功效。最后考察Bootstrap方法对检验功效的提升作用，显然该方法对检验量 τ_3 的功效具有一定的提升作用，但对检验量 t_{rt} 的功效具有一定的抑制作用，对检验量 τ_{tr}、t_3 的提升作用不明显。

7.4.5 实证分析

下面使用递归均值调整以及Bootstrap检验分析我国上证综合指数和深圳成分指数的单整性。取两个指数日收盘价对数值，起止时间为2012年第一季度至2014年第二季度①，图7.7和图7.8分别给出时序图。从直观上看，趋势图表明数据没有明显的线性趋势，因此数据生成不可能为带漂移项的单位根过程。又由于时序图没有体现出在某个中心上下频繁波动，因此不满足平稳性特征，为此以数据生成不带漂移项的单位根过程为基础进行单位根检验，本节将同时使用DF检验模式、递归均值调整模式以及Bootstrap检验方法完成检验。设定Bootstrap检验次数为5000次。表7.12给出了检验结果，其中BDS、LM分别检验残差是否满足独立同分布性、是否具有条件异方差性，指标对应的数值为检验概率(已转为百分计数方式)，结果表明扰动项满足独立同分布要求，也没有条件异方差，因此满足DF检验模式的要求。τ_1、τ_2、τ_{rma}、t_1、t_2、t_{rma} 的临界分位数分别约为 −8.1、−14.1、−9.69、−1.95、−2.86和−1.88，显然这些值都大于对应检验量伪 t 值；而Bootstrap检验概率也都大于显著性水平0.05，也接受各自对应的原假设，故这两个对数化指数均为单位根过程，体现出我国股市具有弱有效性。

① 数据来源于网站"http://vip.stock.finance.sina.com.cn"。

表 7.12　上证综合指数与深圳成分指数单位根检验结果

指数类型	BDS	LM	τ_1	τ_2	τ_{rma}	t_1	t_2
上证综合指数	7.18	25.01	−0.01	−9.65	−6.48	−0.23	−2.14
深圳成分指数	37.76	21.94	−0.02	−4.25	−2.01	−0.51	−1.29
指数类型	t_{rma}	τ_1^*	τ_2^*	τ_{rma}^*	t_1^*	t_2^*	t_{rma}^*
上证综合指数	−0.18	68.10	14.56	12.20	60.28	21.72	57.48
深圳成分指数	−0.25	67.70	50.48	37.88	49.38	62.16	53.64

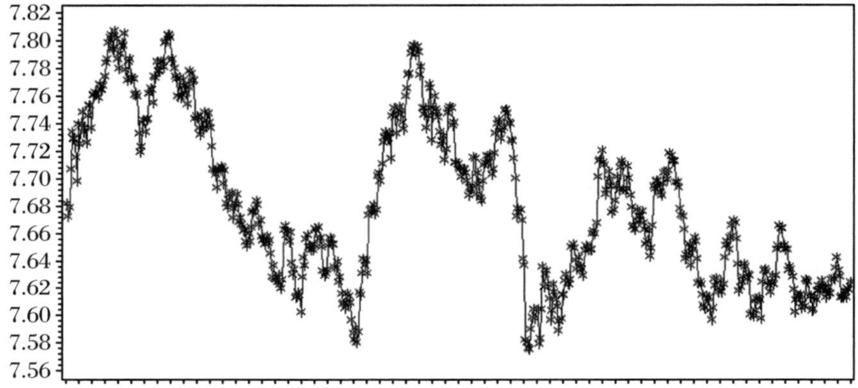

图 7.7　上证综合指数 2012 年第一季度至 2014 年第二季度日收盘价对数时序图

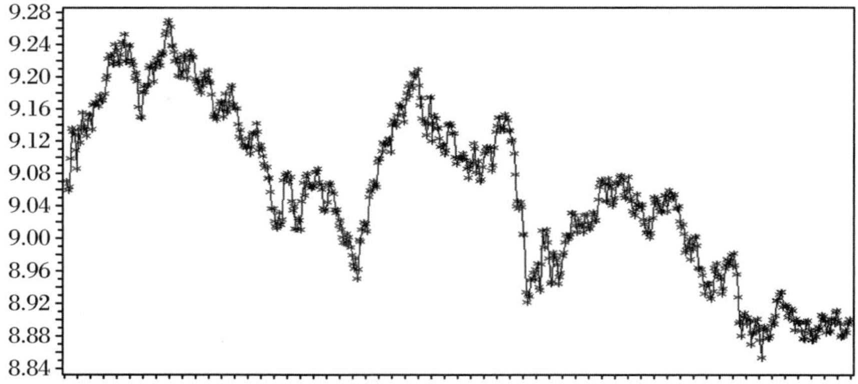

图 7.8　深圳成分指数 2012 年第一季度至 2014 年第二季度日收盘价对数时序图

本章小结

本章首先介绍经典 DF 类检验功效低下的原因,并解释递归调整单位根检验能够提高检验功效的原因及原理。然后按照数据生成、检验模型设置和可比性原则,综合比较递归均值调整与两类 DF 检验功效的差异,模拟结果表明:递归均值调整并不总是能够提高检验功效,因而是有条件的,这消除了认识上的误区。然后引入 Bootstrap 检验方法,证实了其检验的有效性,蒙特卡罗模拟表明:Bootstrap 检验在检验水平上具有优势,在检验功效方面因检验量的变化和均值的变化而有不同的结论,但总体来说,递归均值调整检验量的检验功效不是一直占优。为完善无漂移项单位根数据生成递归调整理论,本章还提出一种递归趋势调整单位根检验,这与已有的递归趋势调整方法不同,推导了检验量的分布和检验使用的分位数,并对检验引入 Bootstrap 方法,证明其有效性。模拟显示,这种递归趋势调整方法与经典 DF 检验相比,在具有满意的检验水平的同时,还能够提高检验功效,在 Bootstrap 检验模式下也有类似结论。实证分析表明,Bootstrap 检验和分位数检验的结论一致,结果与实际相符合。

第 8 章　总结与展望

8.1　研究结论

本书从数据生成视角出发，将单位根检验与确定数据生成融为一体展开研究，基本内容分成三部分：第一部分按照数据生成是否含有漂移项单位根过程进行分类，以检验模型中漂移项检验量、趋势项检验量以及它们与单位根项联合的检验量为研究对象，分别讨论这三类检验量在 PP、ADF 和 KSS 三种检验模式下的分布。第二部分以 KPSS 检验模式为研究对象，着重讨论二次趋势 KPSS 检验量的分布与模型误设性质，研究趋势项检验量在不同模型设置中的分布，在此基础上总结 KPSS 检验流程。第三部分以递归调整方式单位根检验为研究内容，以数据生成不含漂移项单位根模型为研究对象，按照备择假设的设置形式，首先讨论递归均值调整单位根检验功效与第一类 DF 检验和第二类 DF 检验功效的差异，其次研究一种新递归趋势调整单位根检验量的分布，并与对应 DF 检验比较检验功效。对以上三个部分研究内容涉及的检验量，既使用传统的分位数检验方法，也使用合适的 Bootstrap 检验方法，借助蒙特卡罗模拟技术比较这两种检验方法在检验水平和检验功效方面的差异，并以 DJSR 和 KPSS 检验流程为指导，利用这两种检验方法对我国和国外的主要宏观经济序列进行单整性检验，并给出检验结论。总结这些研究内容，本书得到了以下几点结论。

1．PP 检验模式下检验量分布与 Bootstrap 检验

当采用 PP 检验模式时，无论数据生成是否含有漂移项的单位根过程，三类检验量在大样本下都收敛到维纳过程的泛函，且检验量中包含扰动项方差参数，因此不能直接用于确定数据生成过程以及单位根检验。通过本书提供的转换形式，消除其中含有的未知参数成分，使得检验量与 DF 检验模式下对应检验量在大样本下具有相同的分布形式。Bootstrap 检验理论表明，通过使用 Stationary Bootstrap 方法可以执行相关检验，既可以使用无调整的检验量，也可以使用调整后的检验量。蒙特卡罗模拟显示：采用合适概率生成的 Bootstrap 样本，既可以降低检验水平扭曲，也能在一定的场合下使得检验功效优于分位数检验和无调整检验模式下的检验结果。当进行实证分析时，Bootstrap 方法和分位数方法检验表明：我国36个大中城市居民居住消费价格平均指数为非零均值平稳过程，而北京、上海新建商品住宅价格指数为无漂移项的单位根过程，检验结论与序列外在特点相符合。

2. ADF检验模式下检验量分布与Bootstrap检验

当采用ADF检验模式时，无论数据生成是否含有漂移项的单位根过程，三类检验量在大样本下都收敛到维纳过程的泛函，且检验量的分布与DF检验模式下对应检验量在大样本下具有相同的分布形式，但漂移项、趋势项系数检验量却含有扰动项的方差，因此不能直接用于漂移项和趋势项显著性检验，但可以在Bootstrap检验模式下检验漂移项和趋势项。Bootstrap检验理论表明，当数据生成的阶数已知时，通过使用本书提出的Recursive Bootstrap方法可以执行相关检验。蒙特卡罗模拟显示，Bootstrap方法在降低检验水平扭曲程度方面有优势，在检验功效方面也不低于分位数检验结果；当进行实证分析时，Bootstrap方法和分位数方法检验表明，我国人口序列是含有趋势的单位根过程，而GDP数据为无漂移项的单位根过程，这与有关结论相符合。

3. KSS检验模式下检验量分布与Bootstrap检验

当采用KSS检验模式时，无论数据生成是否含有漂移项的单位根过程，三类检验量在大样本下的分布形式取决于检验模型在备择假设下是否含有阈值；当固定阈值因素后，三类检验量分布在DF检验模式和ADF检验模式下是相同的，但与之前单独采用DF、ADF检验模式下的对应检验量分布不同，因而需要重新构造分位数。Bootstrap检验理论表明，当数据生成阶数已知时，通过使用本书提出的Bootstrap方法可以执行相关检验。蒙特卡罗模拟显示，Bootstrap方法在降低检验水平扭曲程度方面有优势，在检验功效方面也不低于分位数检验结果；当进行实证分析时，Bootstrap方法和分位数方法检验表明，基于消费价格指数计算的通货膨胀率序列为无漂移项单位根过程，这与有关结论相符合。

4. KPSS检验模式下模型误设、检验流程构建与Bootstrap检验

理论研究表明，在原假设和备择假设分别成立时，高阶非线性趋势KPSS检验量在大样本下分别收敛到高阶布朗桥过程和高阶去势布朗运动过程的泛函，且检验量具有一致性。当以二次趋势平稳模型为检验对象时，如果数据生成的趋势阶数不超过二次趋势，检验量性质与二次趋势生成过程检验量一样。这表明当使用KPSS检验量进行序列平稳性判断时，有可能误判序列生成过程中的趋势类型。为此，本书以二次趋势检验为基础提出一套KPSS检验流程，综合使用KPSS检验量以及趋势项检验量结果，共同确定数据真实生成过程。本书还对二次趋势KPSS检验量使用有放回抽样的Bootstrap检验方法，蒙特卡罗模拟表明，相对于分位数检验，Bootstrap检验具有水平优势，检验功效也基本相当，且扰动项的分布类型对检验结果没有明显影响。实证研究表明，使用本章的KPSS检验流程，结合趋势项检验量对美国 6 支宏观经济序列进行检验，所得结论与 DF 类检验结果相一致，证实了该检验流程的可行性。

5. 递归均值调整检验功效、递归趋势调整检验量与 Bootstrap 检验

本书从可比性原则与模型误设角度出发，在推导检验功效公式基础上，使用蒙特卡罗模拟比较第一类 DF 检验、第二类 DF 检验以及递归均值调整检验的功效，模拟显示：当数据生成为零均值时，第一类 DF 检验功效最高，递归均值调整检验功效次之，第二类 DF 检验功效最低；当均值非零时，如果均值较小，第一类 DF 检验仍最有效，但随着均值增大，递归均值调整检验功效占优，当增大到一定程度时，第二类递归均值调整检验功效占优，这就找到了递归均值调整检验功效的优势范围。为进一步研究无漂移项单位根生成过程的递归趋势调整检验，本书提出一种新递归趋势调整单位根检验模型，并导出调整检验量的分布。蒙特卡罗模拟显示，和同样数据生成模型下对应 DF 检验量相比，这种递归趋势调整单位根检验量的确能够提供检验功效，且也具有满意的检验水平。Bootstrap 方法检验表明，通过该方法在保持水平优势的前提下，对某些检验量能够提高检验功效。实证研究表明，我国上证综合指数与深圳成分指数的对数序列服从无漂移项单位根过程，且两种检验方法结论一致。

8.2 不足与展望

本书虽然从理论上证实 Bootstrap 检验可用于单位根检验、确定序列的数据生成过程，并在实证分析中也取得了一些结论，但仍有不足之处，这集中体现在以下几点：

本书虽然考察了多种检验模式下的单位根检验，但在实证研究中仍只使用一种模式检验结果作为检验结论。由于每种单位根检验都有各自的优势，只使用一种检验方式显然不能综合提取其他检验模式的信息，如何使用 Bootstrap 方法提取多种检验模式下的检验结果，尤其是 DF 类检验和 KPSS 检验这两种不同假设设置形式的结论值得深入研究。

本书在实证研究中，没有考虑结构突变因素，已有研究结论表明，如果引入结构突变检验方法，某些原本存在单位根结论可能会发生改变，产生这种变化的原因可能是经济序列受到某种冲击或者是制度变更等影响，虽然我国受这方面影响较小，但也不能完全排除某些序列因受到潜在因素的影响而发生结构突变的可能。

在递归调整单位根检验中，本书虽然发现了递归均值调整单位根检验提升检验功效的适用场合，也推导了一类递归趋势调整单位根检验量的分布与检验效果，但这些研究都是建立在数据生成为无漂移项单位根基础之上的，对于数据生成含有漂移项的单位根过程，如何在 Rodrigues、Lizarazu 和 Villaseñor 提出的三种递归趋势调整基础之上，推导对应的单位根系数检验量和伪 t 检验量分布，并与对应的 DF 类检验比较检验功效，同时使用合适的 Bootstrap 方法完成相应的检验，这些也值得进一步研究[169,170]。

在本书的理论研究中，对数据生成含有漂移项的单位根检验模型，并没有考虑检验模型也是这种设置的类型，这就是第三种检验模式。虽然这种检验模式下单位根项检验量和漂移项检验量在大样本下服从标准正态分布，但江海峰和陶长琪[22]的 DF 检验模式研究表明，这种检验模式下的检验效果也存在较大的水平扭曲，尤其是直接使用渐近分布的方差。模拟显示，使用样本资料自身数据构造的方差会降低检验水平扭曲，对于 ADF 检验模式和 PP 检验模式下的结论并没有研究，也没有将 Bootstrap 方法引入这类检验中去。

本书虽然考察了 KSS 检验，但也仅限于 DF 检验模式和 ADF 检验模式，对于 PP 检验模式下的结果并没有涉及，蔡必卿和洪永淼使用 PP 检验模式考察单位根 KSS 检验，但并没有考察漂移项、趋势项以及相关联合检验的结果，这是由于经典 KSS 检验采用去势方法回避了这些研究，但为确定数据的真实生成过程，也必须对漂移项和趋势项进行研究[141]。

以上未解问题，有待于以后的深入研究。在本书成稿之际，以检验资产价格是否存在泡沫行为的右侧单位根检验已悄然兴起，该检验主要由 Phillips 等建立，检验量主要有 SADF 和 GSADF 两类检验模式[173-176]。目前被广泛用于股票市场、房地产市场、能源市场等诸多领域，如孙洁、胡毅、张凤兵等、Sharma 和 Escobari 等[177-180]。该类检验采用递归模式取上确界来构造检验量，较经典的单位根检验量分布更为复杂，其深入改进研究将是未来一个重要的研究议题。

参 考 文 献

[1] Phillips P C B. Understanding spurious regressions in econometrics[J]. Journal of Econometrics, 1986, 33(3): 311-340.

[2] Dickey D A. Estimation and hypothesis testing in nonstationary time series[D]. Iowa State University, 1976.

[3] Dickey D A, Fuller W A. Distribution of the estimators for autoregressive time series with a unit root[J]. Journal of the American Statistical Association, 1979, 74(366a): 427-431.

[4] Dickey D A, Fuller W A. Likelihood ratio statistics for autoregressive time series with a unit root[J]. Econometrica: Journal of the Econometric Society, 1981, 49(4): 1057-1072.

[5] Said S E, Dickey D A. Testing for unit roots in autoregressive-moving average models of unknown order[J]. Biometrika, 1984, 71(3): 599-607.

[6] Nelson C, Plosser C. Trends and random walks in macroeconomic time series: some evidence and implications[J]. Journal of Monetary Economics, 1982, 10(2): 139-169.

[7] Phillips P C B, Perron P. Testing for a unit root in time series regression [J]. Biometrika, 1988, 75(2): 335-346.

[8] Kwaitkowski D, et al. Testing the null hypothesis of stationary against the alternative of a unit root[J]. Journal of Econometircs, 1992, 54(1): 159-178.

[9] Elliott G, Rothenberg T J, Stock J H. Efficient tests for an autoregressive unit root[J]. Econometica, 1996, 64(4): 813-836.

[10] Ng S, Perron P. Lag length selection and the construction of unit root tests with good size and power[J]. Econometrica, 2001, 69(6): 1361-1401.

[11] Kapetanios G, Shin Y, Snell A. Testing for a unit root in the nonlinear STAR framework[J]. Journal of Econometrics, 2003, 112(2): 359-379.

[12] Cribari-Neto F. On time series econometrics[J]. The Quarterly Review of Economics and Finance, 1996, 36(1): 37-60.

[13] Christiano L J, Eichenbaum M. Unit roots in real GNP: Do we know, and do we care? [C]//Carnegie-Rochester Conference Series on Public Policy. North-Holland, 1990, 32(1): 7-61.

[14] Stock J H. Unit roots in real GNP: Do we know and do we care?: A comment[C]//Carnegie-Rochester Conference Series on Public Policy. North-Holland, 1990, 32(1): 63-82.

[15] Libanio G A. Unit roots in macroeconomic time series: theory, implications, and evidence[J]. Nova Economia, 2005, 15(3): 145-176.

[16] Samuelson P A. Proof that properly anticipated prices fluctuate randomly[J]. Industrial Management Review, 1965, 6(2): 41-49.

[17] Samuelson P A. Proof that properly discounted present values of assets vibrate randomly[J]. The Bell Journal of Economics and Management Science, 1973, 4(2): 369-374.

[18] Hall R E. Stochastic implications of the life cycle-permanent income hypothesis: theory and evidence[J]. Journal of Political economy, 1978, 86(6): 971-978.

[19] Meese R A, Singleton K J. On unit roots and the empirical modeling of exchange rates[J]. the Journal of Finance, 1982, 37(4): 1029-1035.

[20] Kleidon A W. Variance bounds tests and stock price valuation models [J]. The Journal of Political Economy, 1986, 94(5): 953-1001.

[21] 王美今,林建浩.计量经济学应用研究的可信性革命[J].经济研究,2012(2):120-132.

[22] 江海峰,陶长琪.第三种单位根检验的 Bootstrap 检验研究[J].21 世纪数量经济学第 14 卷,2013.

[23] 张晓峒,攸频.DF 检验式中漂移项和趋势项的 t 统计量研究[J].数量经济技术经济研究,2006(2):126-137.

[24] 肖燕婷,魏峰.单位根 DF 检验中漂移项、趋势项的分布特征[J].重庆工学院学报(自然科学版),2008,22(7):139-144.

[25] 张凌翔,张晓峒.单位根检验中的 Wald 统计量研究[J].数量经济技术经济研究,2009(7):146-158.

[26] 陶长琪,江海峰.单位根过程联合检验的 Bootstrap 研究[J].统计研究,2013(4):106-112.

[27] 陆懋祖.高等时间序列经济计量学[M].上海:上海人民出版社,1999:

97-109.
[28] 聂巧平,张晓峒.ADF 单位根检验中联合检验 F 统计量研究[J].统计研究,2007(2):73-80.
[29] 张凌翔,张晓峒.ADF 单位根检验中联合检验 LM 统计量研究[J].统计研究,2010(9):84-90.
[30] 江海峰,陶长琪,陈启明.ADF 模式中漂移项和趋势项检验量分布与 Bootstrap 检验研究[J].统计与信息论坛,2014(6):3-10.
[31] Hall A. Testing for a unit root in time series with pretest data based model selection[J]. Journal of Business & Economic Statistics, 1994, 12(4): 461-470.
[32] Weber C E. Data-dependent criteria for lag length selection in augmented dickey fuller regressions: a monte carlo analysis[J]. Seattle University, 1998.
[33] Weber C E. F-tests for lag length selection in augmented Dickey-Fuller regressions: some Monte Carlo evidence[J]. Applied Economics Letters, 2001, 8(7): 455-458.
[34] 邓露,张晓峒.ADF 检验中滞后长度的选择:基于 ARIMA(0,1,q)过程的模拟证据[J].数量经济技术经济研究,2008(9):126-138.
[35] 攸频.DF(ADF)检验式参数 OLS 估计量的分布研究[J].统计与决策,2009(20):20-22.
[36] Phillips P C B. Time series regression with a unit root[J]. Econometrica, 1987, 55(2): 277-301.
[37] 夏南新.单位根的 DF、ADF 检验与 PP 检验比较研究[J].数量经济技术经济研究,2005(9):129-135.
[38] 刘田.ADF 与 PP 单位根检验法对非线性趋势平稳序列的伪检验[J].数量经济技术经济研究,2008(6):137-145.
[39] 刘汉中,李陈华.关于 ADF 与 PP 单位根检验方法的探讨[J].统计与决策.2008(1):28-30.
[40] Dolado J J, Jenkinson T, Sosvilla-Rivero S. Cointegration and unit roots[J]. Journal of Economic Surveys, 1990, 4(3): 249-273.
[41] Molinas C. A note on spurious regressions with integrated moving average errors[J]. Oxford Bulletin of Economics and Statistics, 1986, 48(3): 279-282.
[42] Schwert G W. Effects of model specification on tests for unit roots in macroeconomic data[J]. Journal of Monetary Economics, 1987, 20(1):

73-103.
[43] Schwert G W. Tests for unit roots: A Monte Carlo investigation[J]. Journal of Business & Economic Statistics, 2002, 20(1): 5-17.
[44] Bhargava A. On the theory of testing for unit roots in observed time series[J]. The Review of Economic Studies, 1986, 53(3): 369-384.
[45] Stock J H. A Class of Tests for Integration and Cointegration[H]. Harvard University, 1990.
[46] 聂巧平.单位根检验统计量 MGLS 的有限样本性质研究及应用[J].数量经济技术经济研究,2007(3):103-114.
[47] Shin D W, So B S. Recursive mean adjustment for unit root tests[J]. Journal of Time Series Analysis, 2001, 22(5): 595-612.
[48] Patterson K, Saeed Heravi. Weighted symmetric tests for a unit root: response functions, power, test dependence and test conflict[J]. Applied Economics, 2003, 35(7): 779-790.
[49] Hornok A, Larsson R. The finite sample distribution of the KPSS test [J]. The Econometrics Journal, 2000, 3(1): 108-121.
[50] Hobijn B, Franses P H, Ooms M. Generalizations of the KPSS-test for stationarity[J]. Statistica Neerlandica, 2004, 58(4): 483-502.
[51] Bollerslev T. Generalized autoregressive conditional heteroskedasticity [J].Journal of Econometrics, 1986, 31(3): 307-327.
[52] Kim K, Schmidt P. Unit root tests with conditional heteroskedasticity [J]. Journal of Econometrics, 1993, 59(3): 287-300.
[53] Wang G. A note on unit root tests with heavy-tailed GARCH errors[J]. Statistics & Probability Letters, 2006, 76(10): 1075-1079.
[54] Seo B. Distribution theory for unit root tests with conditional heteroskedasticity[J]. Journal of Econometrics, 1999, 91(1): 113-144.
[55] Ling S, Li W K. Asymptotic inference for unit root processes with GARCH (1, 1) errors[J]. Econometric Theory, 2003, 19(4): 541-564.
[56] Ling S, Li W K, McAleer M. Estimation and testing for unit root processes with GARCH (1, 1) errors: theory and Monte Carlo evidence [J]. Econometric Reviews, 2003, 22(2): 179-202.
[57] 汪卢俊. LSTAR-GARCH 模型的单位根检验[J].统计研究,2014(7): 85-91.
[58] Herce M A. Asymptotic theory of LAD estimation in a unit root process with finite variance errors[J]. Econometric Theory, 1996, 12(1):

129-153.

[59] 靳庭良.单位根检验程序的改进研究[M].成都:西南财经大学出版社,2006:120-125.

[60] Burridge P, Guerre E. The limit distribution of level crossings of a random walk, and a simple unit root test[J]. Econometric Theory, 1996, 12(4): 705-723.

[61] García A, Sansó A. A generalization of the Burridge-Guerre nonparametric unit root test[J]. Econometric Theory, 2006, 22(4): 756-761.

[62] Fotopoulos S B, Ahn S K. Rank based Dickey-Fuller tests[J]. Journal of Time Series Analysis, 2003, 24(6): 647-662.

[63] Breitung J, Gouriéroux C. Rank tests for unit roots[J]. Journal of Econometrics, 1997, 81(1): 7-27.

[64] Hasan M N, Koenker R W. Robust rank tests of the unit root hypothesis [J]. Econometrica: Journal of the Econometric Society, 1997, 65(1): 133-161.

[65] Aparicio F, Escribano A, Sipols A E. Range Unit-Root (RUR) Tests: Robust against Nonlinearities, Error Distributions, Structural Breaks and Outliers[J]. Journal of Time Series Analysis, 2006, 27(4): 545-576.

[66] Tian G, Zhang Y, Huang W. A note on the exact distributions of variance ratio statistics, Peking University, 1999. mimeo.

[67] Tse Y K, Ng K W, Zhang X. A small-sample overlapping variance-ratio test[J]. Journal of Time Series Analysis, 2004, 25(1): 127-135.

[68] 张晓峒,白仲林.退势单位根检验小样本性质的比较[J].数量经济技术经济研究,2005(5):40-49.

[69] 刘田.非线性趋势单位根检验研究[D].成都:西南财经大学,2009.

[70] 左秀霞.单位根检验的理论与应用研究[D].武汉:华中科技大学,2012.

[71] Leybourne S, Newbold P. On the size properties of Phillips-Perron tests [J]. Journal of Time Series Analysis, 1999, 20(1): 51-61.

[72] Efron B, Tibshirani R J. An introduction to the bootstrap[M]. CRC Press, 1994.

[73] Basawa I V, Mallik A K, McCormick W P, et al. Bootstrapping unstable first-order autoregressive processes[J]. The Annals of Statistics, 1991, 19(2): 1098-1101.

[74] Basawa I V, Mallik A K, McCornick W P, et al. Bootstrap test of significance and sequential bootstrap estimation for unstable first order au-

toregressive processes [J]. Communications in Statistics-Theory and Methods, 1991, 20(3): 1015-1026.

[75] Ferretti N, Romo J. Unit root bootstrap tests for AR(1) models[J]. Biometrika, 1996, 83(4): 849-860.

[76] Datta S. On asymptotic properties of bootstrap for AR(1) processes[J]. Journal of Statistical Planning and Inference, 1996, 53(3): 361-374.

[77] Heimann G, Kreiss J P. Bootstrapping general first order autoregression [J]. Statistics & Probability Letters, 1996, 30(1): 87-98.

[78] Angelis D D, Fachin S, Young G A. Bootstrapping unit root tests[J]. Applied Economics, 1997, 29(9): 1155-1161.

[79] Harris R I D. Small Sample Testing For Unit Roots[J]. Oxford Bulletin of Economics and Statistics, 1992, 54(4): 615-625.

[80] Kreiss J P. Bootstrap procedures for AR(∞)-processes[M]. Springer Berlin Heidelberg, 1992.

[81] Nankervis J C, Savin N E. The level and power of the bootstrap t test in the AR(1) model with trend[J]. Journal of Business & Economic Statistics, 1996, 14(2): 161-168.

[82] Politis D N, Romano J P. The stationary bootstrap[J]. Journal of the American Statistical Association, 1994, 89(428): 1303-1313.

[83] Bühlmann P. Sieve bootstrap for time series[J]. Bernoulli, 1997, 3(2): 123-148.

[84] Psaradakis Z. Bootstrap tests for an autoregressive unit root in the presence of weakly dependent errors[J]. Journal of Time Series Analysis, 2001, 22(5): 577-594.

[85] Swensen A R. Bootstrapping unit root tests for integrated processes[J]. Journal of Time Series Analysis, 2003, 24(1): 99-126.

[86] Paparoditis E, Politis D N. Residual-Based Block Bootstrap for Unit Root Testing[J]. Econometrica, 2003, 71(3): 813-855.

[87] Smeekes S. Bootstrapping unit root tests[J]. Medium Econometrische Toepassingen, 2006, 14(4): 24-28.

[88] Parker C, Paparoditis E, Politis D N. Unit root testing via the stationary bootstrap[J]. Journal of Econometrics, 2006, 133(2): 601-638.

[89] Palm F C, Smeekes S, Urbain J P. Bootstrap Unit-Root Tests: Comparison and Extensions[J]. Journal of Time Series Analysis, 2008, 29(2): 371-401.

[90] Chang Y, Park J Y. A sieve bootstrap for the test of a unit root[J]. Journal of Time Series Analysis, 2003, 24(4): 379-400.

[91] Park J Y. Bootstrap unit root tests[J]. Econometrica, 2003, 71(6): 1845-1895.

[92] Paparoditis E, Politis D N. Bootstrapping unit root tests for autoregressive time series[J]. Journal of the American Statistical Association, 2005, 100(470): 545-553.

[93] Richard P. ARMA sieve bootstrap unit root tests[J]. Cahier de Recherche/Working Paper, 2009, 7: 5.

[94] Richard P. Modified fast double sieve bootstraps for ADF tests[J]. Computational Statistics & Data Analysis, 2009, 53(12): 4490-4499.

[95] Davidson R, MacKinnon J G. Improving the reliability of bootstrap tests with the fast double bootstrap[J]. Computational Statistics & Data Analysis, 2007, 51(7): 3259-3281.

[96] Mantalos P, Karagrigoriou A. Bootstrapping the augmented Dickey-Fuller test for unit root using the MDIC[J]. Journal of Statistical Computation and Simulation, 2012, 82(3): 431-443.

[97] Mantalos P, Mattheou K, Karagrigoriou A. An improved divergence information criterion for the determination of the order of an AR process [J]. Communications in Statistics—Simulation and Computation ®, 2010, 39(5): 865-879.

[98] Mantalos P, Mattheou K, Karagrigoriou A. Forecasting ARMA models: a comparative study of information criteria focusing on MDIC[J]. Journal of Statistical Computation and Simulation, 2010, 80(1): 61-73.

[99] Li H, Xiao Z. Bootstrap-Based Test for Stationarity and Cointegration [J]. APDSI 2000 Full Paper, 2000.

[100] Psaradakis Z. A sieve bootstrap test for stationarity[J]. Statistics & Probability Letters, 2003, 62(3): 263-274.

[101] Psaradakis Z. Blockwise bootstrap testing for stationarity[J]. Statistics & Probability Letters, 2006, 76(6): 562-570.

[102] Lee J, Lee Y I. Size improvement of the KPSS test using sieve bootstraps[J]. Economics Letters, 2012, 116(3): 483-486.

[103] Cavaliere G, Robert Taylor A M. Bootstrap M unit root tests[J]. Econometric Reviews, 2009, 28(5): 393-421.

[104] Davidson R, Flachaire E. The wild bootstrap, tamed at last[J]. Journal

of Econometrics, 2008, 146(1): 162-169.

[105] Stephan S. Detrending Bootstrap Unit Root Tests[R]. 2009(056).

[106] Wang L. Bootstrap Point Optimal Unit Root Tests[J]. Journal of Time Series Econometrics, 2014, 6(1): 1-31.

[107] Horváth L, Kokoszka P. A bootstrap approximation to a unit root test statistic for heavy-tailed observations [J]. Statistics & probability letters, 2003, 62(2): 163-173.

[108] Jach A, Kokoszka P. Subsampling unit root tests for heavy-tailed observations[J]. Methodology and Computing in Applied Probability, 2004, 6(1): 73-97.

[109] Cavaliere G, Taylor A M. Bootstrap unit root tests for time series with nonstationary volatility[J]. Econometric Theory, 2008, 24(1): 43-71.

[110] Cavaliere G, Taylor A M. Heteroskedastic time series with a unit root [J]. Econometric Theory, 2009, 25(5): 1228-1276.

[111] Gospodinov N, Tao Y. Bootstrap unit root tests in models with GARCH (1, 1) errors [J]. Econometric Reviews, 2011, 30 (4): 379-405.

[112] Dudek A E, Leśkow J, Paparoditis E, et al. A generalized block bootstrap for seasonal time series[J]. Journal of Time Series Analysis, 2014, 35(2): 89-114.

[113] Dudek A E, Paparoditis E, Politis D N. Generalized seasonal tapered block bootstrap[J]. Statistics & Probability Letters, 2016, 115: 27-35.

[114] Cavaliere G, Skrobotov A, Taylor A M R. Wild bootstrap seasonal unit root tests for time series with periodic nonstationary volatility [J]. Econometric Reviews, 2017: 1-24.

[115] Yang X. Bootstrap unit root test based on least absolute deviation estimation under dependence assumptions[J]. Journal of Applied Statistics, 2015, 42(6): 1332-1347.

[116] Parker C C, Paparoditis E, Politis D. Tapered block bootstrap for unit root testing[J]. Journal of Time Series Econometrics, 2015, 7(1): 37-67.

[117] Chang Y, Sickles R C, Song W. Bootstrapping unit root tests with covariates[J]. Econometric Reviews, 2016: 1-20.

[118] Newey W K, West K D. A simple, positive semi-definite, heteroskedasticity and autocorrelation consistent covariance matrix[J]. Econo-

metrica, 1987, 55(3): 703-708.

[119] Diebold F X, Rudebusch G D. On the power of Dickey-Fuller tests against fractional alternatives[J]. Economics Letters, 1991, 35(2): 155-160.

[120] Phillips P C B, Xiao Z. A primer on unit root testing[J]. Journal of Economic Surveys, 1998, 12(5): 423-470.

[121] Kunsch H R. The jackknife and the bootstrap for general stationary observations[J]. The Annals of Statistics, 1989, 17(3): 1217-1241.

[122] Liu R Y, Singh K. Moving blocks jackknife and bootstrap capture weak dependence[J]. Exploring the Limits of Bootstrap, 1992: 225-248.

[123] Said S E, Dickey D A. Hypothesis testing in ARIMA(p,1,q) models [J]. Journal of the American Statistical Association, 1985, 80(390): 369-374.

[124] Godfrey L G, Orme C D. Controlling the significance levels of prediction error tests for linear regression models[J]. Econometrics Journal, 2000, 3(1): 66-83.

[125] 陶长琪,江海峰.单位根检验中的 Wald 检验量研究:Bootstrap 法 VS 临界值法[J].系统工程理论与实践,2014,34(5):1161-1170.

[126] Broock W A, Scheinkman J A, Dechert W D, et al. A test for independence based on the correlation dimension[J]. Econometric Reviews, 1996, 15(3): 197-235.

[127] Taylor M P, Peel D A, Sarno L. Nonlinear mean-reversion in real exchange rates: toward a solution to the purchasing power parity puzzles [J]. International Economic Review, 2001, 42(4): 1015-1042.

[128] Rose A K. Is the real interest rate stable? [J]. The Journal of Finance, 1988, 43(5): 1095-1112.

[129] Edison H J, Klovland J T. A quantitative reassessment of the purchasing power parity hypothesis: Evidence from Norway and the United Kingdom[J]. Journal of Applied Econometrics, 1987, 2(4): 309-333.

[130] Abuaf N, Jorion P. Purchasing power parity in the long run[J]. The Journal of Finance, 1990, 45(1): 157-174.

[131] Frankel J A, Rose A K. A panel project on purchasing power parity: mean reversion within and between countries[J]. Journal of International Economics, 1996, 40(1): 209-224.

[132] Wu Y. Are real exchange rates nonstationary? Evidence from a panel-data

test[J]. Journal of Money, Credit and Banking, 1996, 28(1): 54-63.

[123] Balke N S, Fomby T B. Threshold cointegration[J]. International Economic Review, 1997, 38(3): 627-645.

[134] Enders W, Granger C W J. Unit-root tests and asymmetric adjustment with an example using the term structure of interest rates[J]. Journal of Business & Economic Statistics, 1998, 16(3): 304-311.

[135] Berben R P, Dijk D J C. Unit root tests and asymmetric adjustment: A reassessment[M]. Econometric Institute, 1999.

[136] Caner M, Hansen B E. Threshold autoregression with a unit root[J]. Econometrica, 2001, 69(6): 1555-1596.

[137] Luukkonen R, Saikkonen P, Terasvirta T. Testing linearity against smooth transition autorcgressivo models[J]. Biometrika, 1998, 75(3): 491-499.

[138] Eklund B. A nonlinear alternative to the unit root hypothesis[R]. SSE/EFI Working Paper Series in Economics and Finance, 2003.

[139] Eklund B. Testing the unit root hypothesis against the logistic smooth transition autoregressive model[R]. SSE/EFI Working Paper Series in Economics and Finance, 2003: 546.

[140] Park J Y, Shintani M. Testing for a unit root against transitional autoregressive models[J]. Vanderbilt University Department of Economics Working Papers, 2005: 5010.

[141] 蔡必卿,洪永淼.修正的KSS检验及其对中国通货膨胀率的应用[J].系统工程理论与实践,2014(2):313-322.

[142] 刘雪燕.门限模型及其在我国宏观经济研究中的应用[D].天津:南开大学,2009.

[143] Jong R M. Nonlinear estimators with integrated regressors but without exogeneity[J]. Unpublished Manuscript, 2002.

[144] 赵留彦,王一鸣,蔡婧.中国通胀水平与通胀不确定性:马尔科夫域变分析[J].经济研究,2005(8):60-72.

[145] 王少平,彭方平.我国通货膨胀与通货紧缩的非线性转换[J].经济研究,2006(8):35-44.

[146] 张屹山,张代强.我国通货膨胀率波动路径的非线性状态转换:基于通货膨胀持久性视角的实证检验[J].管理世界,2008(12):43-50.

[147] Lo A W. Long-term memory in stock market prices[J]. Econometrica, 1991, 59(5): 1279-1314.

[148] Choi I, Chul Ahn B. Testing the null of stationarity for multiple time series[J]. Journal of Econometrics, 1999, 88(1): 41-77.

[149] Cappuccio N, Lubian D. Local asymptotic distributions of stationarity tests[J]. Journal of Time Series Analysis, 2006, 27(3): 323-345.

[150] Xiao Z. Testing the null hypothesis of stationarity against an autoregressive unit root alternative[J]. Journal of Time Series Analysis, 2001, 22(1): 87-105.

[151] Leybourne S J, McCabe B P M. A consistent test for a unit root[J]. Journal of Business & Economic Statistics, 1994, 12(2): 157-166.

[152] Leybourne S J, McCabe B P M. Modified stationarity tests with data-dependent model-selection rules[J]. Journal of Business & Economic Statistics, 1999, 17(2): 264-270.

[153] Hadri K, Rao Y. KPSS test and model misspecifications[J]. Applied Economics Letters, 2009, 16(12): 1187-1190.

[154] Sul D, Phillips P C B, Choi C Y. Prewhitening Bias in HAC Estimation [J]. Oxford Bulletin of Economics and Statistics, 2005, 67(4): 517-546.

[155] Kurozumi E, Tanaka S. Reducing the size distortion of the KPSS test [J]. Journal of Time Series Analysis, 2010, 31(6): 415-426.

[156] Amsler C, Schmidt P, Vogelsang T J. The KPSS test using fixed-b critical values: size and power in highly autocorrelated time series[J]. Journal of Time Series Econometrics, 2009, 1(1): 1-5.

[157] Jönsson K. Testing stationarity in small and medium sized samples when disturbances are serially correlated[J]. Oxford Bulletin of Economics and Statistics, 2011, 73(5): 669-690.

[158] Carrion-i-Silvestre J L. Breaking date misspecification error for the level shift KPSS test[J]. Economics Letters, 2003, 81(3): 365-371.

[159] Schmidt P, Phillips P C B. LM Tests for a Unit Root in the Presence of Deterministic Trends[J]. Oxford Bulletin of Economics and Statistics, 1992, 54(3): 257-287.

[160] Newey W, West K. A simple, positive semi-definite, heteroscedasticity and autocorrelation consistent cova-riance matrix[J]. Applied Econometrics, 2014(1): 125-132.

[161] Andrews D W. Heteroskedasticity and autocorrelation consistent covariance matrix estimation[J]. Journal of the Econometric Society, 1991,

59(3): 817-858.

[162] Phillips P C B. Spectral regression for cointegrated time series, Nonparametric and semiparametric methods in economics and statistics[M]. Cambridge Cambridge Univesity Press, 1988.

[163] Gulesserian S G, Kejriwal M. On the power of bootstrap tests for stationarity: a Monte Carlo comparison[J]. Empirical Economics, 2014, 46(3): 973-998.

[164] Tanaka K. An asymptotic expansion associated with the maximum likelihood estimators in ARMA models[J]. Journal of the Royal Statistical Society, Series B (Methodological), 1984, 46(1): 58-67.

[165] Shaman P, Stine R A. The bias of autoregressive coefficient estimators [J]. Journal of the American Statistical Association, 1988, 83(403): 842-848.

[166] Steven Cook. Correcting size distortion of the Dickey-Fuller test via recursive mean adjustment[J]. Statistics & Probability Letters, 2002(6): 75-79.

[167] 刘雪燕.STAR模型中退势单位根检验的小样本性质研究[J].统计研究，2007(3):102-108.

[168] 白仲林.退势型单位根检验的小样本性质[J].统计研究,2007(3):19-22.

[169] Rodrigues P. Properties of recursive trend-adjusted unit root tests[J]. Economics Letters, 2006, 91(3): 413-419.

[170] Eddy Lizarazu Alanez, José A. Villaseñor Alva. Ajuste recursivo con transformaciones invariantes y bootstrapping: El caso de una caminata aleatoria conintercepto[J]. Econo Quantum, 2010, 7(1): 95-117.

[171] Phillips P C B. Towards a unified asymptotic theory for autoregression [J]. Biometrika, 1987, 74(3): 535-547.

[172] Kurtz T G, Protter P. Weak limit theorems for stochastic integrals and stochastic differential equations[J]. Ann. Probab., 1991, 19(3): 1035-1070.

[173] Phillips P C B, Yu J. Dating the timeline of financial bubbles during the subprime crisis[J]. Quantitative Economics, 2011, 2(3): 455-491.

[174] Phillips P C B, Wu Y, Yu J. Explosive behavior in the 1990s Nasdaq: When did exuberance escalate asset values? [J]. International Economic Review, 2011, 52(1): 201-226.

[175] Phillips P C B, Shi S, Yu J. Specification sensitivity in right tailed unit root testing for explosive behaviour[J]. Oxford Bulletin of Economics

and Statistics, 2014, 76(3): 315-333.

[176] Phillips P C B, Shi S, Yu J. Testing for multiple bubbles: Limit theory of real-time detectors[J]. International Economic Review, 2015, 56(4): 1079-1134.

[177] 孙洁.我国资本市场泡沫检验和市场间泡沫关系研究[D].济南：山东大学,2016.

[178] 胡毅.后危机时代一线城市房地产价格泡沫研究：基于 GSADF 方法[J].金融与经济,2017,5:39-42.

[179] 张凤兵等."结束"还是"延续",中国房地产市场泡沫测度：基于递归 SADF 与 GSADF 检验[J].统计与信息论坛,2018,33(7):84-91.

[180] Sharma S, Escobari D. Identifying price bubble periods in the energy sector[J]. Energy Economics, 2018, 69(1): 418-429.